FMC Consultants GmbH

FMC Bremen
Wasserkunst 1a
28199 Bremen
Telefon: +49 421 30 13 500

FMC Düsseldorf
Königsallee 2–4
40212 Düsseldorf
Telefon: +49 211 79 54 390

FMC Hamburg
Große Elbstraße 59
22767 Hamburg
Telefon: +49 40 39 80 99 0

FMC Stuttgart
Nikolaus-Otto-Straße 25
70771 Leinfelden-Echterdingen
Telefon: +49 711 99 77 05 66

info@fmc-consultants.de

www. fmc-consultants.de

Edition Falkenberg

Prof. Dr. Robert Simon
Dr. Sven-Erik Gless
Dr. Andreas Robeck

Restrukturierungspraxis

Konzepte und Erfahrungen für Praktiker in Krisenfällen

Restrukturierungen werden anspruchsvoller

Bibliografische Information der Deutschen Bibliothek
Die Deutsche Bibliothek verzeichnet diese Publikation in der Deutschen National-
bibliografie; detaillierte bibliografische Daten sind im Internet über http://dnb.ddb.de
abrufbar.

© 2014 Prof. Dr. Robert Simon, Dr. Sven-Erik Gless, Dr. Andreas Robeck
1. Auflage 2014
Gesamtherstellung: Edition Falkenberg, Bremen

ISBN 978-3-9549-4038-7

Inhaltsverzeichnis

Begleitwort

Die Restrukturierungspraxis fordert alle darin Beteiligten regelmäßig bis auf das Äußerste. Daher ist es einerseits nicht nur inhaltlich, sondern auch physisch und mental sehr anspruchsvoll, in der Restrukturierung professionell aktiv zu sein, auf der anderen Seite übt diese Aufgabe aber auch einen magischen Reiz auf all diejenigen aus, die sich ihr stellen. Wann haben Sie sonst die Chance, praktisch alles in Frage zu stellen und notwendige Veränderungen radikal und in kürzester Zeit umzusetzen? Ich hatte selbst die Chance, die Restrukturierungsszene in Deutschland in den letzten 25 Jahren entscheidend prägen zu dürfen und habe mir den geschärften Blick auf das Wesentliche für viele meiner heutigen Engagements bewahrt. Ich freue mich, dass sich in diesem Buch drei Mitarbeiter aus meinem ehemaligen Team von Roland Berger & Partner, die heute unter eigener Flagge unterwegs sind, zu Wort melden, um von ihren praktischen Erfahrungen der Restrukturierung zu berichten. Sie haben sich als junge Berater auf dieses spezielle Metier eingelassen und haben das notwendige Rüstzeug in Jahren enger und intensiver Zusammenarbeit mit mir und weiteren Kollegen erworben. Dabei mussten sie durch so manches Tal gehen, um zu erfahren, welche unternehmerischen Qualitäten und was für ein Stehvermögen notwendig sind, um als Sanierer erfolgreich zu sein. Die drei gehen mittlerweile seit einigen Jahren ihren eigenen Weg als Spezialisten für kritische Sondersituationen, insbesondere für mittelständische Unternehmen. Die Autoren wenden sich in diesem Band daher an alle Verantwortlichen, die – ob nun beispielsweise als Geschäftsführer, Banker, Betriebsräte, Kreditversicherer, Gesellschafter – mit einer akut drohenden Insolvenz konfrontiert sind. In dem beschriebenen Spannungsfeld zwischen unweigerlichem Niedergang und überzeugendem Neustart sind besondere Qualitäten gefordert, die im Nachfolgenden aus unterschiedlichen Blickwinkeln beleuchtet werden. Die aufgestellten Thesen wurden gemeinsam mit erfahrenen Praktikern der Restrukturierungsszene intensiv reflektiert, so dass ich auch nicht zuletzt deshalb überzeugt bin, dass dieser Buchbeitrag eine Bereicherung für den Leser darstellen wird.

Karl-Josef Kraus

Vorwort

„Jede Krise ist auch eine Chance!" Dieses legendäre Statement ist die Basis jeder Restrukturierungsbemühung. Man versucht, das Unternehmen aus der wirtschaftlichen Krise herauszuführen und so aufzustellen, dass es künftig wieder erfolgreich am Markt agieren kann.

Krisen und Restrukturierungen sind unvermeidbar, weil sie auf Veränderungen und Fehlentscheidungen zurückzuführen sind. Das wird die Menschheit auf absehbare Zeit auch weiterhin begleiten, Krisen sind normale Begleiterscheinungen des ökonomischen Entwicklungsprozesses. Schumpeter hat es mit seiner Theorie der kreativen Zerstörung auf den Punkt gebracht. Wer erinnert sich heute noch an eine East India Company, die einmal die Macht eines Imperiums hatte? Oder an Borgward oder NSU oder die IG Farben oder AEG oder Quelle …

Diese nüchterne ökonomische Sicht wird den unmittelbar Betroffenen wenig interessieren. Es geht für ihn in der Unternehmenskrise um eigene existenzielle Fragen, und da beruhigt es auch nicht, dass am Ende das Unternehmen eine neue Chance erhält. Die persönlichen Interessen sind erst einmal näher. Es verwundert deshalb nicht, dass Verhandlungen zwischen den wesentlichen Stakeholdern (z.B. Gesellschafter, Manager, Banken, Arbeitnehmervertreter) des Krisenunternehmens in aller Regel ausgesprochen konfliktträchtig sind.

Fachbücher zur Restrukturierung von Unternehmen in existenzieller Krise werden überwiegend mit methodischem Schwerpunkt verfasst, z.B. notwendiger Maßnahmen zur Liquiditätsbeschaffung und Kostensenkung, Methoden zur Prozessoptimierung, kurzfristige Umsatzsteigerungsprogramme, juristische Aspekte des Personalabbaus etc. Das sind wesentliche Aspekte erfolgreicher Restrukturierungsarbeit. Maßgeblich für den Erfolg einer Restrukturierung ist aber zudem die Beherrschung der Konflikte und Verhandlungsprozesse zwischen den Stakeholdern. Immerhin geht es um die substanzielle Gefährdung von Krediten, Arbeitsplätzen und Unternehmensanteilen. Nicht selten wird die Sachebene von persönlichen Zerwürfnissen überlagert, weil die Vertrauensbasis der handelnden Personen tief gestört ist.

Rund 75% der Restrukturierungsversuche scheitern nach den Erfahrungen von Experten u.a. infolge mangelnder Krisenerfahrung und Defiziten in der Kooperation der Beteiligten. Erfolgreiche Restrukturierung ist deshalb mehr als bloße Kostensenkung und Umsatzsteigerung. Es lohnt sich, auch die „nicht betriebswirtschaftliche" Seite des Prozesses zu durchleuchten, um einen Beitrag zur möglichst professionellen Lösung dieser Krisenfälle zu leisten. Die Verfasser gehen deshalb, neben den sachlogischen Aspekten der Restrukturierung, auch auf typische Phänomene im Verhalten der maßgeblichen Akteure ein.

Anliegen der Verfasser ist die Schaffung eines theoretischen Bezugsrahmens, der als Orientierungshilfe für konkrete Praxisfälle geeignet ist. Generell beziehen sich die Verfasser dabei als Ausgangssituation auf Unternehmen im Stadium der akut drohenden Insolvenz. Analog zu einem Schachspiel, dessen Figuren bestimmte Eigenschaften und die in der Ausgangssituation ihren festen Platz auf dem Schachbrett haben, beschreibt der vorliegende Band die wesentlichen Restrukturierungsmaßnahmen und ordnet sie idealtypisch dem existenzbedrohenden Niedergang als Ausgangssituation („Down Phase") sowie dem hoffentlich wieder folgenden Aufschwung („Up Phase") des Krisenunternehmens zu. Diese Unterscheidung hebt vor allem die Dynamik der Situation hervor und stellt bei der Wahl der Restrukturierungsmaßnahmen die limitierende Wirkung der knappen Liquidität in den Mittelpunkt, mit der Krisenmanager konfrontiert sind. Demgegenüber hebt die ebenfalls übliche Unterscheidung zwischen strategischer und operativer Restrukturierung den Zeithorizont der Maßnahmen hervor – eine Unterscheidung, die in der Praxis der Verfasser von nachrangiger Bedeutung ist, weil Krisenmanager selbstverständlich sowohl in der Down Phase als auch in der Up Phase beide Ebenen im Auge haben und mit Maßnahmen unterlegen müssen, soweit es die verfügbare Liquidität noch zulässt.

Weitere generelle Annahme ist, dass es sich um mittelständische Unternehmen in der Rechtsform der GmbH handelt, dem Normalfall in Deutschland. Der Umsatz dieser Unternehmen liegt in aller Regel im Bereich von 20 bis 500 Mio. EUR. Zur Vereinfachung wird nur in Ausnahmefällen auf die Gesellschafterstruktur Bezug genommen und ansonsten generell auf „den Unternehmer" abgestellt. Im deutschen Mittelstand ist es durchaus üblich, dass eine dominante Persönlichkeit aus dem Gesellschafterkreis das Unternehmen als „geschäftsführender Gesellschafter" führt und die Entwicklung maßgeblich prägt. Das ist Stärke und Schwäche dieses Unternehmenstyps, um den Deutschland im Ausland bewundert wird, weil sich diese relativ kleinen volkswirtschaftlichen Einheiten als ausgesprochen innovativ und flexibel erweisen. In Krisen geht es für die Unternehmerfamilie oft um alles – das Lebenswerk von Generationen und meist auch eine gute Managementkultur. Es macht Sinn, diesen Unternehmenstyp zu erhalten und seine Stärken zu fördern. In Krisen kommt dabei den deutschen Banken eine bedeutende Rolle zu, die sie in aller Regel sehr bewusst annehmen.

Hauptzielgruppe des Buches sind Praktiker aus dem Kreis der oben genannten Interessengruppen, die zumindest teilweise nur bedingte Erfahrungen mit Krisensituationen und deshalb auch kein ausgeprägtes Gespür für die Interessen und eventuelle Hidden Agenda ihres Gegenübers haben. Des Weiteren soll das Buch Wissenschaftlern aus den Fachbereichen Finance sowie Konflikt- und Verhandlungsmanagement Anregungen für weitere Untersuchungen geben.

Redaktionsschluss für diesen Band war der 31.12.2012. Soweit er sich auf Gesetze bezieht, gilt die Rechtsprechung vor diesem Stichtag – da es sich um eine primär betriebswirtschaftliche Abhandlung handelt, wird für juristische Interpretationen jedweder Art keine Haftung übernommen. Dieses Buch bietet eine grundsätzliche Orientierung und zeigt wesentliche Zusammenhänge anhand einer abstrakten Systematik. Details und die notwendige Kreativität müssen die Manager und Experten, somit auch Sie, liebe Leser, im konkreten Fall – sorry to say – schon selber beisteuern.

Verzeichnis der Autoren und Co-Autoren

Die Herausgeber und Verfasser sind seit Jahren „alte Kampfgefährten" und gute Freunde, die sich schon auf verschiedene herausfordernde Aufgaben und spontane Aktionen eingelassen haben. So sind sie Mitte der 1990er Jahre in die Sanierungsbranche eingestiegen, mit dieser mehr denn je verbunden, und so „musste" letztendlich auch dieses Buch entstehen.

Prof. h.c. Dr. Robert Simon

Robert Simon begann seine berufliche Laufbahn als Assistent am Lehrstuhl für Industriebetriebslehre der RWTH Aachen, nachfolgend war er mehrere Jahre im Bereich Logistik und Verkauf der BASF AG aktiv. Seit dem Wechsel zu Roland Berger als operativer Projektmanager, später als Partner, ist er in insolvenznahen Restrukturierungsfällen tätig – beginnend mit Einsätzen für den Leitungsausschuss der Treuhandanstalt. Weiterhin war er im In- und Ausland als Geschäftsführer und Aufsichtsrat für Konzerne wie auch mittelständische Unternehmen tätig, beispielsweise die Schweizerische Post, die Georg von Holtzbrinck Gruppe und die international operierende euroscript Gruppe in Luxemburg.
Für die FMC Consultants GmbH ist Robert Simon primär als Beirat und geschäftsführender Interimsmanager in Krisenfällen tätig. Schwerpunkt sind produzierende Unternehmen, beispielsweise der international tätige Maschinenbau, Automobilzulieferer sowie mittelständische Unternehmen der Bauindustrie. Im Dienstleistungsbereich sind es vor allem Unternehmen für IT-Services und Outsourcing-Leistungen. Ergänzend dazu ist er außerdem Lehrbeauftragter an der Hochschule des Niederrhein und von Post-Graduate-Instituten zu den Themen Konfliktmanagement, Verhandlungsführung, Innovations-Management und Unternehmensführung. In diesem Bereich ist er auch als Autor für Fachpublikationen und als Management-Trainer engagiert.

Dr. Sven-Erik Gless

Sven-Erik Gless ist Mitgründer und geschäftsführender Gesellschafter der FMC Consultants GmbH. Von 1995–1999 war er bei Roland Berger Strategy Consultants (CC Restructuring) tätig. Zuvor Promotion über das Thema „Unternehmenssanierung" (1995) sowie diverse Tätigkeiten für die Treuhandanstalt.
Seine langjährige praktische Erfahrung basiert auf Restrukturierungs- sowie Strategieprojekten bei Mittel- und Großunternehmen in zahlreichen Branchen. Darüber hinaus leitete er insbesondere größere Reorganisationen bei Banken, öffentlichen

Institutionen und Industrieunternehmen. Die von Sven Gless verantworteten Restrukturierungsprojekte fanden sowohl im Umfeld der außergerichtlichen Sanierung als auch im Rahmen von Insolvenzverfahren statt, wobei die Aufgaben von der Erstellung und operativen Umsetzung von Konzepten bis zur Übernahme von interimistischen Funktionen reichten.

Neben seinen Beratungseinsätzen ist Sven Gless als Beirat und Aufsichtsrat tätig. Darüber hinaus ist er in diversen Branchenverbänden sowie Förderkreisen aktiv.

Dr. Andreas Robeck

Als Mitgründer und geschäftsführender Gesellschafter der FMC Consultants GmbH begleitet Andreas Robeck national und international vorwiegend mittelständische Unternehmen in Umbruchsituationen – von der strategischen Neuausrichtung und Realisierung von Wachstumschancen bis hin zur Bewältigung von Krisensituationen und Umsetzung tief greifender Veränderungsprogramme.

Andreas Robeck begann seine berufliche Laufbahn am Fraunhofer-Institut für Produktionstechnik und Automatisierung (IPA). Dort war der Diplom-Ingenieur in leitender Funktion verantwortlich für die Implementierung und Realisierung von Time-Cost-Quality-Leadership-Programmen sowie die Durchführung von Maßnahmen zur Geschäftsprozess-Optimierung. Entsprechende Impulse für seine Tätigkeit erhielt er durch seinen Aufenthalt am IRI Yokohama und dem Erfahrungsaustausch mit Vertretern der japanischen Automobil- und Elektronikindustrie. Praktische Erfahrungen im Turnaround Management sammelte Andreas Robeck im Zuge seiner Tätigkeit bei Roland Berger Strategy Consultants, für die er sowohl in Produktions- als auch in Dienstleistungsunternehmen und im öffentlichen Bereich tätig war.

Ganz besonderer Dank gilt unserem ehemaligen Chef und Lehrmeister, **Karl-Josef Kraus,** eine der prägenden Persönlichkeiten im professionell betriebenen Sanierungsmanagement und in den ersten Berufsjahren der Herausgeber. Ohne ihn wäre manch einer nicht in der Position, in der er sich noch heute wohl fühlt und gerne bewegt. Einfach war es mit ihm nie, aber spannend, lehrreich und gut. Anbei nur einer seiner Leitsätze: „Ehe die Qualität leidet, leidet der Berater!" Wir hoffen, dass dieses Buch diesen Anspruch und Ihre Erwartungen erfüllt.

Zu danken haben die drei Verfasser insbesondere den vielen kritischen Ratgebern, Impulsgebern und Sparringspartnern (Abbildung 1), ohne deren aktive Hilfe und Wissen dieses Buch nicht in dieser Form entstanden wäre. Anbei die Vita der einzelnen Helfer:

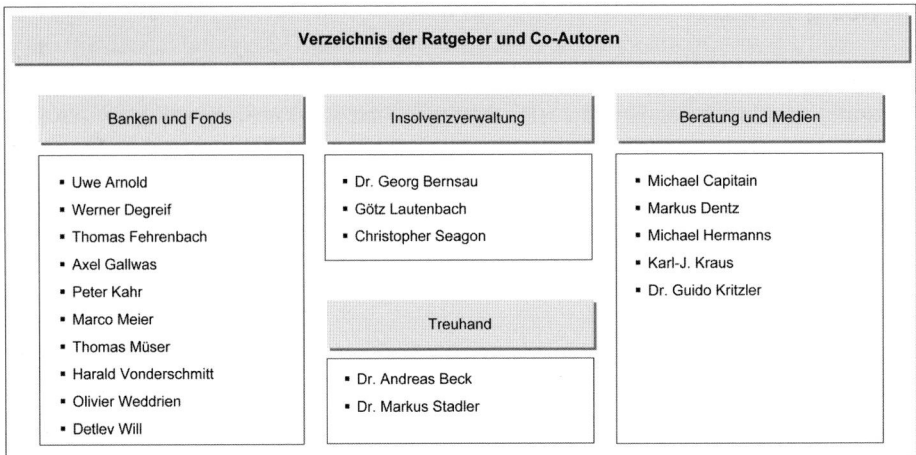

Abbildung 1: Übersicht der Ratgeber und Co-Autoren

Uwe Arnold

Uwe Arnold ist Abteilungsleiter der Bremer Landsbank und gelernter Bankkaufmann. Nach seiner Ausbildung in der Bremer Landesbank hat er vielfältige Erfahrungen im Kreditgeschäft in diversen Funktionen im Firmenkundenbereich gesammelt. Mittlerweile kann Uwe Arnold auf über ein Jahrzehnt Erfahrungen aus der Restrukturierungs-/Sanierungsbegleitung zurückblicken, seit ihm im Jahre 2002 der Aufbau und die Leitung der Sanierungseinheit in der Bremer Landesbank übertragen wurden.

Dr. Andreas Beck

Dr. Andreas Beck ist Rechtsanwalt und Partner der Schultze & Braun GmbH Rechtsanwaltsgesellschaft Wirtschaftsprüfungsgesellschaft. In sein Spezialgebiet der Sanierungsberatung für Unternehmen und deren Finanzierer gehört insbesondere das Sicherheitenmanagement mit der Konstituierung und Betreuung von Banken- und Lieferantenpools bis hin zur Entwicklung von Sicherheitentreuhandkonzepten. Als erfahrener Mediator ist Dr. Andreas Beck seit langen Jahren als Treuhänder in verschiedensten Ausgestaltungen tätig, dem die Vertrauensbildung bei allen Beteiligten als zentrale Aufgabe und Voraussetzung zufällt. Nach Studium und Referendarzeit in Freiburg und Paris war er wissenschaftlicher Assistent an der Universität Freiburg und ist seit 1995 bei Schultze & Braun. Zahlreiche Publikationen zeichnen ihn ebenso aus wie regelmäßige Vortragstätigkeiten zur Treuhand als Sanierungsinstrument und Rechtsfragen im Vorfeld oder in der Insolvenz von Unternehmen.

Dr. Georg Bernsau

Dr. Bernsau ist Mitbegründer der auf Insolvenzverwaltungen und vorinsolvenzliche Beratung spezialisierten Kanzlei BBL Bernsau Brockdorff & Partner Rechtsanwälte und kann auf umfangreiche Erfahrungen aus der Vertretung von Gläubigern und Schuldnerunternehmen im Restrukturierungsbereich sowie aus Schutzschirmverfahren in Eigenverwaltung verweisen. Ebenso ist er seit 1993 als klassischer Insolvenzverwalter für Unternehmen jeder Größe tätig.

Dr. Bernsau ist ausgebildeter Bankkaufmann und hat an den Universitäten Freiburg und Heidelberg Rechtswissenschaften studiert, später in Heidelberg zum Dr. jur. utr. promoviert. Seit 1991 ist er als Rechtsanwalt tätig. Darüber hinaus ist er Mitautor des Frankfurter Kommentars zum Insolvenzrecht, des Kommentars zum Betriebsübergang, Vortragender in zahlreichen Seminarveranstaltungen und Mitglied im erweiterten Vorstand der Turnaround Management Association, Deutschland, dem international organisierten Interessenverband der Restrukturierungsmanager und -berater.

Michael Capitain

Michael Capitain ist Mitbegründer und geschäftsführender Gesellschafter der Frankfurter Unternehmensberatung Progredius GmbH. Seine Aufgabenschwerpunkte liegen in der Entwicklung langfristig orientierter Finanzierungslösungen und -strategien für mittelständische Unternehmen, der operativen Steuerung strukturierter Finanzierungsprojekte auf Seiten der Kreditnehmer und in der Begleitung der Mandanten während der Umsetzungsphase („Transaction Management"). Darüber hinaus begleitet er kaufmännische Leitungsfunktionsträger und CFOs mittelständisch geprägter Unternehmen als Coach in finanzwirtschaftlichen Fragestellungen und übernimmt selbst ausgewählte Mandate als Interimsmanager in kaufmännischen Bereichen.

Michael Capitain verfügt über knapp 18 Jahre praktische Erfahrung bei der klassischen und der strukturierten Finanzierung internationaler Firmenkunden. Seine berufliche Laufbahn führte ihn über die Deutsche Bank AG und die BHF-Bank AG zur Commerzbank AG. Dort war er in den Jahren 2004–2008 neben der vertriebsseitigen Projektbegleitung der Basel II-konformen Ratingentwicklung und der Mitentwicklung des Kreditpricing-Tools für Firmenkunden zuständig für den Aufbau des Kreditprodukt- und Kreditportfoliomanagements der Mittelstandsbank. Zuletzt verantwortete er als Executive Director im Unternehmensbereich Corporates & Markets den Fachbereich Loan Portfolio Strategy mit Fokus auf multinationale Konzerne und Firmenkunden in Westeuropa.

Werner Degreif

Werner Degreif begann, nach Bankausbildung und betriebswirtschaftlichem Studium, seine berufliche Laufbahn bei der Dresdner Bank. Mittlerweile ist er in leitender Funktion für eine der bedeutenden Sparkassen tätig und kann auf über 25 Jahre Sanierungserfahrung zurückblicken.
Werner Degreif ist ein ausgewiesener Experte in allen Facetten des Sanierungsmanagements aus Bankensicht, insbesondere befürwortet er auch die neuen Ansätze – Treuhandmodelle, ESUG – mit dem Ziel, das Unternehmen bestmöglich zu erhalten, dem Unternehmer eine Chance zur Erhaltung seines Lebenswerkes einzuräumen und Arbeitsplätze zu sichern.

Markus Dentz

Markus Dentz ist Chefredakteur der Fachzeitschrift „FINANCE" und der Tochterpublikation „Der Treasurer". Seine journalistischen Schwerpunktthemen sind Unternehmensfinanzierung, Restrukturierung und Treasury. Nach dem Studium und dem Volontariat beim F.A.Z.-Institut für Management-, Markt- und Medieninformationen stieß Markus Dentz zur Financial Gates GmbH – heute Frankfurt Business Media GmbH –, einer Tochter der F.A.Z.-Verlagsgruppe und Herausgeberin u.a. der Zeitschrift „FINANCE". Mehrfach wurden Artikel aus den Bereichen Private Equity und M&A mit Journalistenpreisen ausgezeichnet.

Thomas Fehrenbach

Thomas Fehrenbach nahm nach seinem Studium der Betriebswirtschaftslehre an einem Traineeprogramm der Bayerischen Landesbank teil. Danach begann er seine Laufbahn im Bereich für die Problemkreditbetreuung der Bayerischen Landesbank. In insgesamt 12 Jahren Tätigkeit in der Restrukturierung und Abwicklung mit Schwerpunkt Unternehmen sammelte Thomas Fehrenbach Erfahrungen in unterschiedlichen Branchen wie Einzelhandel, Maschinenbau, Consumer, Flugzeuge, in strukturierten Finanzierungen national wie international sowie als Konsortialführer. Daneben war er als Referent für bankinterne Kreditanalyseseminare tätig.
2007 wechselte Thomas Fehrenbach nach New York, USA, in das Risk Office – Analyse Asset Backet Securities (ABS) Client Transactions – und erlebte dort den Beginn der ersten Finanzkrise. Nach der Rückkehr nach München übernahm er die Verantwortung für mittelständische Leveraged Buy-out-Finanzierungen im Risk Office. Mitte 2009 kehrte Thomas Fehrenbach in die Restrukturierung zurück und leitet die Abteilung für Corporates & Structured Finance der Bayerischen Landesbank.

Axel Gallwas

Axel Gallwas hat nach seinem Studium der Wirtschaftswissenschaften in Hamburg und Berkeley und einem Traineeprogramm bei der Dresdner Bank vielseitige Erfahrungen im in- und ausländischen Firmenkundengeschäft und der Finanzierung von LBO-Transaktionen gesammelt. Nach einem Wechsel 1997 zur Commerzbank war Axel Gallwas auf der Marktseite zuletzt als Direktor in der Betreuung von Großkunden und in der (Re-)Strukturierung von komplexen Finanzierungen im Bereich Financial Engineering tätig. Hier betreute er federführend u.a. die finanzielle Restrukturierung eines großen europäischen Bekleidungsfilialisten bis zum erfolgreichen Turnaround. Weiterhin hat er in dieser Zeit ein bundesweites steuergetriebenes Großprojekt in der Restrukturierung in führender Position begleitet.
Seit 2009 ist Herr Gallwas bei der Helaba Landesbank Hessen-Thüringen in der Marktfolge als Hauptreferent Leiter der komplexen Restrukturierung. Hierbei liegt sein Tätigkeitsschwerpunkt in der Restrukturierung von LBO-Transaktionen sowie Schiffs-/Flugzeugfinanzierungen. Neben seiner Arbeit in der Bank ist Herr Gallwas zudem Dozent an der Frankfurt School of Finance.

Michael Hermanns

Michael Hermanns, Wirtschaftsprüfer und Steuerberater, arbeitete fast zehn Jahre für die beiden Wirtschaftsprüfungsgesellschaften PWC und KPMG und ist seit 1996 in eigener Sozietät in Wuppertal tätig. Sein Tätigkeitsschwerpunkt liegt insbesondere in der Mittelstandsberatung und in der gutachterlichen Arbeit im Rahmen von Unternehmenssanierung inkl. Erstellung von Sanierungskonzepten nach IDW-Standards, Due Diligence-Prüfungen u.a. auch in der Krise, sowie die dazugehörige Transaktionsberatung.
Michael Hermanns betreute in den letzten 20 Jahren zahlreiche Projekte und ist u.a. Mitglied im Fachausschuss Sanierung und Insolvenz (FAS) des Instituts der Wirtschaftsprüfer e.V. (IDW), Düsseldorf.

Peter Kahr

Peter Kahr lernte das Bankgeschäft von der Pike auf. Nach Banklehre und Kreditausbildung bei der Deutschen Bank Regensburg wechselte er 1988 zur Bayerischen Vereinsbank nach München, einem der Vorgängerinstitute der UniCredit. Hier ist er seit nahezu 25 Jahren im Firmenkundenkreditgeschäft tätig und hatte während dieser Zeit verschiedene Funktionen im Zentral- und Filialbereich der Bank inne. Prägend für seinen beruflichen Werdegang war dabei seine langjährige Tätigkeit in der „Konzernweiten Branchen- und Kundenanalyse", deren Schwerpunkt auf der Erstellung ganzheitlicher Unternehmensanalysen bei den Kunden vor Ort lag. Nach Bank- und Controller-Akademie hospitierte er während dieser Zeit auch ein halbes Jahr bei Arthur Andersen in der Wirtschaftsprüfung.

Seit nunmehr rund 10 Jahren betreut und verantwortet der Bankfachwirt in der zentralen Einheit „Restructuring Corporates" große Sanierungsfälle der UniCredit.

Karl-Josef Kraus

Karl-Josef Kraus ist geschäftsführender Gesellschafter der KJK Management und Beteiligungen GmbH und trägt als Aufsichtsrat und Beiratsmitglied Verantwortung in zahlreichen namhaften deutschen Unternehmen.

Karl-J. Kraus begann seine Karriere 1977 im Fichtel & Sachs-Konzern. 1981 wechselte er zu Roland Berger Strategy Consultants und wurde bereits 1986 zum Partner berufen. Ab 1990 baute er das Büro sowie das Competence Center Restrukturierung am Standort Berlin auf, das zahlreiche namhafte Unternehmen und Konzerne bei Restrukturierung und Sanierung begleitet hat. Karl-J. Kraus war von 1990 bis 2000 zudem im Auftrag des Bundesministeriums für Finanzen (BMF) als Mitglied des Leitungsausschusses der Treuhandanstalt tätig, der späteren Bundesanstalt für vereinigungsbedingte Sonderaufgaben (BvS). Karl-J. Kraus wurde 1994 ins Management Committee von Roland Berger Strategy Consultants berufen und war dessen Vorsitzender von 2000 bis 2003. Von 2003 bis 2010 war er stellvertretender Vorsitzender des Aufsichtsrats von Roland Berger Beteiligungs GmbH. Insgesamt hat Karl-J. Kraus die Restrukturierungsszene in Deutschland maßgeblich geprägt. Seine ehemaligen Mitarbeiter sind deshalb heute nicht nur an der Spitze bekannter deutscher Unternehmen, sondern auch in der Führung der maßgeblichen Restrukturierungsberatungen sowie von auf Restrukturierungsfälle spezialisierten Kapitalbeteiligungsgesellschaften zu finden.

Dr. Guido Kritzler

Guido Kritzler ist aktuell Leiter des Finanz- und Rechnungswesens bei der Meyer & Meyer Holding GmbH & Co. KG, dem größten Fashionlogistikspezialisten Europas. Zuvor war er kaufmännischer Leiter bei der GeGa GmbH, einem mittelständischen Spezialmaschinenbauer, der Weltmarktführer im Bereich der Herstellung autogener Brennschneidmaschinen für Stahlwerke ist.

Guido Kritzler ist promovierter Physiker, der zusätzlich BWL studiert hat. In seiner beruflichen Laufbahn hat er bei verschiedenen Corporate Finance-Beratungsgesellschaften gearbeitet, unter anderem der Deutsche Gesellschaft für Mittelstandsberatung und Helbling, zuerst als Projektleiter, später als Partner. Dabei hat er sich eine umfangreiche Erfahrung im Bereich der branchenübergreifenden finanzwirtschaftlichen Restrukturierung und Sanierung im gehobenen deutschen Mittelstand aufgebaut. Parallel dazu konnte er eine umfangreiche Erfahrung im M&A Geschäft aufbauen. Bei der Deutsche Gesellschaft für Mittelstandsberatung hat er das gesamte M&A-Geschäft verantwortet. Zuletzt hat er mehrere Jahre für die Schweizerische Post in der Konzernentwicklung und im Finanzdepartement gearbeitet und dort internationale M&A-Projekte durchgeführt und diese gegenüber der Konzernleitung verantwortet. Außerdem hat er die Post Merger Integration-Methodik des Konzerns maßgeblich mitgestaltet.

Götz Lautenbach

Götz Lautenbach hat an der Johann-Wolfgang-Goethe-Universität in Frankfurt a.M. Rechtswissenschaft studiert, sein Referendariat in Frankfurt und München absolviert und ist seit 1992 zugelassener Rechtsanwalt. Seine fachlichen Schwerpunkte sind die Sanierungs- und Restrukturierungsberatung sowie das Insolvenzrecht. Außerdem ist er als Insolvenzverwalter tätig und hat sich unter anderem einen Namen bei der erfolgreichen Umsetzung von Insolvenzplanverfahren gemacht.
Götz Lautenbach begann seine berufliche Laufbahn als Rechtsanwalt in der Kanzlei Lautenbach, Sieber, Kimm. Später war er Mitgründer und Partner der Kanzlei Bernsau & Lautenbach bzw. in der Folge BBL Bernsau Brockdorff Lautenbach. Seit 2011 firmiert er unter Götz Lautenbach Insolvenzverwaltung.

Marco Meier

Rechtsanwalt Marco Meier arbeitet seit 1998 im Sanierungs- und Restrukturierungsbereich der ehemaligen WestLB AG – heute Portigon AG – in Düsseldorf. Nach seinen beiden juristischen Examina startete er 1991 bei der WestLB zunächst in der Rechtsabteilung. Sieben Jahre später wechselte er in sein heutiges Betätigungsfeld. In dem Bereich Non-performing Loans der Portigon AG leitet er seitdem Projektteams, die zu einzelnen Krisenfällen gebildet werden. Sein Haupttätigkeitsbereich liegt dabei bei den deutschen syndizierten Krediten und den deutschen Mittelstandsfinanzierungen, wobei aber auch internationale syndizierte Kredite immer einmal wieder für eine begrenzte Zeit einen Schwerpunkt bilden. Bei seinen deutschen Kunden lernte Marco Meier die verschiedensten Branchen von der Landwirtschaft über den Einzelhandel bis zur Automobilzulieferindustrie und Bauindustrie kennen. Neben klassischen Kreditengagements der Portigon AG begleitet er auch immer wieder echte und unechte Beteiligungen, strukturierte Finanzierungen, Schuldscheindarlehen und Leasingfinanzierungen.

Thomas Müser

Thomas Müser begann seine berufliche Laufbahn mit einem Traineeprogramm bei der Norddeutsche Landesbank. Danach war der Volljurist in Marktfunktionen bei zwei anderen Geschäftsbanken tätig. 2000 führte ihn sein beruflicher Weg erneut zur Nord/LB, wo er im neu eingerichteten Sonderkreditmanagement für die Sanierung mittelständischer Firmenkunden zuständig war.

Seit 2011 ist er als stellv. Abteilungsleiter bei der zum Nord/LB-Konzern gehörenden Deutsche Hypothekenbank AG tätig und verantwortet dort die Restrukturierung und Abwicklung notleidender gewerblicher Immobilienfinanzierungen.

Christopher Seagon

Christopher Seagon ist seit 1996 Partner bei Wellensiek Rechtsanwälte Partnergesellschaft und Fachanwalt für Insolvenzrecht. In seiner langjährigen Tätigkeit als Insolvenzverwalter hat er mehr als 550 Konkurs- und Insolvenzverfahren bearbeitet und ist bei achtzehn Insolvenzgerichten als Insolvenzverwalter bestellt. Besondere Erfahrungen hat er in der Fortführung bzw. Sanierung verschiedener insolventer Geschäftsbetriebe vor allem im verarbeitenden Gewerbe, bei Konzerninsolvenzen und im internationalen Insolvenzrecht, bei forensischen Ermittlungen sowie der Verfolgung und Durchsetzung auch von Haftungsansprüchen im In- und Ausland. Christopher Seagon ist ständig als Referent zu insolvenzrechtlichen Themen tätig und nimmt Lehraufträge wahr an den Universitäten Heidelberg und Witten/Herdecke. Außerdem ist er geschäftsführender Gesellschafter der Heidelberger Gemeinnützigen Gesellschaft für Unternehmensrestrukturierung mbH. Er ist außerdem Mitglied im Gravenbrucher Kreis, im VID Verband der Insolvenzverwalter in Deutschland e.V., Norddeutsches Insolvenzforum, INSOL EUROPE, Arbeitskreis Insolvenz und Sanierung Rhein-Neckar-Pfalz e.V., ZIS Zentrum für Insolvenz und Sanierung an der Universität Mannheim.

Ferner ist Christopher Seagon häufig als Treuhänder in Unternehmenssanierungen tätig und in dieser Funktion Mitglied zahlreicher Aufsichtsgremien.

Dr. Markus Stadler

Markus Stadler ist seit 1997 Rechtsanwalt und schwerpunktmäßig in den Bereichen Sanierung, Restrukturierung und Insolvenzrecht sowie im Gesellschaftsrecht/M&A tätig. Er ist seit 2009 Mitglied der Wellensiek Rechtsanwälte und leitet als Partner das Münchener Büro. Zuvor war er fünf Jahre General Counsel und Head of Corporate Affairs der A.T.U.-Gruppe und mehrere Jahre in einer internationalen Großkanzlei vor allem in den Bereichen Private Equity und Restrukturierung tätig. Einer seiner Haupttätigkeitsbereiche ist heute die Strukturierung und Betreuung von Sanierungstreuhandschaften als Treuhandgeschäftsführer oder Treuhandmanager in verschiedenen Industrie- und Dienstleistungssektoren. Hier ist er sowohl in der operativen Restrukturierung als auch im Bereich der finanziellen Restrukturierung tätig; ferner zählt die Betreuung von Investoren- und M&A-Prozessen im Rahmen der Treuhandverwaltung zu seinen Verantwortlichkeiten.

Markus Stadler ist Lehrbeauftragter der European Business School (Oestrich-Winkel) und der FOM Fachhochschule für Oekonomie und Management; er ist durch zahlreiche Veröffentlichungen in den Bereichen Gesellschaftsrecht und Restrukturierung ausgewiesen.

Harald Vonderschmitt

Harald Vonderschmitt ist Director Group Intensive Care der Commerzbank in Frankfurt und lang gedienter Experte aus den verschiedenen Sparten des Kreditgeschäftes und der Restrukturierung. So kann er unter anderem auf über 20 Jahre Erfahrung aus dem Firmenkreditgeschäft der Deutschen Bank als Analyst und Kundenbetreuer – Large Corporates und Multinationals – zurückblicken, war Leiter des Branchenteams Chemicals der BHF-Bank und ist mittlerweile rund 10 Jahre Restrukturierungsexperte der Commerzbank, insbesondere im Bereich der Mid Caps.

Harald Vonderschmitt war darüber hinaus auch als Berater aktiv, so dass er „beide Seiten" der für Unternehmen bei komplexen Finanzierungen bzw. Restrukturierungen tätigen Dienstleister aus eigener Erfahrung kennt und einschätzen kann.

Olivier Weddrien

Olivier Weddrien begann nach dem Studium der Betriebswirtschaftslehre an den Universitäten Paderborn und Erlangen-Nürnberg als Trainee beim WGV Württembergischer Genossenschaftsverband. Nachfolgend trat er in die damalige GZB-Bank, Stuttgart, ein, wo er sich mit kleinen mittelständischen M&A-Fällen sowie kleineren Beteiligungen auseinandersetzte. 2000 wurde Olivier Weddrien zum Geschäftsführer der Vorgängergesellschaft der DZ Equity Partner berufen, deren Geschäftsführer er bis September 2012 war. In diesen Funktionen entwickelte er die DZ Equity Partner zu einem führenden Eigenkapitalinvestor im deutschen Mittelstand und setzte zahlreiche Transaktionen erfolgreich in Form von Minderheits- und Mehrheitsbeteiligungen um.

Seit Oktober ist Olivier Weddrien Partner bei Cranemere, einer globalen Investmentholding, die Unternehmen dauerhaft hält und aktiv weiterentwickelt. Er verantwortet hier das europäische Geschäft.

Daneben war und ist er als Aufsichtsrat und Beirat bei mittelständischen Unternehmen tätig.

Detlev Will

Detlev Will ist Direktor der Commerzbank und gelernter Bankkaufmann. Er sammelte seine ausgeprägten Erfahrungen im Kreditgeschäft über mehrere Jahre im Firmenkundenbereich der Dresdner Bank, bevor er in den Work-out-Bereich wechselte. Mittlerweile kann er auf mehr als zwei Jahrzehnte Restrukturierungserfahrung aus eigener praktischer Tätigkeit und als Manager der Dresdner Bank sowie später der Commerzbank zurückblicken. Dies begann mit dem Aufbau des Bereichs Intensiv-Betreuung für die Dresdner Bank in Hannover, wo er wenig später die Führung der Intensiv-Betreuung und nachfolgend zusätzlich die Führung des Work-out-Bereiches übernahm. Anfang 2000, als der Internet-Hype auf seinem Höhepunkt war und anschließend als Blase platzte, war Detlev Will Restrukturierungsmanager der IRU (Institutional Restructuring Unit = Bad Bank) und im Anschluss Leiter des Spezialkreditmanagements der Dresdner Bank für die nördlichen und die neuen Bundesländer. Seit 2008 ist er verantwortlicher Direktor der Commerzbank für den Bereich Restrukturierung und Sanierung mittelständischer Unternehmen in Norddeutschland.
Detlev Will gibt neben seiner praktischen Tätigkeit auch bereits seit 1997 seine langjährige Erfahrung über interne Trainings an Mitarbeiter und Nachwuchskräfte der Bank weiter. Zusätzlich hält er entsprechende Vorträge an der Universität Hamburg.

Soweit in dem vorliegenden Band wertende Feststellungen und Interpretationen erfolgen, müssen sie nicht zwingend die Meinung jedes der oben genannten Ratgeber, seiner Arbeitgeber oder Partner wiedergeben – umso mehr unser Dank für die Bereitschaft zur Unterstützung dieses Werks, das hoffentlich breites Interesse findet.

Die Erstellung dieses Bandes beanspruchte statt der ursprünglich geplanten sechs Monate insgesamt drei Jahre. Sanierungsthemen sind halt mitunter komplexer als erwartet. Es ist zumindest beabsichtigt, dass künftige Veröffentlichungen etwas schneller fertig werden – warten wir es mal ab. Zu danken haben die Verfasser natürlich den bekannten Leidtragenden aus dem privaten Umfeld und Freundeskreis sowie den duldsamen Beratern und Assistentinnen von FMC, die es mit Gelassenheit ertragen, dass schon etwas ältere Partner überhaupt kein Problem mit der Erstellung von Charts und den Tücken bekannter Softwareprodukte haben – zumindest solange diese hilfreichen Geister in der Nähe sind, insbesondere Mona Mühring, Susanne Werthschütz, Mirko Dahlke, Philipp Fliegner, Michael Kaefer und Denis Kopeev.

1. Restrukturierung funktioniert im Mittelstand anders als im Konzern

Restrukturierungen sind der Öffentlichkeit vor allem aus dem Umfeld spektakulärer Rettungsversuche namhafter Konzerne wie vor Jahren die Metallgesellschaft, Holzmann und AEG bzw. in der jüngeren Vergangenheit IKB, Arcandor/Karstadt und Opel bekannt. Trotz der volkswirtschaftlichen Relevanz gelang es nicht in allen Fällen, die Unternehmen nachhaltig zu retten bzw. in den bestehenden Strukturen zu bewahren. Aufstieg, Niedergang und Scheitern spielten sich vor den Augen der betroffenen Öffentlichkeit ab, begleitet von den Medien und bemühten Interessenvertretern.

Eher unauffällig verlaufen Restrukturierungsbemühungen um mittelständische Unternehmen, die gesellschaftsrechtlich natürlich ebenfalls oft als Konzern einzustufen sind, aber über eine weitaus geringere Komplexität und Bekanntheit verfügen als die bekannten Publikumsgesellschaften. Insofern ist die hier vorgenommene Gegenüberstellung von „Konzernen" und „Mittelständlern" selbstverständlich nur ein plakatives Stilmittel, um signifikante Unterschiede im Restrukturierungsansatz hervorzuheben.

Mittelständler mögen zwar in ihrem regionalen Umfeld eine gewisse Bedeutung haben, sie verfügen aber im konkreten Einzelfall weder über hohe volkswirtschaftliche Relevanz noch überregionale Bekanntheit. Dabei stellen sie die Mehrheit der Restrukturierungsfälle dar. Nicht weil diese Unternehmen krisenanfälliger oder schlechter geführt sind als bekannte Konzerne, sondern in erster Linie, weil die Mehrheit der deutschen Unternehmen eine mittelständische Größenordnung im Bereich von rund 20 Mio. EUR bis zu ca. 500 Mio. EUR Umsatz hat. Nicht wenige von ihnen sind weltweit aktiv, teilweise als technisch versierte Marktführer in einer speziellen Nische.

Unterhalb der – im Grunde willkürlich gezogenen – Grenze von 20 Mio. EUR Umsatz kommt noch mal eine überwältigende Vielzahl kleinerer Unternehmen, die meist regional bzw. allenfalls national tätig sind. Letztere sind oft überschaubar „handwerklich" strukturiert und werden auf der kaufmännischen Seite über eine enge Symbiose des Unternehmers mit seinem seit Jahren vertrauten Steuerberater geführt, der dem Unternehmen auch in Krisen und Bankengesprächen usw. hilfreich zur Seite steht. Dies ist in den kleinen Unternehmen auch vollkommen ausreichend, bei den etwas größeren Mittelständlern hingegen reichen diese einfachen Modelle der Krisenbewältigung oft wegen der besonderen Risiken aus dem Finanzierungsvolumen, der Standort- und Gesellschaftsstruktur etc. nicht aus.

Populär ist die Furcht, dass Mittelständler wegen unzureichender Kapitalversorgung in die Krise geraten. Man erinnere sich an die Diskussionen um die Einführung von Basel II oder das Gespenst der „Kreditklemme" im Zuge der Wirtschafts- und speziell Bankenkrise ab 2008.

Typische Charakteristika von mittelständischen Krisenunternehmen

Unternehmen,

- ... die ausschließlich „auf den Chef zugeschnitten sind"

- ... mit ungeregelter Nachfolge

- ... mit unzureichenden Steuerungs- und Informationssystemen

- ... mit nur einem Standbein oder zu starker Diversifikation („Verzettelung")

- ... die sich nur auf das Tagesgeschäft konzentrieren

- ... die zu schnell wachsen

- ... die primär technisch orientiert sind

Abbildung 2: Typische Krisenursachen im Mittelstand

Schaut man auf die vorrangigen Krisenursachen im Mittelstand (Abbildung 2), so ist es aber nicht die Finanzpolitik, die als primäre Krisenursache zu identifizieren ist. Warum sollte auch ein gut aufgestelltes Unternehmen mit solider Basis keinen Kredit erhalten? Schließlich liegt es im Interesse der Banken, mit Krediten Geld zu verdienen, und die klassische Fremdfinanzierung über Bankkredite ist im deutschen Mittelstand neben den Einlagen der Eigentümer der vorherrschende Weg der Kapitalbeschaffung. Umgekehrt ist aber auch zu fragen, warum man einem schlecht aufgestellten Unternehmen noch Kredit geben oder es mit Einlagen unterstützen sollte.

Ein Blick auf das für Mittelständler typische Rating (Abbildungen 3 und 4) zeigt, dass die wirtschaftliche Entwicklung vieler dieser Unternehmen bei kritischer Prüfung als volatil eingestuft wird. Die in Abbildung 3 gezeigte Risikostruktur in den Portfolien von Banken ist gewiss eine Momentaufnahme, die in der spekulativen Hochphase vor der Finanzkrise durch strukturierte Finanzierungen etc. – Verschiebung der Struktur des Portfolio nach links – verwässert wurde. Aber im Kern hat sich die kritische Einschätzung mittelständischer Unternehmen nicht geändert, da die zugrunde liegenden Geschäftsmodelle im Mittelstand unverändert geblieben sind. Es handelt sich in aller Regel um relativ kleine Unternehmen mit einem eng begrenzten Leistungsprogramm und einer hohen Abhängigkeit von den handelnden Personen. Neben anderen Aspekten – Finanzierungsstruktur, Qualität des Controllings etc. – beeinflussen insbesondere diese inhärenten Risiken das Rating negativ. Mittelständische Unternehmen tun deshalb gut daran, die für sie gestaltbaren Kriterien ihres Ratings ernst zu nehmen, denn es ist die wesentliche Grundlage ihrer Fremdfinanzierungsmöglichkeiten und -konditionen. Die vorrangige Finanzierung über Banken ist typisch für den deutschen Mittelstand.

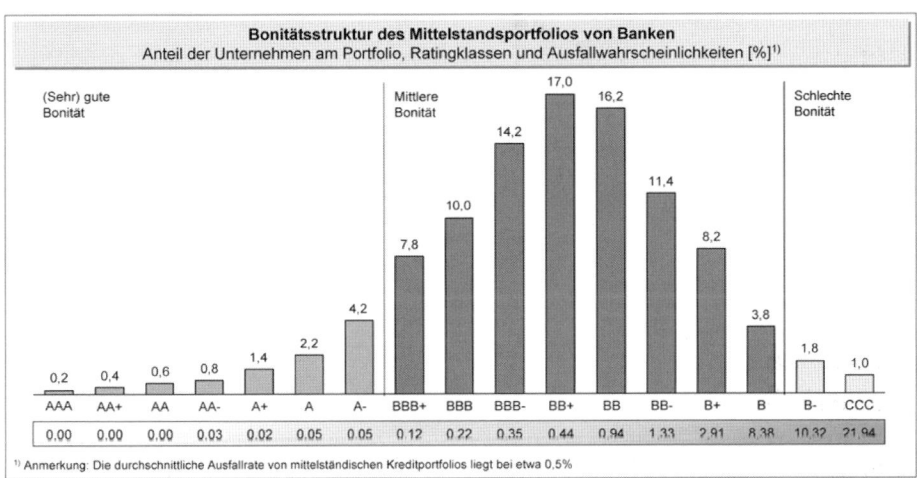

Abbildung 3: Bonitätsstruktur des Mittelstandsportfolios von Banken (Beispiel)

	MOODY'S	STANDARD & POOR'S	FITCH IBCA
Ratingnoten im Überblick[1)]			
Beste Qualität, geringstes Ausfallrisiko	Aaa	AAA	AAA
Hohe Qualität	Aa1/Aa2/Aa3	AA+/AA/AA-	AA+/AA/AA-
Angemessene Deckung von Zins und Tilgung, mögliches Risiko bei Veränderung des wirtschaftlichen Umfeldes	A1/A2/A3	A+/A/A-	A+/A/A-
Angemessene Deckung von Zins und Tilgung, mangelnder Schutz bei Veränderung des wirtschaftlichen Umfeldes	Baa1/Baa2/Baa3	BBB+/BBB/BBB-	BBB+/BBB/BBB-
Sehr mäßige Deckung von Zins und Tilgung, selbst bei gutem Wirtschaftsumfeld	Ba1/Ba2/Ba3	BB+/BB/BB-	BB+/BB/BB-
Akute Gefahr eines Zahlungsverzugs	Caa/Ca/C	CCC/CC/-	CCC/CC/-
Bereits in Zahlungsverzug	-/-/-	D/-/-	DD/DD/D

[1)] Investment Grade = AAA bis BBB-; Speculative Grade = BB+ bis D;
Die Einstufung repräsentiert eine mathematisch-statistische Ausfallwahrscheinlichkeit. Sie ist nicht streng metrisch, d.h. es ist schwerer ein höheres A Rating als ein niedrigeres B Rating zu erhalten

Abbildung 4: Ratingnoten im Überblick

Die Gründe für Krisensituationen mittelständischer Unternehmen sind – wie oben zu sehen – vielschichtig. Nur mit einer „Geldspritze der Hausbank" beseitigt man sie nicht. Das aber war in der Vergangenheit ein nicht ungewöhnlicher Trugschluss und ist mit Ursache für das Siechtum einer Reihe von Unternehmen und das labile Kreditportfolio mancher Banken. Anstelle schmerzhafter Eingriffe zur rechtzeitigen Bereinigung latenter Probleme wurde versucht, mit Geld und durchaus legitimer Bilanzgestaltung Zeit zu gewinnen. Das mag in Zeiten dynamisch wachsender Volkswirtschaften und Unternehmen ein probates Mittel sein, versagt aber in stagnierenden Märkten mit hartem Verdrängungswettbewerb. Letzteres wird in Zukunft der Normalfall sein. Insofern war die in 2008 einsetzende Krise aus Sicht der Verfasser unabhängig von deren konkreten Auslösern auch Ausdruck eines sich seit Jahren abzeichnenden Bereinigungs- und grundlegenden Restrukturierungsbedarfes.

Volkswirtschaftlich wäre ein Niedergang des deutschen Mittelstandes bedenklich. Nicht nur, weil Vermögen und Arbeitsplätze vernichtet würden. Vor allem würde es einen Niedergang des Unternehmertums bedeuten; eine Triebfeder für Innovationen und Wachstum, die Konzernen und öffentlichen Institutionen trotz aller Bemühungen kaum in vergleichbarem Maße zu eigen ist. Der Unternehmer als treibende Kraft macht die Besonderheit des Mittelstands aus und ist nicht zuletzt wesentliche Grundlage für gesamtwirtschaftlichen Wohlstand.

Restrukturierungen im Mittelstand sind dabei etwas anders gelagert als Krisenfälle in Konzernen mit signifikanter Größe, wobei die folgenden Ausführungen natürlich von idealtypischen Unternehmen ausgehen und etwas vereinfachen.

Restrukturierungen von insbesondere börsennotierten Konzernen vollziehen sich meist unter Beobachtung einer gewissen Öffentlichkeit. Das kann Vor- und Nachteile haben, in jedem Fall spielt die Kommunikation mit den Stakeholdern eine bedeutende Rolle, auch um, wie im Falle der Politik, konkrete Hilfen zu erhalten, Wohlverhalten von Gewerkschaftsseite zu erwirken und mit Blick auf die Finanzmärkte den Weg für Kapitalbeschaffungen via Anleihen, Kapitalerhöhungen etc. zu ebnen.

Weiteres prägendes Merkmal der Restrukturierung von Konzernen ist die schiere Größe der anstehenden Aufgabe und Vielzahl an Managern und Mitarbeitern, die es in eine bestimmte Richtung zu bewegen gilt, die aber auch als Reservoire an Unterstützern zur Verfügung steht. Ein Krisenmanager alleine oder einige wenige Berater können trotz aller Erfahrung in diesem Umfeld wenig bewegen. Es sind zwingend sehr große externe Teams aus Beratern erforderlich, die ein umfangreiches Maßnahmen- und Change Management aufbauen, nur um zügig Transparenz zu schaffen und den Koloss schnell durch konsequentes Projektmanagement in eine neue Richtung zu bewegen und die unterstützenden Teams des Konzerns zu aktivieren. Das alleine ist schon ein unabdingbarer Kraftakt und hat noch keine signifikante inhaltliche Unterstützung zur Folge. In welchem Umfang die Berater zusätzlich für konkrete Umsetzungstätigkeiten eingesetzt und dabei auch durch Interimsmanager ergänzt werden, kommt auf den Einzelfall an, wobei auch Haftungsrisiken eine Rolle spielen. In aller Regel haben große Konzerne eine ausreichende personelle Substanz, um die Umsetzungsteams vorrangig mit eigenen qualifizierten Kräften zu besetzen, so dass den Beratern die für ihr Geschäft übliche konzeptionelle und methodische Unterstützung überlassen bleibt.

Die folgenden Abbildungen 5 bis 13 zeigen das typische Instrumentarium dieser Vorgehensweise.

Meist ist unter hohem Zeitdruck ein Restrukturierungskonzept auszuarbeiten, parallel sind bereits offensichtliche Sofortmaßnahmen einzuleiten. Vor allem geht es darum, Ordnung in die oft wenig professionell geführte Mannschaft in der akuten Krise zu bringen und umgehend Transparenz über die Sachlage und wesentlichen Spannungsfelder zu gewinnen.

Am Anfang jeder Restrukturierung stehen deshalb immer umfangreiche Bestandsaufnahmen, unter anderem ist ein „Fact Book" zu erstellen, in dem Daten und Fakten des Krisenunternehmens ordentlich zusammengetragen und aufbereitet werden. Die darauf aufbauende Erstellung des Sanierungskonzeptes ist ein kreativer Akt, der bei wirtschaftlich angeschlagenen Unternehmen mit komplexen gesellschaftsrechtlichen Strukturen, ebenfalls komplexen Finanzierungen und Defiziten des Geschäftsmodells sehr anspruchsvoll sein kann. Die unmittelbar einzuleitenden Sofortmaßnahmen sind demgegenüber meist die üblichen Standards, wie ein Einstellungs- und Investitionsstopp, die sehr restriktive Regelung von Entscheidungskompetenzen und Zeichnungsbefugnissen, die zwingend notwendige schriftliche Beantragung und Freigabe der Inanspruchnahme von Liquidität sowie letztendlich die zentrale Steuerung und Kontrolle der Ein- und Auszahlungen einhergehend mit entsprechenden organisatorischen Zentralisierungen im Finanzmanagement (Bankkonten, Kreditoren, Debitoren), Controlling, Einkauf und Personalwesen. Diese Maßnahmen sind naheliegend, banal ist die zügige Durchsetzung dieser „Vollbremsung und Zwangsverwaltung" in verflochtenen und international aufgestellten Unternehmen aber in der Regel nicht.

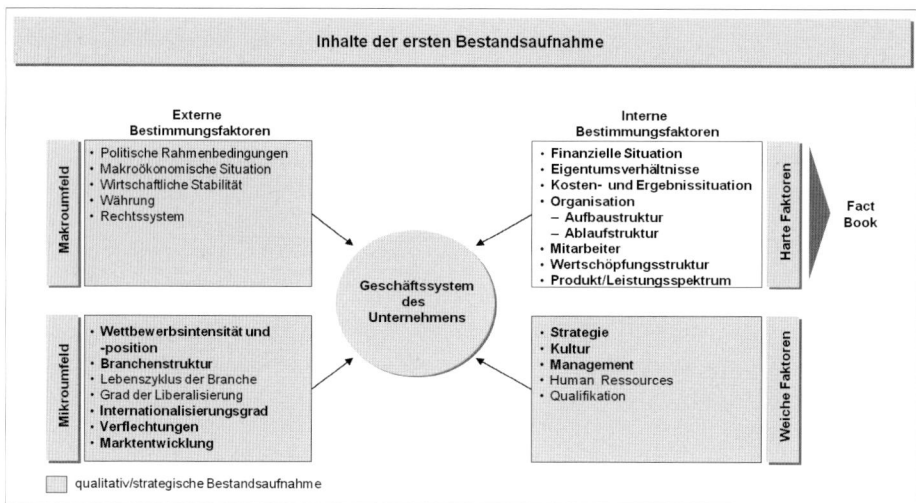

Abbildung 5: Inhalte der ersten Bestandsaufnahme

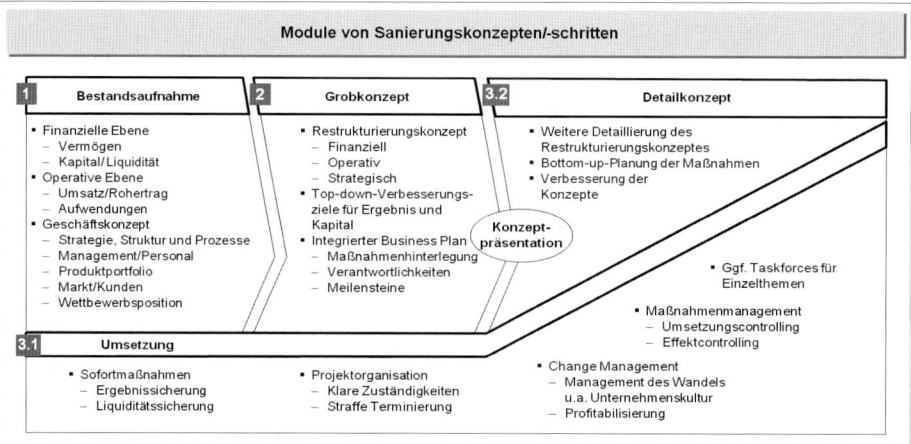

Abbildung 6: Module von Sanierungskonzepten/-schritten

Ausgehend von dieser schnellen ersten Orientierung ist ein Projektmanagement zu etablieren, sind die einzelnen Projekte zu initiieren und verbindliche, detaillierte Maßnahmenpläne mit den Potenzialzusagen der operativen Umsetzungsteams auszuarbeiten. Für das Top Management ist ein aggregiertes Reporting aufzubauen.

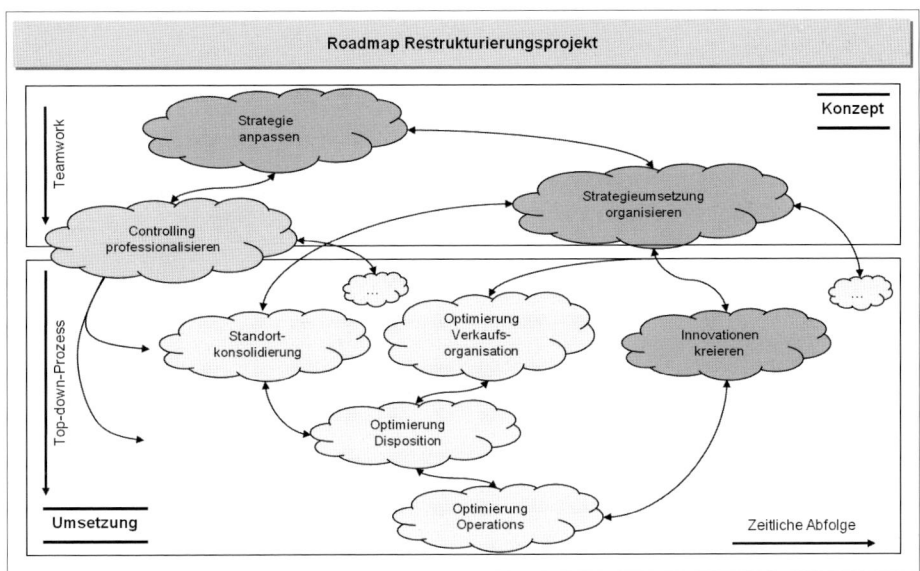

Roadmap Restrukturierungsprojekt

Teamwork

Top-down-Prozess

Konzept

Strategie anpassen

Strategieumsetzung organisieren

Controlling professionalisieren

Standort-konsolidierung

Optimierung Verkaufs-organisation

Innovationen kreieren

Optimierung Disposition

Optimierung Operations

Umsetzung

Zeitliche Abfolge

Abbildung 7: Roadmap Restrukturierungsprojekt

Maßnahmen- und Potenzialübersicht

ID	Beschreibung / Aktivität / Meilenstein	Beginn	Ende	Verantwortlich	Mitarbeit	Status (Farbskalierung)	Zielpotenzial FYE 2010	Ist - Potential
1	Portfolioreduktion / Prozessoptimierung Druck	19.01.2009	16.10.2009	Dr. Robeck			1.751.641	1.409.384
2	Kapazitätsanpassung Produktion Süd	19.01.2009	31.12.2009	Glaser			3.020.071	1.370.750
3	Strukturkonzept: Standort Ost	19.01.2009	31.12.2009	Dr. Simon			4.379.103	2.842.559
4	Strukturkonzept: Standort Nord	19.01.2009	31.03.2010	Dr. Bruns			1.510.791	1.327.907
5	Leistungssteigerung: Standort Tschechien	19.01.2009	31.12.2009	Kaefer	Dr. Dahlke		1.208.029	1.359.032
6	Leistungssteigerung: Standort Polen	19.01.2009	30.03.2010	Pohl	Horstmann		530.000	0
7	Leistungssteigerung: Standort Ungarn	19.01.2009	31.12.2009	Koschei	Dr. Ebert		120.000	20.000
8	Leistungssteigerung: Standort Russland	19.01.2009	31.12.2009	Dr. Simon			600.000	0
9	Leistungssteigerung: Standort Frankreich	19.01.2009	31.12.2009	Pohl			377.509	215.000
10	Migration Outputmanagament: Standort West	19.01.2009	30.06.2010	Müller			3.586.335	5.987.575
11	Migration Outputmanagament: Standort Lichtenau	19.01.2009	30.09.2009	Dr. Bruns			1.396.783	1.594.241
12	Migration Outputmanagament: Standort Frankfurt	19.01.2009	30.03.2010	Dr. Simon			755.018	782.002
17	Projekt Bau, Integration Xerox	19.01.2009	30.06.2009	Glaser			0	0
18	Immobilienkonzept	19.01...	30.03.2010	...eck				0
...	Prozessoptim... Serv...	...01.2009	31.12...	Horstmann			2.258.565	2.299.189
33	Prozessoptimierung Kleinserien	19.01.2009	30.09.2009	Koschei			1.208.029	1.026.702
34	sbA - Reduktion alle Standorte	19.01.2009	30.09.2009	Pohl			4.836.644	5.440.586
35	Projektkoordination / Lenkungskreis	30.04.2009	30.03.2010	Dr. Dahlke			0	0
							26.288.517	25.439.929

Abbildung 8: Detaillierte Maßnahmen- und Potenzialübersicht (Beispiel)

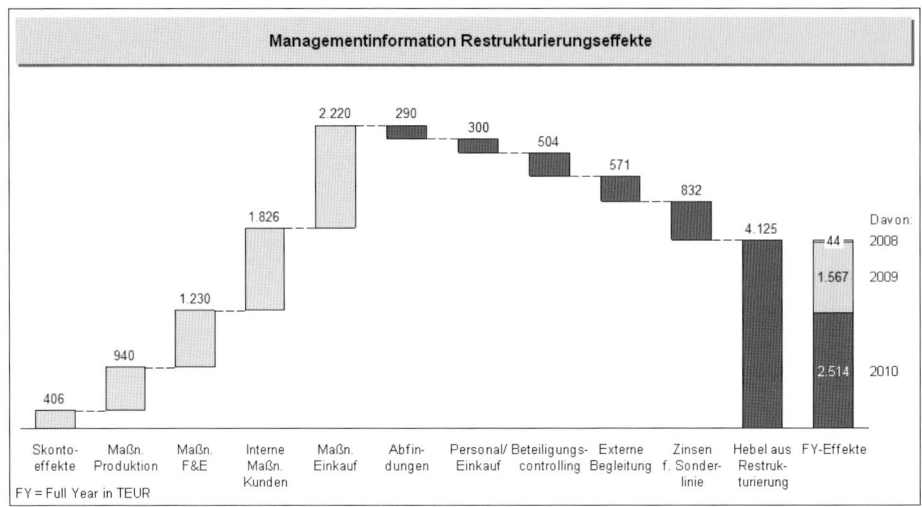

Abbildung 9: Managementsicht – Erträge und Kosten der Restrukturierung (Beispiel)

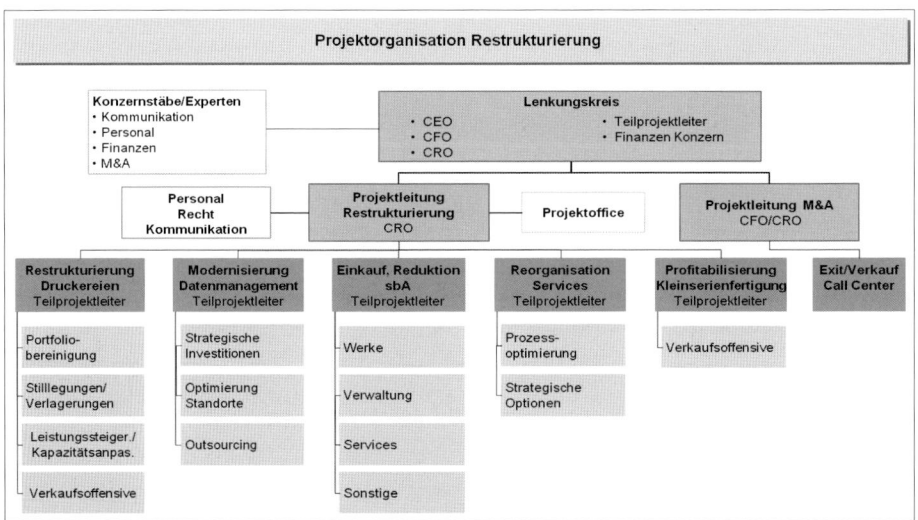

Abbildung 10: Projektorganisation Restrukturierung (Beispiel)

Zur Absicherung des Umsetzungserfolges sind die inhaltliche und materielle Überwachung der Projekte zu organisieren und der Umsetzungsprozess durch die Mitarbeiter der Projektteams mit einfachen Mitteln, meist IT-Tools, zu unterstützen. Wesentliche Hilfen sind Maßnahmensteckbriefe für jedes Projektteam, Statusblätter je Teilprojekt sowie eine aggregierte Statusübersicht für das Management.

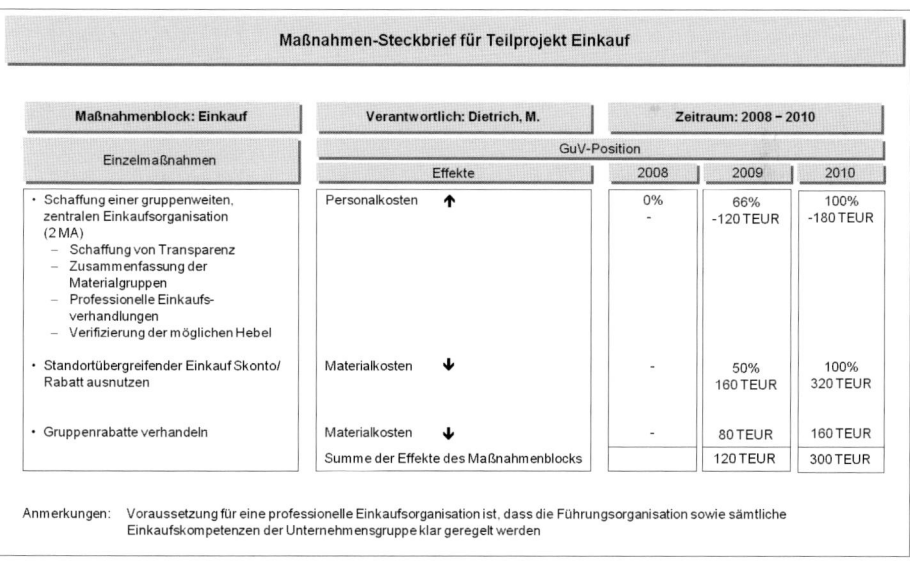

Statusblatt Kapazitätsanpassung

Projektbezeichnung	Kapazitätsanpassung Produktion Deutschland				Seite 1
Projektnummer	TR 1				
Projektleiter	R. Simon				

Plandaten

Projektstart	19.01.2009	Budget	0,2 Mio. EUR	Potential	0,4 Mio. EUR	Aufwand	0,5 MAK
Projektende	30.03.2010	Investitionen	0,2 Mio. EUR	Payback	< 1 Jahr		
		Ges. Kosten	0,2 Mio. EUR				

Ber.-datum	07.12.2009	Aktualisierte Projektdaten zum Stichtag	ja

Projektstatus und Trend zur Vorwoche

	Potential	Kosten	Termin	
Kritische Planabweichung	○	○	○	⇧ Verbesserung
				◉ Gleichbleibend
Im Plan	◉	◉	◉	⇩ Verschlechterung

Termine

	MS1	MS2	Stichtag		MS3	MS4
Plan MS	▼	▼			▼	▼
Ist MS	MS1 ▽	MS2 ▽			MS3 ▽	MS4 ▽
	19.01.2009		07.09.2009			30.03.2010

Umsetzungsgrad (Projekt)		Letzter LK	Heutiger LK
Umsetzungsgrad in %		70%	80%

MS = Meilenstein   LK = Lenkungskreis

Abbildung 11: Umsetzungscontrolling – Statusblatt Kapazitätsanpassung (Beispiel)

Maßnahmen-Steckbrief für Teilprojekt Einkauf

Maßnahmenblock: Einkauf	Verantwortlich: Dietrich, M.		Zeitraum: 2008 – 2010		
Einzelmaßnahmen	**GuV-Position**				
	Effekte		2008	2009	2010
• Schaffung einer gruppenweiten, zentralen Einkaufsorganisation (2 MA) – Schaffung von Transparenz – Zusammenfassung der Materialgruppen – Professionelle Einkaufsverhandlungen – Verifizierung der möglichen Hebel	Personalkosten ↑		0% -	66% -120 TEUR	100% -180 TEUR
• Standortübergreifender Einkauf Skonto/ Rabatt ausnutzen	Materialkosten ↓		-	50% 160 TEUR	100% 320 TEUR
• Gruppenrabatte verhandeln	Materialkosten ↓		-	80 TEUR	160 TEUR
	Summe der Effekte des Maßnahmenblocks			120 TEUR	300 TEUR

Anmerkungen: Voraussetzung für eine professionelle Einkaufsorganisation ist, dass die Führungsorganisation sowie sämtliche Einkaufskompetenzen der Unternehmensgruppe klar geregelt werden

Abbildung 12: Maßnahmen-Steckbrief für Teilprojekt Einkauf (Beispiel)

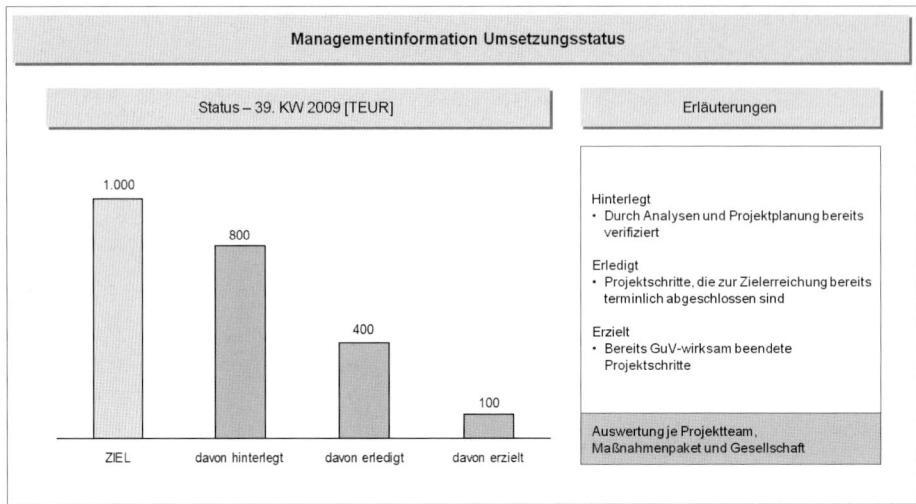

Abbildung 13: Managementsicht – Aggregierter Umsetzungsstatus (Beispiel)

Den Beratern wird in diesen Fällen gerne vorgehalten, sie würden lediglich Druck auf die Umsetzungsteams des Unternehmens ausüben und „Charts produzieren". Die Frage ist aber zum einen, wie man es nicht nur anders, sondern vor allem besser machen soll. Denn die Stakeholder fordern in der Krise zu Recht mehr Transparenz über die Verwendung ihrer (neuen) Mittel und ohne Projektmanagement wird die Steuerung „des Tankers" in eine neue Richtung nicht gelingen. Die Option, so wie bisher weiterzuwirtschaften, dürfte in Krisenfällen wohl nicht zur Diskussion stehen.

Zum anderen wird in dieser Kritik gelegentlich auch eine gewisse Kränkung selbstbewusster und kompetenter Konzernmanager zum Ausdruck kommen, die sich gefallen lassen müssen, dass die eventuell auch relativ forschen Berater penetrant alles hinterfragen – Konzepte, Umsatzplanung, Einsparungspotenziale, Wachstumsraten, Wertansätze, Strategien, Strukturen, Komfortniveaus usw. – und in das Sanierungskonzept bei professionellem Vorgehen auch nur tatsächlich belastbare Positionen aufnehmen sowie ausschließlich die Maßnahmen, deren Umsetzung und Zielerreichung eindeutig jeweils einem Verantwortlichen zugeordnet werden kann. Mehr noch, liquiditäts- und ergebniswirksame Maßnahmen müssen außerdem messbar und in der Umsetzung kontrollierbar sein, sie müssen zudem eindeutig einer Position der GuV zuzuordnen sein – „10% Kostensenkung durch allgemeine Sparsamkeit" oder „15% allgemeine Produktivitätssteigerung durch modernere Systeme" sind somit indiskutable Vorschläge, die zu konkretisieren sind. Diesen stringenten Stil und die mögliche Gefährdung der eigenen Position ist nicht jeder gewohnt.

Man sollte annehmen, dass diese Punkte analog für die Restrukturierung von Mittelständlern gelten. Das trifft aber nur auf den ersten Blick zu, denn es gibt einige Besonderheiten. So spielt im Mittelstand beispielsweise die Gesellschafterebene im Unterschied zu anonymen Publikumsgesellschaften eine herausragende Rolle und hat oft wesentlichen Einfluss auf den Verlauf und das Ergebnis der Restrukturierung. Der allgemeinen Öffentlichkeit hingegen wird in aller Regel, ebenso wie dem politischen Umfeld, nur eine Randbedeutung zukommen. Gewerkschaftsvertreter sind je nach Rechtslage (Tarifbindung etc.) in den Fall einbezogen, allerdings nicht so hochrangig und bei Sonderlösungen oft auch nicht mit der gewünschten internen Durchsetzungskraft. Die Finanzierungsoptionen des Mittelstandes sind – nach dem Zusammenbruch der Märkte für ABS-Modelle, Standard-Mezzanine Konzepte etc. in diesem Segment – wieder auf klassische Ansätze beschränkt, d.h. in der Krise primär auf Arrangements mit den Banken, Lieferanten/Kreditversicherern, Verzichte der Mitarbeiter und Zuschüsse der Gesellschafter.

Im letzten Punkt kommt auch ein ganz besonderes Merkmal typischer Mittelständler zum Ausdruck. Natürlich könnten sie sich je nach Sachlage den Weg zu frischem Kapital durch Aufnahme neuer Gesellschafter erschließen und strategische Investoren oder Finanzinvestoren stehen dafür häufig auch gerne zur Verfügung. Nur, die meisten Mittelständler wollen dies nicht, weil sie eine unerwünschte Beeinträchtigung ihres Handlungsspielraumes befürchten und diese Option eher als Ausstiegsszenario werten. Für die übrigen Stakeholder – insbesondere die Banken – stellt sich dann immer die Frage, ob sie versuchen sollen, den Unternehmer in diese Richtung zu drängen und damit das Risiko einzugehen, die Lage zu verschlimmern, weil der bisherige (Haupt-)Gesellschafter die treibende Kraft des Unternehmens ist, für die es kurzfristig keinen adäquaten Ersatz gibt. Ohne seine Dynamik, sein Wissen und Kundenkontakte hat das Unternehmen eventuell keine Perspektive. Das ist in der Praxis oftmals die Regel. Mittelständler werden häufig nicht wie Publikumsgesellschaften mit anonymer Eigentümerstruktur, weitgehend formalisierten Strukturen und damit von relativ gut austauschbaren Managern geführt, sondern einem durchwachsenen informellen Geflecht, bestehend aus dem Unternehmer, seiner Familie und einer loyalen Gefolgschaft im Management und Umfeld. Eine bedeutende Rolle an der Schnittstelle zwischen Unternehmen und Privatsphäre des Unternehmers spielt dabei meist der langjährig vertraute Steuerberater und Wirtschaftsprüfer, der ihn in aller Regel auch bei Nachfolge-, Finanzierungsthemen und Bankengesprächen unterstützt und auf dessen Diskretion er sich verlassen kann.

Berater und Interimsmanager, die in mittelständischen Restrukturierungsfällen eingesetzt werden, stören grundsätzlich dieses Gefüge, sind aus der Sicht des Unternehmers ein Unsicherheitsfaktor und deshalb nicht unbedingt willkommen. Sie sind in aller Regel durch andere Stakeholder, meist die Banken, dringend empfohlen worden, was die Situation nicht erleichtert. Formal geht es bei ihrem Einsatz zwar ebenfalls um die oben skizzierte Schaffung von Transparenz und den Aufbau eines schlagkräftigen Umsetzungsmanagements, für die anstehende Restrukturierung, das gegebenenfalls entsprechend der Unternehmensgröße und -komplexität relativ pragmatisch ausgestaltet ist. Im Kern aber müssen sich Interimsmanager und Berater im Mittelstand auf das angesprochene informelle Gefüge von Unternehmer und seiner Gefolgschaft einstellen und es so geschickt beeinflussen, dass die angestrebte Restrukturierung ohne unnötige Reibungsverluste erreicht wird. Das ist leicht zu fordern und oft sehr schwer umzusetzen, weil dieses Gefüge in Teilen oder als Ganzes eine der wesentlichen Krisenursachen sein kann. Ein Berater oder Interimsmanager in einem Krisenfall muss es deshalb schaffen, regelmäßig und diskret „auf Augenhöhe" mit dem Unternehmer zu reden und ihm unter vier Augen auch einiges in der notwendigen Klarheit sagen, das nicht für das Umfeld bestimmt ist. Will der Berater die notwendigen substanziellen Veränderungen in der Krise herbeiführen, so muss er es auch schaffen, als seriöser und kritischer Begleiter auf Gesellschafterebene anerkannt zu werden. Letzteres setzt eine ausreichende Lebenserfahrung und Reputation voraus und bei aller notwendigen kritischen Distanz und Diskretion ein Zusammenwirken mit dem Steuerberater und Wirtschaftsprüfer, der ein intimer Kenner der Strukturen und Zahlenwerke ist. Diese Zusammenarbeit kann und sollte schon allein aus Gründen der Berufsethik nicht ohne Wissen und Zustimmung des Unternehmers erfolgen, ein seriöser Prüfer wird sich ohnehin aus juristischen Gründen erst die Freigabe des Unternehmers einholen.

Typische fördernde und hemmende Faktoren der Restrukturierung im Mittelstand sind in der nachfolgenden Abbildung 14 zusammengefasst. Hinzu kommt als generelles Merkmal die übliche Ressourcenknappheit. Neben finanziellen Mitteln sind dies insbesondere das Know-how von Spezialisten, die Managementkapazität auf den mittleren Führungsebenen und die Verfügbarkeit von Nachwuchskräften.

Berater und Interimsmanager im Mittelstand müssen deshalb neben der Leistung als Projektmanager auch in hohem Maße selber operativ tätig werden. Nur beraten, organisieren, delegieren und kontrollieren ist in diesen Strukturen nicht tolerierbar, weil das qualifizierte operative Management bereits in hohem Maße belastet und

Spezifische Einflüsse von Unternehmern / Gesellschaftern, Managern und Arbeitnehmern auf die Restrukturierung im Mittelstand	
Fördernde Faktoren	**Hemmende Faktoren**
• Der visionäre Unternehmer als Antreiber und Motivator	• Schwierige Gesellschafterstrukturen (Familienstämme, geschäftsführende Gesellschafter) mit Konfliktpotenzial
• Pragmatische und operativ erfahrene Manager	• Dominanz des Patriarchen, evtl. Schwäche und Demotivation der Nachfolgegeneration und 2. Führungsebene
• Pragmatische und unternehmerische Arbeitnehmer/-vertreter	
• Kurze Entscheidungswege, wenig Formalismus	• Enge Verbindung von Privat- und Unternehmenssphäre (einzige Erwerbsquelle, Reputation, „Leichen im Keller"…)
• Meist relativ einfache Führungsorganisation in den Unternehmen, kleine überschaubare Einheiten	• Hohes Streben nach Eigenständigkeit auch bei limitierter Finanzkraft
	• Hohe emotionale Bindung an das Unternehmen und langjährige „Weggefährten"

Abbildung 14: Chancen und Risiken der Restrukturierung im Mittelstand

äußerst knapp ist. Besondere Anforderungen an die externe Unterstützung in Krisenfällen des Mittelstands sind deshalb:

− Das Einbringen hoher Fachkompetenz im Working-Capital-Management zur kurzfristigen Liquiditätssicherung und die aktive Verhandlungsführung mit Banken, Arbeitnehmervertretern, kritischen Kunden und Lieferanten.

− Das schnelle Erkennen kritischer Defizite des Geschäftsmodells und das Verfügen über ein Netzwerk, um neue Hoffnungsträger in der Organisation zu etablieren, um Kooperationen und Markterschließungen anzubahnen und um wieder Impulse für Innovationen (Produkte, Services, Prozesse) zu setzen, denn bloßes „Cost Cutting" reicht für erfolgreiche Restrukturierungen nicht aus.

− Ein hochwertiges Netzwerk zur Lösung eventueller juristischer Probleme und eine hohe Reputation als Grundlage zur Rückgewinnung eventuell verlorenen Vertrauens bei den bestehenden Finanzpartnern und gegebenenfalls auch zur Gewinnung neuer Partner, soweit noch möglich und sinnvoll.

Das ist in aller Regel nicht das Feld von Einzelberatern und Probanden, sondern setzt die Einbettung der Berater und Interimsmanager vor Ort in ein spezialisiertes Team mit langjähriger Erfahrung voraus. Neben betriebswirtschaftlichen Grundlagen sind Verhandlungsführung und Konfliktmanagement die erforderlichen Kernkompetenzen.

2. Zunehmende Komplexität des Restrukturierungs- managements

Verhandlungen in Krisenfällen kann man nur qualifiziert führen, wenn man auch die sachlogischen Grundlagen der Restrukturierung beherrscht. Diese sind nicht das Kernanliegen dieses Buches, dafür gibt es genügend hochwertige Ausarbeitungen. Im Sinne einer umfassenden Abhandlung werden sie daher hier nur in aller Kürze beleuchtet. Dabei wird sich zeigen, dass die Lösungsszenarien durch den Markteintritt neuer Akteure – insbesondere die mittlerweile bekannten Hedgefonds – vielfältiger und komplexer werden können. Hinzu kommt der enge Verhandlungsspielraum der Banken infolge der Kreditkrise und der Regelungen der Bankenaufsicht. Die in Europa und den klassischen Industrieländern zunehmend gleichlaufende Konjunktur erschwert es Unternehmen mit eher nationalem bzw. „westlichem" Schwerpunkt zudem, sich von Trends zu entkoppeln bzw. sich über Markterfolge in expansiven Regionen Hilfe, insbesondere Liquidität, für Restrukturierung zu verschaffen. Glücklich, wer sich früh genug ein Standbein in expansiven Regionen – beispielsweise Asien – geschaffen hat. Tendenziell werden vor diesem Hintergrund nachhaltige Restrukturierungen und die damit verbundenen Verhandlungen anspruchsvoller.

2.1 Die Liquidität bestimmt den Handlungsspielraum

Wie schon angeklungen, reicht es bei weitem nicht aus, einem Unternehmen in der Krise kurzfristig die dringend benötigte Liquidität zuzuführen. Nachhaltig erfolgreiche Restrukturierungen erfordern umfassende Eingriffe zur Beseitigung der tatsächlichen Krisenursachen. Knappe Liquidität ist lediglich ein akutes Symptom tiefer liegender Mängel des Geschäftsmodells mit dramatischen Auswirkungen. Ohne ausreichende Liquidität ist das Unternehmen jedoch nicht lebensfähig und auch nicht in der Lage, die Krisenursachen wirksam zu beseitigen.

2.1.1 Es geht um alles, Eile ist geboten

Die Unternehmenskrise kann in letzter Konsequenz zur Vernichtung des Lebenswerks von Generationen führen. Unternehmer, Arbeitnehmer, Finanzinstitute und Lieferanten erleiden einen unmittelbaren Schaden. Dennoch zeigen die Verantwortlichen oft zögerliche Reaktionen bei den ersten Krisensignalen und erst sehr spät hektische Aktionen bzw. planlosen Aktionismus angesichts der im akuten Zusammenbruch aufbrechenden vielfältigen Probleme. Das allerdings oft zu spät, wie die jährlich hohe Zahl an Insolvenzen in Deutschland zeigt. Die Abbildung 15

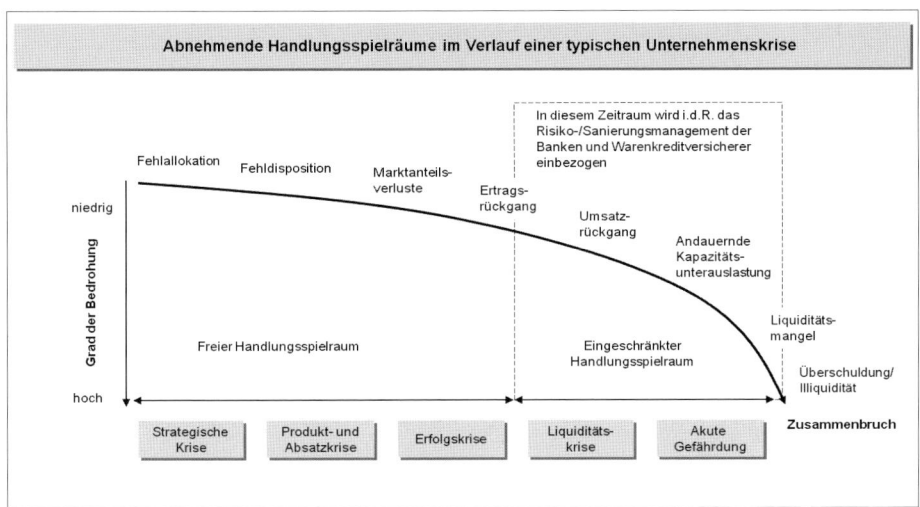

Abbildung 15: Im Verlauf einer typischen Unternehmenskrise nehmen die Handlungsspielräume permanent ab (Prinzipdarstellung)

– ein Klassiker in jedem Vortrag über Restrukturierungen – zeigt die typische Ergebniserosion von Unternehmen in der Krise mit zunehmender Verknappung der Liquidität und damit noch verbleibender Handlungsspielräume. Die Zuordnung der Krisenstadien und -typen zu dem sich verschärfenden Niedergang ist natürlich idealtypisch, aber in der Tendenz zutreffend. Nahezu regelmäßig zeigt sich, dass Spezialisten zur Bewältigung der Krise erst in einem Stadium einbezogen werden, in dem der Handlungsspielraum bereits sehr eingeschränkt ist.

In der akuten Krise verfällt die Liquidität meist rapide, der Druck auf die Verantwortlichen steigt erheblich. Damit wird auch die hohe Emotionalität dieser Situation offenbar, es geht um die Vermeidung der drohenden Insolvenz. Nach den Kriterien der Insolvenzordnung (InsO) in der Fassung von 1999 gilt:

§ 17 InsO … Zahlungsunfähigkeit liegt vor, wenn der Schuldner nicht in der Lage ist, die fälligen Zahlungspflichten zu erfüllen.

§ 18 InsO … drohende Zahlungsunfähigkeit liegt vor, wenn der Schuldner voraussichtlich nicht in der Lage sein wird, die bestehenden Zahlungspflichten im Zeitpunkt der Fälligkeit zu erfüllen.

§ 19 InsO … eine Überschuldung liegt vor, wenn das Vermögen des Schuldners die Schulden nicht mehr deckt.

Im Falle der Zahlungsunfähigkeit (§ 17) oder der Überschuldung (§ 19) müssen die Geschäftsführer gemäß InsO in der Fassung von 1999 binnen einer Frist von drei Wochen entweder den Insolvenzgrund beseitigen oder den Insolvenzantrag beim zuständigen Amtsgericht stellen. Die drohende Zahlungsunfähigkeit ist ein „Kann-Kriterium" und soll Geschäftsführer zur frühzeitigen Anmeldung der Insolvenz bewegen, da sich nach allen Erfahrungen bei möglichst frühzeitiger Anmeldung der Insolvenz noch bestimmte Optionen zur Sanierung des Unternehmens in der Insolvenz besser nutzen lassen. In der Praxis ist die Anwendung dieser Kriterien nicht ganz so einfach, wie es sich im Gesetz liest, und belastet die Akteure mit einem relativ hohen Maß an Ungewissheit und persönlichem Risiko. Immerhin geht es dabei auch um Prognosen und neben den schützenswerten Gläubigerinteressen um die ebenfalls schützenswerten Vermögensinteressen der Gesellschafter. Juristischer Rat ist deshalb in allen Fällen dringend zu empfehlen.

Oben zitierte Regelung wurde kurzfristig im Zuge der Finanzmarktkrise 2008 geändert, die zu erheblichen Werteverlusten und damit Wertberichtigungsbedarf führte. Im Rahmen des Finanzmarktstabilisierungsgesetzes wurde zunächst für die Zeit von November 2008 bis Ende 2010 das Kriterium der Überschuldung modifiziert, um primär den Bankensektor zu stabilisieren und um auch im Unternehmenssektor sich häufende Insolvenzsituationen zu vermeiden. Für diesen Zeitraum galt:

> § 19 Abs. 2 InsO … Überschuldung liegt vor, wenn das Vermögen des Schuldners die bestehenden Verbindlichkeiten nicht mehr deckt, es sei denn, die Fortführung des Unternehmens ist nach den Umständen überwiegend wahrscheinlich.

Da die Relevanz des Überschuldungskriteriums in der Fassung der InsO von 1999 in Fachkreisen ohnehin kritisch diskutiert wurde, war zu erwarten, dass diese Modifikation durch den Gesetzgeber auch über den 31.12.2010 hinaus fortgeführt würde. Dies ist durch die Verlängerung dieser Regelung bis zum 31.12.2013 auch erfolgt. Bereits im November 2012 wurde diese Frist durch Beschluss des Bundestages endgültig aufgehoben und die neue Überschuldungsregelung gilt seitdem unbefristet. Anders als nach dem alten Gesetz genügt somit grundsätzlich die positive Fortführungsprognose, um die Geschäftsführung von der Anmeldung der Insolvenz aus Gründen einer Überschuldung zu entbinden. Bilanzielle Wertansätze sind demnach nur noch ein mittelbares (z.B. Liquiditätseffekte, abhängig von Werthaltigkeit von Vorräten und Forderungen) Beurteilungskriterium. Das ist eine deutliche Erleichterung in einem akuten Krisenfall, der gute Restrukturierungschancen hat. Ebenfalls ist mit Wirkung zum 1.3.2012 aufgrund der zwischenzeitlich gesammelten Erfahrungen eine zusätzliche Reform des deutschen Insolvenzrechts erfolgt. Auf diese Themen wird weiter unten in diesem Buch eingegangen.

Hinzuweisen ist in diesem Zusammenhang darauf, dass die Eigenkapitalquote eines der wesentlichen Kriterien in Ratingsystemen der Banken ist. Schließlich interessiert den Fremdkapitalgeber, neben der künftigen Ertragskraft und dem Cashflow des Schuldners, insbesondere, wie viel „voraushaftendes Kapital" als Puffer bei Verlusten verfügbar ist, ehe sein Engagement betroffen ist. Die Qualität der Bilanz des Schuldners spielt nach den ernüchternden Erfahrungen aus der Finanzkrise wieder eine gewichtige Rolle im quantitativen Rating. Abbildung 16 zeigt einige wesentliche materielle Ratingkriterien, wobei davon auszugehen ist, dass mit der Einführung von Basel III unter anderem die Anforderungen an die Bonität der Kreditnehmer und damit auch an deren Eigenkapitalquote deutlich steigen werden. Die Zeiten, in denen eine Eigenkapitalquote von 15% noch ganz ordentlich war, sind vorbei. Insofern bleibt der faktische Druck hin zu der zügigen und nachhaltigen Schaffung einer belastbaren Eigenkapitalbasis als Voraussetzung für die Zuführung von Fremdkapital natürlich bestehen – und das aus Sicht der Gläubiger zu Recht. Helfen die Gläubiger einem Unternehmen in der Krise, werden sie über Ausschüttungssperren, Covenants in den Verträgen etc. in aller Regel auch die Wiederherstellung einer Mindest-Eigenkapitalquote vereinbaren. Covenants mit der Forderung von beispielsweise mindestens 30% Eigenkapitalquote im produzierenden Gewerbe sind mittlerweile durchaus üblich.

Wesentliche quantitative Ratingkriterien und Faustregeln (Beispiele)					
Kennzahlen	Beurteilungs-Skala				
Beispiele	Sehr gut	Gut	Mittel	Schlecht	Insolvenzgefahr
Eigenkapitalquote	> 30 %	> 20 %	> 10 %	< 10 %	negativ
Schuldtilgungsdauer	< 3 Jahre	< 5 Jahre	< 12 Jahre	< 30 Jahre	> 30 Jahre
Gesamtkapitalrentabilität	> 15 %	> 12 %	> 8 %	< 8 %	negativ
Cashflow-Leistungsrate	> 10 %	> 8 %	> 5 %	< 5 %	negativ

Abbildung 16: Wesentliche quantitative Ratingkriterien und Faustregeln (Beispiele)

Das Kriterium der Zahlungsunfähigkeit bzw. drohenden Zahlungsunfähigkeit als Insolvenzgrund gilt unverändert. Es greift, wenn der Schuldner aus dem nach außen hervortretenden Verhalten nicht in der Lage ist, seine fälligen, ernsthaft eingeforderten Zahlungsverpflichtungen im Wesentlichen zu erfüllen. Die Interpretation soll hier nicht vertieft werden, da sie der permanenten Rechtfortschreibung unterliegt. Dazu ist im konkreten Fall anwaltliche Beratung erforderlich.

Klar ist, die Lage ist bei akut drohender Insolvenz dramatisch, die Beteiligten sind auf das äußerste belastet. Normalfall der Restrukturierungsbemühungen im Vorfeld der drohenden Insolvenz ist die unternehmensinterne Einleitung von Maßnahmen bei den ersten Signalen (Abbildung 17) der Krise: erstens zur Liquiditätssicherung und Kostenreduktion, zweitens zur strategischen Neuausrichtung und drittens zur Umsatzsteigerung. Häufig erfolgt dies mit der richtigen Intention, aber nicht mit der erforderlichen substanziellen Hinterfragung des Geschäftsmodells und Härte in der Umsetzung. Erst der erkennbare Untergang beschleunigt und verschärft die Aktivitäten.

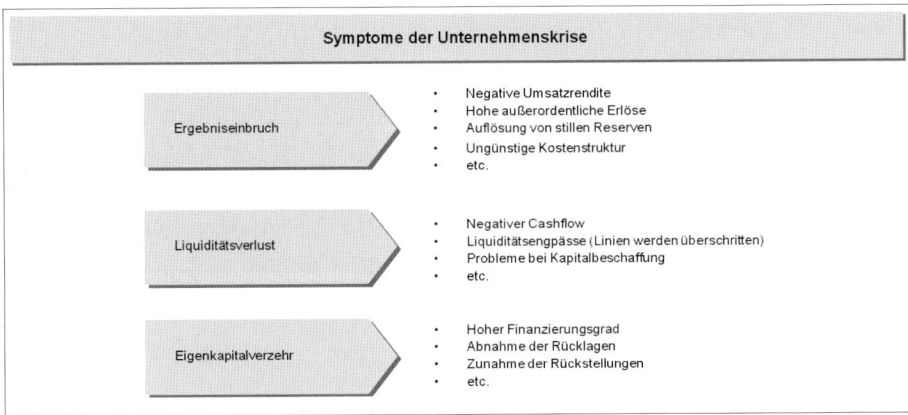

Abbildung 17: Symptome der Unternehmenskrise (Beispiele)

Die ersten Restrukturierungsansätze von Unternehmen erfolgen in der Regel unter der Führung der kaufmännischen Leitung bzw. des CFO (Chief Financial Officer) und auch schon mit persönlichem Engagement des Unternehmers. Durchaus üblich ist auch die Beauftragung von Beratern mit spezifischen Teilprojekten, z.B. dem Maßnahmenmanagement, der Aufbereitung von Analysen und Bereitstellung unterstützender Methoden. Der Einsatz von Interimsmanagern ist in Deutschland noch ungewöhnlich, wird aber zunehmend von Unternehmen und ihren Gesellschaftern sowie Banken akzeptiert. Dieses intern gesteuerte Vorgehen entspricht der maßgeblichen Intention des Unternehmers. Er will sein Lebenswerk erhalten und ausbauen, jedoch unter seiner Führung und gemäß seiner Vision.

Bei ausreichend hohen Erfolgsaussichten ist dies der adäquate Ansatz. Er setzt aber voraus, dass die Restrukturierungsmaßnahmen zielführend sind und die maßgeblichen Stakeholder des Unternehmens – insbesondere Banken, Lieferanten und Arbeitnehmervertreter – dem Unternehmer vertrauen und die eventuell notwendigen einschneidenden Eingriffe unterstützen. Je nachdem, wie akut die zu bewältigende Krise ist, benötigt der Unternehmer zur Umsetzung seiner Ziele ausreichende Liquidität und Zeit. Das sind die sachlogischen Engpässe seiner Restrukturierungsbemühungen. So setzen beispielsweise Produktionsstilllegungen bzw. -verlagerungen Abfindungszahlungen und absichernde Maßnahmen zur Erhaltung der Lieferbereitschaft voraus. Produktionsverlagerungen sind komplexe, mehrstufige Prozesse des Abbaus an vorhandenen Standorten und des Neuaufbaus an vielversprechenden neuen Standorten mit Know-how-Transfer, Kapitalbindung durch Bestandsaufbau während des Verlagerungszeitraumes etc. – alles leichter gesagt als getan.

Überlagert werden diese Umstrukturierungen grundsätzlich von einem Zustand hoher Unsicherheit, denn Unternehmenskrisen sind stets auch Vertrauenskrisen mit latenter Tendenz zur Eskalation. Niemand wird in der erkennbaren Krise ohne Not bereit sein, dem Unternehmer zu helfen und „dem schlechten Geld nochmals gutes Geld hinterherwerfen". Auch werden externe Geldgeber nicht auf zusätzliche Absicherungen und – sofern durchsetzbar – auf Zwangsmaßnahmen verzichten, wenn die Vertrauensbasis mit den handelnden Personen gestört ist und die Zukunftschancen des Unternehmens vage sind.

Es gilt somit für den Unternehmer, sich das Vertrauen der maßgeblichen Stakeholder in außergewöhnlichen Stresssituationen – eventuell belastet durch Vorkommnisse der Vergangenheit – zu bewahren. Solche Stresssituation können Ursache für Fehlreaktionen sein, die in der Nachbetrachtung auch nur schwer zu verstehen sind. Typische Auslöser von Fehlreaktionen sind vor allem Wahrnehmungs- und Reaktionsdefizite bei der Situationseinschätzung und Ableitung von Maßnahmen, von denen sich niemand freisprechen kann.

Bekannte Ursachen für Wahrnehmungsdefizite sind beispielsweise:

— Der relevante Markt ist den Entscheidern nicht mehr genügend vertraut (fehlende Kundenkontakte, Fortschreibung von Trends, Vertrauen auf Sekundärquellen, Inkompetenz, mangelhafte interne Kommunikation des Verkaufs, …)

— Mängel im Finanz- und Rechnungswesen (Aktualität, Vollständigkeit, Richtigkeit, …) behindern die Aufdeckung und Analyse der Krisenursachen

- Komplexe Unternehmensstrukturen behindern die Transparenz und die eindeutige Zuordnung der Krisenursachen

- Eine unzureichende interne Informationspolitik („Kleine Havarie ...") behindert beispielsweise, infolge einer Kultur des Schönredens an der Spitze und des Opportunismus und Schweigens auf nachgeordneten Ebenen, die offene und konstruktive Diskussion über existenzielle Schwachstellen.

Bekannte Ursachen für Reaktionsdefizite sind beispielsweise:

- Die persönliche Dominanz und dogmatische Haltung von Unternehmer und Managern „verbietet die Existenz von Fehlern"

- Eigeninteresse und Beharrungsvermögen von Managern („... nicht Schuld, nicht mein Bereich, nicht meine Verantwortung") verzögern sachgerechte Reaktionen

- Wunschdenken und Fehlinformationen beeinflussen die Situationsanalyse

- Die mangelnde Erfahrung der Beteiligten mit den Risiken und Mechanismen der Krisensituation lähmt den Entscheidungs- und Umsetzungsprozess.

Es ist eine Illusion anzunehmen, die Schieflage eines Unternehmens wäre gegenüber den externen Stakeholdern zu verschweigen. Banken haben durch das Bonitätsrating und die Überwachung der Covenants gute Ansätze zur frühzeitigen Wahrnehmung eventuell drohender Zahlungsausfälle. Ständig voll ausgeschöpfte Kreditlinien, überzogene Konten und Tilgungsstockungen nehmen sie ohnehin unmittelbar wahr. Aber auch für sonstige Externe wie Lieferanten und kritische Analysten ist die Krise des Unternehmens bereits lange vor dem akuten Ausbruch durch erste Indikatoren erkennbar, man denke nur an das Zahlungs- und Investitionsverhalten oder publikumswirksame Auseinandersetzungen auf Gesellschafterebene. Abbildung 18 zeigt Beispiele für Indikatoren, die kaum vor dem einen oder anderen aufmerksamen Stakeholder zu verbergen sind.

Oft ist dem Unternehmer und seinem Management nicht klar, wie leicht ein Vertrauensverlust im Umfeld des Unternehmens durch zu späte Reaktion oder durch falsche Kommunikation mit den Stakeholdern eintreten kann. Das Umfeld ist gewarnt und reagiert meist ohne offene Vorwarnung mit erhöhter Vorsicht, denn die Insolvenz des Unternehmens vernichtet allen Erfahrungen nach massiv und zumeist unumkehrbar Werte. Die übliche Realisierungsquote von Forderungen unbesicherter Gläubiger in der Insolvenz liegt bei nur 5–10% des Nominalwertes.

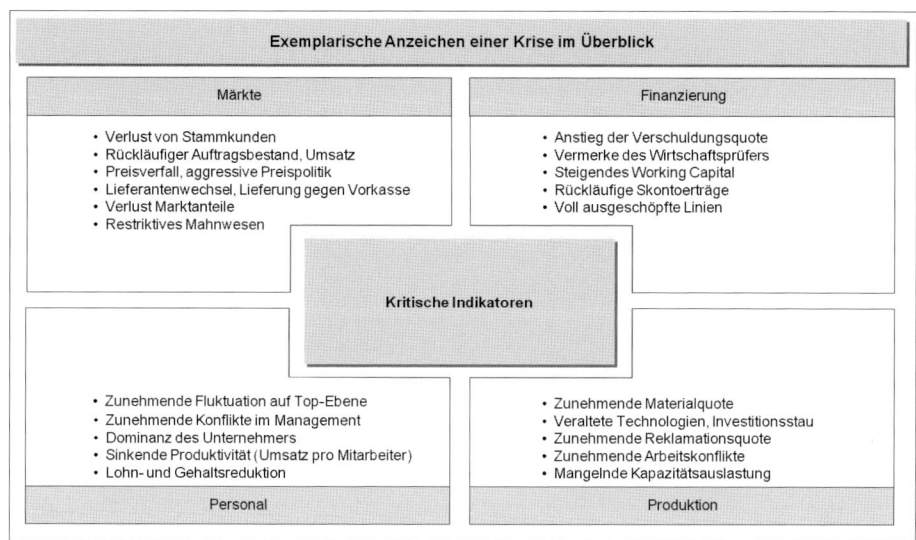

Abbildung 18: Zeichen einer Krise im Überblick (Beispiele)

Für einen aufmerksamen Stakeholder – beispielsweise einen Lieferanten – ist es nicht sinnvoll, die Krise des Unternehmens selber anzusprechen und zur Eskalation zu bringen, denn damit stände er in offener Konkurrenz mit anderen Stakeholdern um die noch verbleibende geringe Masse und eventuell noch verfügbaren Sicherheiten. Zum Schutz der eigenen Interessen wird er bei Verdachtsmomenten zunächst einmal im Rahmen der Gesetze seine eigene Position für den Fall des Ausfalls des Unternehmens verbessern, wie etwa die Lieferung gegen Vorkasse, erweiterter Eigentumsvorbehalt, Forderungen nach weiteren Sicherheiten etc. und sich entweder stufenweise ganz aus dem Engagement zurückziehen oder es so weit reduzieren, dass er sich den Kunden ohne hohes Risiko noch erhalten kann. Dafür benötigt er Zeit und wird deshalb eine frühe Eskalation vermeiden wollen.

Diese gegenüber anderen Stakeholdern mehr oder weniger verdeckten Reaktionen verschärfen die Krise, da sie die Liquidität des Unternehmens verknappen und den Handlungsspielraum für Existenz sichernde Maßnahmen einschränken. Sind zudem noch in der Bilanz Beteiligungs- und Vermögenswerte infolge von Verlusten, Stilllegungen etc. zu korrigieren, droht auch eine signifikante Korrektur des Eigenkapitals und erschwert die weitere Fremdkapitalaufnahme. Die Insolvenz infolge Zahlungsunfähigkeit rückt näher.

Gerade die oben erwähnte Wertevernichtung infolge der Insolvenz bietet aber auch die Chance, noch mal einen Kompromiss der Beteiligten zur Rettung des angeschlagenen Unternehmens zu finden, denn die Fortführung des Unternehmens:

- erhält der Bank den Kunden und die Chance der vollständigen Kredittilgung sowie die Erzielung weiterer Renditen aus Zinsen und Gebühren

- erhält dem Lieferanten den Kunden und die Chance, künftig weiterhin attraktive Umsätze und Renditen zu erzielen

- erhält dem Kunden den Lieferanten und die Chance, eigene Vorteile aus seinen Leistungen zu ziehen

- erhält dem Arbeitnehmer den Arbeitsplatz und die Chance, seinen Lebensstandard weitgehend zu bewahren

- erhält der Gewerkschaft die Beitragszahler und die Chance, eine maßgebliche Rolle in der Gesellschaft zu spielen sowie die zumindest denkbare Option, für ihre Mitglieder ggf. einen „Bonus" zu verhandeln

- erhält dem Politiker die regionale Wirtschaftsstruktur sowie die Chance, weiterhin erfolgreiche Regionalpolitik zu betreiben und öffentliche Reputation zu gewinnen.

Es gibt somit genügend sachliche Ansatzpunkte, um in schwierigen Verhandlungen mit den Stakeholdern auch bei mehr oder weniger gestörtem Vertrauen eine gemeinsame Basis zur Erhaltung des Unternehmens zu finden.

Fehlt das Vertrauen in die Fähigkeiten bzw. die Seriosität des Unternehmers und der agierenden Manager und fehlt insbesondere die Liquidität, um dem Unternehmen noch den zur Umsetzung der notwendigen Maßnahmen benötigten Handlungsspielraum zu verschaffen, sind es nahezu zwangsläufig die Banken, die als Erste aktiv in den Restrukturierungsprozess einbezogen werden. Der Unternehmer hat keine andere Wahl, er muss dem Unternehmen über entsprechende Verhandlungen „frisches Geld" oder zumindest eine Zahlungsstundung für fällige Tilgungen verschaffen, um nicht alles zu verlieren. Denn oft wird auch seine Privatsphäre durch die Krise seines Unternehmens erheblich tangiert, beispielsweise über persönliche Bürgschaften, Nachschusspflichten und Diskussionen in der Öffentlichkeit. Drittgeschäftsführer und Konzernmanager leben im Vergleich dazu auch in der Krise meist etwas komfortabler.

Die gewohnte Selbstbestimmung des Unternehmers erlebt häufig in diesem fort-geschrittenen Stadium einige faktische bzw. formale Einschränkungen, wie im Folgenden noch gezeigt wird. Es gibt den bösen – und juristisch falschen – Satz „wenn das Eigenkapital aufgezehrt ist, gehört dem Unternehmer das Unternehmen nicht mehr". Eine fatale Lage, aus der sich der Unternehmer oft nur mit Mühe und der durchaus möglichen Unterstützung maßgeblicher Stakeholder befreien kann.

2.1.2 „Bankengetriebene" Restrukturierung ist üblich

Über 90% der deutschen Unternehmen sind dem Mittelstand zuzuordnen und diese wiederum weisen überwiegend eine Kapitalstruktur mit rund 70% bis 80% Fremdfinanzierung auf, die von Banken bereitgestellt wird. Der übrige Anteil sind in aller Regel Einlagen der Gesellschafter. Finanzierungen über den Kapitalmarkt – zum Beispiel Beteiligungsfinanzierungen oder auch Fremdfinanzierungen in Form von Anleihen – sind im deutschen Mittelstand die Ausnahme. Deshalb werden Banken bei Krisensituationen ihrer mittelständischen Kunden in aller Regel auch besonders beansprucht. Den Kunden ist dabei meist nicht klar, dass die Betreuung von Krisenfällen auf Seiten der Bank relativ strikt reglementiert ist, z.B. durch die „MaRisk – Mindestanforderungen an das Risikomanagement".

Wird ein Unternehmen seitens einer Bank als Risikofall identifiziert, läuft in aller Regel ein bankinterner Prüfungs- und Eskalationsprozess ab. Gründe für die Aus-lösung dieses Prozesses können beispielsweise Herabstufungen im Rating des Unternehmens sein, Verletzungen von Covenants in den Kreditverträgen, Über-ziehungen der Kreditlinie des Unternehmens, auffällige Terminverschiebungen bei Berichten und erkennbare Falschaussagen des Managements mit entsprechendem Vertrauensbruch etc. In der Regel wird dieser Fall durch die Bank im ersten Schritt in die sogenannte „Intensivbetreuung" genommen mit dem Ziel, auf das Unter-nehmen hinsichtlich der Verbesserung seiner Bonität einzuwirken. Bei Erfolg wird das Unternehmen wieder in die „Normalbetreuung" zurückgestuft. Steigt hingegen das Risiko des Engagements, wird der Fall im nächsten Schritt als „Problemkredit" eingestuft – formal wird damit der Krisenstatus des Unternehmens festgestellt. Spätestens mit Einstufung des Unternehmens als Krisenfall erfolgt gemäß den Regelwerken des Risikomanagements der jeweiligen Bank auch ein Wechsel in der bankeninternen Zuständigkeit. Der Fall wird – vereinfacht dargestellt – von dem verkaufsorientierten „Firmenkundenmanagement" in das risikoorientierte „Sa-nierungsmanagement" übergeben und sodann unter strenger Berücksichtigung der Vorgaben der Bank sowie des Gesetzgebers und der BaFin – Bundesagentur für Finanzdienstleistungsaufsicht – durch diese internen Krisenmanager begleitet, die vor allem mit der Intention „das Geld meiner Bank retten" in das Engagement eintreten. Letzteres kann durch Unterstützung bei der Rettung des Unternehmens geschehen, aber auch durch Versuche, über Sondertilgungen oder die Verwertung von Sicherheiten das Risiko und Engagement der Bank in dem Krisenfall zu reduzieren. Diese Sichtweise ist gemäß dem Geschäftsmodell von Banken schlüssig, denn tatsächlich „verdient" hat die Bank erst mit dem Engagement etwas, wenn sie früher oder später neben dem Zins auch über Tilgungen ihr Engagement zurückerhält. Deshalb hören die Krisenmanager auch nicht gerne die mehr oder weniger offen vorgetragenen Vorhaltungen von Unternehmern, dass „die Bank schließlich in der Vergangenheit gut an dem Unternehmen verdient habe und dass man somit in der Krise ihre Hilfe mit frischem Geld erwarten kann".

In aller Regel erfolgt bei dem Übergang von dem Firmenkunden- in das Sanierungsmanagement der Bank auch eine neue Bewertung des Problemkredites mit entsprechender interner Wertberichtigung, die dem Sanierungsmanagement unter anderem die Option verschafft, den Kredit – vorbehaltlich der juristischen Möglichkeiten aus dem Kreditvertrag etc. – gegen einen Haircut an einen Hedgefonds zu verkaufen. Dieses Herangehen an den Krisenfall ist im Vergleich zum Regelgeschäft des Firmenkundenmanagements eine signifikant andere Art der Zusammenarbeit mit dem Unternehmen, auch wenn es je nach Sachlage immer noch um das gemeinsame Ziel der umgehenden Rettung des Unternehmens und eventuell auch die Erhaltung des Kunden für die Zukunft geht. Gelingt die Restrukturierung, wird der Fall idealerweise dem Firmenkundenmanagement rückübertragen, misslingt die Restrukturierung, wird der Fall dem insolvenzerfahrenen „Abwicklungsmanagement" der Bank zur Wahrnehmung der Bankeninteressen in der Insolvenz des Kunden übergeben. Dieser mögliche Eskalationsprozess wird in den folgenden Abbildungen 19 und 20 veranschaulicht.

Kommt es zur Eskalation gegenüber dem Problemkunden, ist es in Deutschland üblich, dass die involvierten und eigentlich gegeneinander konkurrierenden Banken eine befristete konzertierte Aktion zur Rettung des Krisenunternehmens sondieren und auch eingehen, wenn dadurch ihre Interessen am besten gewahrt werden können. Klassischer Restrukturierungsansatz in Deutschland ist, dass sich in der akuten Krise die finanzierenden Banken und häufig auch die Kreditversicherer bzw. bedeutende Lieferanten auf einen Sicherheitenpoolvertrag verständigen, zu dem unter anderem ein mit dem Unternehmen vereinbartes Restrukturierungskonzept gehört. Den Vertragspartnern geht es dabei vor allem um die Poolung der Interessen gegenüber dem Krisenunternehmen, die meist quotale Aufteilung der Sicherheiten im Insolvenzfall und die Klärung der wesentlichen finanz- und leistungswirtschaftlichen Maßnahmen zur Restrukturierung des angeschlagenen Un-

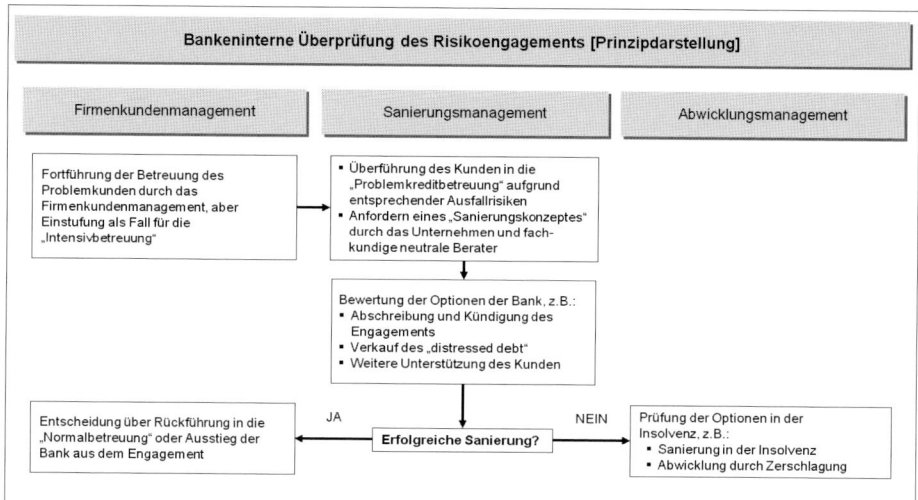

Abbildung 19: Bankeninterne Überprüfung des Risikoengagements (Beispiel)

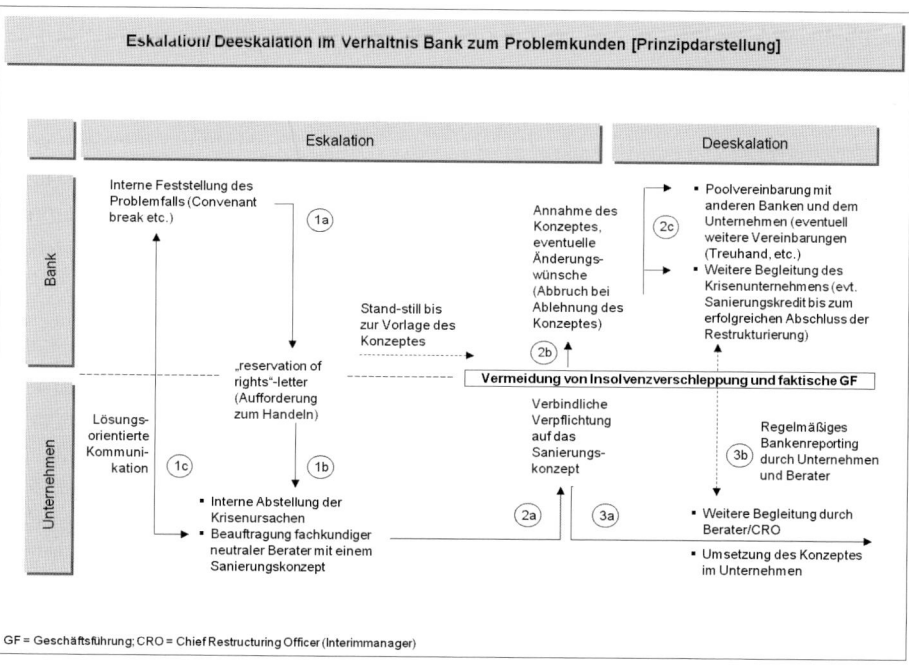

Abbildung 20: Eskalation gegenüber dem Problemkunden (Beispiel)

ternehmens. Das Restrukturierungskonzept wird durch das Unternehmen erstellt, zumeist mit Unterstützung durch neutrale Berater auf Empfehlung der Banken.

Vorteil für das Unternehmen ist die gesicherte Finanzierung, sofern die Auflagen des Poolvertrages eingehalten werden können. Insbesondere ist sichergestellt, dass keiner der Poolpartner aus der Finanzierung während der Vertragslaufzeit aussteigt. Das schafft eine gewisse Sicherheit für das Krisenmanagement.

Die Verhandlung des Poolvertrages ist ein schwieriger Prozess, da sich die konkurrierenden Banken aus den verschiedensten individuellen Erwägungen zu einem Interessenverbund zusammenfinden müssen und dies eventuell gegen alle „ungeschriebenen Regeln" der Branche auch nur teilweise bzw. mit Einschränkungen schaffen. Die Einbindung der Kreditversicherer und damit indirekt der Lieferanten ist oft auch nicht ganz einfach.

Im Kern geht es den Partnern um die gemeinsame Vermeidung größeren Schadens aus der Unternehmensinsolvenz. Allerdings erfolgt dies oft in einer Situation unterschiedlicher Betroffenheit von den Konsequenzen eines Forderungsausfalls:

– Banken mit guter Besicherung sind evtl. von der drohenden Insolvenz des Unternehmens weniger tangiert als Banken mit geringerer oder fehlender Besicherung. Die aktuelle Wirtschaftskrise zeigt allerdings die hohe Volatilität klassischer Sicherheitenwerte, wie etwa Immobilien oder Maschinen. Insofern kann das Vertrauen auf Sicherheiten trügerisch sein.

– Die Hausbank des Unternehmens ist oft zusätzlich über die ebenfalls gefährdeten Privatkredite des Unternehmers betroffen. Handelt es sich um eine Sparkasse, Volksbank oder sonstiges regionales Kreditinstitut, kommen eventuell noch Baufinanzierungen etc. von Arbeitnehmern des Unternehmens als weiteres Risikopotenzial hinzu. Insofern kann ein lokal bedeutender, insolvenzgefährdeter Arbeitgeber in einer strukturschwachen Region schnell auch zu einer Bedrohung für die örtlichen Sparkassen bzw. Volksbanken werden.

– Eine Auslandsbank mit begrenztem Engagement in Deutschland wird einem Kredit mit relativ geringem Volumen eine andere Wertigkeit einräumen als eine Bank mit regionalem Schwerpunkt und politisch besetzten Aufsichtsorganen. Auslandsbanken werden sich auch nicht unbedingt an die etablierten „Spielregeln" der Inlandsbanken halten und können ausgesprochen schwierige Partner in Krisensituationen sein, beispielsweise zum Leidwesen des Unternehmens und auch eventuell bemühter Politiker.

- Eine nur in geringem Umfang engagierte Geschäftsbank wird auch den Verkauf des Kredites mit einem Abschlag an eine andere Bank oder einen Hedgefonds in Erwägung ziehen, statt sich der Mühe des langwierigen Restrukturierungsverfahrens zu unterziehen und das eigene Rating durch diesen „distressed debt" zu belasten.

- Eine Bank, die beispielsweise in einem stagnierenden Markt mit Überkapazitäten auch einen Wettbewerber des Krisenunternehmens in wesentlich höherem Umfang und mit ebenfalls hohem Risiko finanziert, kann an einer Konsolidierung der Branche interessiert sein und sich entsprechend verhalten.

- Verschiedene Banken sind im Zuge der Finanzkrise gezwungen, ihr Geschäft zurückzufahren und haben Kreditportfolien verkauft bzw. auf „Bad banks" übertragen. Einige dieser neuen Eigentümer sind mehr an der schnellen Abwicklung des Portfolios interessiert, andere an der Weiterführung der Kundenbeziehung.

- Lieferanten können sich je nach Engagement und existenzieller Bedeutung des Krisenunternehmens als Kreditgeber (Forderungsstundung, Ware auf Kredit etc.) genötigt sehen und lassen sich nicht unbedingt freiwillig in diesen Prozess einbringen. Haben sie die Freiheit, sich von einem unbedeutenden Kunden zu lösen, wird es schwierig, sie zur Sicherung der Versorgung des Unternehmens mit Waren noch einzubinden. Generell sind die Lieferanten über die Kreditversicherer ohnehin indirekt involviert, sofern sich diese nicht schon im Vorfeld eher unauffällig zurückgezogen haben.

Die Konstellationen sind vielfältig und spiegeln unterschiedlichste Interessen wider, so dass alle Beteiligten jeweils für sich eine Güterabwägung treffen müssen. In jedem Fall dominieren bei den Überlegungen kaufmännische Interessen. Darüber hinaus bestehen Einigungschancen zwischen den Kreditgebern, weil den Interessenvertretern sehr wohl bewusst ist, dass sie sich angesichts des Strukturwandels in Deutschland auch in anderen Fällen wieder begegnen können und destruktives Verhalten in dem einen Fall zu unerwünschten Reaktionen in anderen Fällen führen kann.

Trotz akut drohender Insolvenz kann es aber mehrere Monate dauern, bis eine Verhandlungslösung zwischen den Banken untereinander, mit den übrigen Partnern und mit dem Unternehmen erzielt wird. Zeit ist dabei ein wichtiges taktisches Instrument, da erfahrene und gut situierte Verhandlungspartner wissen, dass der erste Kompromissvorschlag in den seltensten Fällen der letzte ist.

Um die Verhandlungsphase nicht durch zwischenzeitlich auftretende Liquiditäts-engpässe zu gefährden, werden für diesen Zeitraum nicht selten sogenannte „Still-haltevereinbarungen" zwischen den Banken und dem Unternehmen geschlossen, die den Charakter eines zeitlich eng begrenzten „Kündigungsschutzes" haben und damit die notwendige Ruhe für die Verhandlungen schaffen.

Oft wird dem Unternehmer und seinem Management erst in dieser Phase die Bri-sanz der Lage richtig klar. Sie haben es auf Bankenseite oftmals nicht mehr bzw. nicht mehr ausschließlich mit dem Firmenkundenbetreuer zu tun, der zuvorkom-mend mit Rendite- und Umsatzzielen an das Unternehmen herantritt, sondern mit erfahrenen Sanierern. Diese Verhandlungen sind hart, insbesondere wenn dem Unternehmer und seinem Management misstraut wird oder wenn er und die Ge-sellschafterstruktur aufgrund von Verhalten und Vorfällen der Vergangenheit als eine Ursache der Krise gesehen werden.

Wie oben schon drastisch ausgedrückt, gehört das Unternehmen dem Unternehmer bzw. den Gesellschaftern im Falle der Überschuldung und weitgehend erschöpfter Finanzkraft zwar formal, aber das primäre Risiko der Fortführung tragen dann die Banken und übrigen Gläubiger. Es handelt sich somit um eine klassische Prinzi-pal-Agenten-Problematik, also eine Situation mit unterschiedlicher Betroffenheit der Beteiligten. Insofern ist auch der Tatbestand der Überschuldung in harten Ver-handlungen mit „atmosphärischen Störungen" nicht gänzlich irrelevant. Wird das Unternehmen gerettet, erntet gerade der Unternehmer einen beträchtlichen Ver-mögens- und Renditezuwachs, die Banken erhalten hingegen nur wie vorher Zins und Tilgung, die Lieferanten die Vergütung für ihre Waren. Deshalb wird unter an-derem strikt darauf geachtet, dass von allen wesentlichen Stakeholdern – Banken, Gesellschafter und auch die Arbeitnehmer – ein angemessener Beitrag zur Rettung des Unternehmens geleistet wird, bei ohnehin angespannter finanzieller Lage der meisten Beteiligten. Nachfolgend ein Beispiel für eine derartige Lastenvertei-lung:

– Gesellschafterbeiträge: Eigenkapitalersetzende Darlehen, ein verbindlicher Ver-zicht auf Entnahmen sowie die Rückerstattung bestimmter Entnahmen

– Geschäftsführer/Mitarbeiter: Befristeter Verzicht auf Entgeltbestandteile und die Verschiebung von Sonderzahlungen (Sanierungstarifvertrag etc.)

– Unternehmen: Genereller sichtbarer Komfortverzicht, Reduktion des Working Capital, Verkauf nicht betriebsnotwendigen Vermögens

- Banken: Stundung der Tilgungen, Offenhalten der Kreditlinien, keine Kündigungen während der Restrukturierungsphase

- Lieferanten: Forderungsstundung und in bestimmten Fällen Solidarbeiträge gegen Mengenzusage

- Kreditversicherer und sofern relevant die Factoring-Gesellschaften: Offenhalten der Limite.

Es ist nachvollziehbar, dass die Stimmung konfliktträchtig ist, denn Unternehmer und Manager müssen sich den offenen oder verdeckten Vorwurf gefallen lassen, dass sie versagt haben, und die Risikofinanzierer erwarten meist entsprechende personelle und strukturelle Veränderungen, ohne dies unbedingt coram publico auch so deutlich anzusprechen. Üblich ist auch, dass die Finanzpartner eine zusätzliche Honorierung ihres Engagements erwarten. Zudem werden aufgrund des angepassten bzw. wegen der Krise ausgesetzten Ratings die Finanzierungskosten steigen. Letzteres ist vor allem bei der Liquiditätsplanung zu beachten.

Juristisch ist diese Situation insbesondere für die Banken sehr anspruchsvoll, denn beliebige Machtausübung durch Kündigungsdrohungen etc. ist ihnen nicht möglich, da gemäß dem Willen des Gesetzgebers auch Rechte des Schuldners zu beachten sind. Dies soll hier nicht vertieft werden, ist aber ein wichtiger Punkt, um bei Verhandlungen beiderseits kompetente Anwälte einzubinden. Hier nur die wesentlichen Aspekte für die mögliche Fortführung des Unternehmens und Bankenengagements:

- Banken dürfen in der Krise des Schuldners grundsätzlich abwartend stillhalten. Sie sind weder verpflichtet, Kredite fällig zu stellen, noch selbst einen Insolvenzantrag zu stellen. Wie bereits ausgeführt, werden bestehende Darlehen und Kreditlinien oftmals mittels einer Stillhaltevereinbarung der finanzierenden Banken und Kreditversicherer für den Verhandlungszeitraum gesichert. Dies kann als erster Sanierungsbeitrag der Banken gewertet werden. Zudem dürfen Banken dem Krisenunternehmen auch weitere Kreditmittel als „Sanierungskredit" gewähren, wenn diese bezwecken, den Schuldner wirklich zu sanieren und zu dessen Sanierung auch geeignet sind. Kredite, die nur zum Vorteil des Kreditinstitutes dem Hinausschieben der Insolvenz des Schuldners dienen, sind hingegen unzulässig. Für die Vergabe zulässiger Sanierungskredite ist ein Sanierungsplan als Beurteilungsgrundlage zu erstellen, der zweckmäßigerweise von einem neutralen Dritten geprüft wird. In der Praxis sind dies meist spezialisierte Berater. Auch muss das Sanierungsgutachten bestimmten formalen Anforderungen genügen, wie beispielsweise dem durch das Institut der Wirtschaftsprüfer (IDW) aufgestellten IDW-Standard (IDW S 6): „Anforderungen an die Erstellung von Sanierungskonzepten". Abbildung 21 zeigt die grundsätzliche Struktur dieses Standards, der bei Beratern und auch einzelnen Bankenvertretern nicht ganz unumstritten ist und letztmalig im August 2012 (z.B. geringerer Umfang bei kleineren Unternehmen, Einschätzung Sanierungsfähigkeit als Pflichtbestandteil) konkretisiert wurde. Wie alle Standards passt er nicht unbedingt zu jedem Einzelfall und sollte deshalb pragmatisch gehandhabt werden. Sein Nutzen liegt vor allem in der Vollständigkeit der Gutachten und – wichtig – er gibt dem Berater die Legitimation, auch Themen anzusprechen, die ihm der eine oder andere Gesprächspartner ansonsten eher nicht offenlegen möchte. Diese Gutachten schaffen Transparenz und bilden den künftigen Restrukturierungsprozess inhaltlich und quantitativ grob ab. Sie sind unabdingbar für die „Aktenlage" der Banken, aber ihre tatsächliche Qualität hängt maßgeblich von der Qualität der Ersteller ab. Der Unternehmer wird ein derartiges Gutachten auf Wunsch der Banken und auf Kosten des Unternehmens in Auftrag geben müssen. Das ist bei positiver Fortführungsprognose dann Voraussetzung für weitere Finanzierungen und entlastet die Banken von dem eventuellen Vorwurf der Insolvenzverschleppung.

– Obwohl die Banken ein hohes Risiko mit der Fortführung des Engagements eingehen, können sie nicht massiven direkten Einfluss auf die weitere Unternehmensführung ausüben, da sie sich in das Risiko der faktischen Geschäftsführung mit entsprechender Haftung beispielsweise im Fall einer späteren Insolvenz begeben. Dazu gibt es eine umfangreiche Rechtsprechung. Es wird ihnen deshalb vor allem bei einem Vertrauensverlust gegenüber dem Unternehmen daran gelegen sein, dass Berater – kraft Geschäftsmodell „beratend" und eben nicht entscheidend bzw. geschäftsführend – die Umsetzung des Restrukturierungskonzeptes begleiten. Im Grunde ist damit der Berater der Transmissionsriemen zwischen dem Krisenunternehmen und dem Bankenpool mit reduziertem Haftungsrisiko. Faktisch haften Berater in der Krise nur für die Anstiftung zu Straftaten und grob fahrlässige Fehlleistungen. Der Gesetzgeber und Staatsanwälte tun gut daran, wie bisher Fingerspitzengefühl zu bewahren, denn ansonsten stellt sich unmittelbar die Frage, warum man ohne Not noch ein solches Beratungsmandat ausüben soll.

Das methodische Instrumentarium dieser risikobehafteten Projekte wurde bereits in Zusammenhang mit der Gegenüberstellung von Restrukturierungen in großen Konzernen und im Mittelstand gezeigt. Kern jedes Sanierungskonzeptes – formal mehr oder weniger explizit an den genannten IDW-Standard angelehnt – ist der

IDW-Standard: Anforderungen an die Erstellung von Sanierungskonzepten (Auszüge[1])

1 Vorbemerkungen/ Grundlagen
- Kernanforderungen an Sanierungskonzepte
- Abhängigkeit des Sanierungskonzeptes vom Krisenstadium
- Festlegung des Auftragsinhaltes und der Verantwortlichkeit

2 Darstellung und Analyse des Unternehmens
- Anforderungen an die Qualität der Informationen
- Basisinformationen über das Unternehmen
- Analyse der Unternehmenslage
  - Analyse des Umfeldes
  - Analyse der Branchenentwicklung
  - Analyse der internen Unternehmensverhältnisse
- Feststellung des Krisenstadiums
  - Feststellungen zur Stakeholderkrise
  - Feststellungen zur Strategiekrise
  - Feststellungen zur Erfolgskrise
  - Feststellungen zur Liquiditätskrise
  - Feststellungen zur Insolvenzreife
- Analyse der Krisenursachen
- Aussagen zur Unternehmensfortführung
  - Aussagen zur Zahlungsunfähigkeit
  - Aussagen zur Überschuldung
  - Aussagen zur Annahme der Fortführung der Unternehmenstätigkeit

3 Ausrichtung am Leitbild des sanierten Unternehmens
- Beschreibung des Leitbildes des sanierten Unternehmens
- Beschreibung der Unternehmensstrukturen
- Beschreibung von Wettbewerbsvorteilen und Wettbewerbsstrategien

4 Stadiengerechte Bewältigung der Unternehmens-krise
- Vermeidung der Insolvenz
- Überwindung der Insolvenz
- Überwindung der Liquiditätskrise
- Überwindung der Erfolgskrise
- Überwindung der Produkt- und Absatzkrise
- Überwindung der Strategiekrise
- Überwindung der Stakeholderkrise

5 Integrierte Sanierungs-planung
- Darstellung der Problem- und Verlustbereiche
- Darstellung der Maßnahmeneffekte
- Aufbau des integrierten Sanierungsplans (Ergebnis-, Finanz- und Vermögensplan)

6 Berichterstattung und zusammen-fassende Schluss-bemerkung
- Feststellung der (nachhaltigen) Sanierungsfähigkeit
- Unterzeichnung durch die Unternehmensvertreter und Berater

[1] Unterpunkte nur in Auszügen dargestellt

Abbildung 21: IDW-Standard: Anforderungen an die Erstellung von Sanierungskonzepten

Business- und Liquiditätsplan, meist in mehreren Szenarien (real case, worse case, „Plan B" etc.), um den Entscheidungsraum auszuleuchten und später auf Abweichungen besser reagieren zu können. Lässt sich kein realistischer und plausibler Businessplan mit nachhaltiger Profitabilität des Krisenunternehmens ableiten, ist es nach klassischem Verständnis nicht mehr „sanierungsfähig"; führt die Restrukturierung nicht in absehbarer Zeit zu mindestens branchenüblichen Renditen, ist es nicht mehr „sanierungswürdig". Im ersten Fall kann ein Berater den Banken nicht die Fortführung bzw. gar die Ausweitung ihrer Engagements empfehlen und muss ein ablehnendes Statement abgeben. Auf die notwendige juristische Absicherung eines negativen Statements sei hier nur hingewiesen. Den zweiten Fall mag man als Ermessensfrage einstufen und er kommt mittlerweile in der Praxis aus Gründen der Vereinfachung auch kaum noch zur Anwendung; die Berater versehen ihr Statement in diesem Fall eher mit zu erfüllenden Sanierungsbedingungen.

Langfristig aber hat ein Unternehmen ohne branchenübliche Rentabilität ebenfalls kaum eine Überlebenschance, denn wer sollte sich für dieses Investment engagieren und „sein Geld" riskieren? Im Rahmen der Überlegungen zur Überarbeitung des IDW-Standards wurde unter anderem anstelle der Begriffe „sanierungsfähig und sanierungswürdig" der neue Begriff „nachhaltig sanierungsfähig" diskutiert. Letztlich ist das Rhetorik um die stets gleiche Anforderung an den Ersteller des Sanierungskonzeptes – er muss sich unmissverständlich zu den nachhaltigen Zukunftsperspektiven des Unternehmens und den dafür erforderlichen Maßnahmen äußern, denn das ist die Aufgabe, für die er sich in der Regel ganz ordentlich vergüten lässt.

Die Abbildungen 22 und 23 zeigen Beispiele aus einem Krisenfall, in dem das Unternehmen eine Ausweitung der Kreditlinie um 4 Mio. EUR beantragte, um das seitens des Managements angestrebte Restrukturierungsszenario umzusetzen. Tatsächlich erfolgte eine Ausweitung der Kreditlinie durch die Banken, aber aufgrund durchaus begründeter Bedenken nur in geringerem Umfang. Ohne zusätzliche Sicherheiten erhöht sich für die Banken bei der Vergabe zusätzlicher Mittel einseitig das Risiko, so dass in diesem Punkt stets sehr zurückhaltend agiert wird, insbesondere in hinlänglich bekannten Krisenbranchen und -fällen. Man kann darüber spekulieren, ob dies neben der kaufmännischen Vorsicht auch ein bewusster taktischer Schachzug für eventuelle weitere Verhandlungen war – das Unternehmen wurde auf Drängen der Banken nach einigen Monaten an einen strategischen Investor verkauft.

GuV-Planung inkl. Restrukturierungsmaßnahmen [TEUR]

	2007 FC	% der GL	2008 Plan	% der GL	2009 Plan	% der GL
+ Umsatzerlöse	33.127		35.455		34.455	
+ Bestandsveränderung	466		0		0	
+ Aktivierte Eigenleistung	0		25		25	
= Gesamtleistung (GL)	33.593	100,0	35.480	100,0	35.480	100,0
– Aufwendungen RHB (Material)	17.345	51,6	18.095	51,0	18.095	51,0
– bezogene Leistungen	2.315	6,9	2.409	6,8	2.409	6,8
= Rohertrag	13.933	41,5	14.976	42,2	14.976	42,2
– Personalkosten	8.442	25,1	9.778	27,6	9.110	25,7
– Abschreibungen	763	2,3	798	2,3	798	2,3
+ Sonstige betriebliche Erträge	71	0,2	0	0,0	0	0,0
– Sonstige betriebliche Aufwendungen	5.287	15,7	4.054	11,4	4.054	11,4
= Operatives Ergebnis	-487	-1,4	345	1,0	1.014	2,9
+ Erträge aus Beteiligungen	505	1,5	522	1,5	522	1,5
+ Zinserträge	82	0,2	0	0,0	0	0,0
– Abschreibungen auf FA	0	0,0	0	0,0	0	0,0
– Zinsaufwand	1.074	3,2	900	2,5	900	2,5
= Ergebnis vor Restrukturierung	-974	-2,9	-33	-0,1	636 ⌐	1,8
+ Restrukturierungserträge	574		2.430		2.814	
– Restrukturierungsaufwand	531		862		300 ⌐	Σ: 2,5 Mio. EUR
= Ergebnis nach Restrukturierung	-931		1.535		3.150 ⌐	
– Steuern vom Ertrag	-11		0		0	
= Ergebnis nach Steuern	-920		1.535		3.150	

RHB = Roh-, Hilfs- und Betriebsstoffe, FA = Finanzanlagen und Beteiligungen, FC = Forecast

Abbildung 22: GuV-Planung inkl. Restrukturierungsmaßnahmen (Beispiel)

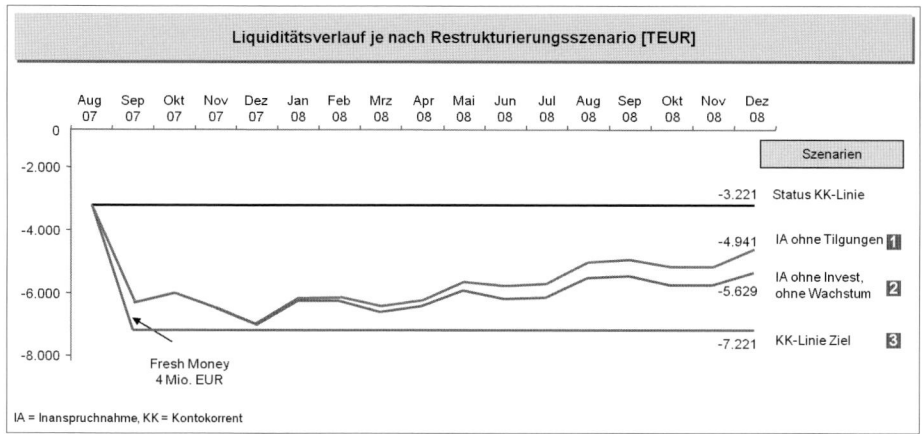

Liquiditätsverlauf je nach Restrukturierungsszenario [TEUR]

| | Aug 07 | Sep 07 | Okt 07 | Nov 07 | Dez 07 | Jan 08 | Feb 08 | Mrz 08 | Apr 08 | Mai 08 | Jun 08 | Jul 08 | Aug 08 | Sep 08 | Okt 08 | Nov 08 | Dez 08 |

Szenarien

-3.221 Status KK-Linie

-4.941 IA ohne Tilgungen **1**

IA ohne Invest, ohne Wachstum **2**
-5.629

-7.221 KK-Linie Ziel **3**

Fresh Money 4 Mio. EUR

IA = Inanspruchnahme, KK = Kontokorrent

Abbildung 23: Liquiditätsverlauf je nach Restrukturierungsszenario (Beispiel)

In der Regel benennen die Kreditgeber im Falle der Einigung auf ein gemeinsames Vorgehen mit dem Krisenunternehmen einen Poolführer aus ihrem Kreis, der im Interesse des Pools die Verhandlungen mit dem Unternehmen führt und in der Folge die Einhaltung der Verträge durch das Unternehmen sowie dessen Geschäftsentwicklung regelmäßig verfolgt. Dies geschieht meist durch Reports unabhängiger Berater und Bankensitzungen zu vereinbarten Terminen.

Dieses klassische Modell hatte Bestand bis zum Ende der späten 90er Jahre. Es wird immer noch praktiziert, hat aber durch die Weiterentwicklung der „Restrukturierungsbranche" zusätzliche Facetten erhalten:

– In den 90er Jahren etablierten sich auch in Deutschland professionelle Restrukturierungsfonds (CMP, Nordwind, Orlando, Arques etc.) mit dem Ziel, sanierungsfähige Krisenunternehmen aufzukaufen, zu sanieren und wieder zu verkaufen. Sofern es gelang, z.B. mit Hilfe von Treuhandlösungen etc. die Gesellschafter zum Anteilsverkauf zu bewegen, war dies auch für die finanzierenden Banken in schwierigen Fällen eine Option der Schadensbegrenzung. Sie mussten meist auf Teile ihrer Forderungen verzichten (Haircut), konnten aber über diesen Weg aus dem ungeliebten Engagement aussteigen oder gegebenenfalls auch mit der Erwartung verbleiben, dass das Engagement von diesen professionellen Krisenmanagern gerettet wird. Der Umfang des Haircut hängt vom Einzelfall (Attraktivität des Objektes, Verhandlungsposition und alternative Ausstiegsoptionen der Banken, Erträge der Banken während des gesamten Lebenszyklus des Engagements) ab, typische Dimensionen sind beispielsweise 20% bis 30% bei einem weiteren Verbleib der Banken in dem Krisenobjekt bzw.

30% bis 50% bei einer vollständigen Ablösung der Banken. Der Fonds muss sich in aller Regel in den Verhandlungen verbindlich zu dem von ihm angestrebten Restrukturierungskonzept und seinen eigenen Finanzierungsbeiträgen (Stärkung Eigenkapital, Finanzierung Working Capital) festlegen. Den Fonds interessiert – quasi wie ein Händler – die zu erzielende Marge aus dem Kauf des Krisenfalles und Verkauf des sanierten Objektes. Deshalb legt er – anders als die Banken – neben der bloßen Sanierungsfähigkeit des Objektes großen Wert auf die Beurteilung der Exit-Chancen durch einen Verkauf des Objektes, einen Börsengang etc. Sein Risiko wird er zudem durch einen möglichst geringen eigenen Kapitaleinsatz zu reduzieren versuchen, hinzu kommen Renditeüberlegungen aus der Finanzierungsstruktur (Leverage-Effekt) des investierten Kapitals. Üblicher Zeitbedarf bis zur Realisierung eines Exit sind 3–5 Jahre. Das setzt im Vergleich zu den klassischen „bankengetriebenen" Restrukturierungen in stärkerem Maße die Beurteilung strategischer Entwicklungsperspektiven voraus. Dieses Fondsmodell hat sich erfolgreich etabliert und ist zweifellos eine hilfreiche Ergänzung des klassischen Modells im Bemühen, Unternehmen oder Unternehmensteile in der Krise zu retten. Eingesetzt werden von den Fonds für die Restrukturierung in der Regel eigene Manager oder Interimsmanager, seltener Berater.

– Das Scheitern der Restrukturierungsbemühungen nach der Wende in den neuen Bundesländern und die eklatante Wertevernichtung im alten Vergleichs- und Konkursverfahren hat zu einer Modifizierung des deutschen Insolvenzrechts ab 1999 geführt, die sich an dem angelsächsischen Modell orientiert, gemäß dem nicht mehr die Zerschlagung und Verwertung des Objektes zur Befriedigung der Gläubiger im Vordergrund steht, sondern die erleichterte Rettung des Objektes auch im bereits eröffneten Insolvenzverfahren. Das sogenannte „Insolvenzplanverfahren" kann für Kreditgeber in sehr schwierigen Fällen als „last option" interessant sein, um auf diesem Wege eine bessere Quote der Befriedigung ihrer Forderungen als im klassischen Insolvenzverfahren zu erhalten. Es kommt tatsächlich gelegentlich zur Anwendung, aber bei weitem nicht in dem Maße, wie durch den Gesetzgeber erhofft wurde. Dafür sind in Deutschland unter anderem die juristischen Risiken für den Insolvenzverwalter sowie die beteiligten Krisenmanager zu hoch und es kann nicht sein, dass auf dem Rücken der Retter und Gläubiger via Rechtsprechung allmählich Rechtssicherheit geschaffen wird. Auch aufgrund der sich abzeichnenden Konkurrenz der Insolvenzverfahren auf europäischer Ebene scheint der deutsche Gesetzgeber mit der seit 1.3.2012 wirksamen Reform des Insolvenzrechts bemüht zu sein, die Attraktivität des Insolvenzplanverfahrens weiter zu erhöhen. Der Erfolg bleibt abzuwarten.

– Banken und Unternehmen unterliegen dem systematischen Rating. Das hat zur Folge, dass Banken mit einem überdurchschnittlich risikobehafteten Kreditportfolio schlechtere Konditionen in der eigenen Refinanzierung hinnehmen müssen als Wettbewerber. Für sie kommt es darauf an, diesen Nachteil an ihre risikobehafteten Kunden durchzureichen oder ihr Portfolio von diesen Krisenfällen zu bereinigen. Dies hat zu einer deutlich restriktiveren Vergabe von Krediten und Handhabung von Krisenfällen auf Bankenseite geführt. Betroffen sind überwiegend mittelständische Unternehmen, die oft ein relativ schlechtes Rating aufgrund schwacher Eigenkapitalquoten und struktureller Defizite (Nachfolgeprobleme, Intransparenz etc.) aufzuweisen haben. In der Folge entwickelten sich neue Finanzierungsinstrumente (z.B. Standard-Mezzanine Capital, ABS-Finanzierungen) für mittelständische Unternehmen, die das Spektrum der Finanzierungsmöglichkeiten – die begehrte Liquidität zur Wahrung der Eigenständigkeit – erweiterten. Grundsätzlich werden diese Modelle weiter Bestand haben, im Zuge der Kreditkrise 2008 haben sie aber zumindest vorerst deutlich an Bedeutung verloren, denn das stark beeinträchtigte Vertrauen von Investoren in das Urteil von Ratingagenturen und die Stabilität der Finanzmärkte bietet grundsätzlich keine Basis für komplexe und riskante Refinanzierungen. Die entscheidende Frage ist, wie lange diese vorsichtige Zurückhaltung anhält. Vertrauen ist zwar ein beidseitiges Thema und man darf auch gerne hinterfragen, ob das Durchreichen von erkannten Risiken an Investoren mit eingeschränkter Transparenz noch in den Rahmen seriöser Geschäftspolitik fällt. Aber die Versuchung zur Sozialisierung von Risiken und Verlusten wird bestehen bleiben, solange es die gesetzlichen Rahmenbedingungen zulassen, und damit auch die Chance für spekulative Produkte mit hohen Renditen sowie die Bereitschaft, sich auf dieses Engagement einzulassen – der Name mag sich dann ändern, nicht die Praxis. Es wird sich zeigen, wie belastbar die Rating-Noten für derartige spekulative Produkte in Zukunft sein werden und ob sie als Regulativ wirken können.

Durch diese Entwicklungen hat sich das Spektrum der Restrukturierungsansätze und Finanzierungsmöglichkeiten erweitert. Das ist insgesamt positiv zu beurteilen. Die alte Erfahrung aber, dass die Banken „schon bei der Restrukturierung mitziehen werden", auf die gelegentlich auch von Unternehmerseite spekuliert wird, gilt nicht mehr.

Die Wettbewerbsintensität zwischen den Banken und der Renditedruck haben sich erhöht, gleichzeitig die Ausstiegsoptionen aus Krisenengagements. Interne Reorganisationen der Banken in den letzten Jahren haben zudem zu häufigen personellen Wechseln der Verhandlungsführer geführt, so dass die in schwierigen Verhandlungen hilfreiche Kontinuität der Partner fehlt. Das kann das Klima in Verhandlungen verschärfen und pragmatische Lösungen behindern. Erste Indikatoren sind die zunehmende Einbindung von Anwälten und die – von einem Berater konstatierte – ebenfalls zunehmende „Gutachteritis". Letztere typisch für angelsächsisch geprägte Finanzpartner. Es ist fraglich, ob eine zunehmende Orientierung der Finanzinstitute an dem angelsächsischen Rechtsraum den Anforderungen des pragmatisch geprägten Mittelstands gerecht wird – immerhin ein Kernbereich der deutschen Industrie.

Man sollte erwarten, dass dieser Trend durch die Quasi-Verstaatlichung mehrerer Banken in der Krise 2008/09 und der damit latenten Beeinflussung durch wirtschaftspolitische Interessen zur Abwendung eines volkswirtschaftlichen „Super-Gau" abgeschwächt wird. Tatsächlich aber ist eher das Gegenteil der Fall. Nicht wenige Bankenmanager sehen sich aufgrund zunehmender Haftungsrisiken und restriktiven Kontrollen – z.B. Prüfungen der Rechnungshöfe – mehr denn je genötigt, sich über Gutachten und formales Vorgehen in Krisenfällen persönlich abzusichern. Verantwortung wird dann auch mal auf Berater und Anwälte delegiert, die sich aber nicht immer durch hohe Risikoneigung auszeichnen und in Krisen mit hohem Handlungsdruck zusätzliche Komplexitätstreiber sein können. Die steigende Komplexität und taktische Vorsicht zum verständlichen Selbstschutz können die Einigungsprozesse in Krisenfällen zwischen Finanziers und Unternehmen erschweren. Die drohende Überregulierung behindert dann sinnvolle pragmatische Hilfen im Einzelfall.

Streng genommen dürfte es „bankengetriebene" Restrukturierungen gar nicht geben (deshalb die Anführungszeichen), da der Unternehmer bzw. seine Geschäftsführer das Krisenunternehmen führen und nicht die Gläubiger. Wie vorausgehend gezeigt wurde, lassen sich aus pragmatischen Gründen und zum Nutzen des Unternehmens sowie seiner Stakeholder vertretbare Wege finden, die dem Unternehmer die grundsätzliche Führungsrolle auch in der Krise belassen und seinen Gläubigern die Wahrung ihrer Interessen in dieser Sondersituation sichern. Man mag an anderer Stelle diskutieren, ob es volkswirtschaftlich sinnvoll ist, den Banken als den in Deutschland wesentlichen faktischen und materiellen Trägern der Restrukturierung mittelständischer Unternehmen zusätzliche Fesseln aufzuerlegen. Das grundsätzliche Interesse von Banken an langfristigen Geschäftsbeziehungen ist insbesondere für technologie- und innovationsorientierte Mittelständler ein stabilisierender Faktor und diese sind volkswirtschaftlich wesentliche Innovationstreiber. Risikofonds als mögliche Alternative im Wettbewerb der Restrukturierungsmodelle müssen sich der Frage stellen, ob sie in breiter Front tatsächlich so erfolgreich agieren, wie man eigentlich annehmen sollte. Schließlich verfügen sie im günstigen Fall über umfassende Einflussmöglichkeiten als neue Eigentümer des

Krisenunternehmens. Dabei geht die Definition von Erfolg natürlich davon aus, dass damit auch die nachhaltige Rettung des Krisenunternehmens gemeint ist und nicht allein die Rendite der Fonds. Eine der Kernfragen bezüglich der Nachhaltigkeit von Restrukturierungen wird in diesem Zusammenhang sein, ob sich beispielsweise technologie- und innovationsgetriebene Geschäftsmodelle im Mittelstand mit der exitgetriebenen Geschäftspolitik von Risikofonds sinnvoll vereinbaren lassen. Voraussichtlich wird es beiderseits auf den Einzelfall ankommen, so dass die über Jahre erworbene Reputation des jeweiligen Risikoinvestors der maßgebliche Schlüssel zur Klärung dieser Frage sein wird.

2.1.3 Neue Spielregeln durch Risikoinvestoren

Durch den teilweise spektakulären Markteintritt von Hedgefonds (Cerberus, Fortress, Lonestar, Permira etc.) – im Wahlkampf von Politikern als „Heuschrecken" tituliert – in die deutsche Restrukturierungsszene kommt ein weiteres Modell des Krisenmanagements zum Tragen. In Deutschland waren Hedgefonds lange Zeit nicht zum öffentlichen Vertrieb zugelassen. Das änderte sich erst zu Beginn 2004 mit dem Erlass des Investment-Modernisierungsgesetztes. Abbildung 24 zeigt die typischen Engagements dieser Fonds, die in aller Regel risikoorientiert investieren und in Deutschland über den Kauf großer Kredit- und Immobilienportfolien bekannt geworden sind. Als „Value-Driven-Investor" wurden sie dabei auch zusehends direkt in für sie interessanten Unternehmenskrisen mit hohem Wertsteigerungspotenzial aktiv.

Abbildung 24: Investmentstrategien von Hedgefonds (Beispiele)

Die Fonds verfolgen nicht unbedingt nur eine bestimmte Strategie in Reinkultur, sondern je nach Opportunität einen Strategie-Mix. Tendenziell spielt bei Hedgefonds deshalb das kurzfristige Element des „deals by opportunity" eine große Rolle. Im Kern aber ähnelt ihre Interessenlage bei einem Engagement als Value-Driven-Investor dem der oben erwähnten Restrukturierungsfonds:

- Es wird Risikokapital für die Übernahme und die Restrukturierung von Krisenfällen eingesetzt. Ziel ist der möglichst günstige Einstieg in das Restrukturierungsobjekt (Haircut der Banken, Debt-Equity-Swap, günstiger Anteilskauf ohne Bieterverfahren) und der möglichst profitable sowie zügige Exit (Verkauf, Börsengang, MBO) nach erfolgter Restrukturierung. Die Steigerung des Shareholder Value durch entsprechende Maßnahmen ist dabei die maßgebliche Maxime. Neben der operativen Restrukturierung werden deshalb die Möglichkeiten der Fremdfinanzierung zur Nutzung der Renditevorteile aus dem Leverage-Effekt möglichst weitgehend ausgereizt.

- Hedgefonds sind meist in hohem Maße fremdfinanziert und haben somit ebenfalls Covenants einzuhalten. Dies führt mitunter dazu, dass der Hedgefonds nach dem Einstieg in das Krisenunternehmen massiv darauf drängt, zur Refinanzierung seines Kaufpreises zügig Liquiditätsreserven – beispielsweise über exzessive Ausschüttungen – zu entnehmen. Natürlich geht es dabei unter Rentabilitätsgesichtspunkten auch um die Optimierung des Mitteleinsatzes durch ein leistungsfähiges Cash Management, eine legitime kaufmännische Überlegung.

- Die meist international agierenden Fonds – über 50% sind an Offshore-Finanzplätzen registriert – haben bei der Finanzierung von Krisenfällen grundsätzlich mehr Freiheitsgrade als eine Bank, auch wenn es Bemühungen gibt, diese Fonds stärkeren Kontrollen und Reglements zu unterwerfen. Berater als Transmissionsriemen benötigen sie aufgrund der anderen rechtlichen Konstellation nicht. Haben sie die Mehrheit an dem Krisenunternehmen erworben, setzen sie eigene Manager bzw. über spezialisierte Provider, Personal- oder Restrukturierungsberater akquirierte Interimsmanager und Branchenexperten ein, um den Restrukturierungsfall dann stringent zu steuern. Meist verfügen sie nicht über ausreichende eigene Personalressourcen, sondern beschränken sich auf die Akquisition und Finanzierung des Deals sowie die anschließende Steuerung des Managements und Vorbereitung des Exits.

Unbestritten handelt es sich in aller Regel um besonders riskante Vorgehensweisen, die je nach Konstellation gelegentlich auch die langfristige Perspektive vermissen lassen.

Kritisch zu bewerten sind insbesondere Akteure, die mit minimalem Kapitaleinsatz in Krisenfälle einsteigen, aus Minderheitspositionen mit bedenklichen Methoden zum eigenen Vorteil Druck auf das Management ausüben, aber mangels ausreichender eigener Ressourcen und Fähigkeiten im Krisenmanagement nicht in der

Lage sind, eine operative Restrukturierung qualifiziert zu begleiten und bei durchaus möglichen Planabweichungen sinnvolle finanzielle Nachschüsse zu leisten. Letzteres ist angesichts der hohen Ungewissheit in Krisenfällen nicht generell auszuschließen. Weiterer wesentlicher Kritikpunkt ist, dass Übernahmen als Leverage Deals so konstruiert sind, dass sie dem übernommenen Unternehmen die Tilgung des Kaufpreises aufbürden („Upstream- oder Downstream-Merger" etc.) und damit die Verschuldung in Dimensionen treiben, die bei nie auszuschließenden negativen Abweichungen von dem zugrundeliegenden Businessplan zu einer Destabilisierung selbst wirtschaftlich solider Unternehmen führen. Obskur wird das Gebaren, wenn in der Hoffnung auf einen baldigen Exit zu einem guten Preis – genährt aus dem vorherigen Haircut der Finanzpartner beim Einstieg in das Investment – keine wirklich ernsthafte leistungswirtschaftliche Restrukturierung betrieben wird. Die Portfoliotheorie und Betrachtung der Gesamtrendite des Fonds tun ihr Übriges, wenn erst einmal die Zielrendite erreicht ist. Denn dann ist es schlüssig, keine Liquidität für die letzten schwierigen Engagements bereitzustellen und damit noch Risiken einzugehen, sondern das Problem den finanzierenden Banken zu überlassen. Die klassischen Funktionen von Eigen- und Fremdkapitalgeber werden so „auf den Kopf" gestellt. Die Banken, die – unter Inkaufnahme eines Haircut – dem Hedgefonds durch ihren Ausstieg diese Option eröffnet haben, mag es in diesem Fall nicht mehr stören, die verbliebenen Banken hingegen schon. Da sich die Konstellationen je nach Krisenfall ändern, ist anzunehmen, dass sich jetzt nach einigen Jahren dieser Praxis allseits genügend Erfahrung eingestellt hat.

Generell ist auffallend, dass die leistungswirtschaftliche Restrukturierung bei diesem Vorgehen in den Hintergrund tritt. In der Leistungswirtschaft des Unternehmens sind aber meist wesentliche Krisenursachen zu finden. Rein finanztechnisch angegangene Restrukturierungen ohne Fähigkeit und Willen der tatsächlichen Bewältigung der Krisenursachen können deshalb nicht funktionieren und sie können zudem – wie die weltweite Finanzkrise zeigte – dubiose Ausprägungen annehmen.

Diese Punkte sind nicht aus der Luft gegriffen und in der Praxis teilweise schlicht indiskutabel. Es ist aber fraglich, ob eine Pauschalkritik an dem Modell der Hedgefonds generell zutreffend und gerechtfertigt ist. Immerhin gibt es auch in diesem Umfeld durchaus kompetente und an Nachhaltigkeit interessierte Akteure. Zwei Ansatzpunkte zur Abwägung:

– Das Unternehmen gehört den Gesellschaftern und nach der Beteiligung am Eigenkapital auch dem Hedgefonds. Ist es tatsächlich verwerflich, wenn diese möglichst viel freie Liquidität an sich ziehen wollen, statt sie in der Krise dem operativen Management – versteckt in stillen Reserven – zur freien Verwendung zu überlassen? Man kann oft nicht alle Manager eines Krisenunternehmens austauschen und ein Teil von ihnen hat aus Sicht der Gesellschafter und Banken schlicht versagt. Gewiss schränkt eine knappe Liquidität den Handlungsspielraum des Managements ein, da es in höherem Maße mit den finanzierenden Stakeholdern kooperieren muss und auf eine fundierte Businessplanung als Kommunikationsgrundlage angewiesen ist. Das ist aber nicht per se negativ zu werten. Es geht eher um ein ausgewogenes Finanzierungsmodell, das dem Management genügend operativen Spielraum bei vertretbaren Planabweichungen belässt und die Risiken der Gesellschafter aus dem Krisenobjekt reduziert. Nicht zu vergessen allerdings ist die Sicht der Banken, die kein Interesse an der Unterstützung eines Unternehmens haben, dessen Substanz durch die Gesellschafter ausgehöhlt wird. Das ist durch Ausschüttungssperren bzw. begleitende Tilgungsvereinbarungen etc. zu regeln, denn anderenfalls – und das kann beispielsweise als Folge allzu optimistischer Businesspläne vorkommen – besteht die Gefahr, dass die Banken risikobehaftetes Fremdkapital bereitstellen, das die Verschuldung des Unternehmens weiter erhöht, aber letztlich den Gesellschaftern zufließt.

– Sind tatsächlich grundsätzliche Bedenken gegen die Renditeorientierung und teilweise unkonventionellen Restrukturierungsmodelle der Hedgefonds einzuwenden? Warum soll jemandem, der ein hohes Risiko eingeht – vorausgesetzt der Hedgefonds und nicht nur die übrigen Stakeholder geht tatsächlich mit substanziellen Eigenleistungen ins Risiko –, bei Erfolg keine hohe Belohnung zustehen? Und wenn die deutsche Praxis ein Insolvenzplanverfahren unattraktiv macht, aber durch eine Umwandlung der Rechtsform und Standortverlagerung ins Ausland ein konstruktiveres Modell möglich wird, warum eigentlich nicht? Natürlich gibt es Bedenken, beispielsweise unter dem Gesichtspunkt des Gläubigerschutzes etc., aber Krisenfälle sind einem sorgfältig handelnden Kaufmann bekannt und sein Geld als Gläubiger wurde bereits vorher vernichtet. Das hat grundsätzlich nichts mit den Aktivitäten des Hedgefonds zu tun.

Das klare Rendite- und Erfolgsmodell der Hedgefonds – eigenes Ertragsziel ist beispielsweise das Dreifache des eingesetzten Kapitals als Return bei einem Exit nach rund drei Jahren – sowie die konsequente Cash orientierte Steuerung entsprechen der angelsächsischen Managementphilosophie. Das mag Kontinentaleuropäer überraschen, aber es ist bei Einhaltung der rechtlichen Restriktionen (z.B. Cash Pooling) legitim und wenn ein bereits totgesagtes Unternehmen am Ende saniert wird, ist dies auch keine grundsätzlich abzulehnende Option. Sofern Banken aus eigenen Erwägungen nicht bereit sind, noch einmal „frisches Geld" bereitzustellen und möglichst aus dem krisenhaften Engagement aussteigen wollen, kann ein risikobereiter Hedgefonds die letzte Überlebenschance des Unternehmens sein.

Unterschiede zu den zuvor erwähnten Restrukturierungsfonds ergeben sich vor allem aus dem Akquisitionsansatz. Hedgefonds haben zum Jahrtausendwechsel mit hoher Risikobereitschaft die Chance aus den Portfoliobereinigungen von Banken genutzt, die sich um eine Verbesserung ihres eigenen Ratings bemüht haben, u.a. durch Verkauf ganzer Kreditpakete mit entsprechenden Abschlägen. Die Sicht der Mittelständler, die erleben mussten, dass „die Bank ihres Vertrauens" ihnen in der Not nicht wie erwartet zur Seite stand und die sich dann gegebenenfalls mit einem Hardliner eines Hedgefonds auseinandersetzen mussten, kann man sich ohne Mühe ausmalen. Vertrauen in zuverlässige Geschäftspartner ist keine Einbahnstraße.

Ihr eigenes Risiko haben Hedgefonds oft durch eine geringe Eigenbeteiligung und breite Streuung verbriefter Forderungen deutlich reduziert. Es ist im freiwilligen Ermessen des Investors, sich an diesen Risikofonds zu beteiligen. Allerdings hat unter anderem das Versagen der Ratinginstrumente – die letztlich fehlende Transparenz durch standardisierte Risikobewertungen kompensieren sollten – gezeigt, dass von einigen Spielern in Grenzbereichen agiert wurde, die kritisch zu hinterfragen sind. Investoren müssen den Aussagen der Dealer und Analysten vertrauen können.

Festzuhalten bleibt, dass Hedgefonds versuchen, vorrangig durch die Übernahme von Kreditengagements – distressed debts – in einen Krisenfall einzutreten und sich in einer relativ günstigen Verhandlungsposition befinden. Dem Hedgefonds stehen 100% der Kreditforderung gegen das Unternehmen zu, für die er aufgrund des Abschlages – je nach Verhandlung zwischen 20% und 80% des Nominalwertes – nur einen geringeren Betrag eingesetzt hat. Kommt es zu einem Totalausfall in diesem Engagement, hat er immer noch die Chance, den Verlust durch Erfolge in anderen Engagements aus dem übernommenen Kreditpaket zu kompensieren. Das macht ihn sowohl für die übrigen an dem Krisenengagement noch durch eigene Kredite gebundenen Banken als auch für das Krisenunternehmen selber zu einem besonders unangenehmen Verhandlungspartner („Räuber oder Freund"?). Sei es nun, dass der Hedgefonds in den Poolverhandlungen nur einen durch sein Verhalten und Kündigungsdrohungen „entnervten" Aufkäufer für sein Kreditengagement sucht und ausscheidet, oder sei es, dass er versucht, sich durch weitere günstige Kreditkäufe von Banken in eine stärkere Position zu manövrieren, um letztlich im Rahmen eines Debt-Equity-Swap sehr günstig die Mehrheit – meist mehr als 75% – der Unternehmensanteile zu übernehmen. Besonders interessant sind Debt-Equity-Swaps als Übernahmestrategien in Fällen, in denen bereits durch eine Entschuldung der Bilanz ein weitgehender Restrukturierungsbeitrag geleistet werden kann.

Man mag sich über Verhandlungsmethoden und Auswüchse bei grundsätzlich gesunden Unternehmen entrüsten. Die betroffenen akuten Restrukturierungsfälle sind aufgrund von Fehlentscheidungen bzw. unerwarteten Marktentwicklungen in der Krise. Das Engagement der übrigen Finanzierer ist gefährdet, weil die eigene Vorsorge zum Schutz vor Kreditausfällen nicht gegriffen hat. Die Gefährdung des Unternehmens und ausstehenden Kredite hat strategische und operative Ursachen und ist meist nicht die Folge der Politik von Hedgefonds. Seriös agierende Fonds haben zudem letztlich wie die übrigen Stakeholder das Bestreben, das Unternehmen als Renditechance zu erhalten, sofern es sanierungsfähig ist.

Die große Bereinigungswelle in den Kreditportfolien der Geschäftsbanken infolge der Anforderungen aus Basel II ist in den letzten Jahren erfolgt, entsprechende Maßnahmen bei anderen Banken – beispielsweise Landesbanken und Sparkassen – sind auch im Zusammenhang mit den Aktionen zur Bewältigung der aktuellen Finanz- und Wirtschaftskrise abzuwarten. Teilweise werden die distressed debts in „bad banks" ausgelagert und dort abgewickelt oder saniert. Der Höhepunkt der durch Hedgefonds getriebenen Restrukturierungen ist in Deutschland vermutlich überschritten, dieses Modell dürfte eher wieder zur Ausnahme im Tagesgeschäft der Restrukturierung werden – unter anderem erkennbar an der nachlassenden Aufmerksamkeit in den Medien. Aber das Modell ist sinnvoll, bleibt in Einzelfällen Realität und kann die Verhandlungen in einzelnen Krisenfällen weiter prägen. Dies wird sich nach Ansicht der Verfasser auch nicht substanziell durch die spekulationsbedingte Kreditkrise ändern. Sie begrenzt allerdings die Refinanzierungsmöglichkeiten der Hedgefonds bei Leverage Deals und führt zu einer notwendigen Marktbereinigung, da offensichtlich die Anforderungen an die Eigenkapitalausstattung der Transaktionen und die von den Fonds und ihren Übernahmeobjekten zu erfüllenden Covenants steigen. Bilanzielles Eigenkapital als Indikator für risikomindernde Substanz wird wieder neben der zukunftsorientierten Cash- und Renditeerwartung eine größere Rolle spielen – eine gute Entwicklung.

2.2 Die Defizite zügig beseitigen und wieder wachsen

Die einschlägigen Medien waren vor allem vor der Finanzkrise 2008 voll von euphorischen Berichten über Strategien und Finanzierungsmodelle für Krisenfälle. Das klang gut und war auch nicht falsch, aber die Wurzeln einer Unternehmenskrise liegen in seinem Geschäftsmodell und dem operativen Handeln seiner Manager. Eine Zeitung wird gekauft, wenn Aufmachung und Artikel gut sind; für ein Auto geben Käufer Geld aus, wenn es die Erwartungen erfüllt. Daran müssen Krisenmanager arbeiten und darauf achten, dass sie bei aller Finesse nicht die Bodenhaftung und den Blick für einfache und schnell wirksame Lösungen verlieren. Im Folgenden sind die Kernpunkte erfolgreicher Restrukturierungen und ihre Implikationen für Verhandlungsprozesse aufzuzeigen.

2.2.1 Cost Cutting reicht nicht aus für den Erfolg

Restrukturierungen werden gerne mit dem Bild rigoroser Kostensenkungsprogramme „knallharter Sanierer" verbunden, die in ihrem Umfeld ein Klima eisiger Kälte verbreiten und mit rustikalen Methoden und „eisernem Besen den Stall mal richtig ausmisten". Der Gedanke, dass Krisenmanager oder nach moderner Lesart der CRO (Chief Restructuring Officer) eher ruhig und umsichtig agierende Spezialisten für eine besondere Phase im Lebenszyklus eines Unternehmens sind, kommt bei diesem Klischee nicht unbedingt auf und in der Tat schränkt der Druck der Situation ihren Handlungsrahmen ein. Professionelle Krisenmanager glauben aus guten Gründen nur das, was mit Fakten belegbar ist und kritischen Fragen standhält, denn selbst bei absolut seriösem Verhalten wird sich die Psyche der unmittelbar Betroffenen gegen das Trauma des möglichen Scheiterns wehren und sie zu Zweckoptimismus verleiten, der sie zum Glück auch unter massivem Druck funktionsfähig erhält. Das sind in Krisen völlig verständliche Mechanismen und für Rettungsaktionen auch durchaus hilfreich, wenn sie in einem geordneten Rahmen verlaufen. Diese Strömungen müssen die Krisenmanager richtig kanalisieren. Der Zeitdruck lässt dabei aber nicht zu, dass sie sich allzu lange mit zum Beispiel resignierenden Managern oder „Schön- und Vielrednern" aufhalten, die den Ernst der Lage nicht verstanden haben, Notwendigkeiten blockieren und die Menschenkenntnis von Krisenmanagern unterschätzen, die in ihrer Laufbahn schon einiges erlebt haben. Tatsächlich ist das Vorgehen rustikal, denn Manager, die bei dieser „Notoperation" auch noch allzu oft „nein" sagen und im Gegenzug keine eigenen brauchbaren Ideen entwickeln, werden schnell die Frage zu hören bekommen, ob ihnen die Insolvenz lieber ist, und sie hören dann auch bald den Hinweis, dass man: „… Schuhe mit Löchern spätestens im Winter auszieht, weil es heutzutage genügend Ersatz gibt". Im Grunde wird ein Krisenmanager sich über offen geäußerte Bedenken und Widerstand freuen, denn dies kann im Unterschied zu Intrigen und Sabotage gezielt durch Überzeugung und Einwirkung angegangen werden, sofern genügend Zeit verfügbar ist. Im Stadium der akut drohenden Insolvenz ist die Kooperationsbereitschaft aller Beteiligten in der Regel hoch.

Engagierte Maßnahmen zur Kostenreduktion und Liquiditätssicherung sind das Herz der Sofortmaßnahmen bei akut drohender Insolvenz, weil sich die Wirkung dieser Maßnahmen relativ präzise bestimmen lässt und weil sie überwiegend schnell umsetzbar sind – sie sind unverzichtbar. Die grundsätzliche Stoßrichtung zeigen die Abbildungen 25 und 26. Gewiss wird man umsatzsteigernde Maßnahmen nicht vernachlässigen, aber gerade in der Anfangsphase von Projekten zur Abwendung der akut drohenden Insolvenz dominiert die schnellstmögliche Liquiditätssicherung und Kostenreduktion.

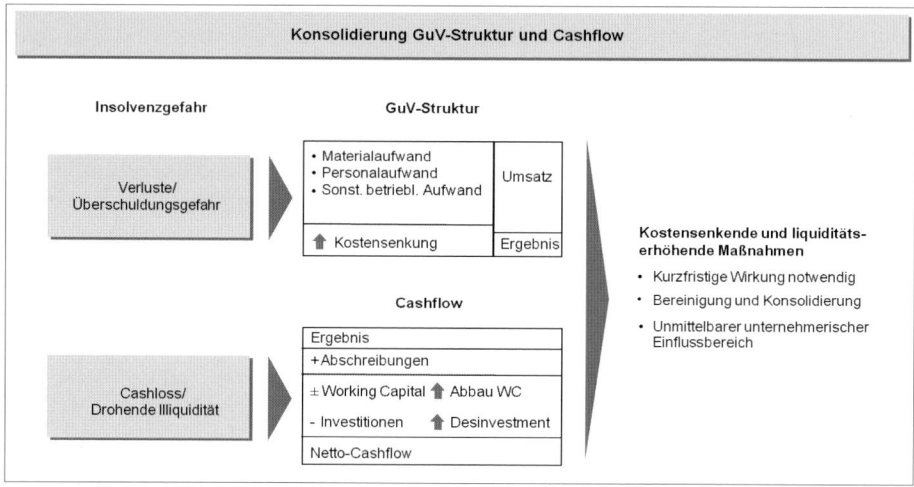

Abbildung 25: Konsolidierung GuV-Struktur und Cashflow

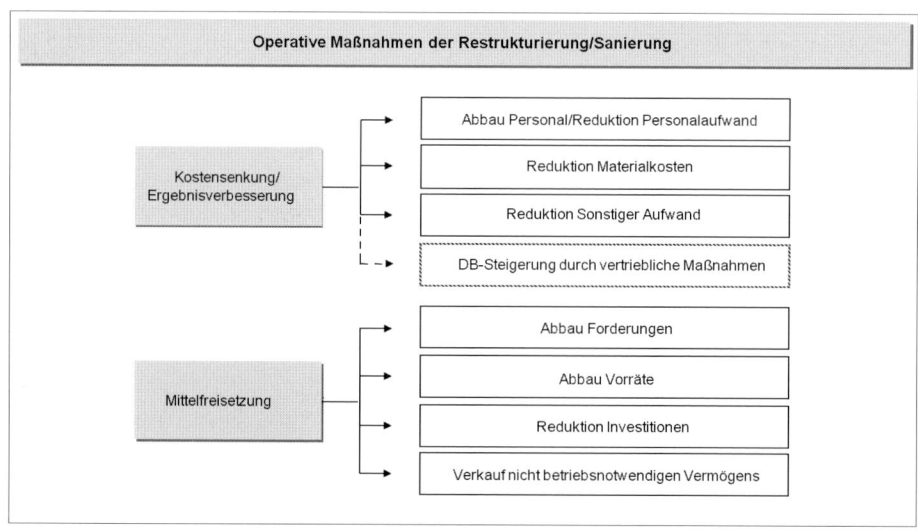

Abbildung 26: Operative Maßnahmen der Restrukturierung (Beispiele)

Der vordergründig naheliegende Ansatz für Krisenunternehmen ist die Kostenreduktion durch Inanspruchnahme der Geschäftspartner, also Einkaufsprojekte, die natürlich anzugehen sind. Allerdings können Unternehmen, die sich bereits seit längerem in der Krise befinden, meist froh sein, dass ihre Lieferanten und Dienstleister trotz offenkundiger Zahlungsprobleme noch zu ihnen stehen, Geduld bei Zahlungsverzug zeigen und kein außergerichtliches bzw. gar amtsgerichtliches Mahnverfahren einleiten, das negative Konsequenzen für künftige Bonitätseinstufungen bei den bekannten Auskunfteien hätte und entsprechend der Regelungen der Lieferanten mit ihren Warenkreditversicherern auch diesen zu melden wäre. Dennoch sind Krisenunternehmen meist einem größeren Kreis potenzieller Lieferanten als schlechte Zahler bekannt, so dass Lieferantenwechsel als Handlungsoption nur noch bedingt möglich sind. Gelegentlich werden dem Krisenunternehmen kurzfristige Lieferantenwechsel zusätzlich aufgrund technischer (Zertifikate, Normen etc.) und organisatorischer – beispielsweise in der Automobilindustrie durch Freigaben von Vorlieferanten durch die Hersteller – Bedingungen, Vertragsklauseln und Machtkonstellationen erschwert. Verhandlungen mit den bestehenden Lieferanten über Preissenkungen oder gar Forderungsverzichte als Sanierungsbeiträge sind dann insbesondere mittelständischen Krisenunternehmen mit geringem Gewicht am Umsatzvolumen ihrer Geschäftspartner deutliche Grenzen gesetzt. Sie müssen deshalb mit Priorität ihre internen Kostenverursacher in den Griff bekommen, um die eigenen Kostenstrukturen schnellstmöglich zu reduzieren und zu optimieren. Mit Blick auf den Materialaufwand sind das dann beispielsweise Projekte von Einkauf, Produktion und Konstruktion zur Reduktion des Mengenverbrauchs, Ausweitung von Standardisierungen und Beschaffungsalternativen. Weiterer bedeutender Hebel sind der sonstige betriebliche Aufwand (typischer Indikator für Verschwendung) und die Personalkosten, die in der Regel einen hohen Anteil an den Gesamtkosten haben. Beeindruckend ist dabei die Leidensfähigkeit der Mitarbeiter gut geführter Mittelständler, selbst wenn es aus Liquiditätsgründen wiederholt zu signifikanten Verschiebungen von Lohn- und Gehaltszahlungen kommt. Auch befristete Kürzungen mit der Option auf eine spätere Rückzahlung werden meist schnell von einer großen Mehrheit der Mitarbeiter akzeptiert. Hier offenbaren sich die Vorteile dieser relativ kleinen Einheiten mit engem Zusammenhalt der Akteure, die in der Krise eine hohe Bereitschaft zur Umsetzung von Maßnahmen zur Kostenreduktion und Produktivitätssteigerung zeigen. Die Erhaltung dieser Bereitschaft trotz eventuell notwendigen Personalabbaus ist eine herausfordernde Führungsaufgabe.

Behindert werden kurzfristige und zielgenaue Maßnahmen der Kostenreduktion in mittelständischen Krisenunternehmen vor allem durch die häufig vorzufindende mangelhafte Transparenz, schlechte Datenqualität und fehlende Planung. Verspätete Jahresabschlüsse und Reports für die Banken, eine desolate Bestandsführung, fehlerhafte Stücklisten und eine unzuverlässige Ermittlung von Bestandsveränderungen, umfangreiche Korrekturbuchungen im sogenannten „13. Monat" wegen unterjährig unterlassener bzw. fehlerhafter Abgrenzungen (Arbeitszeitkonten, Pensionen, Abgaben) etc., fehlende Verträge und nicht mehr auffindbare Dokumente, verschachtelte und primär steueroptimierte Strukturen usw. sind deutliche Indikatoren für den kritischen Zustand der kaufmännischen Funktionen. Die mangelhafte Transparenz behindert sowohl die willigen Manager als auch die Krisenmanager bei der Identifikation von wirksamen Ansätzen zur Kostenreduktion. Es bleibt den Krisenmanagern dann meist im ersten Anlauf nichts anderes übrig, als sich die letzte Gewinn- und Verlustrechnung sowie entsprechende Kontoauszüge der Buchhaltung zu besorgen, sich mit den verantwortlichen Managern zusammenzusetzen, jede Position durchzugehen und in oft zähen Diskussionen mögliche Einsparungsansätze zu identifizieren. Hilfreich sind dabei auch Vergleiche der Bilanz- und GuV-Struktur des Krisenunternehmens im Ist-Zustand und zu Zeiten, als es noch profitabel agierte, sowie das Hinterfragen der Gründe für die Verschlechterung im Zeitvergleich. Es ist in der akuten Krise auch geboten, sich die Verträge an der Schnittstelle des Unternehmens zu den Gesellschaftern, ihnen nahestehenden Geschäftspartnern und den im Unternehmen tätigen Familienmitgliedern anzusehen – „arms length", verdeckte Gewinnausschüttungen, Einlagenrückgewähr, Untreue gegenüber dem Unternehmen sind ausgesprochen kritische Themen. Mit diesem rigiden Kostenmanagement geht oft eine ebenso rigide Zentralisation wesentlicher Prozesse und Bereiche (Einkauf, Finanzmanagement und Buchhaltung, Controlling, Personalwesen) einher, über die man Transparenz schaffen und die Kosten- und Liquiditätsentwicklung wirksam steuern kann.

Auch grundsätzlich gut geführte mittelständische Unternehmen verfügen meist nur über ein ansatzweise ausgebautes Controlling. Typisch ist die Konzentration der Planung und Kontrolle auf eine GuV für das Gesamtunternehmen und seine Tochtergesellschaften. Es existiert eine Kostenartenrechnung, die entsprechend aufbereitet wird. Das hat in der Krise zur Folge, dass sich die Maßnahmen zur Ergebnisverbesserung auch lediglich an den einzelnen Positionen der GuV orientieren können, denn der Aufbau einer zuverlässigen Kostenarten- und Kostenträgerrechnung ist ein Projekt, das mehrere Monate in Anspruch nimmt. Die Orientierung der Restrukturierungsansätze an der GuV ist zwar recht ordentlich, aber eine grobe Sicht, denn die konkreten Gewinn- und Verlustbringer im Leistungsprogramm sind nicht unmittelbar erkennbar und gehen in der summarischen Betrachtung der GuV unter. Damit fehlen die Impulse, um gezielt Ansatzpunkte zur Profitabilisierung des Leistungsprogramms und der daran mitwirkenden Bereiche anzugehen. Weil eine solide mehrstufige Deckungsbeitragsanalyse inklusive der daraus folgenden Ursachenanalyse bezüglich der Ergebniseffekte eine Kostenstellen- und Kostenträgerrechnung auf Teilkostenbasis (Splittung von variablen und fixen Kostenbestandteilen) voraussetzt, kann man allenfalls aus der Rohertragsquote und anhand von Nachkalkulationen mit pauschalen Zuschlagsätzen grob abschätzen, ob ein Produkt insgesamt profitabel ist oder nicht. Fehleinschätzungen bei zum Beispiel unterschiedlicher Inanspruchnahme der Kostenstellen durch die einzelnen Produkte sind dann durchaus üblich; aus den Nachkalkulationen eine Brücke zur Ergebnisrechnung bauen macht aufgrund pauschaler Zuschlagsätze wenig Sinn. Allzu sehr unterscheidet sich das Vorgehen der Krisenmanager dann notgedrungen nicht von dem oben beschriebenen Konzept in den Krisenfällen mit desolater Datenbasis. Man freut sich natürlich über die in gut geführten Unternehmen bessere Datenqualität und Verfassung der kaufmännischen Funktionen, aber die organisatorischen Sünden – das schwach ausgebaute Controlling – aus guten Zeiten rächen sich in der Krise und sind kurzfristig nicht zu beheben.

Bei den in Krisenfällen selten anzutreffenden Unternehmen mit geordneten Strukturen und einem gut ausgebauten Controlling hat man demgegenüber Ist- und Planzahlen für das gesamte Unternehmen, für Kostenstellen und Kostenträger sowie betriebliche Statistiken usw., die den Krisenmanagern ein deutlich differenzierteres und methodisch fundiertes Vorgehen erlauben. Defizite auf Kostenstellen können gezielt mit den Fachverantwortlichen besprochen und angegangen werden; Defizite im Leistungsprogramm können über mehrstufige Deckungsbeitragsrechnungen aufgedeckt und ebenfalls gezielt mit den Fachexperten angegangen werden. Kostensenkungsprogramme erreichen damit eine wesentlich höhere Präzision und Wirksamkeit. Natürlich wird auch dann die Diskussion zu Ansätzen der Kostenreduktion hart sein, aber bei guter Datenbasis ist schnell ein belastbarer Businessplan mit Simulationsmöglichkeiten aufgebaut und man hat aufgrund aussagefähiger Daten eher die Möglichkeit, die verschiedenen Ideen recht ordentlich und sachbezogen abzuwägen. Auch dieser Prozess ist kein Spaziergang, aber er ist leichter zu handhaben und das Ergebnis ist zuverlässiger. Interessante Analyseinstrumente zur Kostenreduktion bei diesen Unternehmen – in der Praxis leider die Ausnahmefälle – sind neben den Deckungsbeitragsrechnungen (Abbildung 27, S. 72) die sogenannten „Werttreiberbäume". Abbildung 28 (S. 73) zeigt die Grundstruktur eines Werttreiberbaumes.

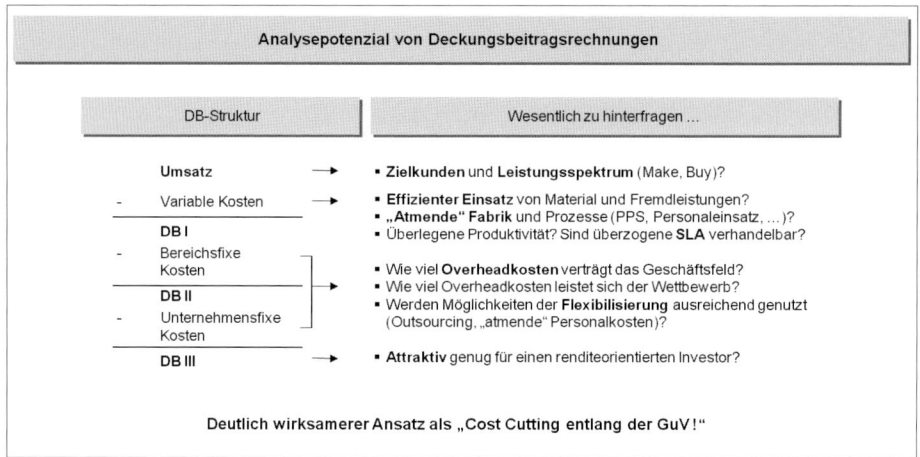

Abbildung 27: Analysepotenzial von Deckungsbeitragsrechnungen

Werttreiberbäume – am Beispiel eines Handelsunternehmens dargestellt – sind im Kern nichts anderes als eine GuV oder Deckungsbeitragsrechnung, deren Positionen bis auf eine Ebene heruntergebrochen werden, in der den einzelnen Kosten auch Mengengerüste (Stückzahlen, Losgrößen, Ausschussquoten, Auslastungsgrade etc.) zugeordnet werden können. Analog gilt dies für Umsatzpositionen. Voraussetzung ist eine geeignete Betriebsstatistik mit Leistungsdaten etc. Damit lassen sich Wirkungszusammenhänge verdeutlichen, die gelegentlich auch dem Management des Krisenunternehmens nicht ausreichend klar sind. Man erkennt sehr schnell die Ansatzpunkte mit hoher Wirkung auf eine bestimmte Zielgröße, wie etwa das EBITDA oder den Deckungsbeitrag, und kann sich Gedanken über gezielte Maßnahmen machen. Anhand eines Werttreiberbaumes kann man Managern gut die entscheidenden Hebel und Prioritäten der Restrukturierung veranschaulichen, statt in der Krise aktionistisch vorzugehen und dann eventuell dem Einsparen von Schreibmaterial als Symbol für die neue Sparsamkeit sowie der Neuordnung der Parkplätze in der Hauptverwaltung die gleiche Bedeutung auf Managementebene wie der Tourenoptimierung des eigenen Fuhrparks mit mehreren Hundert Fahrzeugen beizumessen – das ist wohlgemerkt kein fiktives Beispiel. Angesichts des Zeitdrucks und der stets eng begrenzten Zahl an Leistungsträgern sind Prioritäten in der Krise unabdingbar. Auch hier wieder der Hinweis, dass die Datenbasis für den Werttreiberbaum bereits vorliegen muss oder solide geschätzt werden kann, ansonsten ist das Instrument nicht einsetzbar und es sind auch die daraus abgeleiteten entscheidenden betrieblichen Optimierungen – Beispiel Tourenplanung mit der Reduktion von Fahrzeugen, Fahrern und Werkstattkosten – nur schwer umsetzbar.

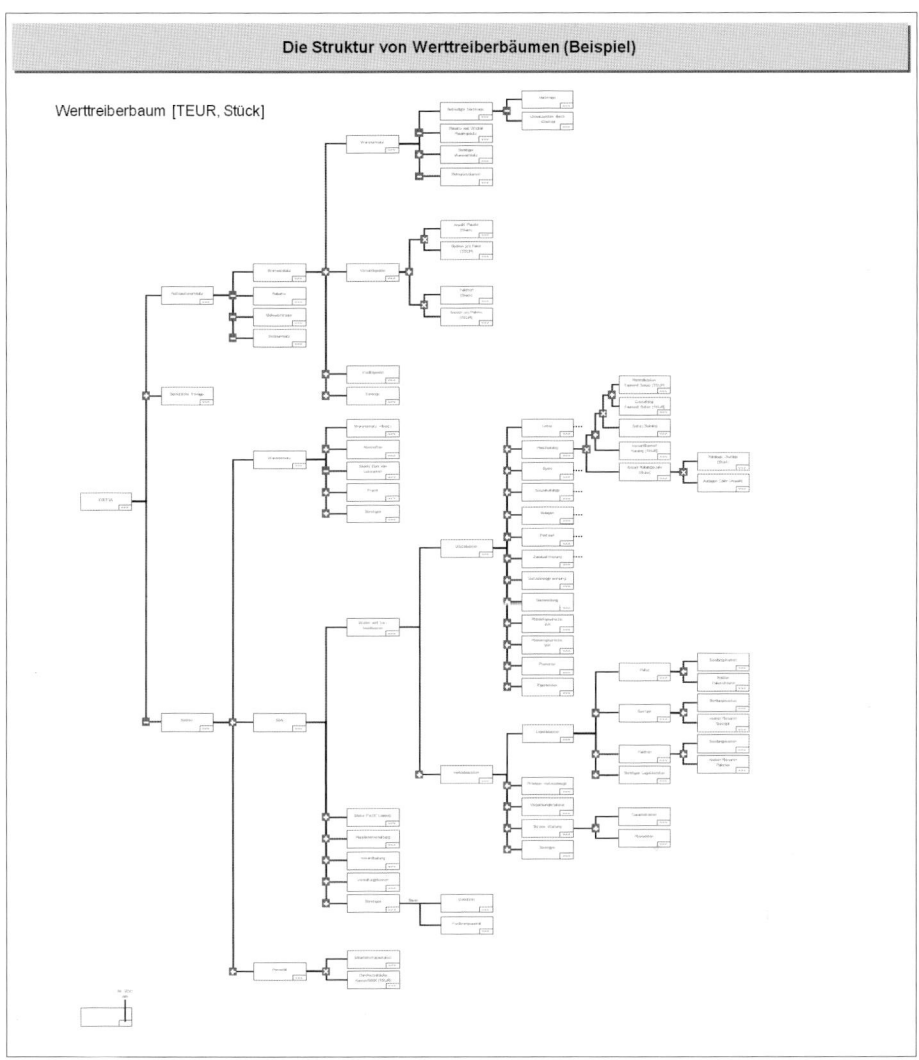

Abbildung 28: Die Struktur von Werttreiberbäumen (Beispiel)

Das skizzierte Durchleuchten der Kostenstrukturen zur Ableitung und Umsetzung von Maßnahmen ist naheliegend und bedarf in mittelständischen Krisenfällen keiner tiefgreifenden konzeptionellen Unterstützung. Anders ist dies insbesondere bei Organisationsänderungen, Eingriffen in Besitzstände und Personalmaßnahmen in etwas größeren Unternehmen mit tradierten Strukturen, die in aller Regel zu Diskussionen mit Interessenvertretern – beispielsweise Anwälte, Betriebsräte, Gewerkschaften – führen und damit einem gewissen formell aufbereiteten Rechtfer-

tigungszwang unterliegen. Das dafür eingesetzte Instrumentarium methodisch ge-
stützter Ansätze zur Kostenreduktion in Unternehmen ist vielfältig und seit den
70er Jahren des letzten Jahrhunderts das wesentliche Geschäft vieler Managementberater. Zu den einzelnen Konzepten gibt es genügend Literatur, hier werden
sie deshalb nur in Auszügen und stark vereinfacht anhand typischer Problemstel-
lungen angerissen.

Bei strukturellen Themen, wie etwa die Personaldimensionierung von Abteilungen,
greift man in einfachen Fällen auf bekannte Faustregeln – zum Beispiel: 1 Personal-
sachbearbeiter pro 400 Mitarbeiter bei relativ einfach strukturierten Entgeltsystemen –
und grobe anonymisierte Benchmarks, d.h. Wettbewerbsvergleiche zurück, wie in
den Abbildungen 29 und 30 dargestellt. In der Regel verfügen Restrukturierungsberater diesbezüglich über einen ausreichenden Fundus. Mit Benchmarks wird in
erster Linie die Absicht verfolgt, über den Vergleich mit „Best Performern" die Diskussion über Veränderungsnotwendigkeiten und -ziele anzuregen und bei fortschreitender Detaillierung der Analyse auch Hinweise für Mängelursachen zu finden.

Ein bekannter und methodisch gut fundierter Ansatz war in den 80er Jahren das
„Zero base budgeting", das eine gewisse Nähe zum Benchmarking hat und zu
Unrecht an Popularität verloren hat – mag sein, dass die Ergebnisse dieses An-
satzes dem einen oder anderen Stakeholder zu unbequem sind. Zero base budgeting geht von dem Grundgedanken aus, das Unternehmen auf der „grünen
Wiese" noch einmal neu zu entwerfen. Es ist klar, dass dies aufgrund der gegebenen Strukturen – Standorte, Fabriklayout, Fixkosten – nicht mehr so wie gewünscht
umsetzbar ist, aber dieses Herangehen öffnet die Augen für Ineffizienz und Ver-

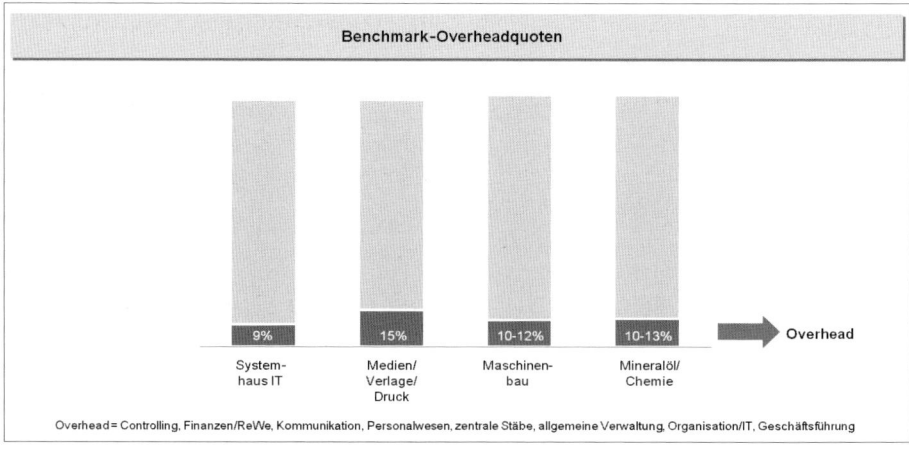

Abbildung 29: Benchmark-Overheadquoten (Beispiel)

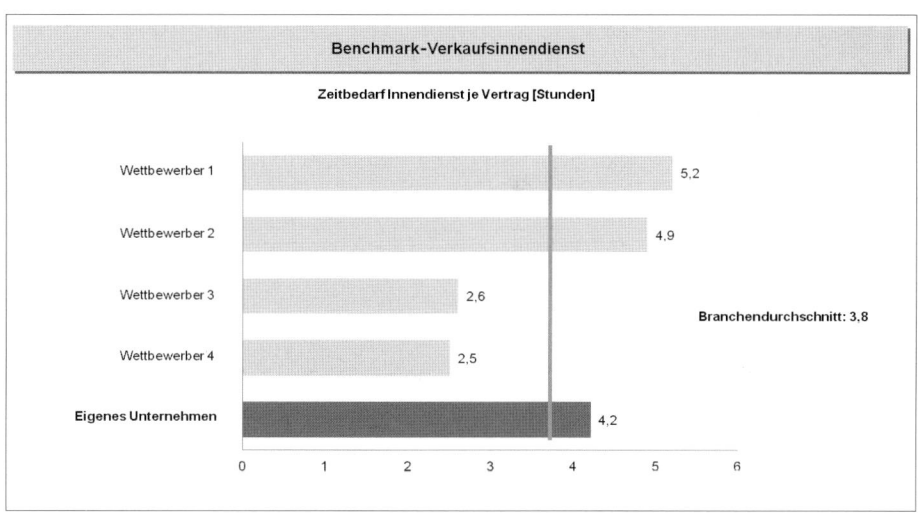

Benchmark-Verkaufsinnendienst

Zeitbedarf Innendienst je Vertrag [Stunden]

Abbildung 30: Benchmark-Verkaufsinnendienst (Beispiel)

schwendung, die vor allem in guten Zeiten zur Selbstverständlichkeit geworden sind. In Familienunternehmen kann man sich dann beispielweise fragen, wie die Organisations-, Personal- und Kostenstrukturen sowie auch ganze Geschäftsbereiche usw. aussähen, wenn es über Jahre gewachsene Herrschaftsbereiche („Seilschaften") von Gesellschaftern sowie die meist übliche Rücksichtnahme auf Familienmitglieder und ihnen nahestehende Geschäftspartner nicht gäbe. Eventuell kommt man dann zu der Erkenntnis, dass erst das Machtzentrum des Unternehmens – nämlich die möglicherweise sehr teure und alle substanziellen Änderungen blockierende Führungsspitze sowie Gesellschafterstruktur – zu reorganisieren ist, ehe man die operativen Bereiche tatsächlich wirksam angehen kann. Auch wird man dann gelegentlich aus bestimmten Gründen überlegen, das Personal des kaufmännischen Bereiches inklusive der externen Dienstleister zum gegebenen Zeitpunkt auszutauschen. In Konzernen stößt man nicht selten auf ein ausgeprägtes Status- und Besitzstanddenken sowie teilweise auch machtpolitisch bedingte Interessenssphären (Manager, Gewerkschaften, Betriebsräte etc.) und verkrustete Strukturen, die nicht mehr zeitgemäß sind und unter anderem Projekte zur Ausgründung von Geschäftsbereichen in wettbewerbsfähigere Strukturen, zum Austritt aus Arbeitgeberverbänden und Tarifsystemen bzw. zur Fremdvergabe von Funktionen an leistungsfähigere Dienstleister forcieren. Leitgedanke des Zero base budgeting ist generell die Orientierung an erfolgreicheren Wettbewerbern und die Schaffung der Strukturen für einen grundlegenden Neuanfang. Die daraus resultierenden Erkenntnisse werden in ein neues wettbewerbsfähiges Unternehmensmodell mit entsprechender Businessplanung überführt.

Man mag einwenden, dass diese „abstrakten Spiele mit Strukturen auf der grünen Wiese" und insbesondere die Faustregeln und Benchmarks die mangelnde Vergleichbarkeit von Unternehmen sowie die faktischen Gegebenheiten vernachlässigen und das gesamte Vorgehen die Auswirkungen auf Prozesse sowie übergreifende Zusammenhänge ignoriert. Das ist zutreffend, aber die Abwendung der akut drohenden Insolvenz in Unternehmen, die ihre Strukturen, grundlegenden Führungssysteme und Effizienz etc. vernachlässigt haben, ist nicht die Zeit der Filigrantechniker und zeitraubenden Feinanalysen. Die Krisenmanager dürfen den anstehenden Machtproben nicht ausweichen und meist müssen sie auch zur Sicherung des kurzfristigen Überlebens an die Grenzen des Machbaren gehen und versuchen, zunächst mit tiefen Einschnitten die Kosten sowie Liquidität in den Griff zu bekommen. Später erst können sie die Konsequenzen dieser Eingriffe beobachten und dann gegebenenfalls ein wenig nachgeben bzw. nachbessern. Das ist die Folge unzureichender organisatorischer Substanz in Krisenunternehmen mit signifikanten Defiziten in den üblichen kaufmännischen und technischen Steuerungssystemen. Das Sanierungskonzept beruht in diesen Fällen notgedrungen auf einer Vielzahl von Annahmen und Prämissen, beispielsweise zur Werthaltigkeit von Bilanzpositionen, Fertigungstiefe von Wettbewerbern etc., weil aufgrund des Zeitdrucks und mangels zuverlässiger Basisdaten nur eingeschränkte Möglichkeiten der Verifizierung bestehen.

Die Manager der operativen Bereiche wie Produktion, Montage und Logistik weisen in Kostensenkungsprojekten – unabhängig von der vorausgehend diskutierten Datenbasis – gerne darauf hin, dass ihre Bereiche bereits seit Jahren durch Automatisierungen, Arbeitszeitmodelle, Fremdbezug etc. umfangreiche Kostensenkungsprogramme durchlaufen und dass sie ohnehin ihre Personalkapazität und -kosten mehr oder weniger umsatzproportional anpassen, soweit dies die technisch bedingte Betriebsbereitschaft zulässt. Der Overhead hingegen – im Jargon der traditionellen „blue collars" in der Produktion: „... die feinen Damen und Herren auf der Teppichetage" – gönne sich eine üppige Ausstattung und habe gegenüber den Operations mittlerweile ein deutliches (Kosten-)Übergewicht. Ob und in welcher Ausprägung dies zutreffend ist, muss im Einzelfall geprüft werden. In der Tat hat es aufgrund der zunehmenden Automatisierung und der Tendenz zur Individualisierung sowie zu kleineren Auftragsgrößen in vielen Unternehmen eine Verschiebung der Kostenschwerpunkte in Richtung Overheads (z.B. Anlagentechnik, Informatik, Konstruktion, Auftragsabwicklung) gegeben. Grundsätzlich sind Reaktionsmöglichkeiten im Overhead bei Beschäftigungsschwankungen limitiert – man denke an Bereiche wie das Controlling und die Finanzbuchhaltung. Andere Bereiche, beispielsweise die Informatik, sind wiederum nicht nur Kostenfaktor, sondern auch wesentlicher Hebel zur Rationalisierung von Prozessen und Strukturen. In gewissem Umfang und bestimmten Bereichen, die wie etwa die Personalabrechnung nicht dem Kerngeschäft zuzuordnen sind, lassen sich Overheadkosten auch durch Outsourcing reduzieren und flexibler gestalten. Allerdings werden sich die Dienstleister bei Unternehmen in der akuten Krise eher zurückhaltend zeigen. Deshalb stehen vor allem interne Maßnahmen zur Kostenreduktion im Overhead an. So ist Komfort in der Krise nicht akzeptabel und man kann angesichts des drohenden Untergangs auf eine Stelle Öffentlichkeitsarbeit und die zweite Sekretärin der Geschäftsführung auch für einige Zeit gut verzichten. Ebenso wird man in schrumpfenden Unternehmen oder Geschäftsbereichen ohne viel Mühe zu der Erkenntnis kommen, dass ein Geschäftsführer mitsamt seiner Assistenz einzusparen ist und Strukturen durch Streichen einer Managementebene sowie verschiedener Stabsstellen gestrafft werden können. Das sind offensichtliche Sofortmaßnahmen.

Konzeptionell wird für umfassendere Analysen zur Reduktion von Overheadkosten immer noch gerne die sogenannte „Gemeinkostenwertanalyse" eingesetzt, ein Klassiker zur Reduktion der Kosten im Overhead. Dabei werden mit vorgefertigten Formularen die Aufgabenstruktur sowie die Mengengerüste in den Overheadbereichen erhoben. Die Erhebungsunterlagen werden von Beratern und Managern gemeinsam ausgewertet und anschließend mit den Managern unter Vorgabe eines Ressourcenengpasses diskutiert, beispielsweise ein um 30% reduziertes Verwaltungsbudget. Aus diesem Prozess werden zügig entsprechende Maßnahmen zur Kostenreduktion abgeleitet. Bei klassischem Vorgehen werden ausschließlich sogenannte „leitende Angestellte" in das Projekt eingebunden, denn für sie gilt das Betriebsverfassungsgesetz nicht. Damit sollen bei der Datenerhebung und Ideensammlung unter anderem Verzögerungspotenziale des Betriebsrates vermieden werden. Da durch die Projektarbeit aber gegebenenfalls doch fundamentale Rechte der Arbeitnehmervertreter tangiert werden, ist das Vorgehen im Einzelfall mit Anwälten abzustimmen; besser ist aus Akzeptanzgründen – Reduktion von Störpotenzial bei der Umsetzung – generell der Versuch eines konstruktiven Vorgehens mit angemessener Einbindung der Arbeitnehmervertreter.

Die Abbildungen 31 bis 36 zeigen die generelle Vorgehensweise bei Gemeinkostenwertanalysen sowie die erzielten Ergebnisse der nachfolgenden Auswertungen und Diskussionen am Beispiel des Informatikbereiches eines Unternehmens. Die Informatikkosten lagen bei rund 10% der Gesamtkosten und damit deutlich über den Vergleichswerten anderer Unternehmen der Branche – Gemeinkostenwertanalyse und Benchmarking wurden in diesem Fall zur Ideenfindung kombiniert.

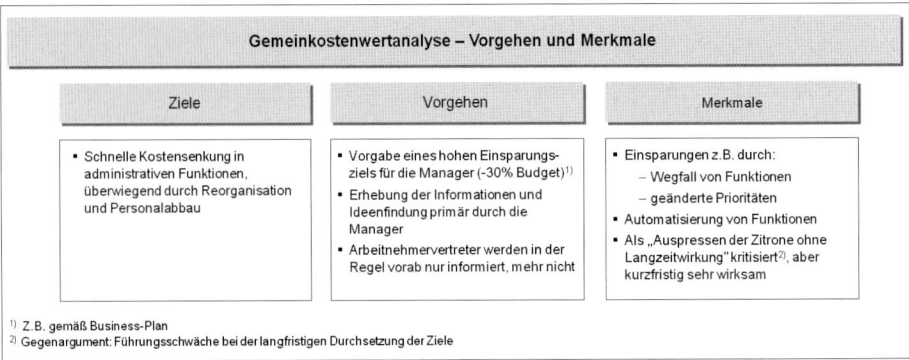

Abbildung 31: Gemeinkostenwertanalyse – Vorgehen und Merkmale

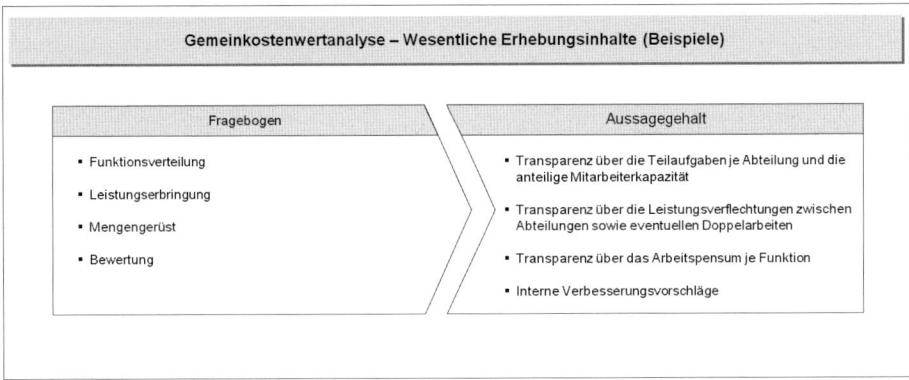

Abbildung 32: Gemeinkostenwertanalyse – Wesentliche Erhebungsinhalte (Beispiel)

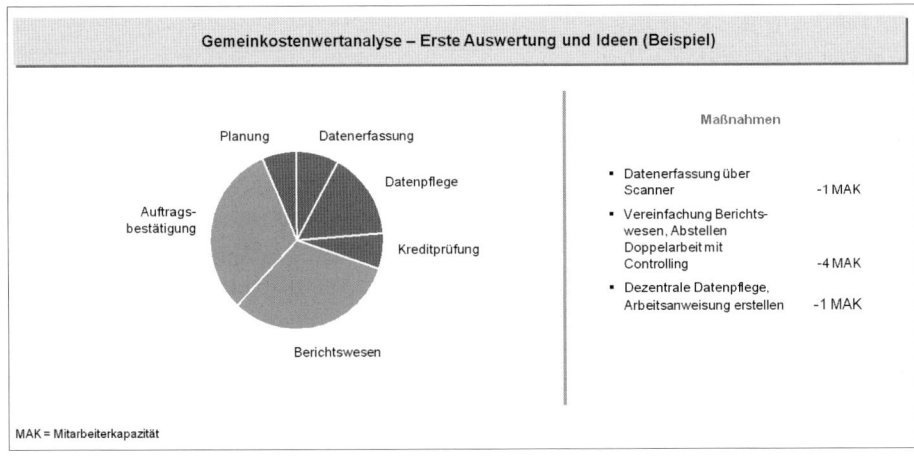

Abbildung 33: Gemeinkostenwertanalyse – Erste Auswertung und Ideen (Beispiel)

Zunehmende Komplexität des Restrukturierungsmanagements

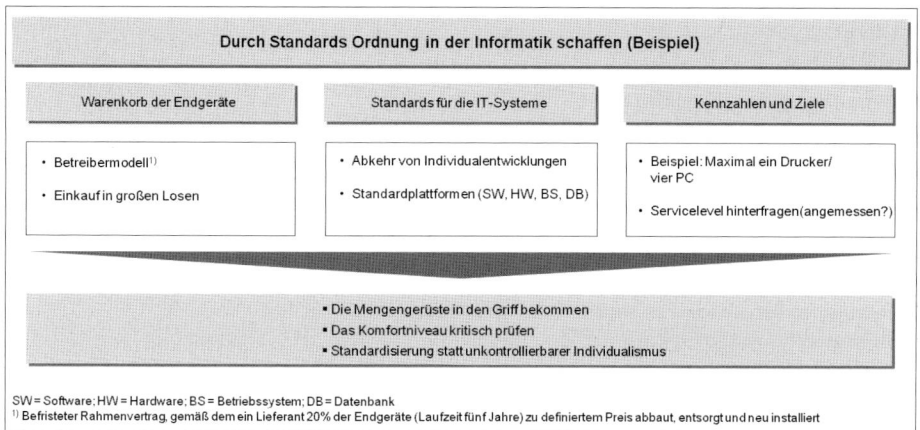

Abbildung 34: Durch Standards Ordnung in der Informatik schaffen (Beispiel)

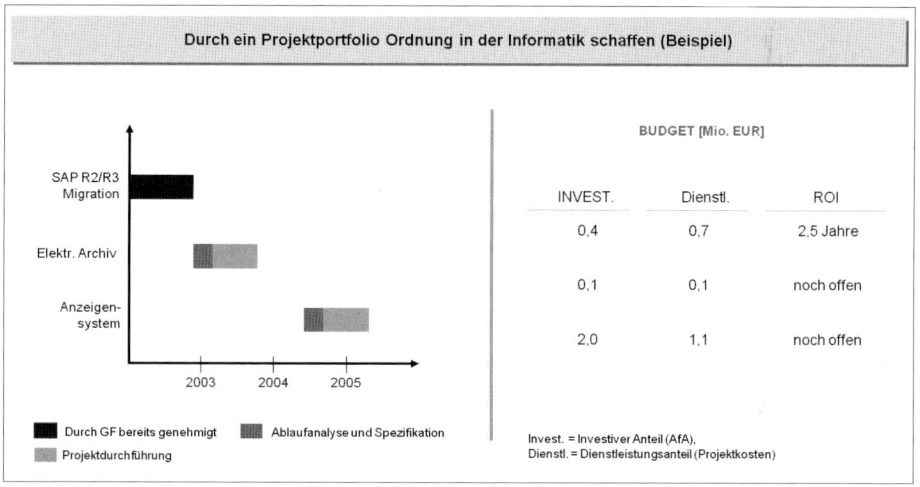

Abbildung 35: Durch ein Projektportfolio Ordnung in der Informatik schaffen (Beispiel)

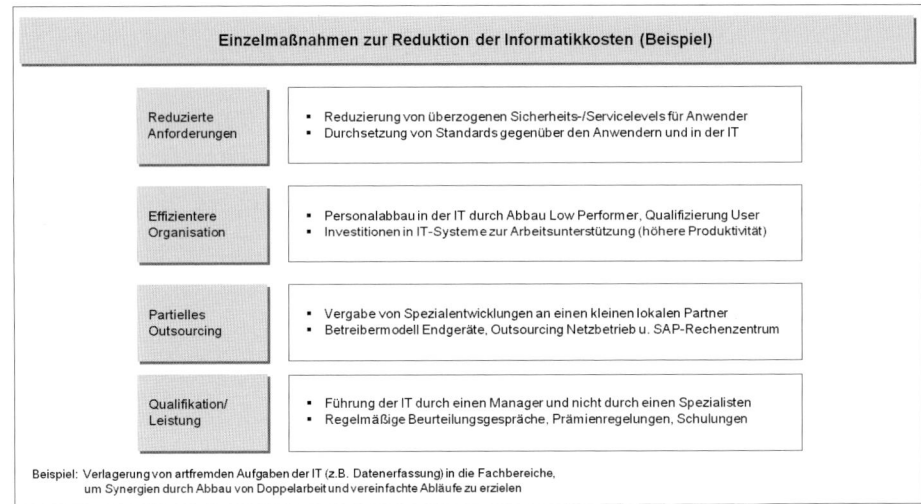

Abbildung 36: Einzelmaßnahmen zur Reduktion der Informatikkosten (Beispiel)

Das Beispiel zeigt die hohe Wirksamkeit der Gemeinkostenwertanalyse. In den 90er Jahren geriet sie allerdings in die Kritik, weil diese Methode den Fokus auf die Optimierung von Funktionen setzt und damit bereichsinternen und vor allem übergreifenden Prozessen nicht genügend Aufmerksamkeit schenkt. Außerdem wurde moniert, dass es sich um einen reinen „Top Down-Ansatz" handelt, der von dem eher begrenzten Detailwissen der Manager ausgeht und die Fachexperten der Arbeitsebene nicht genügend einbezieht. Man kann diesen Einwänden natürlich durch das Projektdesign entgegenwirken, aber im Kern sind sie zutreffend, denn um Geschwindigkeit zu gewinnen, wird primär mit Managern statt mit den in Umsetzungserfordernissen erfahrenen Fachexperten gearbeitet und vorangetrieben wird das Projekt zudem in der Endphase häufig mit den Managern, die persönlich aller Voraussicht nach von den Rationalisierungsmaßnahmen weitgehend verschont bleiben. Von den durch Abbau betroffenen Managern und Mitarbeitern auf der Arbeitsebene werden keine substanziellen Beiträge zu erwarten sein. Es bedarf keiner Diskussion, dass dieses Vorgehen auf kurzfristige Erfolge zielt, gegebenenfalls zu Lasten der Nachhaltigkeit und breiten Akzeptanz. Dessen müssen sich die Krisenmanager bewusst sein.

Konzepte, die im Unterschied zur Gemeinkostenwertanalyse wesentlich stärker das Wissen der Arbeitsebene sowohl in den Operations als auch im Overhead einbeziehen, sind unter dem Oberbegriff „Business Process Reengineering" – in jüngerer Zeit spricht man auch von „Operational Excellence-Programmen" – in verschiedenen Facetten bekannt geworden. Dahinter steht ein betont „Bottom Up"-

geprägtes Vorgehensmodell mit dem Ziel, gleichermaßen signifikante Reduktionen von Kosten und Durchlaufzeiten als auch Qualitätsverbesserungen zu erreichen. In den 90er Jahren wurde dieses Konzept geradezu euphorisch als Modell gefeiert, um „Quantensprünge im Wettbewerb zu erzielen, die Gesetze der Märkte zu verändern" usw. und wahre Gurus vertraten die neue Lehre. Mittlerweile sieht man dieses Konzept mit etwas mehr Distanz, weil die schnellen großartigen Erfolge nicht wie propagiert eingetreten sind. Es ist nämlich offensichtlich nicht auf schnelle Erfolge, sondern auf Nachhaltigkeit ausgerichtet.

Business Process Reengineering ist gut geeignet, um nachhaltige Optimierungen auf der Arbeitsebene – Prozesse, Strukturen, Systeme, Arbeitsumgebung und Ergonomie – zu erreichen, die Expertise der Mitarbeiter vor Ort dafür zu nutzen und Akzeptanz von Veränderungen zu sichern. Die Mitarbeiter auf der Arbeitsebene haben in aller Regel ein hohes Wissen über Optimierungsmöglichkeiten in ihrer unmittelbaren Arbeitsumgebung, das es abzurufen und in wirksame Veränderungen umzusetzen gilt. Die Abbildungen 37 bis 42 zeigen wesentliche Merkmale des Vorgehensmodells und ein einfaches Beispiel aus einem Projekt in der Druckindustrie. Typisch ist der Einsatz von Arbeitszirkeln mit einem internen Moderator, die sich kurz zur Besprechung von Problemen zusammenfinden, mit einfachen Methoden (Fischgräten-Diagramm, Spinnennetz-Diagramm etc.) schnell zu guten Erkenntnissen kommen und dann auch zügig die Umsetzung angehen. Das setzt zwingend die konsequente Unterstützung durch das Management und die Arbeitnehmervertreter voraus. Nach dem Test in einem Pilotbereich erfolgt der Rollout in weiteren Bereichen und eine Phase der Festigung, weil Prozessänderungen meist auch Verhaltensänderungen erfordern und einige Zeit von der ersten Anwendung bis zur disziplinierten und routinierten Beherrschung benötigen. Ausführliche Darstellungen findet man beispielsweise bei Analysen zum „Toyota Management-Modell" oder bei mittlerweile etablierten Instituten – zum Beispiel das Lean Institute –, die Ausbildungen, Zertifizierungen und Beratung anbieten.

Für die Identifikation und schnelle Umsetzung von Maßnahmen zur Kostenreduktion im Stadium der akut drohenden Insolvenz ist das Business Process Reengineering meist kaum geeignet. Der Prozess benötigt zu viel Zeit und die breite Mitwirkung der Mitarbeiter, die in dieser Situation um ihren Arbeitsplatz bangen und dann – insbesondere bei einem gestörten Vertrauen gegenüber dem Management des Unternehmens – aus verständlichen Gründen andere Interessen haben als die Straffung ihrer Arbeitsorganisation. Das Krisenunternehmen büßt auch hier für Versäumnisse der Vergangenheit, denn es ist offensichtlich, dass sich die Unternehmen, die dieses Konzept in den vergangenen Jahren konsequent umgesetzt haben, gegenüber Wettbewerbern mit klassischem Organisations- und Führungs-

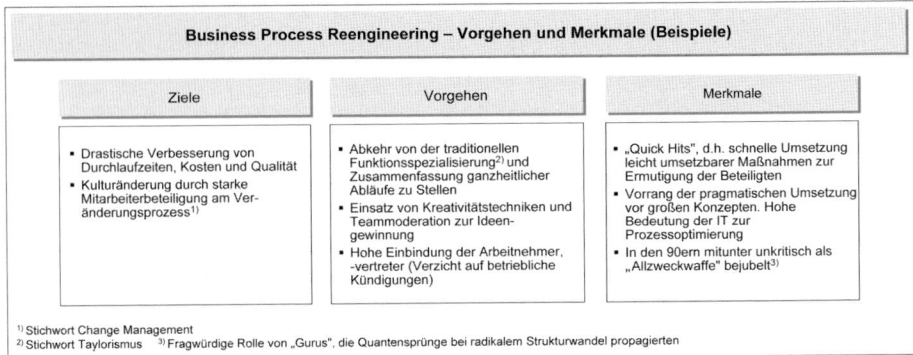

Abbildung 37: Business Process Reengineering – Vorgehen und Merkmale (Beispiel)

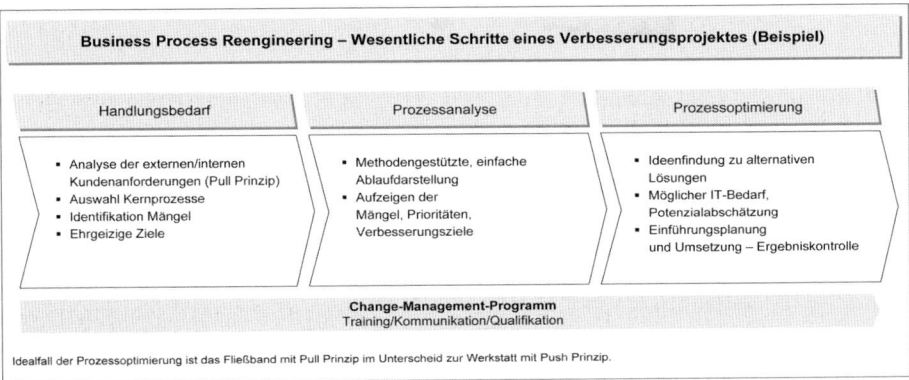

Abbildung 38: Business Process Reengineering – Wesentliche Schritte eines Verbesserungsprojektes (Beispiel)

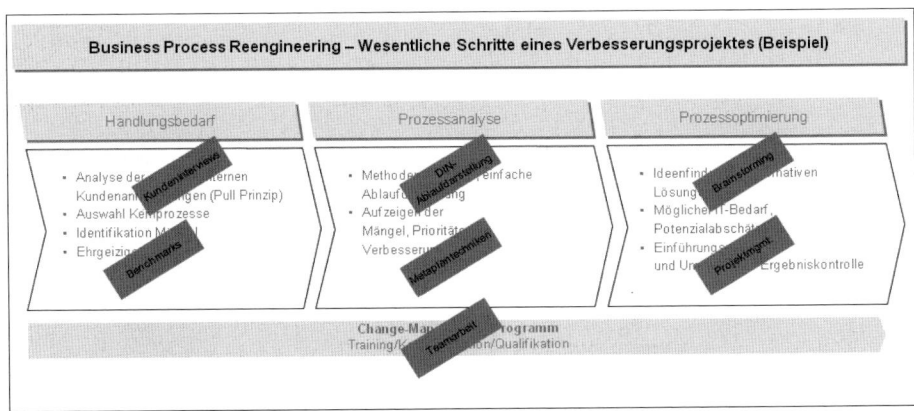

Abbildung 39: Business Process Reengineering – Vielfältiger Methodeneinsatz (Beispiel)

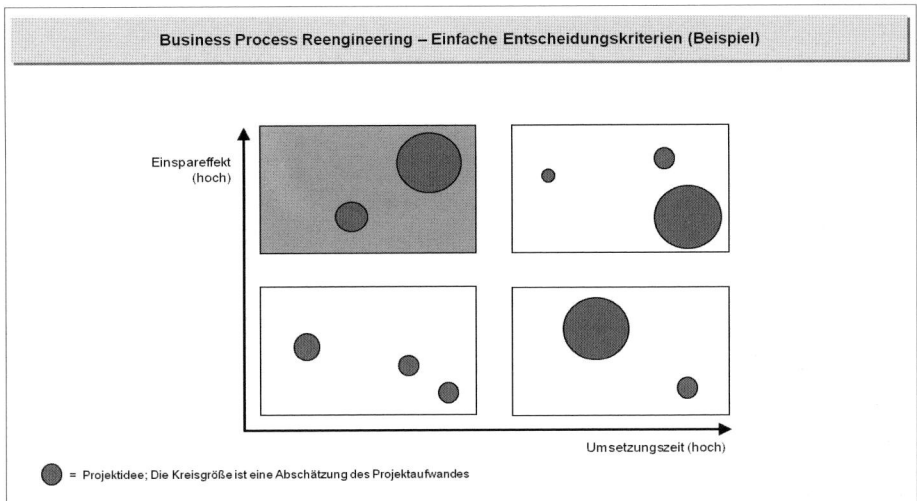

Abbildung 40: Business Process Reengineering – Einfache Entscheidungskriterien (Beispiel)

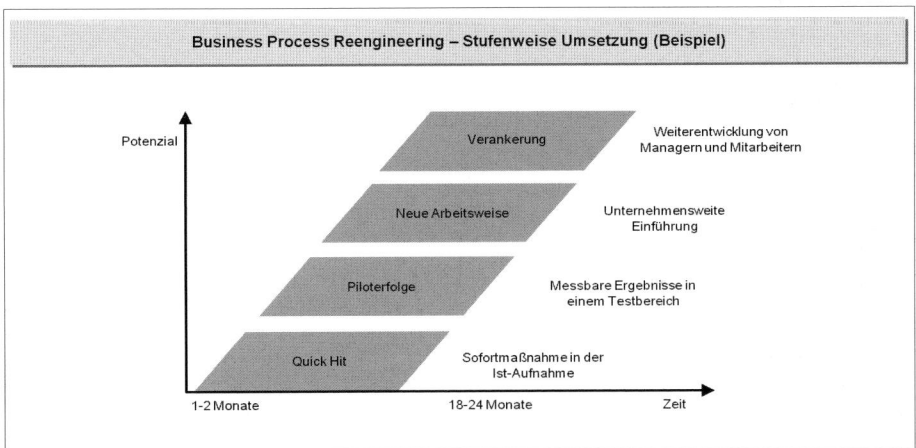

Abbildung 41: Business Process Reengineering – Stufenweise Umsetzung (Beispiel)

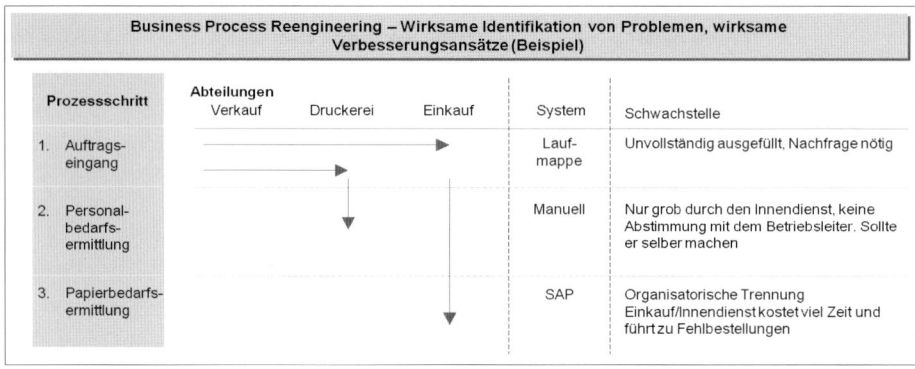

Abbildung 42: Business Process Reengineering – Wirksame Identifikation von Problemen, wirksame Verbesserungsansätze (Beispiel)

modell besser behaupten. Auch diese Unternehmen sind nicht vor Krisen geschützt, aber ihre Chancen, diese erfolgreich zu bestehen, sind höher. Ein langer Weg, der nur im konstruktiven Miteinander von Unternehmer, Management, Arbeitnehmern und Arbeitnehmervertretern zu bewältigen ist – zwingende Grundlage ist eine gute Führungs- und Kommunikationskultur.

Die bedingte Tauglichkeit des Business Process Engineering im Stadium der akut drohenden Insolvenz bedeutet nicht, dass auf die Prozesssicht in Krisenunternehmen verzichtet werden kann, denn dann würde das Kostenmanagement teilweise ins Leere laufen. Klassisches und bei schwach ausgeprägter Datenlage notgedrungen GuV orientiertes Kostenmanagement muss sich mangels detaillierter Daten auf die bedeutenden Positionen der GuV – meist Materialaufwand und Fremdleistungen, Personalaufwand und der Sonstige betriebliche Aufwand – konzentrieren und hat gegebenenfalls noch über das Outsourcing einen zusätzlichen Hebel auf die Abschreibungen sowie wiederum den Personalaufwand. Akquiriert ein Krisenunternehmen aber beispielsweise im Preiskampf mangels Führung oder in Unkenntnis seiner Preisuntergrenze in nennenswertem Umfang unprofitable Kundenaufträge und hat zudem noch aufgrund eines unzureichenden Risikomanagements genügend säumige bzw. zahlungsunwillige Kunden, dann helfen diese Kostenmaßnahmen nicht. Kommen Qualitätsprobleme aufgrund mangelhafter Prozesse und Leistungen hinzu, kumuliert das Problem. Einzelne Bauunternehmen wissen davon zum Beispiel ein Lied zu singen – Kampfpreise bei der Auftragsannahme sind mit interner Effizienz und Sparprogrammen kaum zu kompensieren, mangelhafte Spezifikationen des Verkaufs führen auch bei ordentlicher interner Ausführung zu Missverständnissen und Reklamationen des Kunden sowie

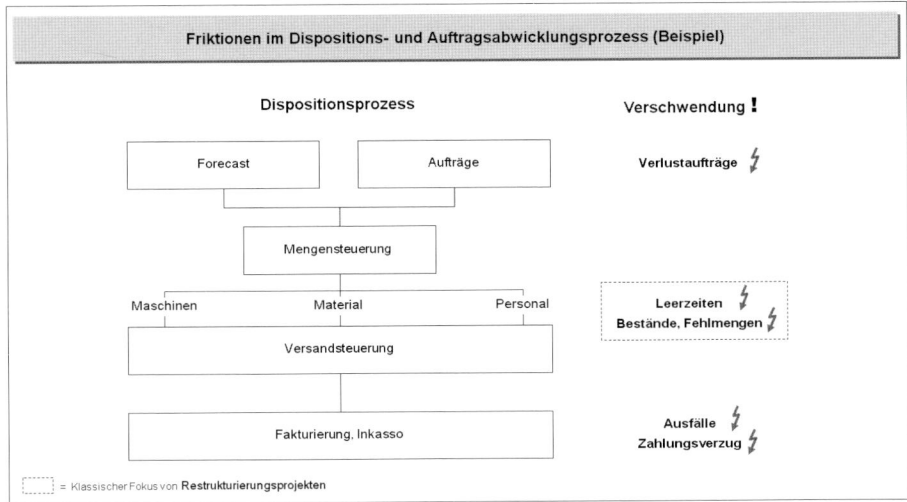

Abbildung 43: Friktionen im Dispositions- und Auftragsabwicklungsprozess (Beispiel)

Verzögerungen bei der Bauabnahme; erfahrene Architekten bzw. Bauleiter auf Kundenseite warten nur auf diese Chance, um die Rechnungen zu kürzen und Zahlung hinauszuzögern.

Abbildung 43 verdeutlicht das Thema am Beispiel von system- und prozessbedingten Friktionen im Dispositions- und Auftragsabwicklungsprozess industrieller Unternehmen. Klassische Methoden der System- und Prozessoptimierung sowie der Qualitätssicherung sind deshalb eine der Pflichtübungen des Kostenmanagements in der Krise, das Business Process Reengineering ist die Kür.

Man könnte nach den vorausgegangenen Ausführungen meinen, die Krisenmanager bräuchten nach einigen filigranen finanzwirtschaftlichen Maßnahmen nur noch die Ziele der neuen Planung umzusetzen – in der Regel die Umsetzung der mehr oder weniger ambitionierten Kostensenkungen, natürlich ohne Leistungseinbußen am Markt – und das Unternehmen ist in Kürze wieder auf Erfolgskurs. Dies widerspricht aber allen Erfahrungen der Praxis.

Es zeigt sich nämlich nahezu immer, dass einige Unternehmen selbst in akuten Konjunktur- und Branchenkrisen die schwierige Lage besser meistern als ihre Wettbewerber, man vergleiche nur als spektakuläre Beispiele Volkswagen und General Motors im Jahr 2009. Auch in Zeiten guter Konjunktur prosperieren zwar manche Unternehmen, andere hingegen wachsen schwächer, stagnieren oder fallen zurück und erleben eine Ergebniserosion infolge rückläufiger Mengen oder notwendiger Preiszugeständnisse. Wesentlicher Grund dafür ist nach allen Erfahrungen, dass Krisenunternehmen auch unabhängig von ihrer Finanz- und Kostenstruktur mehr oder weniger eklatant am Markt versagen. Defizite des Geschäftsmodells – Leistungsprogramm, Qualität und Service, Innovationszyklen, Kundenkommunikation usw. – sind in der überwiegenden Mehrheit der Fälle der tieferliegende Kern der Krise und deshalb verlieren diese Unternehmen im Wettbewerb mit Konkurrenten, die eventuell durch gezielte Angriffe auch bewusst die Schwäche des Unternehmens zu nutzen versuchen und deren Krise intensivieren.

Es ist dann eine Illusion, dass eine nachhaltige Restrukturierung des Krisenunternehmens auf die Überarbeitung des Geschäftsmodells verzichten kann. Versagt ein Unternehmen generell am Markt bzw. gegenüber besseren Wettbewerbern, dann verschaffen ihm Anpassungen der Kostenstrukturen ohne zusätzliche Ansätze zur Stärkung der Wettbewerbsfähigkeit lediglich ein wenig Zeit bzw. Spielraum durch Margen- und Liquiditätsverbesserungen. Argumente, dass man halt mit einem generellen Preisverfall konfrontiert ist und „außer sparen nichts machen kann", sind eher ein Signal der Hilflosigkeit, denn Kostensenkungen werden im Preiswettbewerb meist in absehbarer Zeit irreversibel an Kunden durchgereicht. Nach dem kurzfristigen Strohfeuer der Erfolge aus den Kostensenkungsmaßnahmen wird das Unternehmen wieder in eine Schieflage geraten, denn die Marktposition wurde nicht nachhaltig verbessert. „Die Zitrone wurde ausgepresst", um aus welchen Gründen auch immer kurzfristige Erfolge zu erzielen. Es gehört mehr als bloßes Kostenmanagement dazu, um ein Unternehmen aus der Krise zu führen und am Markt wieder erfolgreich zu positionieren. Handlungsbedarf besteht nach allen Erfahrungen beispielsweise bei der Bereinigung und Ergänzung des Portfolios sowie der Strukturierung der Wertschöpfungskette und Gestaltung des gesamten Marketing-Mix.

Die Neuausrichtung von Geschäftsmodellen ist langwierig und fordert ein höheres finanzielles Engagement als das oft die Restrukturierungsbemühungen prägende Kostenmanagement. Abbildung 44 veranschaulicht die bei der Analyse und Gestaltung von Geschäftsmodellen zu berücksichtigenden Dimensionen. Wirtschaftlich angeschlagene mittelständische Unternehmen haben im reinen Preiswettbewerb oder als Kostenführer meist kaum eine langfristige Erfolgschance. Ihre Stärke schöpfen sie eher aus der Fokussierung auf ihr Kerngeschäft und nachhaltigen Differenzierungen – Produkte und Services – gegenüber ihren Wettbewerbern, die im Vorfeld der Krise häufig verloren gegangen sind. Das sind anspruchsvolle

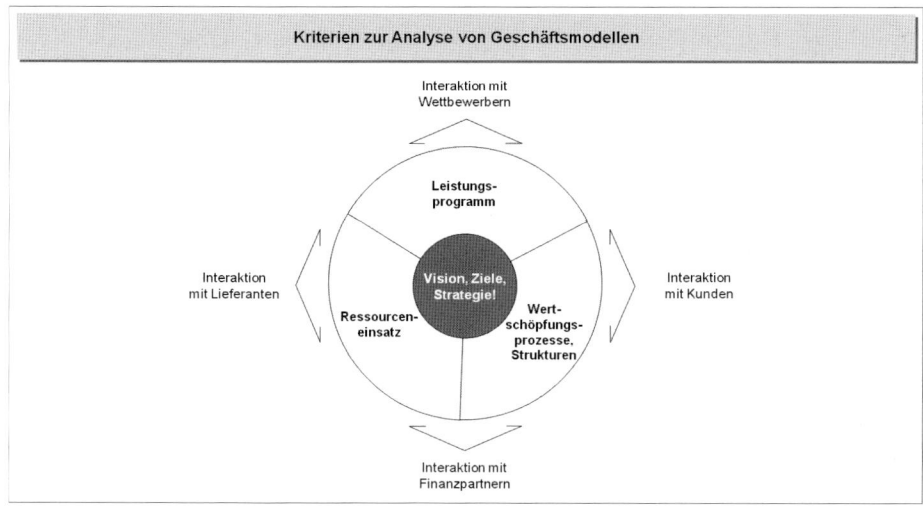

Abbildung 44: Kriterien zur Analyse von Geschäftsmodellen (Prinzipdarstellung)

Projekte, die leichter in Zeiten anzugehen sind, in denen das Unternehmen materiell aus dem Vollen schöpfen kann, als in einer Situation der Not.

Erschwerend kommt mitunter hinzu, dass Unternehmen, die bereits ein langes Siechtum erlitten haben, mit der Zeit auch eine negative Selektion in ihrem Umfeld erlebt haben und mit Geschäftspartnern und -praktiken konfrontiert sind, die sie in guten Zeiten nicht unbedingt aktiv angegangen wären und akzeptiert hätten, in der Krise aber notgedrungen in Anspruch nehmen bzw. ertragen müssen. Meist geht es um die Nutzung noch verbliebener Bezugsquellen, die Auslastung von Kapazitäten durch riskante Verträge mit Kunden und einen nicht mehr aus eigener Kraft aufzuholenden Innovations- und Investitionsstau. Es fehlen in signifikantem Umfang die Mittel und Partner, um durch Innovationen, neue Strukturen usw. wieder Wettbewerbsniveau bzw. mehr zu erreichen und Märkte sowie Kunden differenziert und effizient zu bearbeiten. Abbildung 45 zeigt als Beispiel denkbare Ansatzpunkte zur Befriedigung von Kundenbedürfnissen einerseits und zur Sicherung der eigenen Profitabilität andererseits. Dazu gehört auch der Verzicht auf langfristig ruinöse Geschäftsbeziehungen, den man nicht beliebig in die Zukunft verschieben kann, sondern zur Krisenbewältigung geschickt und konsequent einleiten muss – oder man gibt sich auf.

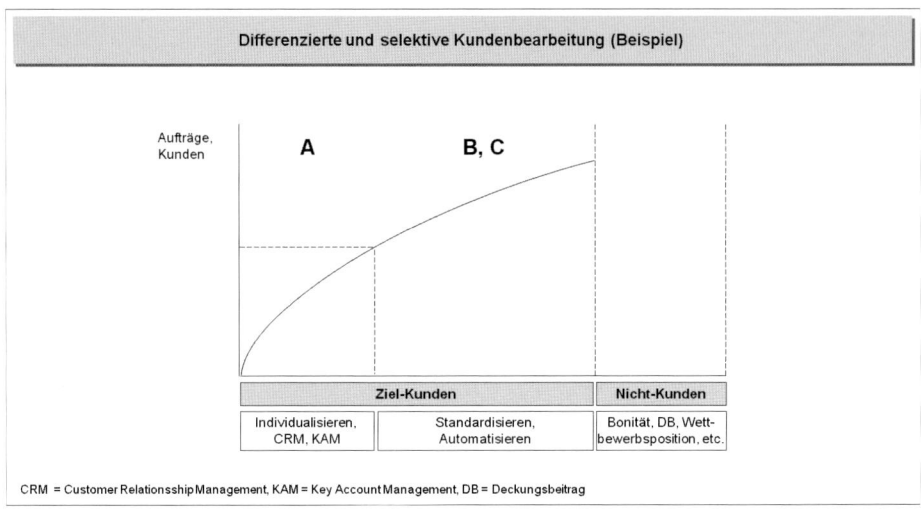

Abbildung 45: Differenzierte und selektive Kundenbearbeitung (Beispiel)

Diese Migration des Geschäftsmodells liegt aus Sicht der Krisenmanager in der heißen Phase zur Abwendung der akuten Insolvenz noch etwas fern. Wird sie aber in dem Restrukturierungskonzept und dem darauf aufbauenden finanzwirtschaftlichen Konzept nicht zumindest als wesentlicher Eckpunkt berücksichtigt, fehlt die Perspektive und Basis der nachhaltigen Restrukturierung. Es ist deshalb nicht ungewöhnlich, dass die Migration des Geschäftsmodells in den Konzepten zur Bewältigung der akuten Krise schon in den Eckpunkten angedacht, entsprechend grob quantifiziert und auch schon grundsätzlich entschieden wird. Konkret in Angriff genommen wird sie nach einer Phase der Stabilisierung, weil sie Investitionen und Veränderungen voraussetzt, die man erst nach der erfolgreichen Lösung der vordringlichen Probleme des Turnaround und mit verbesserter Kenntnis der Lage wird angehen können und wollen. Beispielsweise kann es um eine andere Gesellschafter- und Finanzierungsstruktur gehen, so dass es typisch ist, Restrukturierungen zunächst einmal mit operativen Maßnahmen anzugehen und daran die schwierige strategische Bereinigung bis auf unabdingbare bzw. schnell umsetzbare Aktionen anzuschließen.

Dieses Vorgehen ist ein offen gegenüber den dafür maßgeblichen Entscheidern – beispielsweise die Finanzpartner – kommunizierter Ansatz, der auf einem rationalen Abwägen von Szenarien und stufenweisen Herangehen an eine komplexe Aufgabe basiert. Das ist etwas anderes als bewusst intransparent gehaltene „Modelle des Durchwurstelns", bei denen Unternehmer und gelegentlich auch Berater aus Unsicherheit bzw. aus verhandlungstaktischen Überlegungen (Minimierung von eigenen Zugeständnissen) die Hürden zur Rettung des Unternehmens in der Wahrnehmung aller übrigen Entscheider zunächst nicht zu hoch legen und – es wird schon gut gehen – darauf hoffen, dass sie zu einem späteren Zeitpunkt finanzielle Nachbesserungen etc. durchsetzen können. Typisch dafür sind schlecht dokumentierte Planungen auf Basis „going concern" mit allenfalls geringfügigen Eingriffen in das Geschäftsmodell und wenig ambitionierten Kostenmaßnahmen, aber signifikanten Umsatzsteigerungen. Letztlich zerstören sie Vertrauen.

In der Tat sind Umsatzsteigerungen ein wesentlicher Hebel von Restrukturierungen, sofern sie realistisch angesetzt sind und Teil eines soliden Konzeptes sind, in dem alle notwendigen Parameter der Restrukturierung aufgezeigt werden, also auch Kostenmaßnahmen und der Umbau der Geschäftsmodells. Es liegt auf der Hand, dass umfassende Restrukturierungsansätze, die Kosten- und Umsatzpotenziale gleichermaßen angehen, in aller Regel bessere Erfolge zeigen als die rein kostenorientiert ausgerichteten Konzepte. Das belegt eine Analyse von Roland Berger (Abbildung 46). Die Recherche zeigt aber auch, dass diese ganzheitlichen Ansätze umso dramatischer scheitern können, denn es werden gegebenenfalls mehr Mittel für die Restrukturierung „riskiert". Jeder Stakeholder wird deshalb seine eigene Abwägung von Chancen und Risiken machen wollen.

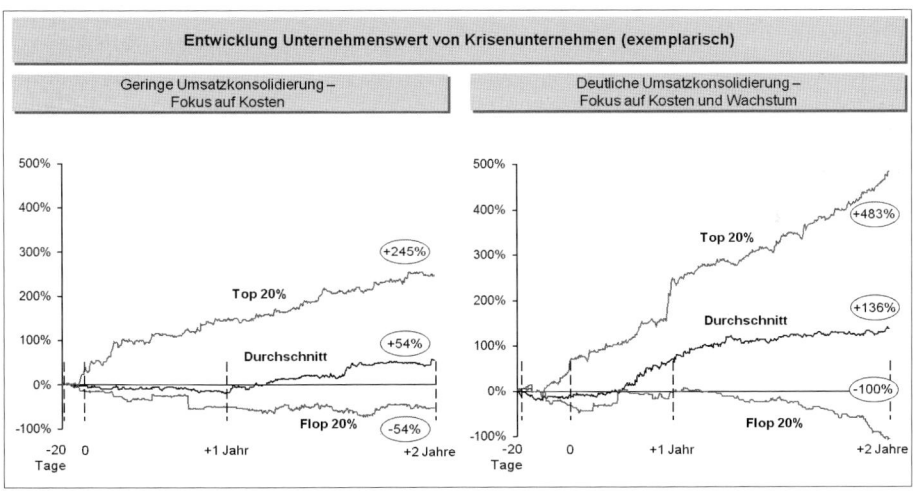

Abbildung 46: Entwicklung Unternehmenswert von Krisenunternehmen (Beispiel)

Über diese grundsätzlichen Erkenntnisse hinaus sind somit einige typische Rahmenbedingungen zu beachten, die ein Spannungsfeld zwischen den prinzipiell anzustrebenden weit reichenden Einschnitten nach der Intention der Krisenmanager einerseits und dem vorsichtigen kaufmännischen Verhalten der Finanzpartner andererseits schaffen und den Spielraum von Restrukturierungen sowie die Methodenwahl im leistungswirtschaftlichen Bereich substanziell beeinflussen:

- Restrukturierungskonzepte werden unter sehr hohem Zeitdruck mit nur begrenzter Transparenz (Belastbarkeit der Wertansätze von Aktiva und Passiva, Wettbewerberreaktionen, Marktentwicklung, „Leichen im Keller" etc.) über die tatsächlichen Verhältnisse des Unternehmens und der relevanten Umwelt erstellt. In sehr kritischen Fällen bleiben weniger als die oben genannten 21 Tage bis zum Ablauf der Insolvenzantragspflicht. Es ist nahezu immer erforderlich, bei der Erstellung des Konzeptes auf Erfahrungswerte der professionellen Berater zurückzugreifen. Wer in diesem Umfeld von einer sicheren Erkenntnisbasis ausgeht, kennt die tatsächliche Praxis nicht. Zeitdruck und hohe Intransparenz haben zur Folge, dass die Restrukturierungsmaßnahmen auf Annahmen beruhen und damit ebenfalls ihre Finanzierung. Die Anforderungen an die finanzielle Absicherung der Restrukturierungsmaßnahmen und -phase sind hoch, denn die zugrundeliegenden Annahmen sind per se risikobehaftet. Erschwerend kommt noch hinzu, dass – angesichts der schwierigen Verhandlungen zwischen Banken und Gesellschaftern sowie ggf. auch Fonds – Nachbesserungen von zu knapp angesetzten Finanzierungen sehr schwierig sind. Diese zweite Chance gibt es in der Regel nicht, die operative Restrukturierung wird bei zu zaghaften oder einseitigen Ansätzen mit hoher Wahrscheinlichkeit scheitern. Restrukturierungen benötigen deshalb einen ausreichenden operativen und finanziellen Spielraum.

- Die Finanzpartner wollen nur in seltenen Fällen dem Unternehmen bereits vorab alle Mittel für die kurz- und auch langfristige Restrukturierung zur Verfügung stellen bzw. verbindlich zusagen. Dafür ist die akute Situation zu intransparent, sind die Erfolgsrisiken zu hoch, ist evtl. das Vertrauen gegenüber bestimmten Stakeholdern zu gering. Es ist deshalb durchaus üblich, zunächst einmal die Abwendung der Insolvenz mit dem Ziel „stop the bleeding" und die machbare Neuausrichtung für einen überschaubaren Zeithorizont – maximal zwei Jahre – zu finanzieren. Die Finanzierung grundlegender und längerfristiger Neuausrichtungen bleibt explizit bzw. meist implizit – Vermeidung des Vorwurfs der Insolvenzverschleppung – offen, bis sich die erhoffte Stabilisierung des Unternehmens tatsächlich zeigt. Der Liquiditätsspielraum für die Restrukturierung ist dann eventuell so eng, dass er nur liquiditätsschonende Einschnitte zulässt.

- Krisen sind zudem auch die Zeit der Neuordnung der Machtverhältnisse, für die entweder die Verhandlungen gleich zu Beginn der Restrukturierung oder logische

Zwischenstopps im Übergang zwischen kurzfristiger Rettung und strategischer Neuausrichtung genutzt werden. Es ist deshalb nicht selbstverständlich, dass alle Stakeholder das Unternehmen tatsächlich über den gesamten Restrukturierungsprozesses begleiten wollen oder sollen. Das kann sowohl für Gesellschafter als auch für Banken und Fonds gelten, die eventuell nach den ersten Erfolgen der Restrukturierung und Wertsteigerung des Unternehmens eine günstige Exit Chance nutzen möchten. Dies spricht gegen langfristige Bindungen durch Finanzierungen, die über die Lösung der akuten Probleme hinausgehen. Es ist davon auszugehen, dass derartige Überlegungen aus taktischen und vor allem auch aus Haftungsgründen in den Verhandlungen nicht offen kommuniziert werden.

Das setzt den Rahmen und schafft ein Spannungsfeld für grundlegende leistungswirtschaftliche Restrukturierungsmaßnahmen, die sich letztlich nur in den Grenzen der bereitgestellten finanziellen Mittel bewegen können. Das Management des Krisenunternehmens wird und sollte bestrebt sein, die Ungewissheit im leistungswirtschaftlichen Bereich durch möglichst große Finanzierungsspielräume abzufedern. Die finanzierenden Stakeholder werden bestrebt sein, das Unternehmen im Eigeninteresse zu retten, ohne noch über das notwendige Maß hinaus zusätzliche Mittel zu riskieren. Dieser Konflikt ist Restrukturierungsfällen immanent.

Die Akteure müssen gewohnt sein, mit einem hohen Maß an Ungewissheit zu leben, sich zur Rettung des Unternehmens an dem Machbaren zu orientieren, aber bei guten Gründen auch einmal konfliktbereit gegenüber Stakeholdern zu agieren. Geschenke gibt es in diesem Geschäft nicht. Restrukturierungen verlangen hohe Improvisationskunst und stufenweise Entscheidungsprozesse bei zunehmendem Erkenntnisgewinn. Dies gestützt auf ein realistisches Konzept mit bestmöglicher Transparenz, definierten Meilensteinen, Erfolgsmessung und der Chance zur Gegensteuerung bei unerwarteten Abweichungen auf Grundlage eines Business- und Projektplanes. Dann sind Krisenfälle relativ gut beherrschbar und auch die Stakeholder im Sinne des Unternehmens durch gute Kommunikation und verlässliche Managementinformationen beeinflussbar.

Erfahrene Krisenmanager werden sich dabei an natürlichen Prioritäten ausrichten:

– In der „Down Phase" der leistungswirtschaftlichen Restrukturierung geht es um die Abwendung der akut drohenden Insolvenz durch Beseitigung bzw. Vermeidung der Zahlungsunfähigkeit. Alle diesbezüglichen Maßnahmen, wie Kostenreduktionen, die Steuerung des Working Capital und kurzfristige Umsatzsteigerungen stehen im Vordergrund, bis der Wendepunkt der Ergebniserosion erreicht ist und sich eine nachhaltige Stabilisierung der wirtschaftlichen Lage zeigt. Zusätzlich sind – soweit finanzierbar – erste strategische und strukturelle Maßnahmen einzuleiten, beispielsweise die Stilllegung von „cash burning entities" im Portfolio des Unternehmens und die zügige Umsetzung transparenter Unternehmensstrukturen. Alles hat unter dem Primat des kurzfristigen Überlebens zu erfolgen und teilweise mit konkurrierenden Zielen. So kann beispielsweise die leistungswirtschaftlich unbedingt notwendige Desinvestition überbewerteter Aktiva zu Buchverlusten führen, die das schwache Eigenkapital vernichten, Covenants verletzen und Finanzierungsspielräume sowie -kosten beeinflussen. Letzteres sollte in einem guten Restrukturierungskonzept berücksichtigt sein.

– Die „Up Phase" der leistungswirtschaftlichen Restrukturierung setzt auf eine wieder stabilisierte Ergebnis- und Liquiditätssituation auf und soll das Unternehmen langfristig marktfähig machen, sofern es als selbständige Einheit überhaupt weiter bestehen soll und kann. Neben den angedeuteten Maßnahmen der strategischen Ausrichtung – beispielsweise Portfolio, Standorte und Märkte – und operativen Entwicklung geht es dabei auch wieder um Fragen der Finanzierung der Entwicklungs- und Wachstumsoptionen bis hin zu Überlegungen einer zukunftsfähigen Struktur aller Stakeholder, also beispielsweise Investoren, Gesellschafter, Banken, Gewerkschaften. Stoßrichtung in dieser Phase ist das langfristige finanzwirtschaftliche Gleichgewicht, gestützt auf ein nachhaltig profitables Geschäftsmodell. Auch dies verlangt konsequente Entscheidungen zur Sicherung zukünftiger Erfolgspotenziale und marktüblicher Renditen des Unternehmens.

Beide Phasen verlangen, neben der unabdingbaren Abstimmung mit den Finanzpartnern, auch ein adäquates unternehmensinternes Management- und Kommunikationssystem, denn ohne die aktive Unterstützung und Leidensfähigkeit der Mitarbeiter bleibt das Restrukturierungskonzept ein theoretisches Konstrukt ohne Erfolgschance und Nachhaltigkeit. Häufig wird auf Top-Management-Ebene übersehen, dass für die anstehenden tiefgreifenden Veränderungen „die Massen zu mobilisieren sind". Die Abbildungen 47 und 48 zeigen stark vereinfacht die grundsätzlich unterschiedlichen Anforderungen an die Implementierung derartiger Veränderungsprozesse und Führungskonzepte.

Den Mitarbeitern auf allen Ebenen ist glaubwürdig die externe Bedrohung und Notwendigkeit der anstehenden Veränderungen zu vermitteln. Da sind Mittelständler, deren Unternehmer sich an die Spitze der Veränderungsprojekte stellt, eindeutig gegenüber großen Konzernen im Vorteil. Ebenso sind sie im Vorteil, wenn es darum geht, den Mitarbeitern in der Up Phase wieder Vertrauen in die Zukunft zu

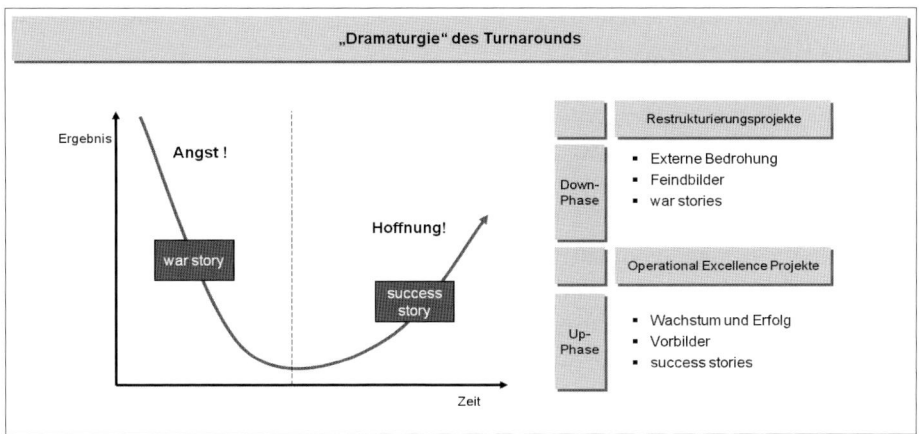

Abbildung 47: Die „Dramaturgie" des Turnaround (Prinzipskizze)

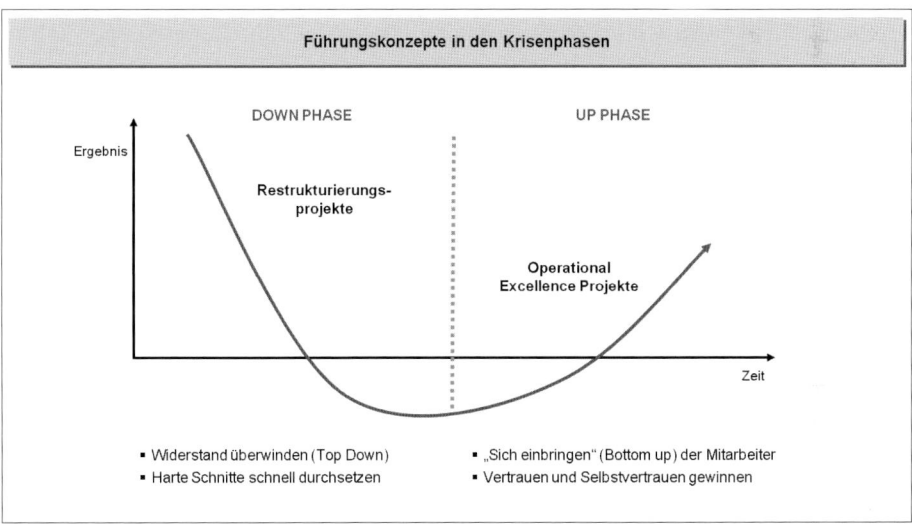

Abbildung 48: Führungskonzepte in den Krisenphasen (Prinzipskizze)

vermitteln. In überschaubaren Strukturen sind Führung und Motivation leichter zu praktizieren, insbesondere für charismatische und glaubwürdige Unternehmer, die vor Ort Präsenz zeigen. Das bedeutet nicht, dass dies Manager großer Organisationen nicht gleichermaßen schaffen können, es ist aber tendenziell schwieriger und setzt unter anderem Kontinuität sowie Glaubwürdigkeit der Führung voraus. Häufige Führungs- und Richtungswechsel sowie erkennbare elitäre Egoismen machen die Mannschaft immun gegen die „Sprüche und Theorien von denen da oben". Wie sollen dann Gefolgschaft und Leidensfähigkeit entstehen können?

Zu beachten ist, dass die Führungsmodelle je nach Phase unterschiedlich ausgeprägt sind. Die akute Krise kann gar nicht anders als „militärisch top down" angegangen werden und das wird von der Mehrheit der Mitarbeiter bei aufrichtiger und glaubwürdiger Kommunikation auch verstanden. Führung ist ohnehin kein Thema, bei dem Vorgesetzte generell als „everybodies darling" agieren können. Breite Kreativität für den Aufschwung wird freigesetzt, wenn auch wieder in geordneten Bahnen Bottom-up-Prozesse – z.B. Operational Excellence-Projekte – zugelassen und gefördert werden. Das setzt aber voraus, dass den Mitarbeitern glaubwürdig ausreichende Sicherheit vermittelt werden kann und nicht in der Phase des Abbaus beliebig Porzellan im persönlichen Umgang miteinander und in den Verhandlungen mit den Arbeitnehmervertretern zerschlagen wurde. Sonst kippen die tendenziell kooperativ geprägten Führungsmodelle leicht in eine misstrauende, stille Blockadehaltung und Passivität um, weil sich Arbeitnehmervertreter instrumentalisiert und die Mitarbeiter ausgenutzt fühlen. Gewiss kann man strategische Ziele auch über stringentes Top Down Management in allen Phasen erreichen. Der Traum von der Differenzierung durch operative Überlegenheit gegenüber Wettbewerbern bleibt dann aber eher ein Thema für selbstgefällige Hochglanzbroschüren und imposante Rhetorik wortgewaltiger Selbstdarsteller auf Kongressen – überlegene Kreativität und Motivation kann man nicht „herbeikommandieren" und auch nicht mechanistisch „herbeiorganisieren".

Nachhaltig erfolgreiche Restrukturierungen innerhalb eines Jahres sind absolute Ausnahmen und derartige Berichte über die Erfolge von „Extremsanierern mit der Brechstange" oft genug kritisch zu würdigen. Mindestens zwei bis drei Jahre sind für substanzielle Restrukturierungen üblich, eher vier bis fünf Jahre, dies mit ungewisser Erfolgschance und hohen Anforderungen an alle Beteiligten.

Oft genug kommt es vor, dass in diesem Zeitraum entgegen allen Planungen doch weitere substanzielle Verhandlungen zwischen Stakeholdern anstehen, da es unmöglich ist, bereits im Vorfeld mit der Erstellung des Restrukturierungskonzeptes alle Eventualitäten der Zukunft in den mittlerweile globalen, dynamischen und oft genug auch recht volatilen Märkten – Konjunkturentwicklung, Kundenreaktionen, Wettbewerberverhalten – präzise zu prognostizieren. Planbare Stabilität ist heutzutage nicht mehr als ein schöner Traum und die übliche Volatilität muss durch hohe Transparenz, Flexibilität, Engagement und Glaubwürdigkeit kompensiert werden.

2.2.2 Das Überleben in der Down Phase sichern

Kernmaßnahmen der sogenannten „Down Phase" sind neben der Mobilisierung der Stakeholder und Mitarbeiter zur Abwendung der akut drohenden Insolvenz alle Maßnahmen zur kurzfristigen Liquiditätssicherung und Ergebnisverbesserung. Diese Phase dauert meist etwa ein Jahr, je nach Konjunkturlage auch länger. Es ist gut, wenn auch strategische Optionen und organisatorische Maßnahmen in dieser Zeit nicht aus dem Auge verloren und angegangen werden, aufgrund des Drucks der Ereignisse haben sie aber oft nur zweite Priorität.

Die Kernpunkte der Maßnahmen in der Down Phase werden im Folgenden kurz skizziert. Wie sich zeigen wird, sind sie in hohem Maße interdependent. Die Konsolidierung der verschiedenen Einzelaspekte erfolgt durch die Zusammenführung und Quantifizierung in dem erwähnten Sanierungskonzept als Grundlage der Finanzierung und Leitlinie der Umsetzungsprojekte. Wie kernige Macher eine „Restrukturierung ohne Papier" durchziehen wollen, bleibt deshalb zumindest den Verfassern ein Rätsel.

2.2.2.1 Liquiditätsmanagement in der Down Phase

Die Down Phase ist geprägt von einer hohen psychischen und physischen Belastung der maßgeblichen Akteure sowie hohem Zeitdruck durch die alles Übrige dominierenden Bemühungen zur Abwendung der akut drohenden Insolvenz. Abbildung 49 zeigt ein Beispiel für die Kernmaßnahmen im ersten Jahr eines

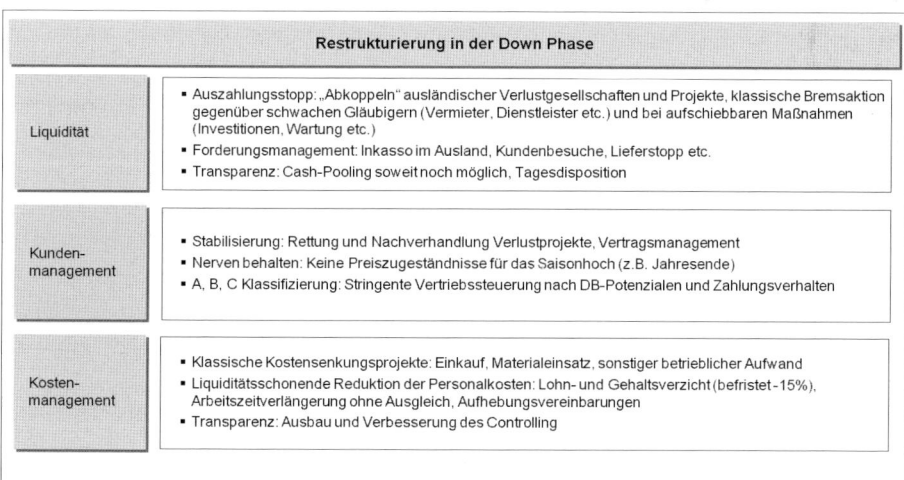

Abbildung 49: Restrukturierung in der Down Phase (Beispiel)

Restrukturierungsprojektes. Die Vereinbarungen mit den Banken benötigten in diesem Fall aufgrund der einfachen Finanzierungsstruktur mit einer klassischen führenden und sehr professionell agierenden Hausbank nur drei Monate, was schnell ist. Dennoch standen die Mitarbeiter des Unternehmens und die Gesellschafter auch nach der Einigung unter hoher Anspannung, denn auch sie hatten ihren Beitrag – Bürgschaften der Gesellschafter, Umsetzung der Restrukturierungsmaßnahmen etc. – zu leisten, der herausfordernd war.

Die Abwendung der Zahlungsunfähigkeit als primäres Insolvenzkriterium hat in der Down Phase absolute Priorität. Im Ringen um das Überleben des Unternehmens ist dieses Primat selten diskussionsfähig, die Maßnahmen zur finanzwirtschaftlichen Restrukturierung stehen somit im Vordergrund. Die in dem vorausgegangenen Beispiel eher beiläufig erwähnte schnelle Einigung mit den Finanzpartnern ist dabei aber keine Selbstverständlichkeit, sondern das Ergebnis zäher Verhandlungen – wer engagiert sich in einem möglicherweise sterbenden Unternehmen mit hohen Risiken? Für den Unternehmer kann das Primat der Liquiditätssicherung manche bittere Pille beinhalten, beispielsweise wenn als Sofortmaßnahme nicht betriebsnotwendiges Vermögen oder ein Patent oder eine profitable Tochtergesellschaft unter Wert und gegebenenfalls mit Buchverlusten verkauft werden muss, nur um die Liquidität zu sichern und die Insolvenz abzuwenden.

Kurzfristige Maßnahmen der Liquiditätssicherung – Abbildung 50 zeigt die Systematik – haben Vorrang vor der in guten Zeiten üblichen Ergebnisoptimierung. Natürlich kann ein Unternehmer bzw. ein Gesellschafterkreis die akuten Liquiditätsengpässe auch durch persönliche Einlagen, Darlehen etc. kurzfristig lösen; nur reicht dafür oft im Falle schwer angeschlagener Unternehmen die private Substanz nicht mehr aus oder es fehlt auch der Einigungswille der Gesellschafter. Ähnliche Abwägungen nehmen mögliche Fremdkapitalgeber vor.

„Ohne ausreichende Liquidität braucht ein Krisenmanager seine Arbeit erst gar nicht anzufangen. Deshalb werden erfahrene Krisenmanager auch erst in ein Mandat einsteigen, nachdem dieser Punkt eindeutig geklärt ist." Dieses Statement ist zwar richtig, aber nur auf den guten Ruf und das Selbstbewusstsein eines Praktikers wird ein vorsichtiger Kaufmann kein Geld setzen. Niemand wird in ein Krisenengagement frisches Geld geben oder auf Ansprüche verzichten etc., wenn ihm kein schlüssiges Sanierungskonzept, d.h. ein Business- und Projektplan vorgelegt wird, der auf ein klares und überzeugendes Konzept zur leistungswirtschaftlichen Restrukturierung aufbaut. Dieses wiederum ist ohne ausreichende liquide Mittel nicht umsetzbar.

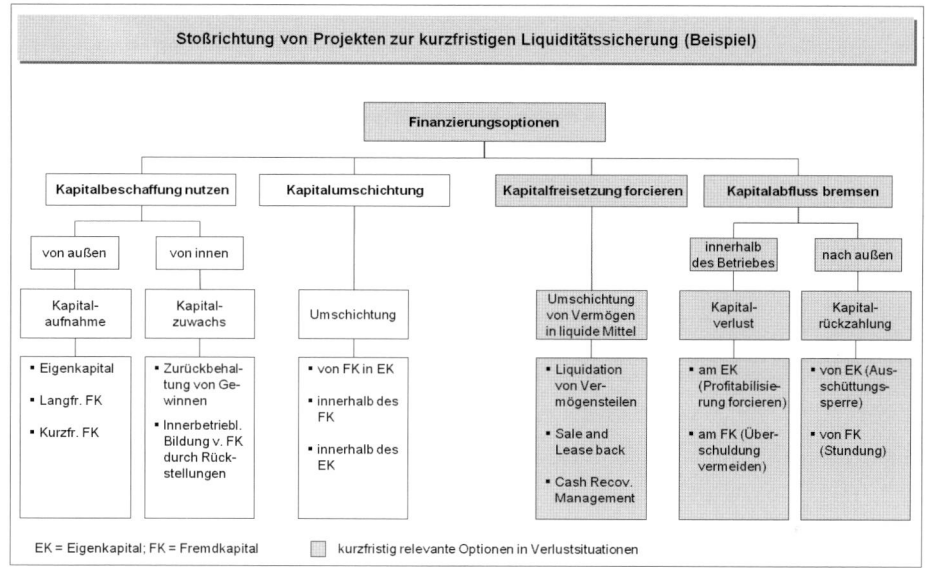

Abbildung 50: Stoßrichtung von Projekten zur kurzfristigen Liquiditätssicherung (Beispiele)

Grundsätzlich bedingen sich deshalb finanzielle und leistungswirtschaftliche Restrukturierung gegenseitig. Die Abbildungen 51 und 52 verdeutlichen den Zusammenhang: eine Reihe von Restrukturierungsmaßnahmen belastet zunächst einmal die Liquidität – etwa Abfindungen für den notwendigen Personalabbau – andere generieren Liquidität oder schonen den Liquiditätsverzehr. Zudem sind Zeitpunkt und Erfolg der Umsetzung teilweise schwer abschätzbar, so dass die Effekte gegebenenfalls in Szenarien simuliert werden müssen. Portfoliobereinigungen durch den Verkauf von Geschäftsbereichen beispielsweise sind Prozesse, die von der Entscheidungsfindung bis zum Abschluss mit einem Investor auch bei zügigem Vorgehen vier bis sechs Monate benötigen, und ob der Kaufpreis dann positiv und ausreichend ist, bleibt abzuwarten. Negative Kaufpreise – der Investor fordert für die Übernahme und anstehende Restrukturierung eine finanzielle „Mitgift" des Verkäufers – sind bei dem Herauslösen („Carve out") defizitärer Tochtergesellschaften aus Konzernen durchaus üblich und natürlich liquiditätsbelastend. Ob es in Outsourcingprojekten gelingt, den Dienstleister zu einer liquiditätswirksamen Vorauszahlung („Upfront fee") der zu erwartenden gemeinsamen Einsparungspotenziale zu bewegen, ist zum Zeitpunkt der Erstellung des Sanierungskonzeptes ebenfalls in aller Regel offen. Yield Management, d.h. die Kombination von Pricing und Kapazitätsauslastung durch Frühbucherrabatte, Last-Minute-Angebote etc., muss mit Vertriebsexperten sorgfältig abgewogen werden und in Unternehmen mit unzureichender Informatikinfrastruktur und Datenbasis zunächst einmal eingerichtet werden – wie schnell das Konzept dann von Kunden angenommen wird und ob sich unerwünschte Nebeneffekte vermeiden lassen, kann nur mit einer gewissen Wahrscheinlichkeit prognostiziert werden. Diese Hinweise mögen genügen. Ohne ein ganzheitliches und durchdachtes Sanierungskonzept, das die wahrscheinlichen Szenarien und anzugehenden Maßnahmen sowie ihre sich ergänzenden sowie auch gegenläufigen Effekte darstellt, bewertet, terminiert und sinnvoll begründet, ist diese Herausforderung nicht zu bewältigen.

Kurzfristige Liquiditätseffekte von Restrukturierungsprojekten			
Restrukturierungsansätze	Liquiditätsbelastend	Liquiditätsgenerierend	Liquiditätsschonend
Strategische Restrukturierung			
• Portfoliobereinigung	✓	✓	
• Werksstilllegungen	✓		
• Outsourcing		✓	✓
Operatives Kostenmanagement			
• Personalabbau	✓		✓
• Lohn-/Gehaltsverzicht			✓
• SbA-Programme			✓
Operative Umsatzsteigerungen			
• Innovationsprojekte	✓		
• Markterschließungen	✓		
• Marktdurchdringung	✓	✓	

Abbildung 51: Kurzfristige Liquiditätseffekte von Restrukturierungsprojekten

Hebel des Cash Recovery Management			
Restrukturierungsansätze	Liquiditätsbelastend	Liquiditätsgenerierend	Liquiditätsschonend
• Einkaufsmanagement		✓	✓
• Kreditorenmanagement			✓
• Debitorenmanagement		✓	
• Bestandsmanagement		✓	✓
• Yield Management		✓	✓
• Asset Stripping		✓	

Abbildung 52: Hebel des Cash Recovery Management (Beispiele)

In allen professionell betriebenen Modellen der Restrukturierung, ob ausschließlich unternehmensintern bewältigt, „bankengetrieben" oder über Fonds gesteuert, ist das Sanierungskonzept der Dreh- und Angelpunkt für den Start, die Steuerung und das Controlling des Prozesses. Hinzu kommen Sofortmaßnahmen – beispielsweise ein Einstellungs- und Investitionsstopp sowie das Streichen von Komfortniveaus – als Notwendigkeit („stop the bleeding") zur kurzfristigen Existenzsicherung und sichtbares Signal an die Stakeholder für die Bereitschaft zu unmittelbaren tiefgreifenden Veränderungen, unter anderem im Verhalten – z.B. die Orientierung an der „Kultur ehrbarer Kaufleute" – auf allen Ebenen.

Die Maßnahmen zur Liquiditätssicherung umfassen nach klassischer Struktur alle dem Unternehmen zugänglichen Potenziale der Außen- und Innenfinanzierung, wie in Abbildung 53 skizziert. Sie sind in dem Sanierungskonzept im Einzelnen abzubilden. Die Außenfinanzierung bezieht sich auf Vereinbarungen mit den Gesellschaftern und Gläubigern, die Innenfinanzierung auf die Schöpfung von Liquidität aus den Geschäftsprozessen und der Freisetzung innerbetrieblichen Kapitals. In der Praxis sind die Grenzen teilweise fließend, beispielsweise bei der Steuerung des Working Capital. Für konzeptionelle Zwecke ist die Unterscheidung zwischen Außen- und Innenfinanzierung hilfreich. Im Fall der Außenfinanzierung bemüht sich das Unternehmen um Aufnahme neuen Kapitals, im Fall der Innenfinanzierung

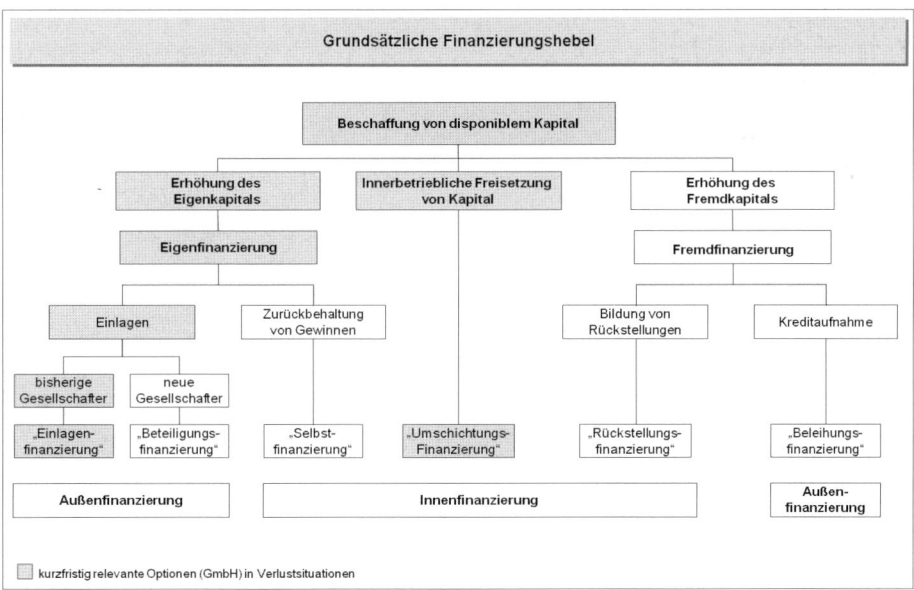

Abbildung 53: Grundsätzliche Finanzierungshebel (Beispiele)

generiert das Unternehmen disponibles Kapital, ohne dass ihm Mittel der Gesellschafter oder Gläubiger zufließen.

Außenfinanzierung

Bei Maßnahmen der Außenfinanzierung geht es neben der Generierung von Liquidität auch um unmittelbar GuV-wirksame Ergebniseffekte, wie etwa Zins- und Steueranpassungen, die gewichtige Auswirkungen haben können, aber in aller Regel nicht originärer Verhandlungsgegenstand sind, sondern ein Nebeneffekt der Bemühungen um die Neuordnung der Passivseite der Bilanz (Abbildung 54), man spricht dann auch gerne von der „Restrukturierung der Passivseite". Letztere möglichst mit Liquiditätseffekten, beispielsweise Einlagen, oder auch ohne Liquiditätseffekte, wie beispielsweise Kapitalherabsetzungen zur Beseitigung einer Überschuldungssituation, die dann aber oft wiederum mit zusätzlichen Maßnahmen der Liquiditätszufuhr verbunden sind. Man denke an die Kapitalherabsetzung in Verbindung mit einer anschließenden Kapitalerhöhung. Letztere üblicherweise einhergehend mit der Aufnahme neuer Gesellschafter.

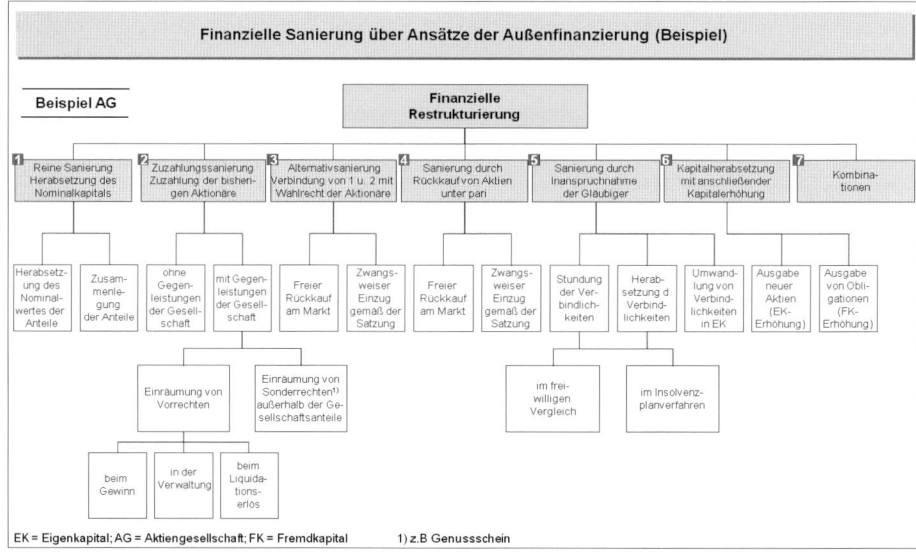

Abbildung 54: Finanzielle Sanierung über Ansätze der Außenfinanzierung (Beispiele)

Finanzielle Restrukturierungen über den Weg der Außenfinanzierung sind ein komplexes Feld, bei dem neben den einzelnen Modellen und Interessen der Stakeholder insbesondere auch haftungs-, insolvenz- und steuerrechtliche Aspekte zu beachten sind. Ohne Spezialisten sind diese Konzepte und Verhandlungen in aller

Regel nicht professionell zu beherrschen. Auf die rechtlichen und steuerlichen Details soll an dieser Stelle nicht eingegangen werden. Das ist im konkreten Einzelfall die Aufgabe der Anwälte und Fachberater des Unternehmens sowie der übrigen Parteien. In den Verhandlungen müssen sie konkret durchdacht werden, da spätere Änderungserfordernisse das Vertrauen in die Fähigkeiten der Krisenmanager und die erfolgreiche Umsetzung des Sanierungskonzeptes beeinträchtigen. Man denke nur an ungeplante Steuerforderungen in signifikanter Größenordnung, die liquiditätsbelastend wirken.

Die früher häufig zweidimensionalen Verhandlungen über Beiträge der Gesellschafter und Hausbank können mittlerweile durch das Auftreten von Hedgefonds und die breitere Finanzierungsbasis mancher Mittelständler (Mezzanine Capital, Leasing, ABS, Factoring, Lieferantenkredite, Konsortialkredite etc.) mehrdimensionale komplexe Projekte sein; die folgende Abbildung 55 zeigt ein Beispiel. In guten Zeiten sind diese Finanzierungsstrukturen durchaus sinnvoll, in der Krise erhöhen sie die Komplexität der Verhandlungsprozesse, beispielsweise:

— unterscheiden sich die internen Entscheidungsstrukturen und Rahmenbedingungen der Finanzpartner deutlich. Keiner der Verhandlungsführer auf der Seite des Unternehmens und der Finanzierer wird ohne seine Gremien eine abschließende Entscheidung fällen können und dabei auch einschlägige Gesetze zu beachten haben. Deutsche Banken sind mit Blick auf die Gesetze auch intern stärker reglementiert als beispielsweise manche ausländische Fonds, aber sie erweisen sich in Krisenfällen dennoch als gut organisiert und die übergreifende Zusammenarbeit in Bankenpools ist geübte Praxis. Fonds wiederum sind bei breit gestreuter und mehrstufiger eigener Finanzierungsstruktur erstaunlich schwerfällig organisiert und haben Mühe, kurzfristige Entscheidungen herbeizuführen, wenn es nicht um den Einstieg in ein Investment geht, sondern um außerplanmäßige Stundungen, Verzichte, Nachbesserungen etc. in bereits bestehenden Investments. Aktuelles Beispiel sind – wie später noch diskutiert wird – die „Recovery Manager" der ehemaligen Anbieter von Standard Mezzanine, wenn sie als Treuhänder ihrer Kapitalgeber agieren müssen und sich in den Verhandlungen kaum ohne die schwierige Absicherung mit ihren Treugebern auf eventuell erforderliche Verzichte festlegen können. Teilweise sind dies natürlich auch taktische Schutzbehauptungen in Verhandlungen. Die eingeschränkte Flexibilität der Finanzpartner ist für das Krisenunternehmen besonders brisant, wenn ein endfälliges Engagement im Stadium der akuten Krise zur Tilgung ansteht. Leasing-Gesellschaften können sich als ähnlich schwerfällig erweisen.

– unterscheiden sich der aktuelle wirtschaftliche Status und die formal zulässigen Handlungsoptionen der Finanzpartner wesentlich. Sie sind Wettbewerber mit einer eigenen Agenda, die bei Verzichten und weiteren Risiken auch auf die Auswirkungen auf ihre eigene Bilanzstruktur (z.B. die notwendige Eigenkapitalhinterlegung bei Banken) und ihr Rating zu achten haben. Haftungsrisiken (faktische Geschäftsführung), Bilanzierungs- und Konsolidierungspflichten können für Banken zudem betriebswirtschaftlich naheliegende Optionen – z.B. ein Debt-Equity-Swap – nahezu unmöglich machen. Hedgefonds beispielsweise kennen diese formalen Restriktionen nicht und können grundsätzlich freier agieren.

– unterscheiden sich die Geschäftskonzepte und aktuellen Ziele der Verhandlungspartner deutlich. Konflikte zwischen Gesellschaftern mit unterschiedlicher Finanzkraft bei Diskussionen über notwendige Eigenkapitalerhöhungen, Gesellschafterdarlehen mit Rangrücktritt, Sacheinlagen etc. sind dann durchaus üblich. Ebenso kann sich dies in den unterschiedlichen Verhandlungszielen auf Bankenseite zeigen. Betrachten einzelne Banken ihr Engagement als gescheiterte Randaktivität, werden sie eher bereit sein, aus dem Engagement auszusteigen – Hedgefonds sind für sie willkommene Gesprächspartner und sei es nur, um die verbleibenden Banken zur Übernahme des Engagements gegen einen gewissen Abschlag zu bewegen. Ähnliche Überlegungen werden Beteili-

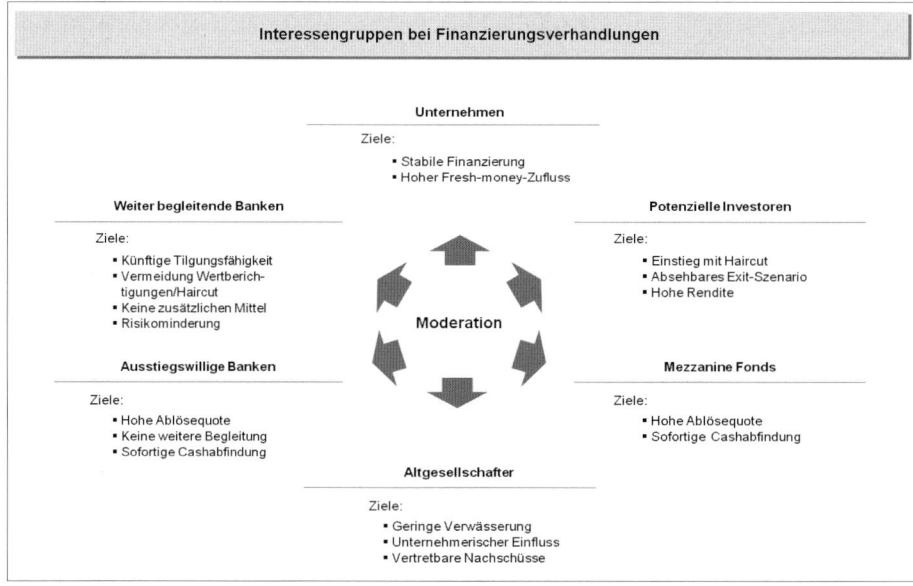

Abbildung 55: Interessengruppen bei Finanzierungsverhandlungen

gungsfonds in Krisenunternehmen anstellen, wenn ihr Fonds ausläuft und ein Nachschießen von Mitteln in den Krisenfall für sie nicht mehr opportun ist, sondern der Exit aus dem Engagement als systemimmanente Option zu erwägen ist.

Für Krisenmanager und ihre Berater ist es wichtig, sich vor derartigen Verhandlungen die Geschäftspolitik, Entscheidungsfähigkeit und Machtposition der einzelnen Verhandlungspartner klar zu machen und davon ausgehend verschiedene Szenarien der finanzwirtschaftlichen Restrukturierung zu simulieren. Die Konstellationen sind vielfältig und bei der Verhandlungsvorbereitung kommt es darauf an, die Verträge sorgfältig zu analysieren und sich Transparenz über die Position der Akteure zu verschaffen. In den Verhandlungen geht es dann im Kern um die Frage: „Wer sitzt am kürzeren Hebel … who is long, who is short?" und man kann in der Regel davon ausgehen, dass derjenige, der am meisten zu verlieren hat, sich auch am ehesten um eine Einigung bemühen wird. Deshalb kann es beispielsweise in mittelständischen Unternehmen mit geringem bzw. hoch besichertem Fremdkapitalvolumen und gleichmäßig belasteten Banken schwieriger sein, eine Einigung zu erzielen, als in Konzernen, die in der Krise ein hohes unbesichertes Fremdkapitalvolumen aufweisen, das gegebenenfalls auch noch so verteilt ist, dass eine Bank oder Bankengruppe in besonderem Maße unter dem Ausfall zu leiden hätte.

Zusätzlich sind für die Verhandlungen einige ungeschriebene Regeln zu beachten:

- Alle Stakeholder haben einen Beitrag zur Restrukturierung zu leisten, also auch die Gesellschafter (Einlagen, Bürgschaften etc.), Geschäftsführer und Arbeitnehmer (Stundungen, Verzicht etc.). Das ist in dem Sanierungskonzept abzubilden und nachfolgend konsequent umzusetzen, denn anderenfalls gibt es keine Verhandlungsbasis mit den Banken.

- „Fresh money" genießt Vorrang vor bestehenden Engagements, z.B. bei künftigen Tilgungen, und die Finanzpartner erwarten meist in irgendeiner Form, z.B. Zinsaufschlag, eine Partizipation am Sanierungserfolg. Auch das ist in dem Sanierungskonzept abzubilden, ansonsten liegen der Liquiditätsplanung falsche Prämissen zugrunde.

- Grundsätzlich steigt kein Finanzpartner unabgestimmt mit den anderen Partnern aus und das auch nur gegen einen Abschlag, der gegebenenfalls – zu klären – dem Unternehmen zugutekommt. Diese ehemals eiserne Regel wird mittlerweile beispielsweise durch das Agieren von Hedgefonds durchbrochen – sei es, dass sie sich durch den Kauf des Engagements einer ausstiegswilligen Bank in einen

Krisenfall hineindrängen, oder sei es, dass sie die Teilnahme an einem Sicherheitenpool verweigern, um sich ein für sie vorteilhaftes Potenzial als „Akkordstörer" zu erhalten. Hilfreiche Maßnahme gegen destruktive Aktionen nachträglicher Quereinsteiger ist – sofern durchsetzbar – ein „Lock up agreement" bei der Einrichtung eines Sicherheitenpools, d.h. die Vereinbarung, Engagements nur innerhalb des Pools zu verkaufen.

Verhandlungsergebnis muss neben der Stabilisierung des Unternehmens (Stärkung von Bilanz und Ergebnis, nachhaltige Wettbewerbsfähigkeit) auch die Stabilisierung des Finanzierungskreises für die Phase der Krisenbewältigung sein – kein leichtes Unterfangen in Unternehmen mit Finanzpartnern, die grundsätzlich nicht gewillt sind, sich in diese Disziplin einbinden zu lassen. Ausländische Banken und Hedgefonds können sich dann aufgrund ihrer Geschäftspolitik als schwierige Akkordstörer erweisen.

Verhandlungen mit Finanzpartnern können durchaus bis zu zwölf Monate und mehr benötigen, gegebenenfalls begleitet von den bei ernsthaften Restrukturierungsbemühungen üblichen Stillhaltevereinbarungen (Standstill), d.h. dem Verzicht der Finanzpartner auf mögliche Vertragskündigungen gegenüber dem Krisenunternehmen. Hinzu können zulässige Überbrückungskredite und erste Stundungen kommen, um den akut drohenden Kollaps des Krisenunternehmens zu vermeiden und sich letztlich Zeit für die Verhandlungen und den Abschluss von längerfristigen Sanierungsvereinbarungen zu verschaffen. Ziel des Krisenunternehmens sollte es sein, eine bindende gemeinsame Vereinbarung – Poolvertrag, Konsortialvertrag – mit allen Finanzpartnern zu erreichen, um für die kritische Phase der Restrukturierung wieder finanzielle Stabilität zu gewinnen.

Es ist gar nicht so ungewöhnlich, dass aufgrund von Konflikten zwischen den Finanzpartnern und entgegen aller objektiven Erkenntnis zunächst einmal nur eine Zwischenlösung für das Krisenunternehmen erzielt werden kann, die eine akute Insolvenz abwendet. Diese Zwischenlösung stützt sich in aller Regel auf ein externes Gutachten, dessen Qualität hier nicht diskutiert werden soll. Es ist in diesen Fällen zwar wahrscheinlich, dass dieses Unternehmen aufgrund der erfolgten Schrumpfung nicht mehr den Cashflow zur Tilgung der gesamten Schuldenlast generieren kann und auch Mühe haben wird, die Zinslast der ungekürzten Kredite aufzubringen, aber man meidet die drastische Bereinigung der Passivseite bis auf Weiteres, weil die Finanzpartner sich aus individuellen Gründen nicht kurzfristig auf eine derartige „schnelle und große Lösung" einigen können und ein stufenweises Vorgehen auf der Grundlage künftig besserer Erkenntnisse – z.B. zur tatsächlichen Werthaltigkeit ihrer Forderungen – bevorzugen.

Zusammenfassend ist festzuhalten, dass der Spielraum von Krisenunternehmen für Maßnahmen der Außenfinanzierung in der akuten Krise sehr stark eingeschränkt ist. Die Finanzierungsoptionen des Krisenunternehmens beschränken sich somit in aller Regel auf Einlagen bzw. Nachschüsse der eigenen Gesellschafter und – sofern Risikofonds und strategische Investoren als neue Gesellschafter und Finanzpartner ausscheiden – auf die Kooperation mit den ohnehin bereits beteiligten und unmittelbar betroffenen Geschäftspartnern. Das sind bei klassisch finanzierten Unternehmen die Banken sowie in gewissem Umfang auch Kunden, Lieferanten sowie damit einhergehend die Warenkreditversicherer.

Faktisch werden in Deutschland bei der Rettung von Krisenunternehmen insbesondere die Banken mit hohem Anteil an der Gesamtfinanzierung beansprucht. Das gilt gleichermaßen für Mittelständler und Konzerne, gegebenenfalls mit unterschiedlicher Komplexität.

Machbares Ergebnis bei einfach strukturierten Fällen sind Tilgungsstundungen – seltener auch Zinsstundungen – zur Entspannung der Liquidität und die Vereinbarung der weiteren Verfügbarkeit der bereits eingeräumten Kreditlinien. Dabei ist seitens des Unternehmens auf eine umfassende Regelung zu achten, die neben den langfristigen Verbindlichkeiten und Kreditlinien auch die weitere Verfügbarkeit eventueller Aval-Linien einbezieht. Letztere spielen beispielsweise im Maschinenbau mit Projektlaufzeiten von mehreren Monaten und hoher Kapitalbindung während der Produktionszeit eine bedeutende Rolle zur Absicherung der Anzahlungen von Kunden. Ansonsten werden die von den Kunden bei Vorauszahlungen üblicherweise geforderten Bürgschaften ganz oder zu einem bestimmten Prozentsatz von den verfügbaren Kreditlinien in Abzug gebracht und verknappen die freie Liquidität. Willkommener Umsatz kann dann in unerwartetem Umfang die Liquidität des Krisenunternehmens belasten. Vorausschauendes Verhandeln des Verkaufsmanagers in dieser Situation ist die mit dem Kunden abgestimmte Definition von Meilensteinen mit entsprechenden Zwischenabnahmen, die zur stufenweisen Freigabe von Avalen führen können und damit auch stufenweise die Linien wieder entlasten. Wichtige Maßnahme des Krisenunternehmens ist in diesem Zusammenhang der Aufbau eines wirksamen „Claim Management" – die operativen Bereiche vom Verkaufsmanager bis hin zur Montage haben alles zu unternehmen, um eigene Ansprüche des Unternehmens, wie die Abnahme von Zwischen- und Endergebnissen, wirksam geltend zu machen und damit die Bürgschaft schnellstmöglich abzulösen. Bei kleinerem Auftragsvolumen und guter Vertrauensbasis der Geschäftspartner kann es auch sinnvoll sein, anstelle von Vorauszahlungen gekoppelt mit Avalen, ein Zug-um-Zug-Geschäft auf der Basis mehrerer Meilensteine mit entsprechenden Teilzahlungen zu vereinbaren, um die Liquidität des Krisenunternehmens durch die vorlaufende Produktion nicht zu sehr zu belasten. Kunden haben oft durchaus Verständnis dafür, dass ihrem geschätzten mittelständischen Lieferanten bei der Gestaltung der Zahlungsbedingungen Grenzen gesetzt sind, wenn der Verkaufsmanager dies plausibel begründet – finanzstarke Wettbewerber sind dann natürlich im Vorteil. Going concern in dem Sinne, dass dieses schwierige Thema allein auf die Banken durch Bereitstellung zusätzlicher Liquidität verlagert wird, funktioniert in der Krise nicht mehr.

Fresh money der Banken – dazu würde auch eine Ausweitung der Aval-Linien gehören – muss als besondere Ausnahme betrachtet werden und ist üblicherweise zweckgebunden mit dem Ziel, zeitlich befristet akute Liquiditätsengpässe zu überbrücken. Aus dem Sanierungskonzept muss dann die künftige Tilgung dieser befristeten Liquiditätsspritze erkennbar sein, die zum gegebenen Zeitpunkt wieder eingefordert wird. Der „Fresh money status" ist zügig durch Rückführung dieser zusätzlichen Engagements zu beenden. Ausweitungen der Verschuldung ohne eine nachhaltige Verbesserung der Kriterien zur Ausreichung von Fremdkapital sind in aller Regel nicht diskussionsfähig.

Da die Banken nicht für ihr Stillhalten – die Erhaltung des Status quo –, aber häufig für erforderliche ergänzende Leistungen auch eine zusätzliche Besicherung erwarten (z.B. Bürgschaften, Verpfändungen), sind meist mit Abschluss der Vereinbarungen mit ihnen keine freien Sicherheiten mehr vorhanden – es sei denn, sie belassen dem Unternehmen aus taktischen Gründen noch Sicherheitsreserven für weitere künftige Finanzierungsmaßnahmen. Fresh money bedeutet für die Banken eine zusätzliche Erhöhung ihres Risikos, dementsprechend erwarten sie eine risikoadjustierte Verzinsung („Sanierungszins"). Dieses Risiko werden sie außerdem nur eingehen, um den drohenden Verlust des gesamten Engagements abzuwenden, und auch nur für den Fall, dass glaubhafte Rettungschancen bestehen. Oft wird die Gewährung dieser Mittel mit anteiligen Landesbürgschaften zur Risikoabsicherung kombiniert. Auf die von Banken zumindest implizit erhobene Forderung nach adäquaten Beiträgen der übrigen Stakeholder, insbesondere Gesellschafter und Arbeitnehmer, wurde hingewiesen.

In der akuten Krise ist den Banken natürlich jeder neue Finanzpartner zur Teilung des Risikos willkommen, aber den gibt es dann in der Regel nicht. Für ein Krisenunternehmen mit akutem Investitionsstau bedeutet das konkret, dass Reparaturen und Ersatz etc. aus dem Cashflow zu finanzieren sind, denn zusätzliche Investitionskredite der Banken in der Down Phase sind nahezu ausgeschlossen. Soweit Leasing nicht bereits in Anspruch genommen wurde, stellt es in der akuten Krise keine realistische Option mehr dar, denn dies setzt die langfristige Wiederherstellung der Kreditwürdigkeit des Krisenunternehmens voraus. Der Leasinggeber müsste sich aufgrund der riskanten Zukunftsperspektiven des Unternehmens berechtigte Sorgen um die Verwertung des Leasinggutes im Falle einer Insolvenz machen, insbesondere im Falle von Spezialmaschinen o.Ä. ohne schnelle alternative Verwendungsmöglichkeit oder ohne eine breite Käuferschicht. Es kann sein, dassLeasinggeber für leicht verwertbare Güter – Firmenfahrzeuge u.Ä. – weniger restriktiv vorgehen, sofern es sich um ein Unternehmen in einem noch nicht weit fortgeschrittenen Krisenstadium handelt.

Ein unmittelbarer Forderungsverzicht der Banken gegenüber dem Unternehmen ist nur bei Überschuldung des Krisenunternehmens und deutlich erkennbarer Aussichtslosigkeit künftiger Tilgungen verhandelbar. Derartige Verzichte – evtl. aus verschiedenen Gründen verbunden mit einem mehr oder weniger werthaltigen Besserungsschein etc. – sind eher im Anschluss an einen längerfristigen Restrukturierungsprozess mit einschneidenden Maßnahmen denkbar und erfolgen meist bei der Ablösung einer Bank durch einen Fonds bzw. strategischen Investor. Nicht immer, aber überwiegend ist davon auszugehen, dass eine Bank, die auf Forderungen verzichtet und damit einen Verlust realisiert, auf ihre vollständige Ablösung bestehen wird, um sich des weiteren Risikos zu entledigen.

Soweit es in einfach strukturierten Fällen um die vertragliche Ausgestaltung von Stillhaltevereinbarungen bzw. weitergehenden vergleichbaren Vereinbarungen geht, ist die pragmatische Lösung für Mittelständler, die Banken um einen Vertragsentwurf aus ihrem Fundus zu bitten und dann angesichts der oft relativ schwachen eigenen Verhandlungsposition auch nur die substanziellen Punkte zu diskutieren, denn die Kosten für Spezialanwälte in diesem Metier sind erheblich. „Legal advise" in der Größenordnung von rund 300,– Euro bis 500,– Euro Stundensatz ist nicht ungewöhnlich und kann sich auch im Mittelstand auf mehrere hunderttausend Euro summieren, die bei wöchentlichen Vorauszahlungen u.Ä. – Schutz vor Anfechtungen im Fall der späteren Insolvenz – die ohnehin knappe Liquidität des Unternehmens bzw. je nach Sachverhalt die Gesellschafter erheblich belastet. Bei komplexen Verhandlungen ist deshalb eventuell auch eine Vorabstimmung der Anwälte des Unternehmens mit den meist aus Haftungsgründen eingeschalteten externen Anwälten der Finanzpartner anzustreben. Banken greifen gegebenenfalls auch auf externe Kanzleien zurück, um in den Verhandlungen den Vorwurf der Interessenkollision zu vermeiden, beispielsweise bei der Ausarbeitung gemeinsamer Poolverträge mit anderen Finanzpartnern. Die Rechtsabteilungen der Banken beraten aus Haftungsgründen üblicherweise nur die Manager ihres Hauses, die sich im Vorfeld vertraglicher Einigungen ebenfalls nur in dem Maße äußern können, wie sie es formal für opportun halten.

Allzu leicht wäre es, wenn ein Krisenunternehmen bei Maßnahmen der Außenfinanzierung alleine die Banken beansprucht und damit den ebenfalls als Option zu erwägenden Einigungen mit sonstigen Verhandlungspartnern ausweicht. Zumindest befristete Steuerstundungen sind mittlerweile auch mit Finanzbehörden verhandelbar und zudem ist es sinnvoll, Vorauszahlungen – beispielsweise bei sinkendem Umsatz die Mehrwertsteuer-Vorauszahlung – den realen Gegebenheiten anzupassen. Verschiedene Sozialversicherungsträger lassen sich in Einzelfällen ebenfalls auf gut begründete Stundungsanträge mit kurzer Befristung ein, meist ein Monat. Beiträge der Mitarbeiter – Gehaltsverzicht mit bzw. ohne Rückzahlungsoption, Verzicht auf Sonderzahlungen sowie Stundungen etc. – kann man ebenfalls der Außenfinanzierung zuordnen und sie sind wegen des hohen Anteils an den Gesamtkosten und der bedeutenden Liquiditätsabflüsse zu einem bestimmten Stichtag signifikante Positionen. Des Weiteren erfüllen Kunden und Lieferanten über ihre Zahlungsvereinbarungen und aufgrund der Größenordnung der Zahlungsströme eine wichtige Finanzierungsfunktion; sie sind somit Teil des Sanierungskonzeptes – egal ob explizit geregelt oder implizit aufgrund von hoffentlich zutreffenden Annahmen zu ihrem künftigen Verhalten gegenüber dem Krisenunternehmen. Letzteres ist ein besonders bedeutender Faktor in Modellen zur Planung und Steuerung der Liquidität des Krisenunternehmens.

Die Restrukturierungsexperten der Banken werden in aller Regel die Beiträge der übrigen Stakeholder einfordern und kritisch hinterfragen. Bei hohen Einkaufsumsätzen und signifikanten überfälligen Kreditorenpositionen geht es ihnen dabei insbesondere auch um die wichtige Einbindung der Warenkreditversicherer, deren Verhalten gegenüber dem Krisenunternehmen nicht per se transparent ist und ein erheblicher Unsicherheitsfaktor sein kann. Ein Sanierungskonzept mit der unabgestimmten Prämisse, dass die Lieferanten und Warenkreditversicherer „schon wie bisher mitziehen und stillhalten" werden, kann beispielsweise dramatisch scheitern, wenn Warenkreditversicherer ihren Versicherungskunden für diese krisenhafte Adresse den Schutz entziehen und diese Lieferanten in der Folge ihre Lieferungen auf Vorkasse umstellen oder kürzere Zahlungsziele durchsetzen. Damit ändern sich insbesondere die in dem Sanierungskonzept unterstellten Laufzeiten der ausgehenden Finanzströme deutlich und die ursprüngliche Liquiditätsplanung sowie die oben skizzierten Vereinbarungen mit den Banken sind in kurzer Frist obsolet.

Krisenunternehmen stehen klärenden Gesprächen mit Lieferanten und Kunden meist ambivalent gegenüber aus Sorge, dass sich die ohnehin knappe Liquidität durch nervöse bzw. rigide Aktionen ihrer Geschäftspartner noch weiter reduziert. Andererseits kann eine Einigung mit diesen Geschäftspartnern auch zu einer deutlichen Entspannung der Lage beitragen:

– Besonders deutlich wird die Bedeutung der Finanzierungsfunktion durch Kunden zum Beispiel in der Automobilindustrie, wo die Hersteller eigene Risikomanager und Restrukturierungsexperten beschäftigen und durchaus bereit sind, mit strategisch wichtigen Zulieferern in der Krise Finanzierungsgespräche (z.B. Zahlungsziel „sofort" für einen definierten Zeitraum) zu führen, wenn ein belastbares Sanierungskonzept mit definierten Beiträgen aller Partner vorliegt. Es ist klar, dass dies nicht unbedingt ein Akt der Nächstenliebe ist und dass ein Krisenunternehmen mit der Offenlegung seiner tatsächlichen Lage bei dem Kunden durchaus verständliche Risikoabwägungen auslöst, sowohl in Bezug auf die aktuelle Situation als auch für die Zukunft. Dem Kunden geht es um die notwendige Sicherstellung seiner Versorgung zu wettbewerbsfähigen Konditionen und deshalb wird er sich kurzfristig auch nur bei tatsächlich wichtigen Lieferanten materiell engagieren und langfristig dafür sorgen, dass er selber nicht noch einmal in diese Abhängigkeit gerät. Die Kostenkrise des angeschlagenen Zulieferers kann insbesondere in der Automobilindustrie in einigen Jahren zur Umsatzkrise werden, wenn der Hersteller sich einen alternativen Zulieferer aufgebaut hat. Der Hersteller verbessert seine Position und handelt als Kunde so, wie es ein guter Kaufmann muss. Es ist wichtig, ihn auch in der Krise von dem Potenzial – Technik, Flexibilität, Zuverlässigkeit etc. – und dem Engagement seines mittelständischen Lieferanten zu überzeugen, denn dieser kann für ihn bei Konzentrationstendenzen auf der Beschaffungsseite ein wichtiger Innovationstreiber und Preisregulativ sein.

– Auf der Lieferantenseite agieren Krisenunternehmen meist ebenfalls sehr zurückhaltend und versuchen, aus Sorge um die notwendige Versorgung mit Material und Dienstleistungen, ihre wahre Situation möglichst zu verschleiern. Juristisch ist dies oft heikel und es belastet die wichtige Vertrauensbasis der Geschäftspartner. Dann werden beispielsweise die dem Krisenunternehmen von dem etablierten Hauptlieferanten eines wichtigen Materials eingeräumten Zahlungsvereinbarungen – Fristen, akzeptierte Höhe regelmäßig ausstehender Beträge – bis zur Grenze ausgeschöpft und durch mündliche Zusagen auf einem möglichst hohen Niveau gehalten. Parallel dazu wird ein Nebenlieferant dieses Materials nach anfänglich pünktlichen Zahlungen mit Ziehung von Skonto ebenfalls bis zur Grenze des Möglichen als Kreditor beansprucht usw. Dies mit der latenten Gefahr, dass Lieferanten die Taktik durchschauen und rigoros die Versorgung einstellen, auf Vorkasse umstellen bzw. gegebenenfalls mit Ablauf von Fristen ihre Warenkreditversicherer informieren, um sich den Versicherungsschutz – beispielsweise 80% der Rechnungssumme – für diesen Fall zu erhalten. Zwangsmaßnahmen sind eine mögliche Folge. Warenkreditversicherer können zudem, gemäß ihrer Risikopolitik und den in den Versicherungsverträgen formulierten Anforderungen an die Bonität bestimmter Adressen, mit Kürzung oder Kündigung der versicherten Kreditlimite für diese Adresse reagieren – der Vertrauensverlust zeigt materielle Konsequenzen. Folge für das Krisenunternehmen sind ungeplante Versorgungsengpässe, zusätzliche Liquiditätsbelastungen durch Lieferungen gegen Vorkasse etc. und dann mit etwas Zeitversatz auf der Absatzseite Zahlungsausfälle bzw. Zahlungsverschiebungen und Pönalen durch verspätete Auslieferungen an Kunden usw. Das Sanierungskonzept ist dann nur noch Makulatur. Die Warenkreditversicherer verfügen mittlerweile über ein ausgefeiltes Risikomanagement und es ist ratsam, sie möglichst frühzeitig und korrekt über die tatsächliche Lage des Krisenunternehmens zu informieren, mittels eines überzeugenden Sanierungskonzeptes zum Offenhalten der Kreditlimite zu bewegen und aktiv in die weiteren Gespräche zur Finanzierung des Unternehmens einzubinden. Das erfordert natürlich auch entsprechende Offenheit gegenüber den wesentlichen Lieferanten, schon allein um zu erfahren, wer ihre Warenkreditversicherer sind. Vertrauensbildung auf der Lieferantenseite spielt mittlerweile für Mittelständler eine herausragende Rolle und sie sind im Risikomix des Lieferanten durchaus wertvolle Partner, da sie bei einem insgesamt ordentlichen Zahlungsverhalten risikomindernd wirken. Großabnehmer können im Risikomix des Lieferanten ein gefährliches Klumpenrisiko bedeuten und sind auch nicht immer die Kunden mit den attraktiven Deckungsbeiträgen.

Während vor Jahren die Einbeziehung von bedeutenden Kunden, Lieferanten sowie Warenkreditversicherern in Finanzierungsverhandlungen noch eher die Ausnahme war, ist diese Einbindung in die Verhandlungen und auch die anschließende Teilnahme an den üblichen Sitzungen der Bankenpools mittlerweile nichts Ungewöhnliches. Sie erhöht natürlich im Stadium der akut drohenden Insolvenz die Komplexität der Verhandlungssituation für die Krisenmanager, stabilisiert dafür aber nach erzielter Einigung das Umfeld des Unternehmens und verbessert die Chancen der Restrukturierung, weil zum Beispiel sowohl Banken als auch Kreditversicherer ihre Interessenwahrnehmung gegenüber dem Krisenunternehmen meist auf jeweils einen Poolführer bündeln und sich damit die Kommunikationsstruktur deutlich vereinfacht. Die Konsortialbindung der Warenkreditversicherer verschafft dem Krisenunternehmen zudem den Vorteil einer höheren Berechenbarkeit der Reaktionen dieser Interessengruppe, die oft nur sehr bedingt einzuschätzen ist. Es bedarf keiner besonderen Ausführungen, dass die Krisenmanager des Unternehmens zu den jeweiligen Poolführern ein auf Zuverlässigkeit und Erfolgsorientierung basierendes besonderes Vertrauensverhältnis aufzubauen haben. Dabei ist unter anderem zu beachten, dass die Interessenlage der Poolführer gegenläufig sein kann. Beispielsweise werden Bankenvertreter eventuelle Sanierungsbeiträge von Lieferanten (Teilverzicht, Stundungen, längere Zahlungsziele) unter Liquiditätsgesichtspunkten eher positiv werten, Warenkreditversicherer werden dies unter Risikogesichtspunkten hingegen kritisch bewerten.

Innenfinanzierung

Die schwierigen Verhandlungsprozesse im Zuge von Bemühungen, dem Unternehmen von außen Kapital zuzuführen, unterstreichen die hohe Bedeutung der Innenfinanzierung bei Restrukturierungen als interne Überbrückungshilfe in der Liquiditätskrise. Es ist deshalb im Rahmen des noch Machbaren üblich, dass die leistungswirtschaftliche Restrukturierung und die finanzielle Restrukturierung via Innenfinanzierung parallel zu den langwierigen Verhandlungsprozessen der finanziellen Restrukturierung via Außenfinanzierung läuft.

Quellen der Innenfinanzierung sind Gewinne, die Generierung disponiblen Kapitals aus der Bildung von Rückstellungen und Kapitalumschichtungen. Gewinne scheiden im Stadium der akut drohenden Insolvenz als Finanzierungsquelle regelmäßig aus. Rückstellungen spielen in der Down Phase ausgelaugter Unternehmen ebenfalls keine nennenswerte Rolle; es fehlt die Ertragskraft, um Rückstellungen aus dem Ergebnis zu generieren. Aus taktischen Gründen wird ein CFO sie natürlich im Hinterkopf haben, um im Anschluss an erfolgreiche finanzwirtschaftliche Restrukturierungsverhandlungen wieder Aufwandsrückstellungen für die anstehenden Restrukturierungsmaßnahmen zu bilden und in den Folgejahren ein wenig Bilanzpolitik zu betreiben. Man macht ein Jahresergebnis besonders schlecht, um Puffer für das Folgejahr zu haben und wieder eine Aufwärtsentwicklung zu zeigen.

Kapitalumschichtungen zur Generierung disponiblen Kapitals können hingegen in der akuten Krise ein Thema sein. Das sind im Umlaufvermögen vornehmlich Abverkäufe von Altbeständen und im Anlagevermögen sind es vor allem Veräußerungen noch verfügbaren nicht betriebsnotwendigen Vermögens – freie Grundstücke und Gebäude, ungenutzte Markenrechte und Patente, Alt- und Reservemaschinen etc. – oder auch Umwandlungen der Finanzierung grundsätzlich betriebsnotwendigen Vermögens, z.B. über ein Sale-and-lease-back-Modell.

Relativ zügig lässt sich der Abverkauf von Altbeständen im Umlaufvermögen umsetzen, wenn sie tatsächlich noch verwertbar und keine außergewöhnlichen Spezialitäten oder bereits angearbeitetes Halbzeug sind. Es gibt international tätige Händler, die Rohstoffe aufkaufen und Fertigwaren – insbesondere Konsumgüter und standardisierte Investitionsgüter – in Randmärkte absetzen, um Kannibalisierungen in den Kernmärkten zu vermeiden. Buchverluste und damit Verzehr von Eigenkapital sind übliche Folge dieser Aktionen, aber sie generieren Liquidität.

Über Inkasso und Forderungsverkäufe sollten Krisenunternehmen bei Altforderungen auch einmal nachdenken, natürlich mit entsprechenden Abwägungen bzgl. der Kundenbeziehung. Auf Factoring als Option wird noch näher eingegangen.

Verkäufe und Umwidmungen von Anlagevermögen sollte man sich nicht zu leicht vorstellen, denn es sind oft größere Transaktionen, die aus einer nur schwer zu verbergenden Notsituation erfolgen. Das kann potenzielle Käufer zu einem „Spiel mit der Zeit" anreizen und preismindernd wirken. Altmaschinen können zudem der Nährboden für ausländische und kleine Wettbewerber mit niedrigen Personalkosten und geringem Overhead sein, die damit noch einige Jahre im Markt als Preisbrecher agieren – Beispiel Druckindustrie. Damit ist der Kreis der Käufer stark eingeschränkt. Für immaterielle Werte des Unternehmens, wie etwa Patente, ist es generell schwer, kurzfristig einen geeigneten Käufer – möglichst kein Wettbewerber – zu finden und dann auch noch den erwarteten Verkaufserlös zu erzielen. Ähnliches gilt für Immobilien. Leer stehende Gewerbeimmobilien sind beispielsweise in Konjunkturflauten oder strukturschwachen Regionen relativ schwer zu veräußern bzw. zu vermieten. Das liegt vor allem an der häufig unattraktiven Lage und begrenzten Nachfrage möglicher Nutzer, insbesondere bei Spezialimmobilien, die eventuell erst durch Umbauten bzw. Renovierungen nutzbar gemacht werden müssen. Immobilienfonds als mögliche Erwerber bevorzugen meist den Kauf von noch zu ordentlichen Konditionen vermieteten Immobilien, also eher betriebsnotwendigen Gewerbeimmobilien, um das Risiko künftiger Mieterträge zu mindern – sie werden dann auch die Zukunftsperspektiven ihres zurzeit wirtschaftlich angeschlagenen künftigen Mieters und seine Zahlungsfähigkeit hinterfragen wollen. Fazit, das Thema ist engagiert anzugehen, aber vor allzu optimistischen Annahmen in Sanierungskonzepten über die Machbarkeit und die Effekte aus diesen Kapitalumschichtungen sei gewarnt.

Weiterer Ansatz für Kapitalumschichtungen ist das Factoring auf der Kundenseite des Unternehmens. Gute Voraussetzungen für Factoring bestehen für Unternehmen mit Schwerpunkt im inländischen „business to business"-Geschäft mit relativ wenigen Forderungen, die hochwertig und versicherbar sind, also z.B. nicht angefochten bzw. nicht von Anfechtungen bedroht sind. Die Forderungsadressen sollten zudem als zahlungsfähig bekannt sein. Dies kann beispielsweise auf Markenhersteller mit Vertrieb hochwertiger Modeartikel über den Fachhandel im Inland zutreffen oder auf hochwertige Speditionsgeschäfte mit wenigen gut situierten Kunden. Für Maschinenbauunternehmen hingegen, die ihr Maschinengeschäft zum Beispiel weltweit mit Anzahlungen von mehr oder weniger belastbaren Kunden in ebenfalls nur mehr oder weniger sicheren Regionen betreiben, wird die Einrichtung des Factoring eher problematisch. Das gilt auch für ihr Ersatzteilgeschäft, das im

Streitfall von Aufrechnungen der Kunden gegen Positionen aus dem Maschinengeschäft gefährdet ist. Bei Krisenunternehmen stellt sich zusätzlich die Frage, ob sich im Stadium der akuten Krise und in vertretbarer Zeit überhaupt ein interessierter Factor finden lässt. Das ist eher die Ausnahme und zu beachten sind dabei, neben dem Zeitbedarf für die Vertragsanbahnung mit dem Factor, die zu schaffenden organisatorischen Voraussetzungen, wie etwa die IT-Anbindung sowie die Kommunikation und Abstimmung der Prozesse mit den Kunden, die rund drei bis fünf Monate benötigen.

Generell setzt die Aufnahme eines Factors in den Kreis der Finanzierer voraus, dass die Forderungen noch nicht als Sicherheit verpfändet sind bzw. durch die Banken freigegeben werden. Gegebenenfalls sollte dabei auch die Interessenlage der Warenkreditversicherer im Auge behalten werden, da sich bei Änderungen der Forderungsstruktur auch die verfügbare Masse im Insolvenzfall ändert. Es kommt in Einzelfällen vor, dass Factoring-Gesellschaften in Krisenunternehmen einsteigen und dann beispielsweise nach entsprechender Einigung mit den Banken die Neuforderungen übernehmen. Das Factoring alter Forderungsbestände ist ungewöhnlich, gelegentlich erfolgt es aber ebenfalls nach Einigung mit den Banken und aus Risikoüberlegungen mit erheblichen Abschlägen auf den Wert der Altforderungen. Den Banken wird die teilweise Freigabe von Sicherheiten in dieser Situation eventuell eher gelegen sein als die Bereitstellung von Fresh money als Alternative. Inwiefern sie aus dem Mittelzufluss auch in gewissem Umfang Tilgungsleistungen erhalten, wird dann zu verhandeln sein. Überschätzen sollte man den Liquiditätseffekt von Factoring nicht. Es ist für die Liquiditätsdisposition des Krisenunternehmens ein Einmaleffekt mit besonders großer Wirkung bei einem hohen Forderungsvolumen gegenüber Kunden, die gute Zahler mit sehr langen Zahlungszielen sind. Bei guten Zahlern mit kurzfristigem Zahlungsziel ist der Effekt gering, ebenfalls natürlich bei schwierigen Kunden mit hoher Ausfallwahrscheinlichkeit. Der Factor wird bemüht sein, selektiv nur die Adressen mit guter Bonität zu übernehmen.

Factoring als Option kann deshalb für Unternehmen in Frage kommen, die sich noch nicht in einem schon weit fortgeschrittenen Krisenstadium befinden und über solide Kundenbeziehungen verfügen, denn auch der Factorer wird sich bei einem Eintritt in das Engagement kritische Gedanken um die Zukunftsperspektiven des Krisenunternehmens und um seine eigenen Risiken, seinen Aufwand sowie demgemäß um sein Gebühren- sowie Vertragsmodell mit entsprechenden Sicherheitsabschlägen etc. machen müssen. Zwar ist seine Forderung von dem Grundgeschäft losgelöst und damit in aller Regel insolvenzfest, dennoch aber können in akuten Krisenfällen auch die eigentlich als werthaltig erachteten Forderungen von unerwartet hohen Abschlägen, beharrlichen Anfechtungen und der Geltendmachung von Gegenansprüchen bedroht und nur mühsam beizutreiben sein. Forderungsmanagement in Krisenunternehmen und bestimmten Branchen ist ein mühsames Geschäft und es bedarf neben den üblichen kaufmännischen Maßnahmen – Mahnwesen etc. – mitunter zäher Gespräche und Einwirkungen (Nachbesserungen, Kulanzregelungen, Preisabschläge usw.) auf zahlungsunwillige Kunden, um die operativen Voraussetzungen für die Beitreibung überfälliger Forderungen zu schaffen. Die Wettbewerber des angeschlagenen Unternehmens sorgen schon dafür, dass die prekäre Lage transparent wird und die Chance, schnelles Geld über fingierte Reklamationen, penetrantes Anfechten von Kleinbeträgen u.Ä. gegenüber schwachen Lieferanten zu verdienen, lässt sich nicht jeder Akteur am Markt entgehen. Erschwerend kommt hinzu, dass Krisenunternehmen in der Not auch mit Kunden arbeiten, die man in guten Zeiten meiden würde, und dass sie nicht immer die „Null-Fehler-Unternehmen" sind, die sie nach offiziellen Verlautbarungen gerne wären – sie liefern ihren gewitzten Kunden genügend Anfechtungsgründe und haben intern einiges zur Verbesserung ihrer Zuverlässigkeit zu tun. Das ist eine hohe Anforderung und nicht unbedingt eine attraktive Basis für Factoring.

Asset backed Securities-Modelle (ABS), d.h. die Verbriefung von Forderungen gegenüber Kunden, um sie auf dem Kapitalmarkt veräußerbar zu machen, setzen einen aufnahmefähigen Markt, ein angemessenes Volumen und auch eine ausreichende Professionalität des begebenden Unternehmens voraus. Das ist im Mittelstand meist nicht gegeben. Generell gelten für sie die oben beim Factoring geäußerten einschränkenden Bedingungen, weshalb sie auch in Zukunft als kurzfristiges Instrument der Finanzierung in der Krise eher die Ausnahme sein dürften. Auf Beschränkungen durch Sicherungs- und Pfändungsrechte sowie auch Verwertungsrechte von Gläubigern etc. wurde bereits hingewiesen.

Kapitalumschichtungen auf der Lieferantenseite ergeben sich primär aus den Effekten der Verlängerung von Zahlungszielen. Dies kann in erster Linie durch bilaterale Verhandlungen mit den Lieferanten erreicht werden. Dabei sind unter anderem die Meldepflichten der Lieferanten gegenüber ihren Warenkreditversicherern zu beachten, die gegebenenfalls in die Verhandlungen einzubinden sind. Zusätzlich zu den bilateralen Vereinbarungen mit Lieferanten gibt es spezielle Dienstleister, die an diesem Punkt ansetzen. Aktuelle Beispiele sind das sogenannte „Finetrading" und „Reverse Factoring" zur Eröffnung von Liquiditätsspielräumen für Wareneinkäufer. Diese Modelle sind für Unternehmen mit Liquiditätsengpässen natürlich interessant.

Finetrading beinhaltet Warengeschäfte, bei denen ein Zwischenhändler aufgrund seiner besonderen Marktposition und Bonität (Skontovereinbarungen, Preiszugeständnisse u.Ä.) Waren zu günstigen Konditionen auf eigene Rechnung kauft, innerhalb der Skontofrist bezahlt und diese gemäß einem vorher abgeschlossenen Rahmenvertrag seinem Kunden gegen ein relativ langes Zahlungsziel (z.B. 60/90/120 Tage) zur Verfügung stellt. Der Finetrader berechnet seinem Kunden eine sogenannte „Stundungsgebühr", deren Höhe insbesondere von der Bonität des Kunden und dessen Inanspruchnahme der Zahlungsfristen abhängig ist. Modifikationen dieses Basismodells sind natürlich möglich und im Einzelfall zu regeln; beispielsweise gibt es auch Modelle zur Finanzierung von Konsignationslägern bei Kunden etc.

Reverse Factoring ist im Kern die Zwischenfinanzierung der für eine bestimmte Vertragslaufzeit etablierten Lieferungs- und Leistungsbeziehung zwischen einem Kunden und seinen regelmäßigen Lieferanten. Die Reverse-Factoring-Gesellschaft finanziert gemäß Vertrag mit ihrem Auftraggeber, der Kunde, die Warenlieferungen der ebenfalls vertraglich angebundenen Lieferanten, indem sie die Warenlieferung innerhalb der Skontofrist bezahlt und dem Kunden ein etwas längeres Zahlungsziel einräumt. Warenkäufer ist in diesem Modell der Kunde. Die Kosten des Modells trägt der Kunde bzw. er teilt sie sich aufgrund von Prozessoptimierungen und je nach Marktmacht mit den beteiligten Lieferanten.

Zu Details bzgl. Finetrading und Reverse Factoring sei auf die einschlägige Literatur verwiesen. Finetrader sichern ihre Transaktionen durch den Abschluss von Warenkreditversicherungen ab, deren Anbieter auch ein Auge darauf haben, dass bestimmte Adressen über diesen zusätzlichen Weg ihr Gesamtrisiko nicht übermäßig erweitern. Anbieter von Reverse Factoring verknüpfen mit ihrem Geschäft üblicherweise eine Bonitätsbeurteilung. Deshalb kommen beide Finanzierungsinstrumente für Krisenunternehmen in der Down Phase kaum in Frage.

Die oben aufgezeigten Möglichkeiten der Innenfinanzierung durch Kapitalumschichtungen setzen die Einbindung externer Geschäftspartner voraus. Vorläufiges Fazit ist, dass diese Ansätze überwiegend nicht schnell umsetzbar sind und in der akuten Krise nur in Ausnahmefällen als neue Option zur Verfügung stehen. Meist wurden sie schon lange im Vorfeld der akut drohenden Insolvenz ausgeschöpft und man muss in Gesprächen und Verhandlungen sicherstellen, dass die Geschäftspartner dem Unternehmen weiterhin im gewohnten Maße zur Verfügung stehen. Bleibt zu prüfen, welches zusätzliche Potenzial dem Krisenunternehmen aus internen Kapitalumschichtungen zur Verfügung steht.

Wichtiger Hebel interner Kapitalumschichtungen in der Down Phase sind Produktivitätssteigerungen und „Null-Fehler-Programme", die vor allem zu einer Reduktion der Kapitalbindung in den Beständen an Roh-, Hilfs- und Betriebsstoffen sowie Fertigwaren führen und zur Reduktion der Folgen von Fehldispositionen bzw. Fehlverhalten. Das ist einer der maßgeblichen Punkte, an denen umfassende Restrukturierungsprojekte ansetzen. Zu raten ist den Beteiligten auch hier, diese Maßnahmen äußerst engagiert anzugehen, sie aber in dem Sanierungskonzept, das den oben skizzierten Verhandlungen mit den Geschäftspartnern zugrunde liegt, eher konservativ anzusetzen. Zu optimistische Erwartungen haben später wieder Lücken in der Finanzierung mit entsprechend hohem Vertrauensverlust zur Folge, Verhandlungen, Konflikte und oft leider die finale Erkenntnis, dass es tatsächlich keine zweite Chance gibt. Es ist erstaunlich, wie oft dieser Rat von Unternehmern und seinen Managern zugunsten von Hoffnungen und Zweckoptimismus ignoriert wird. Zu beachten ist außerdem, dass auch einfache Maßnahmen zur Produktivitätssteigerung – beispielsweise Mitarbeiterschulungen – selber Liquidität benötigen und erst mit einem zeitlichen Nachlauf ergebnis- und liquiditätswirksam werden.

Schnell wirksames Instrument der Kapitalumschichtung ist die konsequente Steuerung des Working Capital, d.h. im Kern die Steuerung des für den laufenden Betrieb benötigten Umlaufvermögens, in guten Unternehmen finanziert zu höchstens 50% durch kurzfristiges Fremdkapital. Gute Händler steuern ihr Ergebnis traditionell über einen hohen Kapitalumschlag auf Basis geringer Bestände und achten darauf, dass ihre Debitorenzahlungsziele deutlich kürzer sind als die Zahlungsziele für ihre Kreditoren. Wenn man demgegenüber die Kennzahlen – siehe unten die Benchmarks guter Unternehmen (Abbildung 59) – und das Zahlungsverhalten schlecht geführter Unternehmen mit schwacher Finanzwirtschaft analysiert und auch einmal prüft, in welchem Umfang sie außerdem regelmäßig hohe Forderungsausfälle, unerklärbaren Schwund bei Inventuren, Verschrottungen und Abverkäufe von Überbeständen, Pönalen für Fehlmengen, Fehlzahlungen durch mangelhafte bzw. fehlende Prüfungen von Verträgen und Eingangsrechnungen, Verzichte durch schlampig verhandelte und ebenso schlampig umgesetzte Preismodelle sowie Zahlungsbedingungen mit Kunden etc. zu verkraften haben, dann wird klar, in welch erheblichem Ausmaß knappe Liquidität und Ergebnispotenzial in diesem Bereich verschwendet werden. Diese Missstände lassen sich auch kurzfristig mit einfachen „Cash Recovery"-Maßnahmen angehen. Typischer erster Schritt des Working Capital Management in der Krise ist die umgehende Zentralisierung des Wareneingangs und der Bestandsverantwortung an jedem Standort sowie die Einrichtung einer übergreifenden Bestands- und Einkaufsorganisation für das Gesamtunternehmen. Die soweit sinnvoll möglichst weitgehende Zentralisation dieser Funktionen in der Krise ist unabdingbar für die Steuerung der ausgehenden Zahlungsströme (Material, Dienstleistungen, Investitionen) und konsequente Durchsetzung existenzieller Unternehmensinteressen auf der Beschaffungsseite (Aussortieren von Lieferanten und ggf. auch Einkäufern, Nachver-handlungen, Standardisierungen und Konzentration von Mengen etc.). Weitere Sofortmaßnahme ist der Stopp aller Auszahlungen ohne explizite Freigabe durch den Unternehmer oder CFO sowie die Prüfung sämtlicher neuen Verträge und Angebote ab einer gewissen Größenordnung und Laufzeit. Generell ist es hilfreich, sämtliche Geschäftspartner des Unternehmens zu erfassen und nach bestimmten Kriterien zu klassifizieren, beispielsweise der Bedeutung für das Überleben, Ver-handlungsmacht, Bindungs- und Lösungsansätze, dringender Gesprächsbedarf etc. Auch hier gilt wieder die Empfehlung, Mängel sofort und rigoros anzugehen, aber die Effekte in dem Sanierungskonzept konservativ zu planen.

Defizite von Unternehmen bei der Steuerung des Working Capital können sich zu existenziellen Krisen ausweiten. Zur Veranschaulichung das Beispiel eines Ma-schinenbau-Unternehmens, das über viele Jahre hervorragende Ergebnisse erzielte und in dem sich Nachlässigkeiten bei der integrierten Steuerung der Liquidität und operativen Wertschöpfungsprozesse etabliert hatten. Das Unternehmen hatte kurz vor der Krise 2009 ein MRP-System (Material Requirements Planning) ein-geführt und in der Krise erhebliche Umsatzeinbußen zu verkraften. Das Manage-ment reagierte mit Personalabbau in allen Bereichen sowie einer umfangreichen Fremdvergabe von Service- und Montagearbeiten an Subunternehmer. Die knappe Liquidität wurde von den Gesellschaftern durch eine Bareinlage gestützt, mit der Hausbank wurde die Stundung fälliger Tilgungen vereinbart. Wenige Wochen nach Überweisung der Mittel durch die Gesellschafter stand das Unternehmen wieder am Rande der Insolvenz und benötige weitere Unterstützung, unter anderem durch erfahrene Berater. Die Gründe für das Debakel waren vielfältig und die Lösungs-ansätze relativ einfach:

— Dem MRP-System lag als Organisationsmodell eine Auftragsleitstelle zugrunde, die gestützt auf korrekte Arbeitspläne, Stücklisten, Terminierungen, Rückmel-dungen etc. die Aufträge durch die Produktion sowie Montage steuert und auch dem Controlling die Basisdaten für die Liquiditätssteuerung, Performance-Mes-sung etc. liefert. Diese Auftragsleitstelle wurde durch das Unternehmen nicht eingerichtet, man blieb vielmehr bei der „klassischen Meisterwirtschaft" und verließ sich darauf, dass alle Meister, Schicht- und Kolonnenführer in Produktion und Montage diszipliniert mit dem System arbeiten und die übergreifende Kom-munikation dann systemgesteuert erfolgt. Diese Annahme war leichtfertig – die Basisdaten wurden nicht zeitnah durch die Konstruktion, den Einkauf, die Ma-terialwirtschaft etc. gepflegt, das mittlere Management arbeitete nur teilweise mit dem System und das auch nur mehr oder weniger sorgfältig. Letzteres war unter anderem auf eine mangelhafte Systemschulung zurückzuführen. Da die

„übergreifende ordnende Hand" fehlte, wurden Aufträge jeglicher Komplexität und materiellen Bedeutung nach dem gleichen Prozedere abgearbeitet. Verstopfte ein unrentabler Großauftrag beispielsweise die Produktion, blieben alle übrigen Aufträge so lange liegen, bis sich der Engpass auflöste. Es gab sowohl Überbestände als auch unerwartete Fehlmengen im Lager, da die Bestandsführung fehlerhaft war. Folge waren teure Eilbeschaffungen, Produktionsstockungen, Terminverschiebungen usw. Verbindliche Terminzusagen waren dann nicht mehr möglich. Die Konsequenzen für die Kundenzufriedenheit, Zahlungseingänge und das Liquiditätsmanagement sind offensichtlich.

- Der Personalabbau bei sich abzeichnender Krise erfolgte nach dem „Gießkannenprinzip" und Leistungsträger verließen frustriert das Unternehmen. Damit fehlten in Schlüsselpositionen die Wissensträger und Könner, die bis dahin die Organisation trotz ihrer Defizite funktionsfähig erhalten haben. Aufgrund der vor der Krise stets ausreichenden Liquidität und guten Ertragslage war man gewohnt, Friktionen mit Geld – überhöhte Bestände, Personalüberhang, Überstunden, Preisnachlässe etc. – zu heilen. Als es dem Verkauf gelang, trotz Wirtschaftskrise mehrere Maschinenaufträge unterschiedlicher Komplexität zu gewinnen, die schnell zu einer erheblichen Kapitalbindung führten und mehr oder weniger ungeordnet in die Produktion eingeschleust wurden, brach die fragile Organisation ein. Teilbereiche der Produktion erwiesen sich infolge des undifferenzierten Personalabbaus als Engpässe, andere Bereiche waren demgegenüber schwach ausgelastet, konnten aber mangels Know-how nicht in den Engpassbereichen aushelfen. Die Montage erwies sich ebenfalls als Engpass, weil die eigenen Mitarbeiter zur Abarbeitung des Volumens nicht ausreichten und Subunternehmer sich nur bei attraktiver Vergütung und schlechter Auslastung durch eigene Aufträge ernsthaft engagierten. Zudem waren einzelne Subunternehmer geneigt, sich durch Nebenabreden mit den Kunden selber das ertragsstarke und schnell „cash generierende" Service- und Ersatzteilgeschäft zu sichern. Dem Unternehmen blieben dann die kapitalintensiven und ertragsschwachen Maschinenaufträge. Außerdem lernten die Kunden, dass es für die Ersatzteile brauchbare und preiswerte Alternativen gab.

- Aufgrund des Organisationsversagens blieb für das Unternehmen der erwartete Mittelzufluss aus Maschinen- und Serviceumsätzen aus. Gleichzeitig erstickte die Produktion in unfertigen Aufträgen und zunehmendem Chaos, da Verkäufer infolge der Terminverschiebungen versuchten, durch direkte Einflussnahme auf die Produktion und Montage ihre eigenen Aufträge „zu retten". Die Ausbringungsmenge des Unternehmens sank auf rund 30% des technisch machbaren Outputs. Die Liquidität ging angesichts der erheblichen Kapitalbindung in die Knie.

– Umgehend wurde infolgedessen als Ersatz für die fehlende Auftragsleitstelle eine tägliche Terminrunde – Start zum Arbeitsbeginn, Dauer 30 Minuten – von Konstruktions-, Produktions- und Montageleitung eingerichtet, an der sich die Verkaufsleitung via Telefon beteiligte. Ziele waren die Abarbeitung der Rückstände und Durchsetzung absoluter Termintreue sowie eine verlässliche Auskunftsfähigkeit gegenüber Kunden und Lieferanten. Es ging in den Terminrunden vor allem um die Priorität von Aufträgen und den Personaleinsatz, differenzierte Abläufe je nach Auftragskomplexität, Materialbestände und das Zahlungsverhalten gegenüber Lieferanten sowie zu erwartende Abnahmen und Zahlungen von Kunden. Ebenfalls nahm der Controller an den Runden teil, der den täglichen Liquiditätsstatus (fällige und überfällige Forderungen, freie Linien etc.) in die Entscheidungen einbrachte. Bis auf weiteres stellte der Controller somit die Integration zwischen der Liquiditätsdisposition und der liquiditätsbeeinflussenden Materialflusssteuerung sowie der Personaleinsatzplanung des MRP sicher. Weiterhin wurden Leiharbeiter, Rentner und sogar Verwaltungspersonal für die Abarbeitung der akuten Rückstände aktiviert, um wieder schnellstmöglich vor allem Terminzuverlässigkeit zu erreichen. Es war ein Kraftakt für den Verkauf, mit vielen Kunden neue Termine und Zahlungsregelungen zu vereinbaren. Der Einkauf musste mit wichtigen Lieferanten Stillhalte- und Tilgungsvereinbarungen abschließen. Dabei limitierte die knappe Liquidität den Verhandlungsspielraum des Unternehmens erheblich. Das Tagesgeschäft zur Sicherung des Überlebens dominierte über Wochen alle Aktivitäten des Managements.

– Angesichts dieses dramatischen Niedergangs war allen Managern klar, dass noch in der Down Phase eine Auftragsleitstelle eingerichtet werden musste, eng verbunden mit einer tagesaktuellen Liquiditätsdisposition. In der Produktion waren die Personalengpässe durch Umbesetzungen in Verbindung mit Schulungen sowie gezielten Einstellungen aufzulösen, ebenfalls war die lähmende Fremdvergabe in der Montage durch Neueinstellungen rückgängig zu machen. Langfristiges Ziel war die Deckung von 80% der erforderlichen Montagekapazität durch eigene Mitarbeiter. Teilweise wurden somit Maßnahmen eingeleitet bzw. unmittelbar umgesetzt, die man in einer akuten Krise nicht erwarten würde und die für die Mitarbeiter und die Liquiditätssteuerung ein zusätzlicher Kraftakt waren, ohne den das Unternehmen nicht überlebt hätte. Der Betriebsrat erwies sich in dieser Phase im Übrigen als pragmatischer Helfer, wie es im Mittelstand häufig der Fall ist.

Dieses dramatische Beispiel ist kein Einzelfall. Defizite in der operativen Organisation und Führung werden in guten Zeiten mit Geld geheilt, statt sie engagiert anzugehen. In der Krise fehlen dann die Zeit und die Ressourcen, um diese „Sümpfe noch schnell genug auszutrocknen".

Die Abbildungen 56 bis 59 zeigen zusammenfassend typische Ansatzpunkte aus Projekten zur Liquiditätssicherung sowie einige Kennzahlen als Faustregeln und Orientierungshilfen.

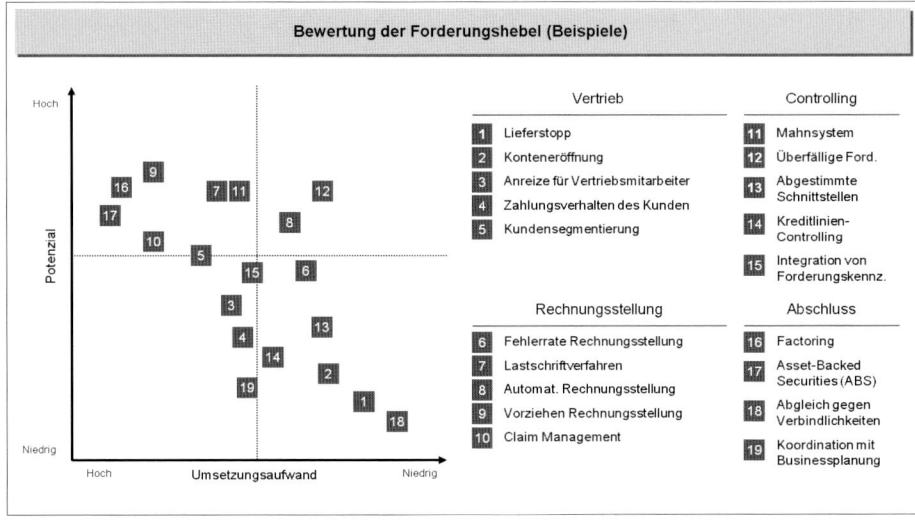

Abbildung 56: Bewertung der Forderungshebel (Beispiele)

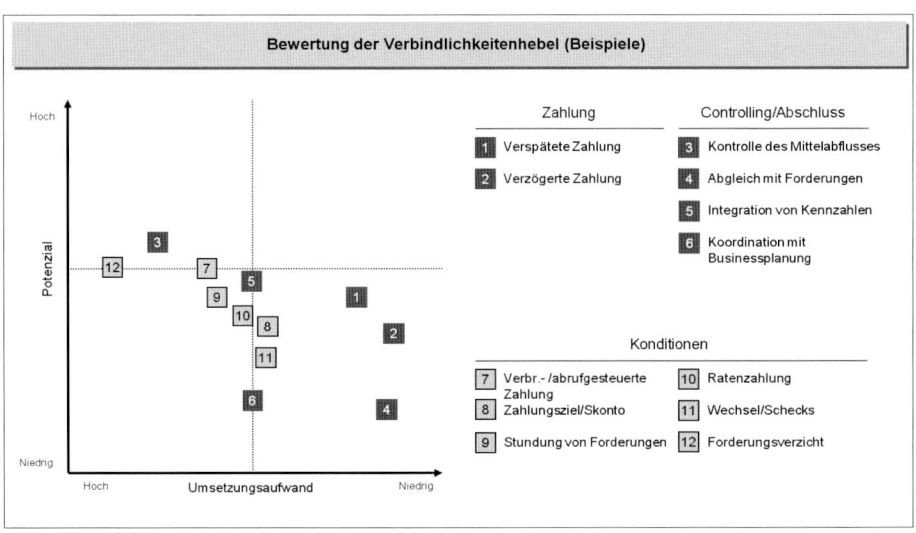

Abbildung 57: Bewertung der Verbindlichkeitenhebel (Beispiele)

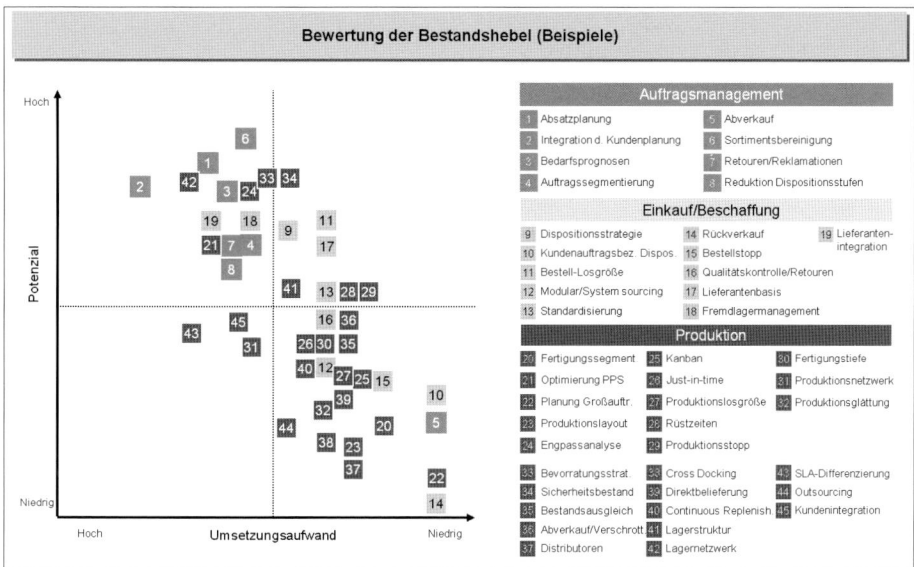

Abbildung 58: Bewertung der Bestandshebel (Beispiele)

Basiskennzahlen des Working Capital Management (Beispiele)

Kennzahlen	Formel	Betriebsart	Faustregeln		
			Gut	Mittel	Schlecht
Working Capital-Ratio (%)	$\dfrac{\text{Working Capital} \times 100}{\text{Kurzfristiges Umlaufvermögen}}$	Industrie Gewerbe Großhandel Einzelhandel	> 40	10 - 40	< 10
Debitorenziel [Tage]	$\dfrac{\text{Kundenforderungen} \times 365}{\text{Umsatz}}$	Industrie Gewerbe Großhandel Einzelhandel	< 30 < 30 < 20 < 5	30 - 80 30 - 80 20 - 80 05 - 25	> 80 > 80 > 80 > 25
Kreditorenziel [Tage]	$\dfrac{\text{Lieferantenverbindlichkeiten} \times 365}{\text{Waren-/Materialeinsatz} + \text{Fremdleistung}}$	Industrie Gewerbe Großhandel Einzelhandel	< 40 < 40 < 30 < 20	40 - 100 40 - 100 30 - 90 20 - 60	> 100 > 100 > 90 > 60
Lagerdauer [Tage]	$\dfrac{\text{Vorräte} \times 365}{\text{Waren-/Materialeinsatz}}$	Industrie Gewerbe Großhandel Einzelhandel	< 120 < 50 < 50 < 100	120 - 180 50 - 100 50 - 100 100 - 150	> 180 > 100 > 100 > 150

Anmerkung: Kreditorenziel ist „gut" im Hinblick auf Skonto-Nutzung (Ergebnisoptimierung). In Krisenfällen sind kurzfristige Kreditorenziele liquiditätsbelastend und liegen deshalb eher im mittleren Bereich (Bei überfälligen Kreditoren sind Insolvenzkriterien zu beachten!).

Abbildung 59: Basiskennzahlen des Working Capital Management (Beispiele)

Aufgrund der besonders hohen Bedeutung dieser Maßnahmen zur Liquiditätssicherung in der Down Phase von Krisenunternehmen zeigen im Folgenden noch die Abbildungen 60 bis 62 aus einem Projekt im Versandhandel die grundsätzliche Vorgehensweise zur schnellstmöglichen Findung und Umsetzung von Optimierungsideen. In moderierten Workshops listen die Fachexperten des Unternehmens – z.B. Controller, Produktmanager, Disponenten – aufgrund ihrer Erfahrungen bekannte Problemzonen auf, entwickeln umgehend Lösungsideen, die mit einfachen Mitteln und Schätzungen priorisiert werden. Die Umsetzung und Erfolgskontrolle der Top-Ideen erfolgt mittels der klassischen Instrumente des Projektmanagement.

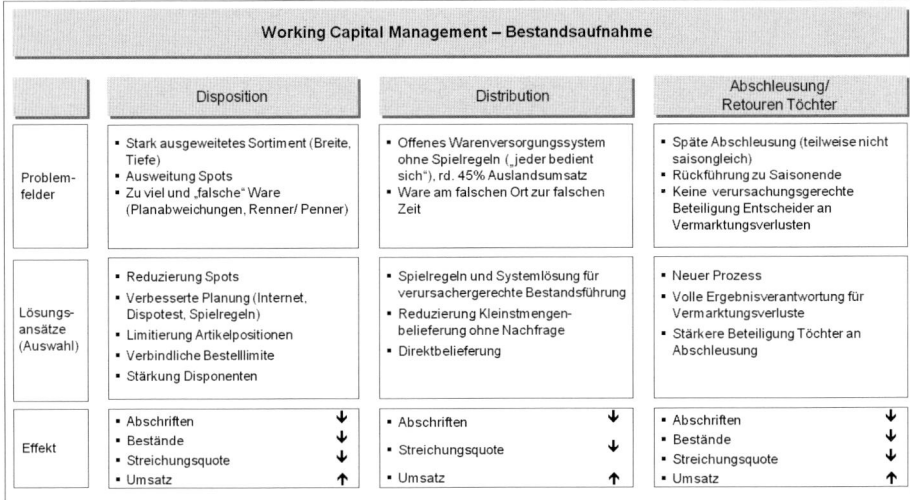

Abbildung 60: Problemzonen des Working Capital Management

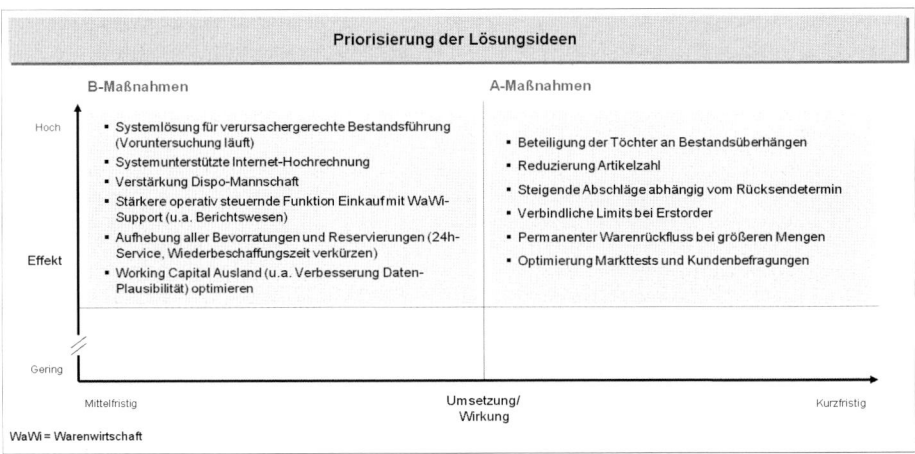

Abbildung 61: Cluster von Maßnahmen nach zeitlicher Wirkung und Effekten (Beispiel)

Umsetzungsplan – Limitsteuerung Erstorder									

Projekt:
Verbesserung
Bestandsbewirtschaftung Textil

Maßnahmenpaket: Limitsteuerung

Ziel:
Bestandsreduzierung,
Erhöhung Frequenz
(gemäß Prämissen Businessplan)

Messgrößen:
Lagerumschlag, Ø Bestand,
Nachsende-, Streichungsquoten
(gemäß Prämissen Businessplan)

Maßnahmen 2008	Januar	Februar	März	April	Mai	Juni	Q III	Q IV	Verantwortlich
1. Benchmarking									Müller
2. Effekte (Messgrößen) planen, Ziele vorgeben									Horstmann
3. Verbindliche Vorgaben für die Disposition		𝄢							Koschei
4. Verbindliche Vorgaben für das Produktmanagement									Dr. Simon
5. Technischer Support (IT)									
a) Konzept erarbeiten									Dr. Robeck
b) Lösung „Schnellschuss"									Dr. Bruns
6. Effekte messen						fortlaufend			Pohl
7. Nachsteuern									Kaefer

Abbildung 62: Umsetzungsplanung und -controlling (Beispiel Versandhandel)

Die operative Steuerung des Working Capital ist anspruchsvoll und konfliktträchtig. Es geht um den kurzfristigen Ausgleich von Zahlungseingängen aus Kundenumsätzen mit Zahlungsausgängen an Lieferanten und dem Balancing der Inanspruchnahme der verfügbaren Kreditlinien der Banken, wie auch schon oben bei der Diskussion von Maßnahmen der Außenfinanzierung angedeutet wurde. Diese Geschäftspartner kommunizieren zwar meist im Tagesgeschäft nicht direkt miteinander, aber grundsätzlich möchten sie in der Krise die eigenen Belastungen lieber dem anderen oder dem Unternehmen aufbürden. Banken und Lieferanten konkurrieren zudem um knappe Sicherheiten. Insgesamt ein durchaus verständliches Verhalten, das meist maßgeblich auf den Vertrauensverlust gegenüber dem Unternehmen zurückzuführen ist. Dieses hat Mühe, seine Reputation kurzfristig zu verbessen, denn nicht ungewöhnlich ist in diesen Fällen ein nur unzureichend organisierter und qualifizierter kaufmännischer Bereich, in dem eventuell auch die Orientierung des kaufmännischen Verhaltens an den Prinzipien ordnungsmäßiger Buchführung und den Grundsätzen ehrbarer Kaufleute mehr oder weniger gelitten hat. Es gibt dann für den CFO und das gesamte Management einiges zu tun, insbesondere auch zur Sicherung der verfügbaren Liquidität aus eigener Kraft. Typische Sofortmaßnahmen zur besseren Steuerung des Working Capital Management wurden oben angesprochen. Zusätzlich sind bestimmte operative Kernprozesse schnell „in den Griff zu bekommen".

Kernprozesse des operativen Liquiditätsmanagements

In aller Regel spielt sich der Ausgleichsprozess der ein- und ausgehenden Zahlungsströme unternehmensintern zwischen Finanzmanagement, Verkaufs-, Einkaufs- und Materialmanagement ab. In Zeiten knapper Liquidität oft konfliktgeladen, z.B. durch Diskussionen zum Thema Kreditlimit, Mahnwesen und Inkasso sowie Auftragsqualität und Vorratssteuerung. Das Unternehmen tut gut daran, seinen maßgeblichen Mitarbeitern den Ernst der Lage klar zu machen und diese Prozesse intern regelmäßig zu überwachen und professionell zu steuern. Die Überziehung der Kreditlinien zur Vermeidung von Konfliktgesprächen mit Kunden, Dienstleistern und Lieferanten scheidet als Option in der Krise nahezu aus bzw. steht faktisch nicht zur Verfügung, da Auszahlungen über bestehende Kreditlimite von den Banken in aller Regel nicht ausgeführt werden und das Risiko eines (weiteren) Vertrauensverlustes zu groß ist.

Wichtig für das Tagesgeschäft ist deshalb zunächst einmal die Beherrschung der Kommunikation und Prozesse an den Schnittstellen des Unternehmens zu seinen externen Geschäftspartnern. Den Finanzpartnern sollte und wird ein Krisenunternehmen allein schon aufgrund der vertraglichen Berichtspflichten eine relativ hohe Transparenz über seine Lage gewähren. Typisches und nur im Einzelfall angemessen zu bewertendes Verhalten gegenüber sonstigen Geschäftspartnern ist, dass entsprechend einer A-, B-, C-Analyse den A-Geschäftspartnern (Lieferanten, Dienstleister und Kunden) eher hohe Transparenz und den B- sowie C-Geschäftspartnern soweit zulässig und möglich weniger Transparenz über die tatsächliche Lage des Krisenunternehmens geboten wird:

– Bei Kunden ist zu befürchten, dass sie sich Wettbewerbern zuwenden, weil sie den Eindruck gewinnen, ihr Lieferant habe keine Zukunft mehr. Diese Verunsicherung von Kunden (Ersatzteilversorgung, Wartung, Gewährleistung etc.) wird von operativen Verkäufern des Wettbewerbs gerne geschürt und Schweigen bzw. übertrieben zur Schau getragener Optimismus des Krisenunternehmens ist dann eher kontraproduktiv – in beiden Fällen geht Glaubwürdigkeit verloren. Durchaus positive, aber vor allem korrekte Kundenkommunikation ist deshalb eine wichtige Aufgabe der Verkaufsmitarbeiter im Außen- und Innendienst des Krisenunternehmens mit dem primären Ziel, das Vertrauen zu erhalten. Gerade in der Krise ist darauf zu achten, dass Verkäufer auch unangenehmen Gesprächen mit Kunden nicht aus dem Weg gehen, und man sollte sie dementsprechend vorbereiten und informieren. Auch geht es in den Gesprächen natürlich darum, Forderungsausfälle und Außenstände möglichst niedrig zu halten. Im Konjunkturtief bzw. bei grundsätzlich unzuverlässigem Zahlungsverhalten von

Kunden ist es wesentlich, sich im Ringen um anstehende Zahlungen des Kunden günstig gegenüber anderen Gläubigern zu positionieren. Gelegentlich kann man in Gesprächen auch zeitlich vorgelagerte (Teil-)Zahlungen bzw. in Ausnahmefällen sogar Preiserhöhungen von Kunden erreichen, die bereit sind, ihren Lieferanten in der Krise in vertretbarem Umfang zu unterstützen. In jedem Fall sollte der Verkauf seine Kreativität bei einem guten Verhältnis zu Kunden auch auf die Zahlungsmodalitäten ausdehnen; beispielsweise ist es bei Großkunden der Druckindustrie möglich, diese zum Kauf und der Bereitstellung des Papiers zu bewegen, was zu einer erheblichen Liquiditätsentlastung des jeweiligen Druckers führt.

– Lieferanten und Dienstleister des Krisenunternehmens sind in der Regel an einer Fortführung der Geschäftsbeziehung interessiert, haben aber gleichzeitig ein hohes Potenzial, durch Lieferstopps und Forderungen nach Vorauszahlung etc., ihre materiellen Interessen durchzusetzen. Es ist wichtige Funktion im Tagesgeschäft des Einkaufs des Krisenunternehmens, die Kommunikation und Prozesse an dieser kritischen Schnittstelle zu steuern und auch dort die Vertrauensbasis zu erhalten. In aller Regel geht es in der akuten Krise nicht mehr um Preissenkungen, sondern um die Vermeidung von Liefersperren und Vorkasse sowie um Stillhaltevereinbarungen bzw. noch mögliche Verlängerungen der Zahlungsfristen. Geschickte Einkäufer werden in Abstimmung mit der Produktionsplanung versuchen, insbesondere mit bedeutenden Lieferanten ein Zahlungsmoratorium zu erreichen, beispielsweise derart, dass überfällige Altforderungen der Lieferanten für eine bestimmte Zeit eingefroren oder in kleinen Beträgen getilgt werden und nur neue Forderungen aus Lieferungen und Leistungen mit ausreichendem Zahlungsziel pünktlich gezahlt werden. Renitente kleinere Lieferanten werden eventuell vollständig und pünktlich ausgezahlt, um ein außergerichtliches bzw. gar amtsgerichtliches Mahnverfahren zu vermeiden, im Falle schwacher Lieferanten wird man gegebenenfalls einen Abschlag (Reklamation etc.) bei Rückzahlungen anstreben. Auf die besondere Bedeutung der Warenkreditversicherer wurde bereits eingegangen. In Krisenfällen werden Lieferanten grundsätzlich nicht oder nur in besonderen Ausnahmefällen bereit sein, ihrem Kunden über das versicherte Limit hinaus Außenstände zu erlauben, denn sie riskieren zumindest den teilweisen Verlust des Versicherungsschutzes und eventuelle Prämienerhöhungen. Da die Warenkreditversicherer nicht nur von Lieferanten beauftragt sind, sondern auf der Absatzseite oft auch durch das Krisenunternehmen selber, sollten der CFO oder seine Mitarbeiter im Tagesgeschäft den Kontakt auf der Arbeitsebene zu den Warenkreditversicherern gut pflegen. Auch in diesem Zusammenhang ist es für Krisenunternehmen klug, gerichtliche Mahnbescheide zu meiden und auf ihre Bonitätsindizes bei Auskunfteien zu achten – beispielsweise sollte in der Skala der Creditreform ein Index unter 300 Punkte, besser 250 Punkte gehalten werden. Bei Hoppenstedt als weiteres Beispiel sollte das Rating unter 2,5 Punkten liegen.

Dieser Ausgleich an den Schnittstellen nach außen berührt die jeweiligen Fachbereiche und ist meist auch wesentlicher Teil des Tagesgeschäfts des CFO in Krisenfällen. Tendenziell ist es in der Krise vorteilhaft, gute Beziehungen auf der Arbeitsebene der Geschäftspartner zu pflegen und schwierige Themen möglichst dort zu klären bzw. dort die denkbaren Lösungswege zu sondieren, da mit einer Eskalation in der Hierarchie oft auch eine zunehmende Formalisierung des weiteren Vorgehens zum Nachteil des Krisenunternehmens verbunden ist.

Intern hat der CFO in der Krise die besonders gewichtigen Zahlungsströme aufmerksam zu steuern. Das sind unter anderem die Auszahlungen an die Arbeitnehmer, die meist ein beträchtliches Volumen ausmachen und Gegenstand von Teilverzichts- und Stundungsverhandlungen mit den Arbeitnehmervertretern sind. Besonders zu beachten sind in diesem Zusammenhang die Ansprüche der Sozialversicherungsträger („gnadenlose Gläubiger") und Finanzämter, wo Verstöße leicht haftungsrechtliche Folgen und Zwangsmaßnahmen bis hin zur Beantragung der Insolvenz auslösen können. Juristischer Rat und intensive Kommunikation mit diesen Stakeholdern sind besonders empfehlenswert.

Weitere gewichtige Aufgabe, die besonderer Aufmerksamkeit des CFO bedarf, ist die zeitnahe und transparente Steuerung der Intercompany-Zahlungsströme im Konzern, denn kein externer Gläubiger wird hinnehmen, dass durch derartige Transaktionen über Gesellschafts- und Landesgrenzen hinweg etc. Mittel in „schwarze Löcher" abfließen, die seine Position als Gläubiger mit berechtigten Ansprüchen schwächen könnten. Insbesondere Banken werden während und nach den Verhandlungen besonders kritisch auf die angemessene Belastung aller Partner, die Einhaltung der Covenants, das Zahlungsverhalten, die Liquiditätskennziffern sowie außerdem die Kontobewegungen und Vermögenstransfers des Krisenunternehmens achten. Soweit transparent, erfolgt dies mit kritischem Blick auch an der Schnittstelle des Unternehmens zur Privatsphäre des Unternehmers bzw. ihm nahestehenden Personen und Gesellschaften. Diese Themen sollten Unternehmer und Manager von Krisenunternehmen im Sinne einer vertrauensvollen Zusammenarbeit mit großer Sorgfalt berücksichtigen – man denke beispielsweise an mögliche Überlegungen im Umgang mit frei verfügbarer Liquidität auf Konten im Ausland sowie Vergütungen in ausländischen Beteiligungsgesellschaften oder man denke in der Vermögenssphäre an die Anmeldung neu geschaffener Patente

(Thema geistiges Eigentum des Erfinders, künftige Erlösansprüche), die mit Mitteln des Unternehmens während der Krisenphase erarbeitet wurden.

Als letzter Punkt zur Sicherung der Liquidität ist noch auf die Organisation des Finanzmanagements hinzuweisen. Sofern nicht bereits vor der Krise geschehen, ist eine schlagkräftige Finanzwirtschaft im Gesamtunternehmen einzuführen und insbesondere, soweit durchsetzbar und juristisch zulässig, ein Cash Pooling (Thema Zero Balancing oder Interest Enhancement). In einem mehrstufigen, multinational verzweigten Unternehmen mit Tochtergesellschaften und Minderheitsgesellschaftern ist das ein sehr anspruchsvolles Unterfangen, denn grundsätzlich beinhaltet das:

- Es ist ein unternehmensinterner Finanzmarkt zu etablieren. Das umfasst die Regelung der Kompetenzen (Unterschriftsvollmachten etc.) und Durchsetzung verbindlicher Prinzipien der Finanzierung über Darlehen, Lieferantenkredite, Verrechnungskonten, Ausschüttungen und Einlagen, Bürgschaften etc. im Innenverhältnis – zwischen Mutter- und Tochtergesellschaften – sowie nach außen gegenüber Dritten.

- Durchgängige Tools, meist unterstützt durch geeignete Software, sind zur Schaffung von Transparenz für Finanzentscheidungen zu etablieren. Ergebnis- und Cash-Vernichter, Rating-Treiber, Währungsrisiken sowie Mittelüberschüsse und Mittelbedarfe sind regelmäßig und zeitnah zu identifizieren, zu überwachen und mit Maßnahmen anzugehen. Dafür ist ein Bereichs- und Beteiligungscontrolling aufzubauen und mit Kompetenzen zu versehen. Ein besonders wichtiges Ergebnis ist unter anderem die regelmäßige Darstellung der Geschäftsentwicklung und des Liquiditätsstatus, gestützt auf die zeitnahe und rollierende Finanzplanung/-disposition. Die Abbildungen 63 bis 65 zeigen dazu ein einfaches Beispiel aus einem Unternehmen am Rande der Insolvenz, in dem in kurzer Zeit eine tagesaktuelle Transparenz aufzubauen war.

- Der Durchgriff bei Finanzentscheidungen ist abzusichern. Dies reicht von der Regelung eindeutiger Kompetenzen über die zentrale versus dezentrale Strukturierung und Führung des Controlling und Finanzmanagements im Unternehmen bis hin zur Klärung der Präsenz in Aufsichtsorganen und Besetzung von Schlüsselpositionen mit loyalen Managern und Mitarbeitern – im multinationalen Konzern typischerweise Expatriates der Konzernmutter.

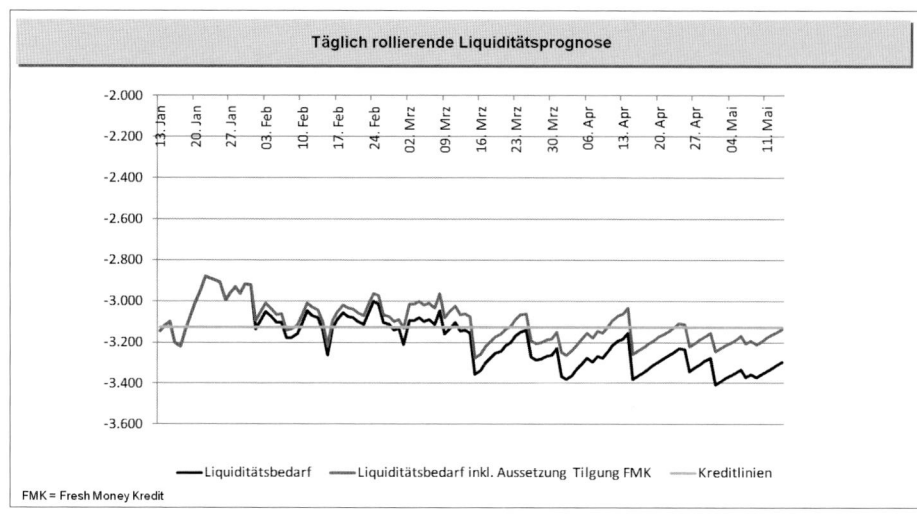

Abbildung 63: Täglich rollierende Liquiditätsprognose (Beispiel)

Bank	Naspa	KK WW	Postbank	Voba WW	Coba	Dt. Bank	Summen
Täglicher Finanzstatus							
Kreditlinie	750,0	675,0	0,0	200,0	0,0	0,0	1.625,0
Saldo letzter Auszug	-732,5	-533,4	0,6	-198,4	0,1	0,1	-1.463,5
Eingänge unterwegs	8,9	0,0	0,0	0,0	0,0	0,0	8,9
Ausgänge unterwegs	-135,7	-191,4	0,0	-2,4	0,0	0,0	-329,5
Wechsel zum Diskont	0,0	0,0	0,0	0,0	0,0	0,0	0,0
Fällige Wechsel (10 Tage)	0,0	0,0	0,0	0,0	0,0	0,0	0,0
Bereinigter Saldo	-859,3	-724,8	0,6	-200,8	0,1	0,1	-1.784,1
ZA noch im Hause	0,0	0,0	0,0	0,0	0,0	0,0	0,0
Online-Eingänge	39,8	53,9	0,0	2,8	0,0	0,0	96,5
Bereinigter Saldo	-819,5	-670,9	0,6	-198,0	0,1	0,1	-1.687,6
Freie Kreditlinie	-69,5	4,1	0,6	2,0	0,1	0,1	-62,6

Abbildung 64: Täglicher Finanzstatus (Beispiel)

In Krisenfällen befinden sich Working Capital Management, Cash Management, Controlling und Finanzorganisation oft genug in einer schwachen bzw. sogar desolaten Verfassung. In der Praxis wird die Umsetzung der skizzierten Punkte häufig auch von der Verhandlungsmacht und den Schutzrechten einzelner Partner – lokaler Banken (Covenants, Ring Fencing) und Gesellschafter (Minderheitenschutz, Satzung) von Tochtergesellschaften – überlagert, die dann gegebenenfalls zu Modifikationen des generell angestrebten Grundmodells führen können. Gerade beim Cash Pooling sind besondere juristische Gestaltungszwänge peinlich zu beachten. Generell geht es beispielsweise um Themen wie dem Fremdvergleichsgrundsatz

Tägliche Geschäftskennzahlen

	KW 1							KW 5	
	02.01.	03.01.	04.01.	05.01.	06.01.	09.01.		30.01.	31.01.
	T€	T€	T€	T€	T€	T€		T€	T€
Auftragseingang	19	5	24	11	14	21		114	68
Auftragsbestand	6.293	6.252	6.294	6.310	6245	6.199		5.770	5.714
./. Status Abschlagsrg.	-2.595	-2.615	-2.615	-2.615	-2.615	-2.597		-2.442	-2.440
Echter Auftragsbestand	3.698	3.636	3.679	3.694	3.630	3.601		3327	3275
Umsatz	0	0	0	1	12	37		138	270
Gesamtumsatz 2012	0	0	0	1	13	50		1.048	1.318
Kreditoren	2.312	2.352	2.339	2.360	2.319	2.388		2.238	2.223
Lieferantenwechsel	0	0	0	0	0	0		0	0
Debitoren	3.072	3.051	3.031	3.006	2.989	3.008		2.928	2.740
Differenz Deb./Kred.	761	699	692	646	670	621		689	517
Zahlungseingang	81	106	0	29	26	42		61	61
Zahlungsausgang	91	69	36	167	82	133		71	52
Linie	1.625	1.625	1.625	1.625	1.625	1.625		1.625	1.625
Bankenstand	-1.486	-1.499	-1491	-1480	-1.460	-1.544		-1.625	-1.614
Freie Linie	139	126	134	145	165	81		0	11
Debitoren mit Umsatz	4.265	4.276	4.280	4.282	4.291	4.302		4.343	4.322
Year-To-Date AE Vergleich 12	16	19	42	51	62	79		1.084	1.135
Year-To-Date AE Vergleich 11	27	47	82	101	117	177		1.101	1.119
Year-To-Date AE Diff. 12 zu 11	-11	-28	-40	-50	-55	-98		-17	16
Analyse Auftragseingang letzte 365 Tage									
Objektg.	13.644	13.644	13.664	13.662	13.660	13.681		13.930	13.794
Service	4.107	4.085	4.100	4.085	4.067	4.077		4.060	4.069
Wartung	512	512	509	510	509	511		508	511
Gesamt	18.262	18.241	18.272	18.256	18.236	18.269		18.498	18.374
Analyse Angebote letzte 365 Tage									
Objektg.	84.827	84.486	84.358	84.407	84.173	84.928		83.667	83.602
Service	7.083	7.053	7.053	7.034	7.007	7.034		7.030	7.031
Wartung	291	291	290	292	291	292		297	296
Gesamt	92.201	91.830	91.701	91.733	91.470	92.253		90.994	90.928
*Auftragseingang:									
worst case									
normal case									
best case									

Abbildung 65: Tägliche Geschäftskennzahlen (Beispiel)

(Arms-length-Prinzip) bei Transfers im Konzern, Devisentransferbestimmungen – „trapped cash" beispielsweise infolge nicht frei konvertierbarer Währungen – Kapitalerhaltung und Haftungsdurchgriff in der Krise. Unter insolvenzrechtlichen Gesichtspunkten ist das Aushöhlen von Substanz in lokalen Gesellschaften zu verhindern und unter gesellschafts- bzw. steuerrechtlichen Gesichtspunkten ist die verursachungsgerechte Zurechnung von Ergebnissen das Kernthema. Dennoch aber sind hier zügig transparente Strukturen und Informationsgrundlagen zu schaffen, meist unterstützt durch spezialisierte externe Berater und Anwälte. Intern sind dies oft schwierige und konfliktträchtige Verhandlungsprozesse.

Cash Pooling zwischen verbundenen Unternehmen ist in der insolvenznahen Krise für die verantwortlichen Manager ein besonders heikles Thema. Man erinnere sich nur an das spektakuläre Beispiel der Bremer Vulkan AG, eine der ehemals bedeutenden europäischen Werften, die Mitte der 90er Jahre Konkurs anmelden musste und deren Vorstand teilweise in Strafverfahren mit dem Vorwurf konfrontiert war, er hätte über das Cash Pooling in signifikantem Umfang Fördermittel für die Ostseewerfen an die westdeutschen Werften zweckentfremdend umgeleitet. Auch die Prüfer standen damals in der Kritik. In der Krise haben Manager von Mutter- und Tochtergesellschaften sowie auch sonstigen Beteiligungen unter Haftungsgesichtspunkten die noch zulässigen Möglichkeiten des Cash Pooling sehr sorgfältig mit Fachanwälten zu prüfen.

Banken bieten ein Cash Pooling als Dienstleistung – soweit es um Liquiditätstransfers und natürlich nicht um Gewinntransfers geht – für Unternehmen mit tadelloser Bonität an. Deshalb ist auch für sie dieses Thema kritisch und sie werden angesichts der juristischen Risiken kaum bereit sein, ein Cash Pooling für ein Unternehmen in der akuten Krise neu einzurichten bzw. sie werden mit Blick auf die Haftungssituation prüfen, sofern möglich auch ein mit ihrer Unterstützung bestehendes Cash Pooling in kritischen Fällen aufzuheben. Letzteres kann erhebliche Konsequenzen für die Liquiditätssteuerung in verbundenen Unternehmen haben und ist in Sanierungskonzepten zu berücksichtigen. Das Management und die Gesellschafter dieses Unternehmens müssen akzeptieren, dass bestimmte Aktionen zur Gefahr für andere Teilnehmer des Wirtschaftslebens werden können, die sich als sorgfältige Kaufleute darauf einstellen müssen. In manchen Krisenfällen ist allein schon die Schaffung von Transparenz über die Liquiditätssituation im Gesamtunternehmen, in den Tochtergesellschaften sowie über die tatsächlichen Verfügbarkeiten und erwarteten Liquiditätsbedarfe ein erheblicher Fortschritt, der im lokalen Management und bei Gesellschaftern – zum Beispiel Minderheitsgesellschafter von Auslandstöchtern – nicht immer auf positive Resonanz stößt und stringent durchzusetzen ist.

Den Verhandlungsführern des Unternehmens muss klar sein, dass nur infolge der akut drohenden Insolvenz Bewegung in das etablierte Gefüge aus Lieferanten, Finanzierungspartnern, Kunden, Arbeitnehmervertretern und den Gesellschaftern kommen wird. Unter diesem Damoklesschwert stehen alle Verhandlungen zur Finanzierung – egal ob Außen- oder Innenfinanzierung – in der Down Phase des

Krisenunternehmens. Mit der Entspannung der Lage wird sich auch wieder die Verhandlungsbereitschaft reduzieren und was nicht verbindlich vereinbart ist, gilt dann auch meist nicht mehr. So hart es klingt, es geht um die letzte Chance und „entweder jetzt oder nie". Die übrigen Verhandlungspartner wissen dies im Übrigen auch, Zaghaftigkeit und Zögern werden später sehr wahrscheinlich abgestraft. Faktische Macht bestimmt deshalb diese Prozesse maßgeblich.

2.2.2.2 Kundenmanagement in der Down Phase

Eine der Kernaussagen der Verfasser ist, dass nach ihrer Erfahrung die Mehrheit der Krisenfälle im Mittelstand am Markt Probleme hat oder im fortgeschrittenen Stadium schlicht am Markt versagt. Liquiditäts- und Kostenprobleme sind natürlich auch bedeutsam, aber oft genug Folge der Schwäche des einstmals erfolgreichen und jetzt überholten bzw. nicht mehr marktkonformen Geschäftsmodells. Infolgedessen werden hier gemäß der Bedeutung für die nachhaltige Restrukturierung zuerst die Ansätze zum Thema Kundenmanagement in der Krise behandelt und dann erst die Kostenreduktionen. Letztere sind für erfahrene Krisenmanager ohnehin Routine.

Um es auf den Punkt zu bringen, für Unternehmen ohne sichtbare Marktchance gibt es kein tragfähiges Sanierungskonzept und damit bei rationalem Verhalten auch kein Ergebnis aus den oben skizzierten Verhandlungen zur Außenfinanzierung. Solche Unternehmen sind abzuwickeln, in welcher Form auch immer. Die Themen Kunden- und Kostenmanagement erübrigen sich dann. Es mag natürlich sein, dass man bestimmte Teile von Krisenunternehmen aus anderen Gründen noch eine Zeitlang über Wasser hält, z.B. weil ein strategischer Investor verbindliches Interesse zeigt oder man Chancen für diese Teile in einem Insolvenzplanverfahren bzw. einer übertragenden Sanierung sieht, aber das sind dann eher Übergangsszenarien („Plan B") zur Schadensbegrenzung und keine nachhaltigen Rettungsversuche mehr für das gesamte Gebilde.

Kundenmanagement macht Sinn, wenn das Unternehmen oder die zur Rettung identifizierten Teilbereiche am Markt eine Chance haben. Dann kommt diesen Ansätzen in der Unternehmenskrise eine sehr hohe Bedeutung zu. Im Wesentlichen haben sie zwei Stoßrichtungen:

- In erster Linie geht es darum, den Niedergang in den für das Unternehmen überlebenswichtigen Segmenten zu stoppen. Umsätze und Margen sind zu stabilisieren, verunsicherte Kunden sind weiter an das Unternehmen zu binden, ein dramatischer Einbruch ist aufzufangen bzw. zu verhindern, die eigene verunsichere Verkaufsmannschaft ist zu stabilisieren. Das ist in der Praxis die Hauptaufgabe auf der Umsatzseite in Krisenunternehmen und, aufgrund der Beunruhigung des relevanten Umfeldes, eine bedeutende Herausforderung für das Krisenmanagement.

– Zweite Stoßrichtung ist die Nutzung von Wachstumsoptionen gemäß dem bekannten „Ansoff-Schema". Es geht darum, mit bestehenden Produkten die gegebenen Märkte besser zu durchdringen bzw. sich neue regionale Märkte zu erschließen. Weiter geht es darum, das Programm mit neuen Produkten in bestehenden Märkten zu erweitern bzw. sogar mit neuen Produkten in neue Märkte zu diversifizieren. Natürlich ist es ideal, wenn es gelingt, die Umsätze mit auskömmlichen Margen kurzfristig wieder zu steigern, aber leider ist das oft nicht die Realität, sondern die Grundlage unglaubwürdiger „Hockeystick-Planungen", die jede Reputation der verantwortlichen Manager zerstören. Das Krisenunternehmen hat in aller Regel nicht die organisatorische Kraft, Ressourcen und Liquidität, um in der akuten Krise auf der Umsatzseite noch mehr zu bewältigen als die erwähnte Stabilisierung und verbesserte Marktdurchdringung durch eine professionelle Vertriebssteuerung sowie gegebenenfalls noch sinnvolle Kooperationen in den Vertriebskanälen bzw. Kooperationen zur Ergänzung des Leistungsprogramms. Allein das ist eine erhebliche Herausforderung für das Krisenmanagement, denn Mitarbeitermotivation, Vertriebssteuerung, Marketing bzw. Produktmanagement von Krisenunternehmen sind oft genug desolat.

Die Umsetzung dieser Ansätze stellt hohe Anforderungen an die Motivation und Führung des Verkaufsteams, das verunsichert und eventuell auch im Falle von bekannten Leistungsträgern von Wettbewerbern umworben ist. Inkompetenz des Marketing- und Vertriebsmanagements kann zudem eine wesentliche Krisenursache sein und personelle Konsequenzen erfordern. Hinzu kommt die Schwäche des Geschäftsmodells, oft begleitet von erkennbaren Nachteilen im Leistungsportfolio, wie z.B. unzureichende Differenzierungspotenziale aus fehlenden bzw. mangelhaften Innovationen und Qualitätsprobleme aufgrund unzureichender Fertigungseinrichtungen.

Zielgerichtetes Kundenmanagement bedeutet unter kurzfristigen Gesichtspunkten intensives Arbeiten mit der Marketing- und Verkaufsorganisation sowie die Beschäftigung mit dem Leistungsprogramm des Unternehmens. Das wiederum setzt ein strategisches Basismodell voraus, damit klar ist, welche Elemente künftig forciert, welche modifiziert, welche aufgegeben werden usw. Diese Fragen wollen die Mitarbeiter in Marketing und Verkauf beantwortet haben, damit sie wissen, wie sie den Markt auch unter den erschwerten Bedingungen knapper Liquidität sowie der Unruhe im Unternehmen und bei Kunden angehen können. Deshalb erfolgte bereits weiter oben der Hinweis auf die Bedeutung der kritischen Auseinandersetzung mit dem Geschäftsmodell.

Abbildung 66 zeigt einige Basisfragen strategischer Analysen. Diese wurden in einem Krisenunternehmen einem interdisziplinär besetzten Team – Verkauf, Marketing, Controlling, Geschäftsführung – vorgegeben und in wenigen Workshops, ergänzt um zusätzliche Expertenmeinungen und Recherchen, kurzfristig bearbeitet. Ergebnis war eine solide Vorstellung des Ist-Zustandes und der anzustrebenden Ausprägung des künftigen Geschäftsmodells. Es beinhaltete noch offene Fragen, aber die Eckpunkte substanzieller Veränderungen waren ohne übermäßigen Aufwand schnell und deutlich genug umrissen, denn an welchen Stellen das Unternehmen versagte, war den qualifizierten Managern bei kritischer Einsicht ohnehin klar. Einfach „weiterwursteln wie bisher" war auch für sie keine Option.

Zentrale Fragen strategischer Analysen

Umfeldentwicklung
- Was ist unser Geschäftsumfeld, welches sind unsere Kunden und welches sind unsere Konkurrenten?
- Was sind die Chancen und die damit verbundenen Risiken bzw. die Anforderungen, die an uns gestellt werden?
- Was sind die strategischen Herausforderungen in den attraktiven Märkten?

Unternehmensanalyse
- Was ist das Geschäftsmodell und wie unterscheidet es sich zum Wettbewerb?
- Was sind die Vorteile und Fähigkeiten im Vergleich zum Wettbewerb und was macht die Einheit überlegen?

Strategie/strategische Stoßrichtungen
- Verfolgt die Strategie ein anspruchsvolles Ziel und zeigt sie überzeugend, wie sie besser ist als die Strategie der Wettbewerber?
- Steigert die Strategie des Bereiches nachhaltig und signifikant den Unternehmenswert?

Realitätsabgleich
- Steht die Strategie in einem ausgewogenen Verhältnis zur Struktur respektive zur Kultur und zu den Fähigkeiten?

Strategieumsetzung
- Sind die strategischen Maßnahmen terminiert, quantifiziert, begründet, zielführend und erfüllen sie die Zielvorgaben?
- Sind die Wirkungen der Maßnahmen im Businessplan identifizierbar?

Abbildung 66: Zentrale Fragen strategischer Analysen

Die Kernpunkte zur Lagebeurteilung des Krisenunternehmens und ersten Orientierung zeigen beispielhaft nachstehende Abbildungen 67 bis 71. Da das Unternehmen offensichtlich am Absatzmarkt Einbußen erlitt, ging es primär um marktbezogene Analysen, wie etwa den Ist-Zustand des Leistungsportfolios, die Marktentwicklung und relative Bedeutung von Märkten und Kunden sowie deren Zukunftsperspektiven, die Position des Unternehmens im Wettbewerb und das wahrscheinliche Verhalten der relevanten Wettbewerber. Insgesamt klassische Themen der Strategieanalyse und -findung, auch wenn die möglichen Szenarien noch unter dem Diktat der knappen Ressourcen und dringenden Verlustbeseitigung standen.

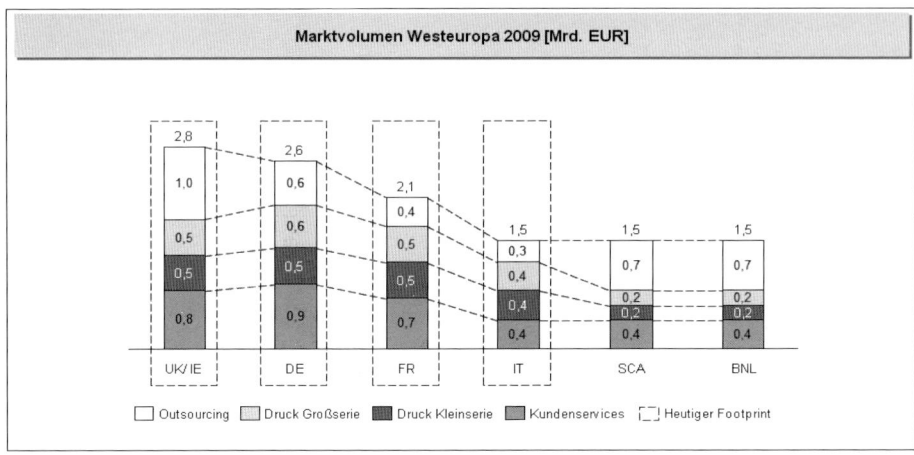

Abbildung 67: Marktvolumen Westeuropa 2009 [Mrd. EUR] (Beispiel)

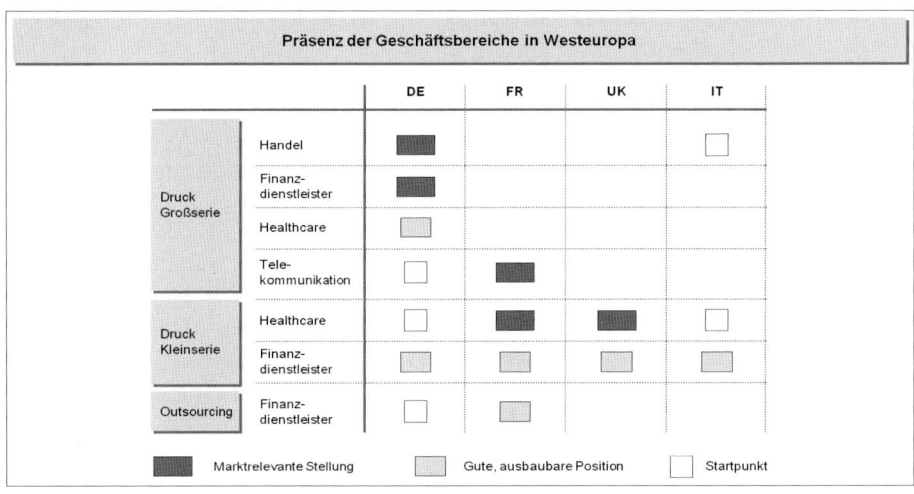

Abbildung 68: Präsenz der Geschäftsbereiche in Westeuropa (Beispiel)

Zunehmende Komplexität des Restrukturierungsmanagements

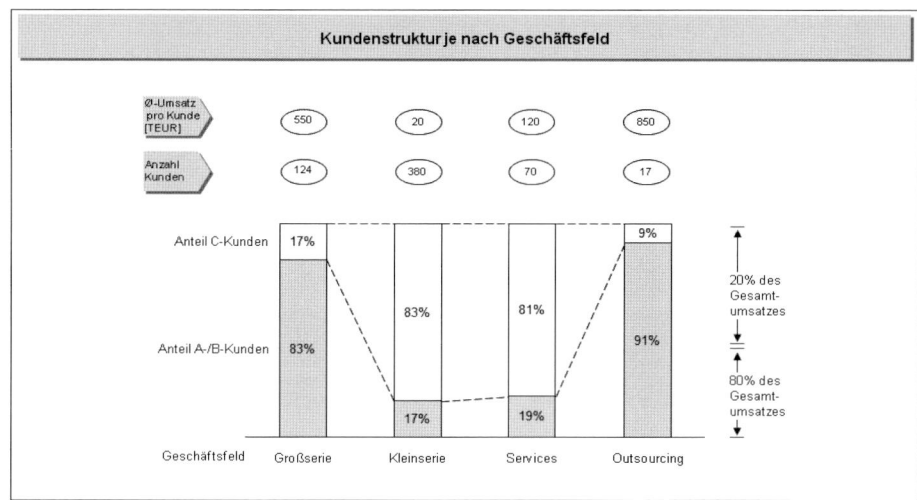

Abbildung 69: Kundenstruktur je nach Geschäftsfeld (Beispiel)

Attraktivität der Branchensegmente

	Branche	Strategie bis 2015	Attraktivität	Bemerkungen
Abnehmende Bedeutung	Financial Services	+++	◔	Attraktivität durch hohen Integrationsgrad und großes Volumen Zunehmende Bedeutung der Kundenbindung Globale Konzerne
	Healthcare	+++	◔	Großes Potenzial vor allem durch cross-selling sowie Konjunkturresistenz Kein ausgeprägter Kostendruck
	Handel	++	◑	Loyalty-Programme zunehmend wichtig, hoher Kostendruck Digitalisierung, e-Shopping-Plattformen reduzieren Attraktivität
	Telekommunikation	+	◑	Attraktivität durch Globalität und Loyalty-Programme

Strategie: Starker Ausbau Branche +++ „Bis" Halten der Branche ●   Attraktivität: sehr hoch ◔   gering ○

Abbildung 70: Attraktivität der Abnehmerbranchen bis 2015 (Beispiel)

Positionierung relevanter Wettbewerber

	Outsourcing	Services	Großserie	Kleinserie
Arvato	◕	◔	○	◕
Williams Lea	◕	◕	○	○
Xerox	◔	◕	○	○
Pitney Bowes	◔	◑	○	○
RR Donnelley	◔	◕	○	○

Relative Stärke: Niedrig ○ ○ ◔ ◕ ● Hoch

Abbildung 71: Positionierung relevanter Wettbewerber (Beispiel)

Ohne die kritische Auseinandersetzung mit dem Geschäftsmodell bleibt eine Restrukturierung aktionistisches operatives Stückwerk. Strategische Themen müssen in Sanierungskonzepte mit einem Horizont von drei Jahren zumindest als Stoßrichtungen und verabschiedete Budgetpositionen bzw. -szenarien einfließen, ansonsten fehlt die Finanzierung eines wesentlichen Teils der absehbaren Zukunft. Es ist üblich, dass für die Erstellung des Sanierungskonzeptes auch die Grobstrategie in den Eckpunkten geklärt und vereinbart wird und dann im Anschluss weiter detailliert wird, weil dafür in der Phase der unmittelbaren Abwendung der Insolvenz die Zeit fehlt. Sie ist beispielsweise wesentlich für die Beurteilung, ob das Krisenunternehmen langfristig noch „Stand alone lebensfähig" ist, und prägt damit das Restrukturierungskonzept – Desinvestition von Teilbereichen, Verkauf an einen Investor oder Fortführung als Familienunternehmen etc.

Typische Strategien in der Down Phase haben, entsprechend der Systematisierung der Abbildung 72, defensive Stoßrichtungen zur Konsolidierung des bestehenden Geschäftsmodells.

Beispiel dafür ist das „Gesundschrumpfen" durch Portfolio- und Sortimentsbereinigungen zur Konzentration auf das Kerngeschäft, durch die Reduktion von Komplexität und Eliminierung nachhaltiger Verlustgeschäfte. Das Unternehmen muss von belastendem Ballast befreit werden, so gut das angesichts knapper Liquidität – Kosten der Stilllegung, Steuereffekte etc. – und meist nahezu aufgezehrtem Eigenkapital – Buchverluste – möglich ist. Dennoch aber sollte die oben gezeigte grundlegende Recherche der Markt- und Wettbewerbssituation auch unter dem

Abbildung 72: Typische strategische Stoßrichtungen in Krisenfällen (Prinzipskizze)

Gesichtspunkt künftiger Wachstumsoptionen durchgeführt werden, denn reines Downsizing ist in der Mehrheit der Fälle kein nachhaltig erfolgreiches Konzept für Restrukturierungen.

Die auf die Marktanalyse aufbauende Auseinandersetzung mit möglichen Markt-chancen und strategische Herausforderungen – die folgenden Abbildungen 73–79 zeigen Beispiele – diente deshalb in dem erwähnten Krisenunternehmen dazu, den Blick auf die künftige strategische Ausrichtung zu lenken und letztlich wesent-liche Stoßrichtungen festzulegen, die dann auch in dem Sanierungskonzept abzu-bilden waren.

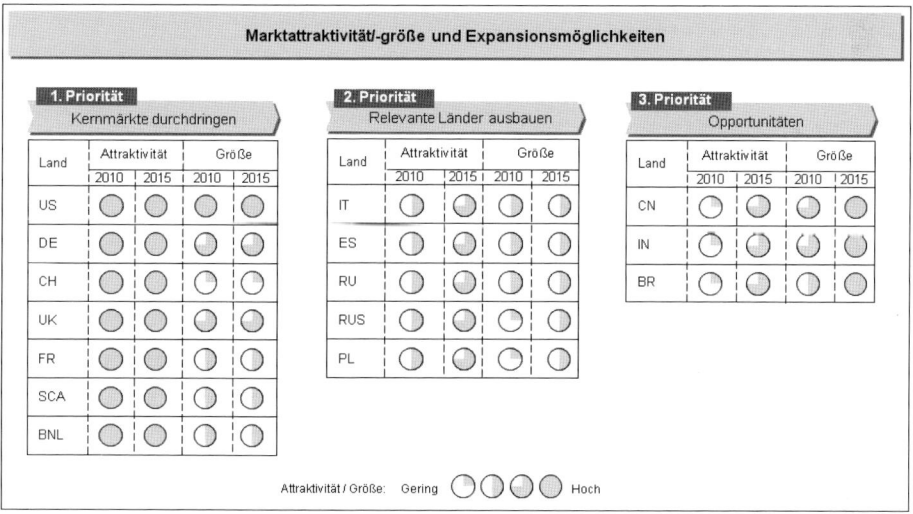

Abbildung 73: Prioritäten der Markterschließung (Beispiel)

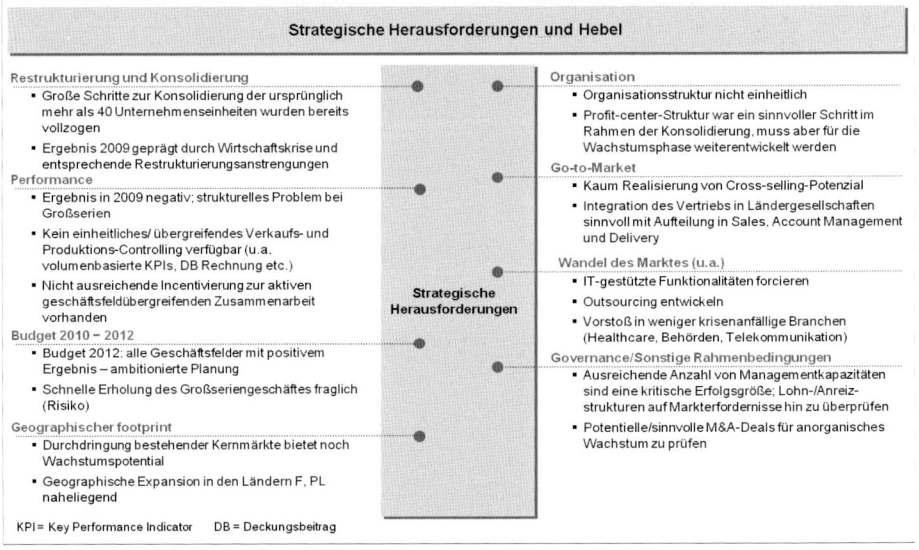

Chancen und Risiken je Geschäftsfeld

Geschäftsfeld	Chancen	Risiken
Outsourcing	• Unternehmenszukäufe und/oder Partnering zur Vervollständigung des Full-service-Angebots in allen Märkten • Cross-selling bei Bestandskunden • Technologische Entwicklung/Innovationen • Erhöhte Outsourcingbereitschaft dur~~~~ ~~~~ge Folge der Wirtschaf~~~~ • ~~~~der ~~~~ektivität der Werbung durch ~~individualisierung~~ – höhere „response rates" lenken vom Preiswettbewerb ab	• Wirtschaftskrise mit verschärften Wettbewerbs-bedingungen • Rechtliche Regulierung im ~~~~reich D~~~~ ~~~~nütz/ Verbrauch~~~~ ~~~~b~~~~ kt Direktmarketingaktivitäten ein • ~~~~räschinenhersteller und IT-Firmen investieren in BPO Bereich • Verstärkte Substitution von Printleistungen durch Online- und Mobile-Lösungen • Preisverfall bei Commodity Produkten – Margen und Überkapazitäten
Druck Kleinserie	• Weitere Kapazitätskonsolidierung in der Branche reduziert den Preisdruck • Durch gezielte Investitionen in neue Technologien kann der Preisdruck bei normaler Wirtschaftslage umgangen werden • Einstieg in neue Branchen/Produktlösungen	• Benötigte Flexibilität: erhöhte Anforderungen, da das Buchungsverhalten immer kurzfristiger wird und die Variantenvielfalt steigt • Erhöhter Kostendruck aufgrund von Wettbewerbern aus dem nahen Ausland mit günstigerer Kostenstruktur

BPO = Business Process Outsourcing

Abbildung 74: Chancen und Risiken je Geschäftsfeld (Beispiel)

Strategische Herausforderungen und Hebel

Restrukturierung und Konsolidierung
• Große Schritte zur Konsolidierung der ursprünglich mehr als 40 Unternehmenseinheiten wurden bereits vollzogen
• Ergebnis 2009 geprägt durch Wirtschaftskrise und entsprechende Restrukturierungsanstrengungen

Performance
• Ergebnis in 2009 negativ; strukturelles Problem bei Großserien
• Kein einheitliches/übergreifendes Verkaufs- und Produktions-Controlling verfügbar (u.a. volumenbasierte KPIs, DB Rechnung etc.)
• Nicht ausreichende Incentivierung zur aktiven geschäftsfeldübergreifenden Zusammenarbeit vorhanden

Budget 2010 – 2012
• Budget 2012: alle Geschäftsfelder mit positivem Ergebnis – ambitionierte Planung
• Schnelle Erholung des Großseriengeschäftes fraglich (Risiko)

Geographischer footprint
• Durchdringung bestehender Kernmärkte bietet noch Wachstumspotential
• Geographische Expansion in den Ländern F, PL naheliegend

Strategische Herausforderungen

Organisation
• Organisationsstruktur nicht einheitlich
• Profit-center-Struktur war ein sinnvoller Schritt im Rahmen der Konsolidierung, muss aber für die Wachstumsphase weiterentwickelt werden

Go-to-Market
• Kaum Realisierung von Cross-selling-Potenzial
• Integration des Vertriebs in Ländergesellschaften sinnvoll mit Aufteilung in Sales, Account Management und Delivery

Wandel des Marktes (u.a.)
• IT-gestützte Funktionalitäten forcieren
• Outsourcing entwickeln
• Vorstoß in weniger krisenanfällige Branchen (Healthcare, Behörden, Telekommunikation)

Governance/Sonstige Rahmenbedingungen
• Ausreichende Anzahl von Managementkapazitäten sind eine kritische Erfolgsgröße; Lohn-/Anreiz-strukturen auf Markterfordernisse hin zu überprüfen
• Potentielle/sinnvolle M&A-Deals für anorganisches Wachstum zu prüfen

KPI = Key Performance Indicator   DB = Deckungsbeitrag

Abbildung 75: Strategische Herausforderungen und Hebel (Beispiel)

Besonders wichtig ist die Synthese dieser Analysen nicht nur zu einem ange-strebten Leistungsportfolio, sondern auch zu einer fundierten Formulierung der Stoßrichtungen in der künftigen Marktbearbeitung, denn es geht nicht nur darum, das künftige Leistungsprogramm und eventuell notwendige Veränderungen zu de-finieren, sondern auch um die damit anzugehenden Märkte, Branchen und Ziel-kunden, wobei die Abbildung 78 verdeutlicht, dass es selbst in akuten Konjunktur-krisen Segmente gibt, die mehr oder weniger sensibel reagieren. Das sind wesentliche Informationen für das Marketing und die operative Vertriebssteue-rung.

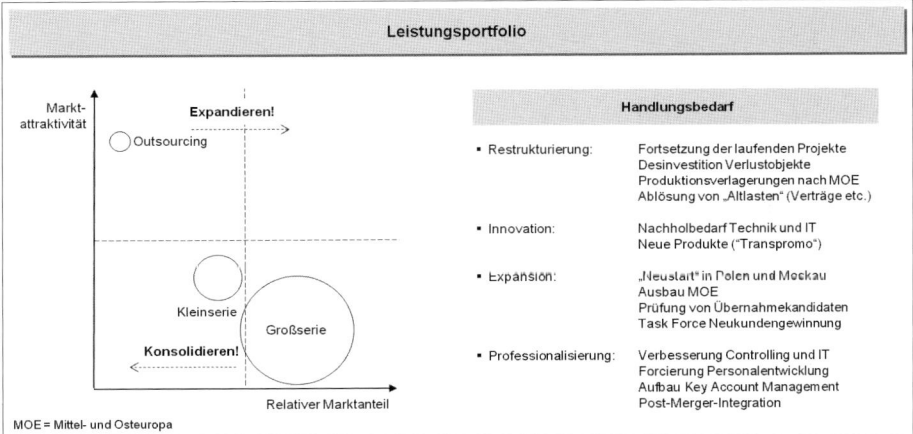

Abbildung 76: Leistungsportfolio (Beispiel)

Heutiges Leistungsportfolio	EBIT-Marge 2009	Rel. Unabhängigkeit Konjunktur	Markt-reife	Marktwachstum 2010 – 2020	Strategie bis 2020	Beschreibung Entwicklung Leistungsportfolio
Großserie	-9,7%	○	Hoch	0-2%	Wandel	Konsolidierung Kapazitäten
Kleinserie	4,6%	◉	Hoch	2-4%	Halten	Position halten, gezielte Internationalisierung Fokussierung auf Zielbranchen
Outsourcing	8,1%	◉	Hoch	8-10%	Strategischer Fokus	Kompensation der rückläufigen Strukturen, Expansion durch BPO

Überblick strategische Stoßrichtung pro Geschäftsfeld

○ Sehr hoch ○ Tief/gering

BPO = Business Process Outsourcing

Abbildung 77: Überblick strategische Stoßrichtung pro Geschäftsfeld (Beispiel)

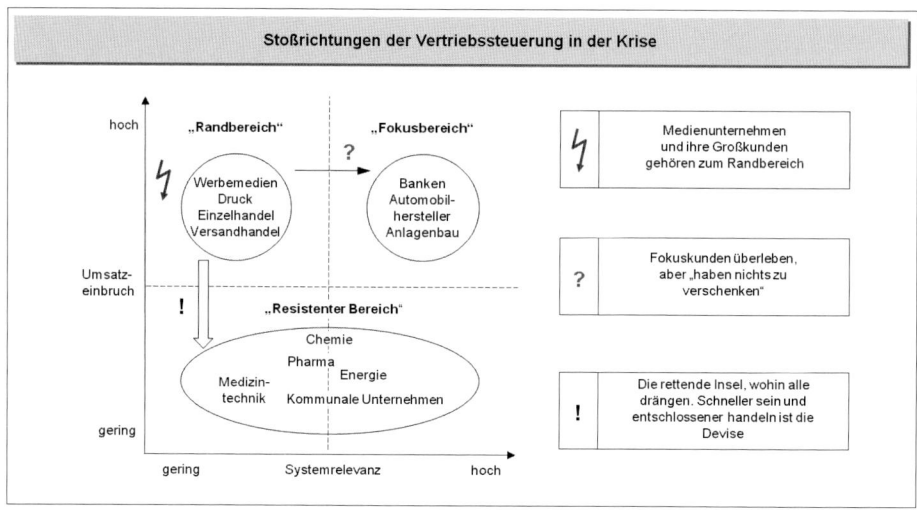

Abbildung 78: Stoßrichtungen der Vertriebssteuerung in der Krise – Krisenanfälligkeit und wirtschaftspolitische Relevanz von Branchen (Beispiel Deutschland 2009)

Maßnahme	Kurzbeschreibung	Auswirkung	Wirkung in 2009 [TEUR]		
			EBIT p.a.	Einmalig EBIT	Investitionen
Professionalisierung Marketing und Business Development	Einführung Produktmanagement Systematisierung Lösungsverkauf Systematische Bearbeitung von Zielkunden	Schaffung der Voraussetzungen für profitables Wachstum	-300	-1.200	keine
Weiterentwicklung Leistungsangebot	Entwicklung und Einführung eigener Systemsteuerung	Unabhängigkeit von Systemanbietern sichern, stärken Kundenbindung	500	-600	-900
Markteintritt Polen	Kooperation mit Partner ausbauen	Sicherung Markt in Dt., neue Kunden in P.	200	...00	-200
Markt Großserie sichern	Differenzierung über Einstieg in Digitaldruck	...ertes Leistungsangebot	300	-100	-1.400
Weiterentwicklung Verkaufsteams	Qualifizierung ADM, Schärfung Rollenverständnis VAD/VID	Schaffung der Voraussetzungen für profitables Wachstum	-20	-100	keine

ADM = Außendienstmitarbeiter, VAD = Verkaufsaußendienst, VID = Verkaufsinnendienst Σ: 680 | -2.300 | -2.500

Abbildung 79: Maßnahmenhinterlegung und -effekte (Beispiel)

Damit diese Basisstrategie nicht nur ein Stück Papier bleibt, sind für ihre Umsetzung in den verschiedenen Unternehmensbereichen Stoßrichtungen und quantifizierte Maßnahmen abzuleiten, die in dem Businessplan hinterlegt und damit künftig auch finanziert sind (Abbildung 79).

Das ist der strategische Rahmen des Kundenmanagements. Die darauf aufsetzenden operativen Maßnahmen zur Ergebnisverbesserung durch eine Umsatzbeeinflussung, wie beispielsweise Konditionen- und Preispolitik, entstammen dem üblichen, in Krisenfällen aber häufig nur rudimentär anzutreffenden bzw. teilweise fehlgeleiteten Instrumentarium des Marketing und der Vertriebssteuerung. Die Maßnahmen setzen – Thema Liquiditätsmangel und Zeitdruck der Down Phase – an kurzfristig wirksamen und mit geringem Aufwand lösbaren Schwachstellen an und versuchen, die Lücke zwischen den erkannten und gemäß Strategie anzustrebenden Marktpotenzialen bzw. -anforderungen sowie den Mängeln der aktuellen Marktbearbeitung zu schließen.

Die konkrete Ausgestaltung dieser Projekte ist individuell und fordert hohe Kreativität sowie Erfahrungen der Berater und Projektteams. In Restrukturierungen neigt man dazu, Marktthemen mit besonderer Vorsicht anzugehen, weil man das Abwandern von Verkäufern bei Kritik und Unruhe befürchtet und damit einhergehend Informationsverluste an Wettbewerber sowie Verunsicherungen von Kunden und eine Umsatzerosion, u.a. geschürt durch Aktionen von Wettbewerbern und Gerüchte ehemaliger Verkäufer. Nicht selten erntet man zunächst auch großes Unverständnis, wenn es um die Analyse der Krisenursachen auf Marketing- und Vertriebsseite geht und wird an die unflexible und teure Produktion sowie die Verwaltungsbürokratie verwiesen, die das Verkaufen im harten Preiswettbewerb so schwer machen. Dennoch sind auch Marketing und Verkauf mit Fingerspitzengefühl und erkennbarer Konsequenz anzugehen, denn auch sie sind in der Krise zielgerichtet zu führen und kein „Schutzreservat" bei Veränderungsbedarf.

Anbei zur Verdeutlichung einige Praxisbeispiele für Handlungsbedarf auf der Marketing- und Vertriebsseite von Krisenunternehmen:

– Der Versandhändler erlebte bereits seit Jahren eine Erosion der Umsätze und stemmte sich vor allem mit klassischer Werbung und breitem Angebot gegen diesen Trend. Trotz hoher Investitionen in das Marketing zeigten die Aktionen geringe Wirkung. Wettbewerber erzielten eine bessere Marktperformance.

   Was waren die wesentlichen Gründe für die Umsatzerosion? Das Unternehmen hatte aufgrund rigider Sparpolitik die gute Substanz erfahrener Produktmanager und damit wertvolle Fachkompetenz verloren. Eine enge Zusammenarbeit von Marketing und Produktmanagement gab es nicht und Marktaktionen gingen schlicht am Bedarf der Kunden vorbei. Stiefmütterlich wurde der von Wettbewerbern forcierte Vertriebskanal E-Commerce behandelt, obwohl er technisch sehr gut aufgestellt war. Das Potenzial dieses neuen Vertriebskanals wurde spät erkannt. Eine differenzierte Bearbeitung von A-, B- und C-Kunden sowie Kunden mit kritischer Bonität gab es nur rudimentär. Es bedurfte erheblicher Anstrengungen und Mittel, um diese Defizite zu beheben.

– Das Dienstleistungsunternehmen hatte erkannt, dass es mit dem reinen Angebot vergleichbarer Produkte dem harten Preiswettbewerb nicht entkommen konnte. Ein eigener Bereich „Services" für das Angebot von Verbundprojekten und hochwertigem Outsourcing wurde aufgebaut und mit extern angeworbenen Verkäufern und Beratern besetzt. Kleinere Aufträge wurden akquiriert und mit gutem Erfolg umgesetzt.

Der erste Großauftrag wurde mit Begeisterung gefeiert, entwickelte sich in der Umsetzung aber zu einem wahren Debakel. Es zeigte sich, dass den Verkäufern die juristischen Grundlagen des Servicegeschäftes sowie das Wissen zur Definition von Leistungskatalogen und Service Level Agreements fehlten. Die Operations des Unternehmens waren in völlig unzureichendem Maße auf das neue Geschäft eingestellt. Dem Kunden waren Leistungen zugesagt worden, die das Unternehmen nicht beherrschte, weil man nicht erkannt hatte, dass es in dem Gesamtprozess eine Engineering-Einheit geben muss, um für komplexe Projekte die anspruchsvolle Transformation des Kundenbedarfs und der Leistungszusagen in belastbare Verträge und in die anschließende Leistungserbringung zu gestalten. Die Operations waren deshalb nicht genügend in den komplexen Verkaufsprozess eingebunden. Auch hier waren erhebliche Mittel und Strukturänderungen zur Behebung der internen Defizite und Regulierung der Probleme mit Kunden erforderlich.

– Das Unternehmen hatte einen neuen Verkaufsleiter eingestellt, der relativ schnell beeindruckende Umsätze aus eigenen Akquisitionen vorzuweisen hatte. Geschäftsleitung und Produktion waren begeistert, seine Position war unantastbar. Verkäufer mit niedrigerem Umsatz wurden entsprechend gemaßregelt.

Die Einschätzung änderte sich nach dem Austausch der Geschäftsleitung wegen rückläufiger Gewinne und der Einführung einer stufenweisen Deckungsbeitragsrechnung für die einzelnen Aufträge. Ein Großauftrag des Starverkäufers brachte nach Abzug versteckter Rabatte durch nachträgliche Gutschriften auf fingierte Mängel noch nicht einmal einen positiven Rohertrag. Seine Angriffe auf Aufträge des ehemaligen Arbeitgebers hatten aggressive Gegenreaktionen provoziert, die Preisnachlässe bei eigenen wesentlichen Aufträgen mit ursprünglich guter Rendite zur Folge hatten. Das sind typische Fehlentwicklungen in einseitig mit Umsatzzielen und geringer Transparenz geführten und entlohnten Verkaufsorganisationen. Die umgehende Entlassung des Verkaufsleiters, Bereinigung des Kundenportfolios und Abkehr von ruinösem Preiskampf verbesserten die Ergebnisse deutlich. Alle Verkäufer erhielten fortan neben der Umsatzprovision eine an Deckungsbeiträgen und dem Bereichsergebnis orientierte Entgeltkomponente.

– Das Unternehmen investierte erhebliche Beträge in Imagewerbung durch regionales Sportsponsoring und einen eigenen Heißluftballon mit Firmenlogo. Verkauft wurden spezielle Serviceleistungen für Institutionen der EU, die über streng reglementierte Ausschreibungen vergeben wurden. Meist operierte das Unternehmen als Subunternehmer namhafter Anbieter.

War es die mangelhafte intellektuelle Brillanz der Krisenmanager, die keinen Zusammenhang zwischen der teuren Werbung und dem Geschäftsmodell erkennen konnten und zähe Diskussionen über das Marketingbudget führten? War es die Eitelkeit des Marketingleiters, die zu diesem Aufwand führte? In jedem Fall brachten die ersatzlose Streichung dieser Budgets und teilweise Verwendung für notwendige Verkaufstrainings sowie die Verwertung des Ballons und der Abbau der damit verbundenen Organisation deutliche Liquiditäts- und Ergebnisverbesserungen. Knappe Mittel sind in der Krise effizient und mit primärem Blick auf die Kurzzeitwirkung einzusetzen.

– Das Unternehmen hatte es hervorragend verstanden, mit hohem Service und besonderen technischen Produktspezifikationen für einen Großkunden zu wachsen. Auf Wunsch des Kunden wurde eine Produktion in Osteuropa für seine Standorte in dieser Region aufgebaut und die Preisliste durch das Produkt- und Key Account Management entsprechend differenziert. Mit Verschlechterung der Wirtschaftslage wuchs der Preisdruck auf den Produzenten trotz hohem Servicegrad. Für den Standort in Deutschland wurde die Lage prekär, denn jeder Preisnachlass für Produktionen in Deutschland schlug unmittelbar in das Ergebnis durch, adäquate Mengensteigerungen gab es nicht. Zusehends verlagerte der Kunde zudem Aufträge auf Wettbewerber, der Niedergang des Unternehmens war vorgezeichnet.

Operativer Verkauf und Produktion sind in solch einer Situation fast chancenlos. Wenn man Kunden Preisdifferenzierungen für vergleichbare Produkte anbietet, ist es kein Wunder, dass sie die Chance für eskalierende Preisforderungen auch nutzen. Kritisch wird die Lage, wenn deutsche Standorte dann auch noch feststellen müssen, dass ihre Organisation und Technik kein Alleinstellungsmerkmal mehr sind. Es ist fahrlässig, die eigenen Operations nicht zeitig und konsequent den neuen Marktgegebenheiten anzupassen. Das unterstreicht die Notwendigkeit einer engen Abstimmung von Marketing, Verkauf und auch Operations bei allen wesentlichen Entscheidungen zur Marktbearbeitung.

Abschließend noch ein Praxisfall mit Auszügen aus einer Mängelliste zur Marktbearbeitung, um die Vielfalt der Ansatzpunkte zu verdeutlichen (Abbildungen 80 und 81).

Abbildung 80: Defizite des Marketing- und Vertriebsmanagements (Beispiel)

Wie kann man nun wirksam die richtigen Marketing- und Vertriebsprojekte in der Krise initiieren und die Mannschaft mobilisieren? Abbildungen 82 und 83 zeigen Beispiele für die konzeptionelle Herangehensweise.

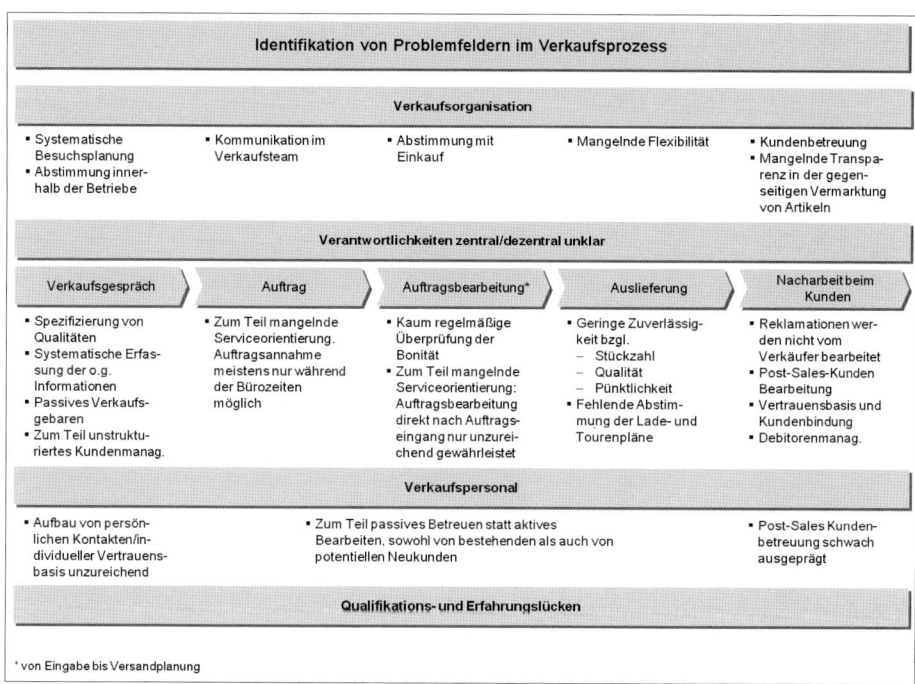

Abbildung 81: Defizite des Vertriebsprozesses (Beispiel)

Abbildung 82: Marketing zur Unterstützung der Vertriebsoffensive (Beispiel)

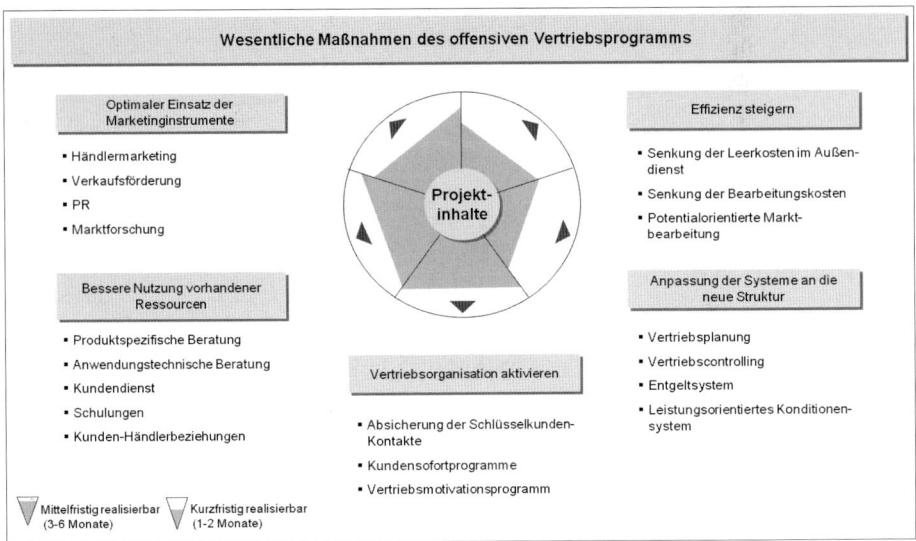

Abbildung 83: Wesentliche Maßnahmen der Vertriebsoffensive (Beispiel)

Inhaltlich und pragmatisch lautet die grundsätzliche Leitlinie zur Ideenfindung: „Kopiere Deinen erfolgreichsten Wettbewerber und vermeide seine Fehler!"

Toyota gilt als Benchmark in der Automobilindustrie. Entwickelt wurde das erfolgreiche Geschäftsmodell in einer akuten Krise mit der erklärten Absicht, nie wieder dieser Situation derart hilflos ausgesetzt zu sein. Dabei ging es nicht um Quantensprünge, sondern um durchdachtes und stringentes Handeln und um das Kopieren erfolgreicher Wettbewerber. Wie der Erfolg zeigt, ist es nicht verwerflich, sich kurzfristig an erfolgreicheren Wettbewerbern zu orientieren. Hauptsache ist, dass das Überleben zunächst gesichert wird.

Langfristig genügt dies freilich nicht und wie Toyota zeigt, hat man sich auch nicht auf das Kopieren beschränkt. Kurzfristig gilt es, den verbliebenen Handlungsspielraum mit hoher Konsequenz zu nutzen. In diesem Rahmen gibt es drei operative Stellhebel für Marketing- und Verkaufsmanager zur Ausschöpfung möglicher Umsatz- und Ergebnispotenziale:

– Erster Hebel sind Prioritäten für die Marktbearbeitung und Nutzung knapper Budgets. Dafür sind drei Punkte zu beachten. Erstens ist eine Break-even-Analyse sowie ergänzend eine mehrstufige Deckungsbeitragsrechnung und Marktsegmentierung erforderlich, um festzustellen, in welchen Kanälen, mit welchen Sortimenten und Kunden welche Ergebnisse (Auftragsrendite etc.) erzielt werden und welche regelmäßigen Umsätze zwingend zur Ergebnissicherung zu generieren sind. Zweitens ist einzuschätzen, wie stark die eigene relative Marktposition ist und die Sensibilität von Kunden und Vertriebspartnern bei Veränderungen, z.B. von Preisen, Konditionen, Provisionen oder Sortimenten. Im Mittelstand gibt es häufig unzureichende Transparenz über Marktpositionen und über Gewinn- und Verlustquellen in den eigenen Leistungs- und Marktsegmenten sowie den Vertriebskanälen. Ein systematisches Yield Management zur Ergebnis- und Auslastungsoptimierung ist oft gänzlich unbekannt. Daraus aber ist das Optimierungspotenzial im Status quo abzuleiten, z.B. durch Anpassungen von Preisen, Zahlungsmodalitäten, Sortimentsbereinigungen, den gezielten Verzicht auf Engagements in Risiko- und Verlustsegmenten sowie das Forcieren von Erfolgsträgern und Aktionen. Um dann zusätzlich zu den Säulen des Ist-Geschäftes auch neue Stoßrichtungen der künftigen Marktbearbeitung zu identifizieren, sind drittens die Markt-, Wettbewerbs- und Potenzialanalysen der Grobstrategie in konkrete Targets umzusetzen, beispielsweise zur intensiveren Bearbeitung bestimmter Regionen, Branchen und Kunden, die bisher nicht ausdrücklich im Fokus standen. Dazu sind Expertenmeinungen einzuholen und insbesondere die kreativen Potenziale im Unternehmen auszuschöpfen. In Krisenzeiten sind dabei Diskussionen zu Markenpolitik und Pricing oft herausragende Themen. Da Mittel und Zeit knapp sind, muss dies pragmatisch und gemeinsam von Marketing und Verkauf angegangen werden – nicht akademisch in fernen Büroetagen, sondern interaktiv mit möglichst intensivem Kundenkontakt. Einzubinden sind Technik und Einkauf, um kurzfristig machbare und marktkonforme Ziele für die Operations und Produktentwicklung abzuleiten. Kurzfristige Erfolge mit geringem Mitteleinsatz haben Priorität, denn Geld ist knapp.

– Zweiter Hebel ist die konsequente Sicherung der profitablen Geschäftsbasis durch überzeugende Leistung. Auch die Kunden spüren Konjunkturkrisen und sind in dieser Lage besonders anfällig für Aktionen des Wettbewerbs; der Preisdruck ist hoch. Kundenzufriedenheit durch Qualität und zuverlässige Leistungen im Kern- und Tagesgeschäft sind Mindestanforderungen, sonst sind die oben dargestellten Ideen der konzentrierten Marktbearbeitung schnell Makulatur. Das stellt sehr hohe Anforderungen an die Operations, die zusätzlich Kapazitätsanpassungen und – sofern nicht bereits geschehen – Projekte zur Flexibilisierung durch Fremdbezug etc. zu bewältigen haben. Sehr wichtig ist in dieser kritischen Lage die kollegiale und kundenorientierte Interaktion von Operations und Verkauf auf allen Ebenen – keine Selbstverständlichkeit im Tagesgeschäft mancher Unternehmen. Priorität hat die Bindung der aktuellen Kunden, solange dies wirtschaftlich vertretbar ist. Das Neugeschäft ist organisatorisch sorgfältig vorzubereiten, denn es hilft nicht, in wilder Panik am Markt zu agieren, wahllos

Vertriebspartner zu aktivieren, Aufträge in die Produktion zu pressen und so Qualitätsmängel, Spitzenlasten mit erhöhten Durchlaufzeiten und Einbußen im Service etc. in Kauf zu nehmen. Kundenzufriedenheit und die Stärkung der Wettbewerbsfähigkeit sind so nicht erreichbar. Aber auch bei Top-Leistungen bleibt aller Erfahrung nach der Preisdruck dominant. Ohne gute Datenbasis, insbesondere zu den noch möglichen Optimierungspotenzialen und Preisuntergrenzen sowie den Orientierungshilfen aus der Wettbewerbs- und Potenzialanalyse, agiert das Unternehmen hilflos. Das sind zwingende Hausaufgaben des Top Managements in Marketing und Verkauf. Wer seine Position und Potenziale sowie Ergebnisquellen und Alternativen nicht kennt, kann nicht erfolgreich mit seinen Vertriebspartnern und Kunden verhandeln.

– Dritter Hebel ist die professionelle Organisation und Führung von Verkauf und Marketing, zum einen mit Blick auf die Sicherung des Ist-Geschäftes, zum anderen mit Blick auf die konsequente Umsetzung herausgearbeiteter Chancen auch bei ersten Rückschlägen, unerwarteten Wettbewerbsreaktionen etc. Dabei sind durch das Top Management vier Schwerpunkte zu setzen. Erstens sind Standards (z.B. Kalkulationsschema, Angebotsinhalte und Konditionen, Preisgrenzen, Erfolgsmessungen, Verhandlungskompetenzen) und klare Entscheidungsprozesse durchzusetzen, sonst ist zielgerichtetes Agieren undenkbar. Krisen sind nicht unbedingt die Zeit des „großen Impressario" mit Narrenfreiheit in Verkauf und Marketing. Zweitens ist die Effektivität in allen verkaufsunterstützenden Funktionen durch geeignete Prozesse, Systeme und relevante Daten systematisch zu steigern. Wichtig sind das Zusammenspiel von Innen- und Außendienst sowie die adäquate Betreuung der A-, B- und C-Kunden. Experten gehen davon aus, dass dies künftig bedeutende Bereiche für Produktivitätssteigerungen in Unternehmen sein werden. Ziel sind nicht rigide Kostenreduktionen, sondern die wirkungsvolle Marktbearbeitung (z.B. erhöhte Abschlussquoten und Auftragsrenditen). Drittens geht es um die Qualifizierung der eingesetzten Kräfte – häufig genug ein Stiefkind der Personalentwicklung in Zeiten knappen Geldes. Einkäufer merken schnell, ob ihr Gegenüber wirklich kompetent ist. Unfähige Verkäufer können durch leichtfertige Abschlüsse ein Jahresergebnis und mehr vernichten, unfähige Verkaufsleiter können desaströse Preiskriege anzetteln etc. Dies allein ist Grund genug, um auch über Qualität im Verkauf nachzudenken. Vierter Punkt sind Zielsystem und Geschäftsverteilung zur Steuerung der Verkaufsorganisation. Versteckte Rabatte durch nachträglich konstruierte Reklamationen etc. sind bequemer als Preisdisziplin; die Akquisition von Neukunden kostet wertvolle Zeit im Gegensatz zur Betreuung treuer Großkunden; „fat cats", die nur noch ihr hervorragendes Gebiet verwalten und eifersüchtig Kollegen als interne Konkurrenz „herausbeißen", behindern die Nutzung von zusätzlichen Potenzialen usw. Hier liegen allen Erfahrungen nach ganz wesentliche Ursachen für nicht genutzte bzw. leichtfertig verspielte Potenziale. Das ist eine hohe Herausforderung an Verkaufsleiter in der Krise und ein unangenehmes Thema, insbesondere wenn es um eine engere Führung der Verkäufer als bisher mit anspruchsvolleren quantitativen und qualitativen Zielmodellen und Leistungsbeurteilungen geht sowie um interne Benchmarks und daraus resultierend Umverteilungen zugunsten einer besseren Erschließung von Potenzialen. Es muss angegangen werden, denn es geht um die Existenz, selbstverständlich mit viel Fingerspitzengefühl und guter Kommunikation, denn Verkäufer sind oft sehr sensibel und Abgänge sowie Frustrationen kann ein Krisenunternehmen sich nicht leisten.

Eine generell bedeutende Rolle spielt in der akuten Krise die Preispolitik, denn die Versuchung ist groß, Umsätze vor allem durch „Kampfpreise" zu sichern bzw. zu gewinnen. Das ist äußerst kritisch. Eine Preisreduktion von nur 3% bei einer Marge von 25% kann beispielsweise nur durch eine Mengensteigerung um 14% kompensiert werden – für Krisenunternehmen eine Illusion. Zu bedenken ist auch, dass über Preisreduktionen oft genug die durch das Krisenmanagement erwirtschafteten Kostensenkungseffekte an die Kunden durchgereicht und in aller Regel nicht mehr rückgängig gemacht werden. Basieren diese Potenziale auf befristeten Vereinbarungen – etwa Zinsstundungen oder Entgeltverzichte –, ist die nächste kritische Anspannung für Ergebnis und Liquidität des Unternehmens bereits absehbar.

Preissteigerungen werden in der Krise geradezu als Tabuthema behandelt, aufgrund der Angst vor Kundenverlusten bzw. unausgesprochen auch aus Sorge von Verkäufern um die persönliche Umsatztantieme. Erfahrene Krisenmanager werden diese Tabus nicht akzeptieren, denn neben direkten Lohn- und Gehaltsverzichten und der Reduktion der Einkaufspreise haben Preismaßnahmen ceteris paribus gegenüber allen sonstigen Restrukturierungsansätzen die mit Abstand höchsten und vor allem am schnellsten wirkenden Liquiditäts- und Ergebniseffekte in positiver wie negativer Hinsicht. Preiserhöhungen in Randsortimenten, im Saisonhoch, bei Kunden mit geringer Preiselastizität oder als befristeter Sanierungsbeitrag stehen deshalb auf der Tagesordnung und sind ernsthaft zu erwägen. Ebenso wichtig ist die Ausstattung des operativen Verkaufs mit Argumentationshilfen, beispielsweise Tools zur Kalkulation des Kundennutzens, etwa Einsparungseffekte im Investitionsgüterverkauf durch eine höhere Produktivität der eigenen Maschinen im Vergleich zu Wettbewerbsprodukten, oder die Ergebnisse von „Conjoint-Analysen" (paarweiser Vergleich von Merkmalen konkurrierender Produkte) bei Konsumgütern, mit denen die tatsächliche Zahlungsbereitschaft auch unter Berücksichtigung psychologischer Kauffaktoren getestet wird. Verkäufer lernen zwar in aller Regel, Preis- und Konditionsdiskussionen über Nutzenargumentationen zu führen und nicht über klassisches „Cost-plus-Denken", dennoch aber erliegen sie gerne auch aus einem Gerechtigkeitsempfinden der Neigung, auf die Vollkosten – oft genug auch nur auf einen niedrigeren Deckungsbeitrag – noch eine geringe Marge aufzuschlagen und diesen Preis zu fordern. Bester Trick zur Absicherung gegen dieses Verhalten ist immer noch die Übermittlung überhöhter Kosten an die Verkäufer, aber mit dem Risiko, auf kurzfristige Deckungsbeitragsoptimierungen zu verzichten.

Pricing in der Krise kann deshalb nicht mehr alleinige Entscheidung des Verkaufsleiters oder seiner Mitarbeiter sein, sondern muss auf der Top Management-Ebene des Unternehmens entschieden werden. Das ist sehr anspruchsvoll, denn Wettbewerberverhalten, mögliche Umsatzeinbußen, Liquiditätseffekte und noch härtere Kostenmaßnahmen sind abzuwägen. Meist zahlen sich nach aller Erfahrung Preiskämpfe nicht aus, sie schwächen irreversibel die Wettbewerbsfähigkeit des Unternehmens und sind nur der bequemere kurzfristige Weg gegenüber dem harten Erarbeiten nachhaltiger Differenzierungsmerkmale. Unter dem Druck der Krise ist diese Linie oft nur schwer durchzuhalten und in einer „stuck in the middle position" kann ein Preiskampf das Ende einleiten, denn verzweifelte kleinere Mittelständler kämpfen mit günstigeren Strukturen um ihr Lebenswerk, kühle Strategen starker Konkurrenten heizen mit dem Ziel der Branchenkonsolidierung den Verdrängungswettbewerb an. Gerade große Kunden mit hoher Nachfragemacht nutzen diese Situation zum eigenen Vorteil. Das ohnehin schwache „stuck in the middle-Krisenunternehmen" droht dann nachhaltig in Umsätze unterhalb Break-even abzugleiten – das definitive Ende.

Fazit, das einfache Erfolgsrezept gibt es nicht, in der Regel dominiert bei diesen Maßnahmen fachliche Detailarbeit. In Summe ergeben sich meist überraschende Erkenntnisse und Ansatzpunkte, die kurzfristig umsetzbar sind und auch im Rahmen der finanziellen Möglichkeiten liegen. Leider ist es meist nur ein schöner Traum, in der Krise den Umsatz zu steigern. Aber man kann in dieser bedrohlichen Situation das Bestmögliche mit einer konsequent durchdachten Marktbearbeitung realisieren und die richtigen Weichen für die Zukunft stellen – Beispiel Toyota – oder durch unprofessionelles Vorgehen buchstäblich den letzten Kredit verspielen.

Ideal ist es, wenn diese Kurzfristmaßnahmen durch erfolgreiche Markteinführungen von Produktinnovationen unterstützt werden können, um neue Kunden zu erschließen oder Ist-Kunden besser zu binden. Diese Innovationen haben allerdings meist lange Vorlaufzeiten. Sofern es sich nicht um einen marktreifen Produktrelaunch mit hohen Erfolgschancen handelt oder Entwicklungen im konkreten Kundenauftrag, ist dieser Ansatz in der akuten Krise deshalb nur bedingt umsetzbar. Generell sind Innovationen riskant und es steht ihnen in der Einführungsphase kein nennenswerter Umsatz gegenüber, d.h. sie beanspruchen zunächst einmal in schwer definierbarem Umfang knappe Liquidität. Es liegt dann nahe, die Markteinführung zu verschieben oder mit geringem Mitteleinsatz anzugehen. Echte Innovationen in der Pipeline werden eventuell nur noch zur Patentreife entwickelt, um das Patent zur Generierung von Liquidität zu veräußern. Damit wird möglicherweise Zukunftspotenzial aufgegeben, aber es werden auch Risiken minimiert. Diese Diskussionen können sehr konfliktträchtig sein, wenn sie an die Substanz des Geschäftsmodells des Unternehmens gehen.

Der guten Ordnung halber sei auch auf die Übernahme von Wettbewerbern in der Krise sowie in jüngerer Zeit große „BPO Deals" (Business Process Outsourcing) als Instrument der Umsatzentwicklung hingewiesen. Diese Deals gibt es, aber sie sind die Ausnahme, denn sie erfordern Finanzkraft und organisatorisches Potenzial, über das mittelständische Krisenunternehmen nicht verfügen. Für finanzstarke Konzerne und Fonds ist die Geschäftsentwicklung durch Übernahme von Krisenfällen, kombiniert mit weiteren Zukäufen und „Bold Deals", um Branchenkonsolidierungen voranzutreiben und Positionen bei bedeutenden Kunden auszubauen, durchaus eine Option.

Generell ist wieder anzuraten, die erwartete Umsatzstabilisierung oder gar Umsatzsteigerung in Restrukturierungsfällen engagiert anzugehen, aber konservativ zu prognostizieren, da das Unternehmen am Markt angeschlagen ist, die Konjunktur meistens nicht hilft und auch gezielte Aktionen von Wettbewerbern als mögliche Gegenreaktionen auszuhalten sind. Mit optimistischen Prognosen, „Hockeystick-Planungen" und dem Hinweis auf den „in Kürze erwarteten Großauftrag des neuen strategischen Partners aus China" kann man sich gegenüber kritischen Finanzpartnern allenfalls diskreditieren. Es ist wichtig, dass bei den oft anzutreffenden Irrungen auch die Berater aufgrund ihrer Erfahrungen korrigierend eingreifen. Das kann besonders konfliktträchtig sein, wenn die Berater zu einer sehr konservativen Einschätzung neigen, die Gesellschafter – Thema Hidden Agenda – hingegen einen Exit durch den Verkauf an einen Investor planen und eine möglichst positive Entwicklung dokumentiert haben möchten. Diese Konflikte sind sehr kritisch und verlangen hohes Stehvermögen der Berater, denn nicht selten entspricht der Worst Case der erwarteten Umsatzentwicklung am Ende auch der Realität – fatal für die Liquiditätsplanung bei zu optimistischen Annahmen.

Warum sollte sich ein am Markt angeschlagenes Unternehmen in der akuten Krise besser als die Wettbewerber behaupten? Kein Gläubiger wird einer noch so eloquent vorgetragenen Antwort tatsächlich Glauben schenken. Mag sein, dass er aus taktischen Gründen schweigt – vielleicht hofft auch er auf den erlösenden Investor und braucht noch Zeit für die Wertberichtigung des Engagements in seiner Bilanz, um schon vorab den erwarteten Haircut zu verarbeiten. Schneller wirksame sowie präzise und nachprüfbare Hilfe versprechen Kostenmaßnahmen. Deshalb sind sie zu Recht ganz wesentliche Instrumente des Krisenmanagements und in Sanierungskonzepten auch konkreter beschrieben als die Maßnahmen des Kundenmanagements.

2.2.2.3 Kostenmanagement in der Down Phase

Liquiditätssicherung und Kostenmanagement sind in zeitlicher Abfolge die Maßnahmen der ersten Welle von Restrukturierungsbemühungen, da manche Ansätze naheliegend sind und außerdem intern ohne langwierige Verhandlungen mit externen Stakeholdern umsetzbar sind. Typische Sofortmaßnahmen ohne große konzeptionelle Untermauerung sind beispielsweise Kürzungen von noch freien Budgets für Imagewerbung, Öffentlichkeitsarbeit, Beratung, Reisen, Schulungen und Events. Es mag sein, dass man dies nachträglich bei besserer Erkenntnis teilweise korrigiert, kurzfristig versprechen sie zunächst einmal wichtige Entlastungen. Vorsichtige CFOs legen deshalb Ausgaben des disponiblen sonstigen betrieblichen Aufwands wie im Übrigen auch große liquiditätsbelastende Investitionen möglichst auf die zweite Jahreshälfte, um sich Spielraum für schnelle Budgetanpassungen bei unerwarteten unterjährigen Abweichungen zu erhalten.

Im Unterschied zu Maßnahmen des Kundenmanagements bedarf es keiner ausschweifenden Begründung, warum Kostenmanagements in der Krise notwendig ist. Generell haben Maßnahmen des Kostenmanagements drei Intentionen, die sich im Einzelfall überlagern können:

– Es sind zur Ergebnissicherung nachhaltige Kapazitäts- und Kostenanpassungen an eine langfristig nachhaltige rückläufige Beschäftigungslage vorzunehmen. Da Fixkosten grundsätzlich kurzfristig kaum reagibel sind, lastet insbesondere in akuten Krisen ein erheblicher Druck auf der Reduktion der variablen Kosten, die für das kurzfristige Überleben überproportional zu dem Beschäftigungsrückgang anzupassen sind, um insgesamt eine adäquate Gesamtkostenreduktion zu erreichen. Wirft man aber insbesondere in gut situierten Unternehmen einen kritischen Blick auf ihre sogenannten „Fixkosten", dann stellt man nicht selten fest, dass ihre Mengenkomponente (Verschwendung, Leerkosten durch

Missmanagement etc.) und Wertkomponente (Mieten, Gebühren, Gehaltsstrukturen etc.) doch nicht so fix sind, wie es gerne dargestellt wird – langfristig ohnehin nicht. Im Vorteil sind generell Unternehmen, die ihre Strukturen vorausschauend durch Risikostreuung, wie zum Beispiel partiellen Fremdbezug, flexibilisiert haben. Beispiele für Kapazitätsanpassungen als typische Reaktion auf eine reduzierte Auslastung in den sogenannten „direkten Bereichen" der Produktion und Logistik sind Personalabbau und Werksstilllegungen. Anpassungen in den direkten Bereichen erfolgen mindestens proportional zum Beschäftigungsrückgang, sofern die technisch bedingte Betriebsbereitschaft dies zulässt. In den „indirekten Bereichen" wie Instandhaltung, Einkauf und Verwaltung sind proportionale Kapazitäts- und Kostenanpassungen oft nur bedingt umsetzbar, da ihre Dimensionierung oftmals nicht mit der Beschäftigungsentwicklung korreliert. Probates Instrument zur Anpassung der Kapazitäten in diesen Bereichen sind wie bereits erwähnt die gerade für die Down Phase gut geeigneten und schnell wirksamen klassischen Gemeinkostenwertanalysen. Kapazitätsanpassungen führen in Krisen zu dringend notwendigen Ergebnisverbesserungen, aber sie führen in aller Regel nicht zu signifikanten Wettbewerbsvorteilen. Deshalb reichen sie meist auch nicht zur Rettung angeschlagener Unternehmen mit schwacher Marktposition aus und als nachhaltige Maßnahme gegen eine Ergebniserosion infolge deflationärer Tendenzen (Preisverfall bei stagnierender oder auch steigender Menge) sind Kapazitätsanpassungen ohnehin nicht geeignet. Aus strategischer Sicht können vorbeugende Kapazitätsanpassungen unter Risikogesichtspunkten eine Rolle spielen; man fährt eigene Kapazitäten über Investitionszurückhaltung und partielles Outsourcing etc. zurück, um außerhalb des Kerngeschäftes nachhaltige Risiken auf Dienstleister und Subunternehmer zu verlagern, bei denen diese Leistung künftig eingekauft wird.

– Es sind signifikante Wettbewerbsvorteile bei gegebener Beschäftigungslage zu erzielen. Ziel sind Produktivitätssteigerungen oder die Nutzung günstigerer Faktorkosten. Ein Dauerthema, da gerade bei hartem Preiswettbewerb die Effekte aus Kostensenkungen häufig über Preiszugeständnisse an Kunden durchgereicht werden, hinzu kommen die regelmäßigen Kostensteigerungen aus Tarifanpassungen, Preissteigerungen monopolistischer Anbieter von Vorleistungen wie z.B. kommunale Versorger etc. Typische Ansätze für Produktivitätssteigerungen sind Investitionen in leistungsstärkere Maschinen und integrierte IT-Systeme, sofern dies angesichts knapper Liquidität umsetzbar ist. Operational Excellence-Programme zur Produktivitätssteigerung sind demgegenüber investitionsarm, aber zeitintensiv und in der Down Phase schwer umsetzbar, wegen der durch den Personalabbau gestörten Vertrauensbasis zwischen Management und Arbeitsebene. Präferiert werden in der Down Phase aufgrund der schnellen

Umsetzbarkeit und Liquiditätswirkung die klassischen Reduzierungen der Faktorkosten, insbesondere möglichst nachhaltige Entgeltverzichte der Mitarbeiter und Verhandlungen des Einkaufs mit Lieferanten über kurzfristige Preisreduktionen. Typische Beispiele für Einkaufsprojekte sind das Einfordern von einmaligen „Sanierungsbeiträgen" der Zulieferer für das laufende Jahr in Verbindung mit Rückvergütungen durch diese Lieferanten für das Vorjahr und zusätzlichen nachhaltigen Preiszugeständnissen für die Folgejahre. Dies ist oft mit dem Aussortieren von Lieferanten und der Konzentration von Mengen auf die verbleibenden „strategischen Partner" verbunden. Ergänzt werden diese Ansätze oft durch interne Projekte von Einkauf, Produktion und Konstruktion zur Reduktion von Mengenverbräuchen, Ausweitung von Standardisierungen und Erschließung günstiger Alternativen im Materialbedarf. Produktionsverlagerungen ins Ausland und Outsourcing zur Nutzung komparativer Kostenvorteile, Lohnarbitrage und Spezialisierungsvorteile als weitere Optionen sind meist Großprojekte mit hohem Liquiditätsbedarf, der den Handlungsspielraum limitiert. Insgesamt können diese Ansätze dem Krisenunternehmen zumindest befristet Luft gegenüber Konkurrenten verschaffen und sind oft unumgänglich zur Sicherung von Wettbewerbspositionen. Wie bei allen Bemühungen um Wettbewerbsvorteile besteht die Gefahr der Nachahmung durch Konkurrenten.

– Es sind Flexibilisierungen erforderlich zur Erhöhung der Anpassungsfähigkeit der Kostenstrukturen und Kapazitäten an unregelmäßige bzw. kurzfristige und vorübergehende Beschäftigungsschwankungen oder an regelmäßige saisonale Beschäftigungsschwankungen. Übliche strategische Maßnahme ist wie oben erwähnt die Umwandlung von Fixkosten in variable Kosten. Ceteris paribus werden damit der Break Even Point und der Cashflow Point bei Beschäftigungswachstum früher erreicht und umgekehrt Kosten- und Liquiditätsentlastungen bei Beschäftigungsrückgängen schneller realisiert. Ein konsequentes operatives Kostenmanagement ist dafür notwendige Voraussetzung. Beispiele sind Kurzarbeit, der Einsatz von Saison-, Leih- und Zeitarbeitskräften sowie das Outsourcing von Bereichen an spezialisierte Dienstleister, verbunden mit einem beschäftigungsabhängigen Preissystem, wie etwa eine Vergütung des Dienstleisters pro verkaufter Stückzahl. In die gleiche Richtung weisen umsatzabhängige Ladenmieten im Handel oder die Bezahlung von Maschinen auf Basis produzierter Stückzahlen bis hin zu weitreichenden Betreibermodellen durch Maschinenlieferanten sowie der verstärkte Einsatz von Kleinbetrieben („Satelliten") als Subunternehmer. Im Kern versuchen Unternehmen sich in Teilbereichen der Wertschöpfung wie eine Agentur aufzustellen; sie pflegen ihre Marke, akquirieren Aufträge, schöpfen ihre Marge und reichen Risiken an ihre Dienstleister bzw. Lieferanten weiter. Neben der Flexibilisierung durch Verlagerung von Auslastungsrisiken haben diese Ansätze natürlich zusätzlich die Intention der Kostenreduktion durch den Einsatz von Spezialisten.

Allzu häufig neigen Unternehmer und ihre Manager, gerade in Unternehmen, die lange Phasen der Prosperität erlebt haben, auch in der Krise dazu, mit Zurückhaltung einzelne Kostenpositionen zu reduzieren und vornehmlich auf die Rettung durch die Konjunktur- und Umsatzentwicklung zu hoffen. Nicht ungewöhnlich, dass man dabei nachhaltige Ergebniseinbrüche zunächst einmal durch befristete Maßnahmen zu heilen versucht, wo allein endgültige Schnitte wegen nachhaltiger Defizite die richtige Option wären. Es bedarf dann regelmäßig zäher Überzeugungsarbeit und Härte der Krisenmanager und Berater, um Bewegung zu erreichen. Die finanzierenden Stakeholder tun gut daran, ebenfalls auf konsequentes Handeln zu achten.

Wider Erwarten kommt es dabei oft zu deutlichen Konflikten mit dem Unternehmer, die entweder offen diskutiert oder auch verdeckt ausgetragen werden, indem erst einmal versucht wird, über Zustimmung zu dem Sanierungskonzept die begehrte Liquidität zu erlangen und dann später bei der Umsetzung die strittigen Maßnahmen doch noch einmal in Frage zu stellen bzw. auszusitzen. Das ist leicht nachvollziehbar, wenn man bedenkt, dass tiefgreifende Kostenmaßnahmen auch das Geschäftsmodell des Unternehmens tangieren können und damit die Vision und das Lebenswerk des Unternehmers. Das gilt insbesondere, wenn in einem ersten Schnitt als Ergebnis der strategischen Analyse und Marktüberlegungen die Desinvestition nachhaltiger Verlustbringer – z.B. Tochtergesellschaften oder bestimmte Teile des Leistungsprogramms – ansteht. Diese Punkte sind eindeutig zu klären, wobei es gewiss aus pragmatischen Überlegungen (Thema Liquiditätsbelastung bei Stilllegung, Buchverluste, Remanenzkosten) sinnvoll sein kann, Verlustbringer unter Umständen noch eine Zeitlang zu halten und „die Braut mit Kostenmaßnahmen zu schmücken", bis ein möglicher Käufer gefunden ist oder um sie am Ende doch stufenweise abzuschmelzen. Es ist immer wieder erstaunlich, wie schwer sich Manager dieser „poor dogs" oder „question marks" häufig mit konkreten Ideen zur operativ nachhaltigen Profitabilisierung ihres Verantwortungsbereiches tun und wie eloquent sie über „Marktsynergien, Kundenbindung, Breakthrough Strategies, Cash positiv, Remanenzkosten und Break-even im nächsten Jahr" referieren können. In Zeiten der Prosperität kann man sich eventuell Geduld mit diesen Einheiten und Managern leisten, in der akuten Krise und auch langfristig verzehren sie wertvolle Substanz. Wichtig für die Restrukturierung ist, dass es dann Transparenz und eine definierte Stoßrichtung, Ziele, kontrollierbare Meilensteine und finale Konsequenz für diese Bereiche gibt, die ansonsten nicht beherrschbar sind (Abbildung 84).

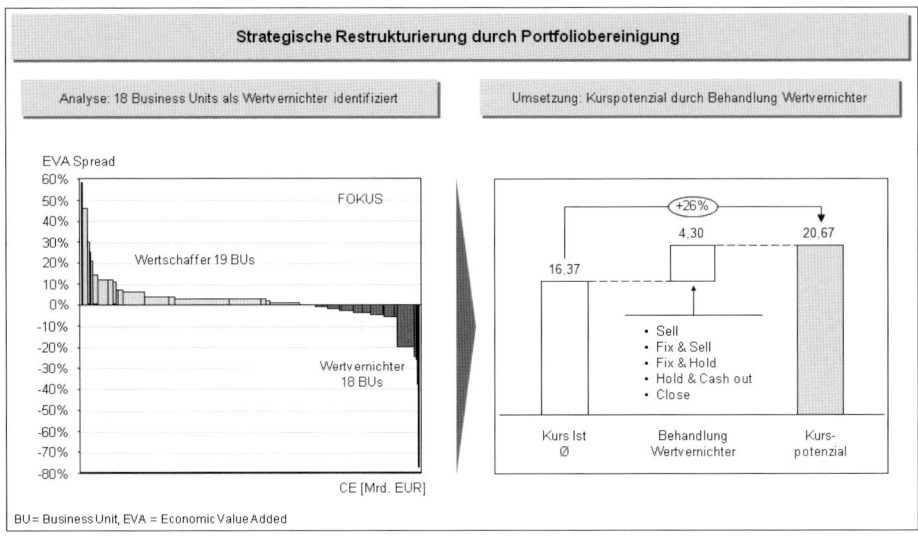

Abbildung 84: Strategische Restrukturierung durch Portfoliobereinigung (Beispiel)

Auf diese strategische Vorarbeit setzt das Kostenmanagement auf und in der Logik des Vorgehens unterscheidet es sich grundsätzlich nicht von dem skizzierten Kundenmanagement in der Krise. Denn im Rahmen der Grobstrategie sind zunächst signifikante Anpassungsnotwendigkeiten aufzuzeigen sowie die generellen Stoßrichtungen der Bereiche zu definieren und zu budgetieren. Anschließend sind über detailliertere Benchmarks – „kopiere Deinen erfolgreichsten Wettbewerber und vermeide seine Fehler" – die operativen Maßnahmen präzise abzuleiten und die für die Down Phase wichtigen kurzfristig wirksamen Ansätze herauszufiltern. Wichtig ist, dass das Management auf allen Ebenen dabei mit gutem Vorbild vorangeht. Der Unternehmer tut gut daran, in dieser heiklen Phase – nur – den Leistungsträgern Gewissheit zu geben, dass sie in dem Unternehmen trotz aller Einschnitte eine Zukunft haben.

Grundsätzlich gibt es eine logische Abfolge des Kostenmanagements in der Down Phase, wobei die einzelnen Schritte sich zeitlich überlagern, da man schnellstmöglich alle Hebel der Entlastung bewegen wird:

– Wirksamster und zugleich besonders konfliktträchtiger erster Hebel sind strukturelle Veränderungen, insbesondere Standortstilllegungen in Verbindung mit der Verlagerung von Aufträgen auf Standorte mit günstigeren Stückkosten, besseren technischen Voraussetzungen etc. Danach erfolgt an den verbleibenden

Standorten die Verringerung der eigenen Wertschöpfungstiefe (Thema Kerngeschäft, Make or Buy, Outsourcing). Weiterer Einschnitt ist sodann die Straffung der Gesellschafts- und Führungsstrukturen, denn die skizzierten Veränderungen der Basisstruktur wirken sich mittelbar auf die Gesamtorganisation aus und, nicht zu vergessen, die teuersten Arbeitskräfte sitzen auf den höheren Ebenen sowie in Stäben, die nicht selten im Vorfeld der Krise versagt haben. Das sind sehr anspruchsvolle Projekte, die professionell zu planen und umzusetzen sind. Ratsam ist daher die Einbeziehung erfahrener Experten.

- Zweiter Hebel sind die Kürzung (Preis- und Mengenreduktion) und die Flexibilisierung großer Kostenblöcke in der verbleibenden Restorganisation. Dabei geht es immer um die Material-, Fremdleistungs- und Personalkosten sowie den sonstigen betrieblichen Aufwand. Das sind die Klassiker des Kostenmanagements mit den typischen Einkaufsprojekten (Lieferantenauswahl, Solidarbeiträge, Nachverhandlungen etc.) und der oft als „Auspressen der Zitrone" gescholtenen, aber kurzfristig sehr hilfreichen Gemeinkostenwertanalyse im Overhead sowie die Methoden der Reduktion von Personalkosten (Verzichte, Flexibilisierung, Abbau). Letzteres möglichst kurzfristig und liquiditätsschonend. Außerdem geht es um gezielte Optimierungen aus den Erkenntnissen der oben bei den Maßnahmen des Kundenmanagements erwähnten Deckungsbeitragsrechnungen. Kernfragen sind dabei, mit welchen gezielten Maßnahmen (Preise, Erlösschmälerungen, Material, Fremdleistungen, direkt zurechenbares Personal etc.) sich der Deckungsbeitrags I konkreter Aufträge bzw. Produkte verbessern lässt und anschließend, wie viel Gemeinkosten dieser Auftrag oder dieses Produkt oberhalb des Deckungsbeitrags I noch verträgt, um auch einen positiven Deckungsbeitrag III auszuweisen. Diese Fragen werden selten in dieser Schärfe und Präzision gestellt, unter anderem, weil viele Unternehmen über keine Deckungsbeitragsrechnung verfügen. Gerade das ist aber der Hebel zielgenauer und wirksamer Profitabilisierungsprojekte mit Experten aus den Bereichen Controlling, Verkauf, Einkauf, Produktion und Verwaltung. Das einleitend skizzierte Senken der Kosten „entlang der GuV" kann demgegenüber nur ein erster Schritt mangels besserer Daten mit der Wirkung einer Schrotladung sein.

- Dritter Hebel ist schließlich die Optimierung bestimmter Kernprozesse und Systeme in den verbliebenen und gestrafften Strukturen. Letzteres ist eigentlich eher ein Thema der Up Phase, Stichwort Operational Excellence (Lean Management, CIM- und Six-sigma-Projekte, Wertschöpfungspartnerschaften mit Lieferanten, Teilefamilien- und Plattformenfertigung, Standardisierung von Systemen und Einsatzstoffen etc.), aber es gibt Prozesse, die sofort in der Down Phase anzugehen sind. Dabei geht es wie schon angesprochen zum einen um die Steuerung der Finanzströme (Controlling, Cash Management etc.). Zum andern geht es um die Bestimmung der Auftragsqualität sowie die Disposition von Produktion und Materialwirtschaft. Das sind maßgebliche Grundlagen der Auslastungs- und Bestandsoptimierung und damit auch des Working Capital Management. Die Bestimmung der Auftragsqualität ist primäre Aufgabe des Vertriebs. Profitabilität ist bei aller Effizienz der Produktion nur mit Aufträgen zu erzielen, die über auskömmliche Preise verfügen, und mit Kunden, die auch die Rechnung bezahlen. Eine banale Erkenntnis, die in Krisenunternehmen aber oft noch einmal in Erinnerung zu rufen ist, denn nur auf dieser Grundlage kann Kostenmanagement zu Profitabilität führen. Die Disposition bezieht sich dann auf die Einsteuerung dieser werthaltigen Aufträge und der benötigten Ressourcen in das Produktionssystem. Je besser Aufträge zu den Fertigungsmöglichkeiten passen und je stabiler die kostenintensive Produktion mit geringstmöglichem Faktoreinsatz gefahren werden kann, umso niedriger sind die damit verbundenen Kosten. Das setzt eine realistische und genügend detaillierte Absatzplanung voraus sowie die tägliche Abstimmung von Verkauf, meist Verkaufsinnendienst, Produktionssteuerung der Werke und Materialdisposition des Einkaufs. Sofern nicht vorhanden, ist dafür noch in der Krise eine zentrale Auftragsdisposition einzurichten. Es ist immer wieder beeindruckend, in welchem Maße in diesem Bereich nur durch Planung und eine geordnete bereichsübergreifende Kommunikation signifikante kurzfristige Effizienzsteigerungen erreichbar sind und zudem noch durch rechtzeitige Rückkoppelungen bei Störungen auch eine verbesserte Kundenzufriedenheit erzielt werden kann. In gut geführten Unternehmen ist das eine Selbstverständlichkeit. Die hohe Kunst der Disposition ist das bereits erwähnte Yield Management, wo in enger Interaktion von Verkauf und Disposition beispielsweise kurzfristige Auslastungsoptimierung durch Spot-Angebote an Kunden betrieben wird. Dies ist ein bekanntes Modell z.B. in der Tourismusbranche und insbesondere ein Thema für Unternehmen mit hohen Fixkosten und preissensiblen Kunden − allerdings mit dem Risiko, die Kunden langfristig zu „Schnäppchenjägern" zu erziehen und harte Preiskämpfe (Rabattschlachten) am Markt auszulösen.

Die hohe Bedeutung von Einkaufsprojekten und Personalmaßnahmen in Restrukturierungsfällen und die Bandbreite der Ansatzpunkte zeigen die Abbildungen 85 und 86.

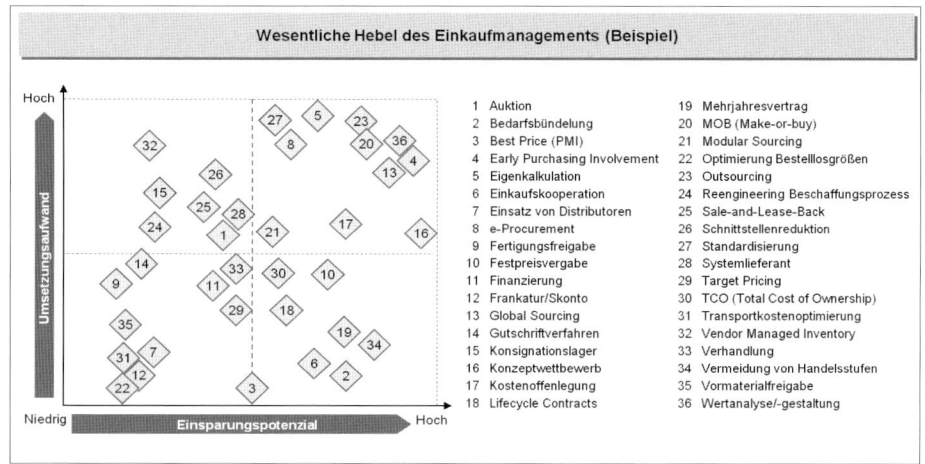

Abbildung 85: Wesentliche Hebel des Einkaufsmanagements (Beispiel)

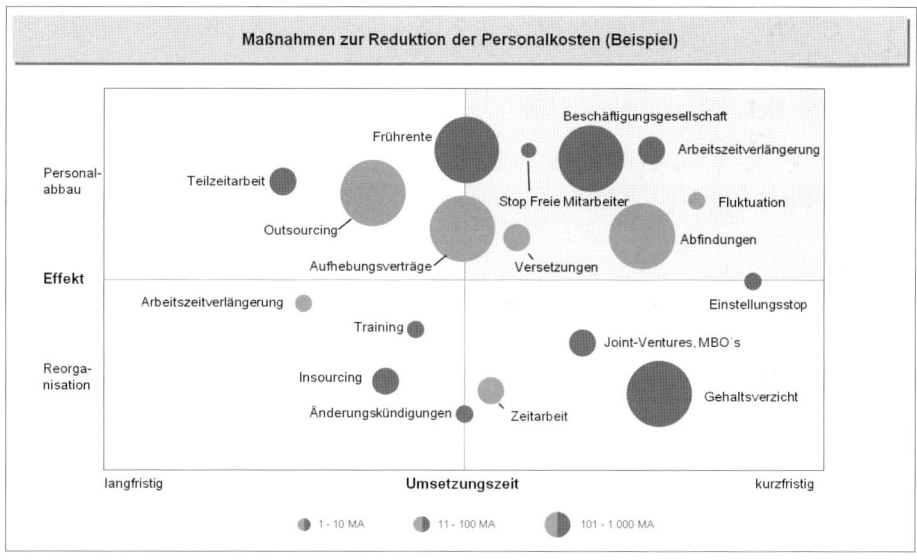

Abbildung 86: Maßnahmen zur Reduktion der Personalkosten (Beispiel)

Erfahrene Krisenmanager werden grundsätzlich dazu tendieren, die Krisensituation für möglichst weitreichende Kostensenkungen zu nutzen, beispielsweise auch für einen Kapazitätsabbau, der über den aktuellen Bedarf hinausgeht. Das kann durchaus sinnvoll sein, wenn sich eine zunehmende Volatilität der Märkte und harter Preiswettbewerb mit geringem Differenzierungspotenzial abzeichnet. Das Unternehmen muss sich dann neben den Bemühungen um USPs (Unique Selling Proposition) im Leistungsprogramm auch Freiräume verschaffen, die das Ergebnis weniger sensibel gegenüber Beschäftigungsschwankungen machen. Dann stehen beispielsweise die erwähnten Überlegungen zur Flexibilisierung durch Verkürzung der eigenen Kapazität und Fremdvergaben an Kleinbetriebe mit günstigen Strukturen und relativ schwacher Verhandlungsmacht als Subunternehmer an. Hohes Gewicht haben außerdem ergänzende Modelle zur weiteren Flexibilisierung der Personalkosten:

– Bezüglich des Personaleinsatzes geht es dabei um die möglichst exakte Anpassung der täglich bereitstehenden und damit zu entlohnenden Personalkapazität an den tatsächlichen täglichen Personalbedarf. Das setzt eine zeitnahe Personaleinsatzplanung voraus und flexible Arbeitszeitmodelle, wie etwa Jahresarbeitszeitkonten, Überstundenmodelle etc. Diese Modelle reduzieren die Verschwendung von Ressourcen, wenn zum Beispiel in einem gut geführten Betrieb die Überstunden nur bei einem tatsächlichen Bedarf an Mehrarbeit angesetzt werden und Leerzeiten zum Abbau von Stundenkonten genutzt werden. Im Jahresdurchschnitt sind die Personalkosten auf Basis dieser üblichen Modelle dennoch relativ fix, da diese klassischen Flexibilisierungsmodelle der Arbeit immer noch zur Folge haben, dass Arbeitszeiten zwar in Grenzen den Beschäftigungsschwankungen angepasst werden können, aber bezogen auf das Arbeitsjahr ein Regelentgelt mit gewissen Schwankungen aufgrund von Überstunden etc. zu zahlen ist. Im Extremfall würden Flexibilisierungsmodelle hingegen „no work, no pay" bedeuten, wie es beispielsweise im Kleingewerbe mit reinen Familienstrukturen notgedrungen üblich ist. In Unternehmen mit formal organisierten Strukturen sind diese weitreichenden Modelle ungewöhnlich.

– Bezüglich der Personalstruktur geht es deshalb zusätzlich um die sinnvolle Aufteilung der Kapazitäten auf eine aus Motivations- und Qualitätsgründen zu haltende Stammbelegschaft – zum Beispiel 80% der Personalkapazität – sowie ergänzende Arbeitskräfte für den Bedarfsfall. Dadurch werden dem Unternehmen auch kurzfristige Kapazitätsanpassungen mit nachhaltiger Kostenreduktion ermöglicht. Typische Ansätze sind Flexibilisierungen durch Saison- und Abrufkräfte oder Leiharbeitskräfte sowie Arbeitskräfte mit befristeten Arbeitsverträgen. Insbesondere bei hoher Volatilität der Beschäftigung sind diese Modelle hilfreich und kommen dem oben angesprochenen Konzept des „no work, no pay" relativ nahe.

Unbestritten ist natürlich, dass außerdem alle wirtschaftlich sinnvollen organisatorischen und technischen Möglichkeiten zur Flexibilisierung der Fertigung auszuschöpfen sind, beispielsweise Rüstzeitoptimierungen und eine verbesserte Disposition. Schließlich geht es darum, umfassende Flexibilität zur Sicherung der Wettbewerbsfähigkeit zu erreichen. Abbildung 87 verdeutlicht das Modell.

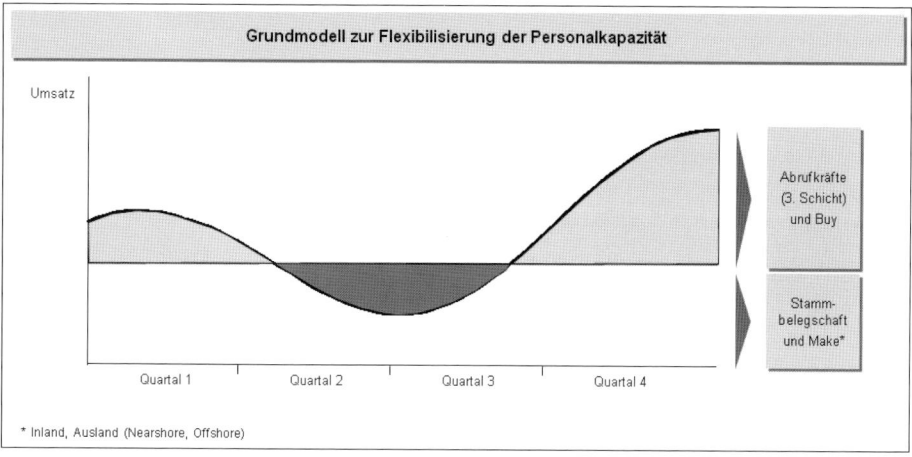

Abbildung 87: Grundmodell zur Flexibilisierung der Personalkapazität (Beispiel)

Mit Blick auf die Up Phase des Unternehmens und mögliche erneute Einbrüche der Märkte sind „atmende Personalkonzepte" sehr wichtig. Wenn es der Markt nicht mehr zulässt, allen Mitarbeitern dauerhaft Sicherheit zu bieten, dann gilt es, wenigstens dem Stammpersonal und den Schlüsselkräften wieder glaubwürdig Sicherheit und Vertrauen in die Zukunft einzuflößen, um ihr kreatives Potenzial zu aktivieren. In Unternehmen, die nach der akuten Krise bereits wieder wegen mangelhafter Restrukturierung auf dem Weg in die nächste Krise sind, wird dies nicht gelingen. Werden erst einmal die Krise und damit Top Down-Kommandowirtschaft in der Wahrnehmung der Stammbelegschaft und Spezialisten zum Normalfall, sind Fatalismus und Söldnermentalität statt Engagement und Loyalität die übliche Reaktion.

Betriebsräte in mittelständischen Unternehmen sind in aller Regel pragmatische Verhandlungspartner in Personalfragen und werden auch diese Modelle der weiteren Flexibilisierung mittragen, sofern seitens des Unternehmers im Vorfeld eine konstruktive Zusammenarbeit praktiziert wurde. Schwieriger hingegen werden diese Ansätze für Gewerkschaften zu akzeptieren sein – Sorge um weitere Tarifflucht, Mitgliederschwund, Sicherung von Mindeststandards –, wie auch die Diskussion um Mindestlöhne und Branchentarife zeigt. Die soziale Härte dieser Modelle ist offenkundig, die Frage ist nur, wie sich Unternehmen am Standort Deutschland im globalen Wettbewerb und einer EU mit deutlichem Tarifgefälle ansonsten behaupten können. Dies ist eine Frage, der sich Gewerkschafter und Politiker auch zusehends stellen. Ein anspruchsvolles Thema im Spannungsfeld zwischen sozialer Verantwortung von Unternehmen und Managern, Wettbewerbsfähigkeit und politischen Zielen.

Diese Flexibilisierungen werden in Zukunft an Bedeutung gewinnen, insbesondere auch durch Outsourcing. Bei Letzterem ist – wie in jedem Einkaufsprojekt – darauf zu achten, dass nicht nur die großen Personaldienstleister und die mit ihren internationalen Near- und Offshorestandorten buhlenden Outsourcinganbieter einbezogen werden. Denn diese sind aus tarifpolitischen Erwägungen selbstverständlich ein legitimer Interessensbereich von Gewerkschaften, können langfristig den natürlichen Tendenzen zunehmender interner Bürokratisierung erliegen und sind mächtige Verhandlungspartner. Kleinbetriebe als flexible Satelliten im regionalen Umfeld der eigenen Standorte und als Regulativ zu den Großen sollten deshalb nicht aus den Überlegungen ausgegrenzt werden, hinreichende wirtschaftliche Stabilität vorausgesetzt.

Limitierender Faktor – auf die Themen Eigenkapital und Buchverluste sei hier nur hingewiesen – für die Reichweite von Kostensenkungen und Strukturänderungen ist in erster Linie die verfügbare Liquidität, da beispielsweise Stilllegungen und Verlagerungen in hohem Maße Projektkosten verursachen und ein Personalabbau meist mit beachtlichen Abfindungen verbunden ist. Demgegenüber führen Einkaufsprojekte und Kürzungen des sonstigen betrieblichen Aufwands sowie Verbesserungen des Kapitalumschlags zu schnellen Liquiditätsentlastungen. Große Outsourcingprojekte werden teilweise sogar zur kurzfristigen Generierung von Liquidität genutzt, insbesondere durch die Veräußerung von Vermögensgegenständen des zu übertragenden Betriebes an den künftigen Dienstleister sowie zusätzlich durch die Vereinbarung von „upfront fees" (diskontierte künftige Kostensenkungspotenziale) mit kapitalstarken Outsourcingpartnern. Diese Maßnahmen müssen ganzheitlich über einen umfassenden Business- und Projektplan gesteuert werden, wobei die gegenläufigen Effekte in der Liquiditätsplanung zu simulieren und zu kontrollieren sind. Ansonsten kann das Kostenmanagement zu unerwarteten Friktionen führen. Priorität haben in der Down Phase kurzfristig erzielbare Effekte. So ist die Einführung moderner kaufmännischer Systeme, wie etwa SAP, zwar ein Beitrag zur Verbesserung der Entscheidungsqualität bzw. Prozesse und dies mag auch Kostensenkungen erleichtern, aber diese Projekte sind zunächst einmal in hohem Maße liquiditätsbelastend. Gleiches gilt für Investitionen in Fertigungsmodernisierungen. Die Idee kann unter Kosten- und Wettbewerbsgesichtspunkten gut und der ROI nachweisbar sein, aber in der Down Phase fehlen die Mittel für die Umsetzung und die Risikobereitschaft der finanzierenden Stakeholder. Das Vertrauen in das Management und in die Zukunft des Krisenunternehmens müssen erst wieder zurückgewonnen werden. Berater, die das nicht beachten, disqualifizieren sich.

Des Weiteren ist bei tiefen Einschnitten auch zu überlegen, wo der wahrscheinlich untere Haltepunkt eines Umsatzrückgangs aufgrund von Mengeneinbußen oder infolge eines Preisverfalls bei noch steigenden bzw. stagnierenden Mengen sein wird, denn Kostenmaßnahmen sollten nicht so weit gehen, dass sie künftige Umsatzpotenziale strangulieren oder zu ungewollten Leistungszurücknahmen am Markt führen. Das sind schwierige Ermessensentscheidungen, die maßgeblich davon abhängen, wie sehr man den Markt- und Umsatzprognosen vertraut und in welchem Maße man davon ausgeht, dass es ohnehin noch verdeckte Produktivitätsreserven im Unternehmen gibt, die Einschnitte über den nominal errechneten Kapazitätsbedarf hinaus rechtfertigen. Es gibt die bekannte Anekdote über den Panzergeneral, der nach der Meldung seiner Offiziere, der Treibstoff reiche nicht mehr für seine Pläne, dennoch den Angriff befohlen hat. Selbstverständlich hat der Treibstoff gereicht, weil der General seine Mannschaft gut genug kannte – Praxiserfahrung und Menschenkenntnis sind kritische und schwierige Themen in der Krise.

Die Kosten der Betriebsbereitschaft zur Erzielung des Break-even setzen dem Krisenunternehmen die definitive Untergrenze der Kostenreduktion. Wird bei Kostensenkungsprojekten insbesondere im Personalbereich und in den Prozessen so tief geschnitten, dass es nicht mehr möglich ist, genügend Umsatz zur Überschreitung des Break-even zu generieren, hat der Krisenmanager das Unternehmen zu Tode gespart. Deshalb sind eine Fixkosten- und Break-even-Analyse existenzielle Instrumente des Kostenmanagements, wie auch Überlegungen zur notwendigen Sicherung der Betriebsbereitschaft in Produktion und Verkauf durch genügend qualifizierte und motivierte Kräfte. Der Break-even zeigt dem Verkauf zudem – positive Deckungsbeiträge vorausgesetzt – die im Durchschnitt zu übertreffenden Mindestumsätze, ohne die das Unternehmen nicht überlebensfähig ist und das Kostenmanagement an Grenzen stößt.

Steht das Unternehmen an dem Punkt, wo Kostensenkungen ausgereizt sind und der Break-even durch Umsätze nicht mehr dauerhaft überschritten werden kann, hat es keine Überlebenschance allein durch operative Restrukturierungsmaßnahmen. Es ist eine Rückkoppelung auf das strategische Konzept erforderlich und – wenn es überhaupt noch einen Ausweg von der drohenden Insolvenz geben soll – dann stehen Themen zur Reduktion der Fixkosten an, wie etwa das Zusammengehen mit Wettbewerbern zur Nutzung übergreifender Synergien und Branchenkonsolidierung oder Stilllegungen defizitärer Standorte und die Ablösung langfristiger Verträge im Rahmen eines Insolvenzplanverfahrens. Für Krisenunternehmen, die über Jahre einen Schrumpfungsprozess durchlaufen haben und mittlerweile aufgrund von nicht abbaufähigen Fixkosten – z.B. Pensionsverpflichtungen – in überdimensionierten Strukturen arbeiten müssen, die sie auf Dauer gegenüber schlankeren Wettbewerbern, bedrohlichen Start Ups etc. benachteiligen, haben kreative Modelle zur kurzfristigen Reduktion der Fixkosten eine hohe Dringlichkeit.

Abbildungen 88 bis 90 zeigen die strategischen Hebel im Anschluss an eine „ausgereizte operative Restrukturierung" eines Krisenunternehmens. Das Unternehmen war auf der Kostenseite weitgehend bereinigt, hatte aber auf der Marktseite erhebliche Defizite gegenüber dem Wettbewerb aufzuholen. Glücklicherweise verfügte es über genügend Finanzkraft und auch Managementkapazität, um diesen Weg noch zu gehen. Insbesondere die Berater waren gefordert, in dieser Situation „Klartext zu reden" und die substanziellen Einschnitte zur Migration des Geschäftsmodells inhaltlich vorzubereiten.

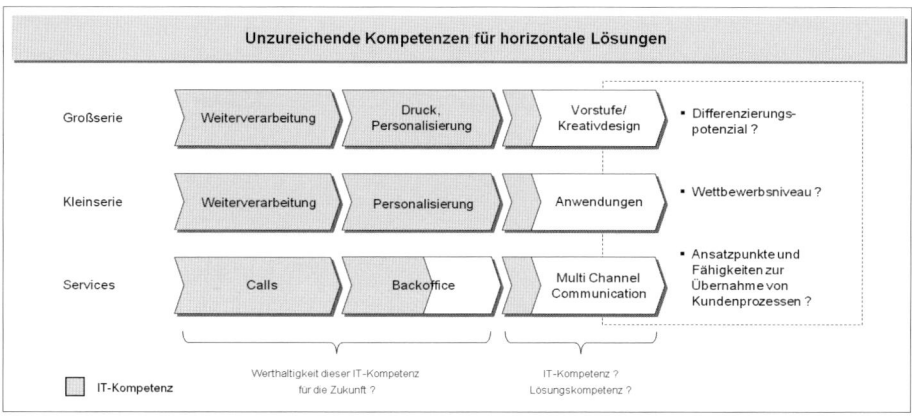

Abbildung 88: Signifikante Defizite des Geschäftsmodells (Beispiel)

Generell kommt es bei der Migration von Geschäftsmodellen bzw. dem strategischen Rückzug aus Geschäftsfeldern in börsennotierten Unternehmen bzw. Unternehmen mit hohem öffentlichem Interesse darauf an, diese Operationen möglichst ohne große Öffentlichkeitswirkung umzusetzen. Der Verkauf von Krisenengagements an spezialisierte Fonds, die Einbringung in ein Branchen Joint Venture mit Umfirmierung und Entkonsolidierung, die Hebung stiller Reserven durch konzerninterne Transaktionen wie Patent- und Markenverkäufe etc. sind dann typische Vorgehensmodelle. Die Restrukturierung wird in diesen Fällen stark von der Ergebnis- und auch Kommunikationspolitik überlagert, um das Unterneh-

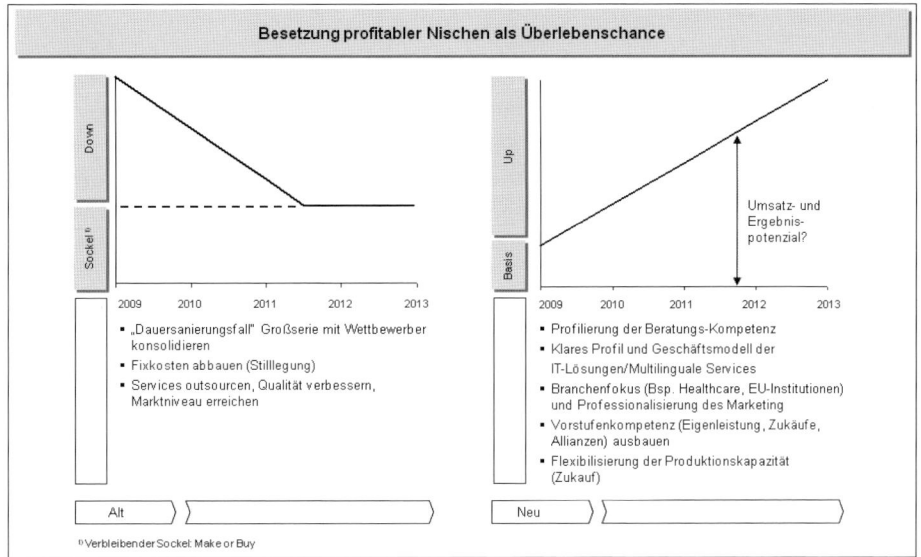

Abbildung 89: Herausforderung Migration des Geschäftsmodells (Beispiel)

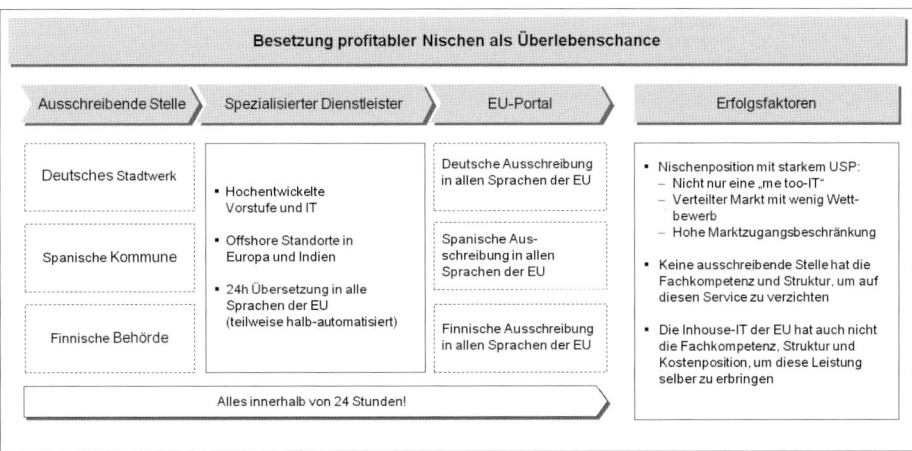

Abbildung 90: Besetzung profitabler Nischen als Überlebenschance (Beispiel Services für öffentliche Ausschreibungen der EU)

men möglichst weitgehend „aus den Schlagzeilen zu halten" und Ruhe für die sachlich notwendige betriebswirtschaftliche Arbeit zu haben.

Gerade Finanzinvestoren werden sich in solchen Situationen die noch verbleibenden Exit-Optionen überlegen und eventuell bedauern, dass sie nicht deutlich früher statt einer ganzheitlichen Restrukturierung die Zerlegung des Krisenunternehmens mit schrittweisem Exit bis auf die nicht verwertbaren Restbestände betrieben haben. Die späte Erkenntnis, dass die Umsatzentwicklung aufgrund unerwartet ausgeprägter Defizite des Geschäftsmodells hinter den Erwartungen des Sanierungskonzeptes zurückbleibt und Kostenmanagement zur Rettung nicht ausreicht, ist das generelle Risiko von Restrukturierungen. Deshalb sind vor allem unter Risikogesichtspunkten auch die oft von Finanzinvestoren zügig im Anschluss an eine Übernahme von Krisenunternehmen angegangenen Zerschlagungs- und Verwertungsmodelle durchaus plausible Ansätze – entgegen den gerade bei strategischen Investoren üblichen Modellen der Erhaltung des Gesamtunternehmens. Kostenmanagement ist in den kurzfristig angelegten Zerschlagungsmodellen primär darauf ausgerichtet, „die Braut für den Verkauf als Ganzes oder in Teilen zu schmücken".

So weit in Kürze die wesentlichen inhaltlichen Aspekte des Kostenmanagements in der Krise. Zu den Details gibt es genügend Literatur. Für erfahrene Krisenmanager ist dies ohnehin Tagesgeschäft, deshalb anbei nur als Beispiel Auszüge aus einer Checkliste mit wesentlichen Kostentreibern in einem Unternehmen der Maschinenbau-Branche.

Kostenmanagement ist in hohem Maße mit Verhandlungen verbunden, denen immer eine gewisse Ungewissheit und ein latentes Konfliktpotenzial immanent sind. Unternehmensintern sind dies oft personenbezogene Konflikte mit Managern, deren Position gefährdet ist und die eventuell auch etwas zu verbergen haben. Dies kann sich gegebenenfalls bis auf die Gesellschafterebene durchziehen, je nachdem, wie eng Unternehmens- und Privatsphäre verflochten sind. Für Krisenmanager sind in der frühen Phase der Restrukturierung nur Teile des Beziehungsgeflechtes und die faktische Macht von Personen mit Kundenkontakten, Fachwissen, Finanzkraft transparent. Scheint eine direkte Konfrontation nicht erfolgversprechend, kann dies gelegentlich zu vorsichtigem Taktieren und pragmatischen Kompromissen zwingen, um das Unternehmen kurzfristig nicht zu gefährden. Es ist unbestritten, dass „faule Kompromisse" dem Unternehmen langfristig schaden können und dann nicht tolerierbar sind. Das ist aber ein Thema für Nachbesserungsarbeiten in der Up Phase.

Bei externen Stakeholdern, beispielsweise Lieferanten, kommt es meist darauf an, wie sehr sie bereit sind, dem Krisenunternehmen noch durch eigene Zugeständnisse eine Chance zu geben. Auch dies stellt hohe Anforderungen an das Verhandlungsgeschick der Krisenmanager.

Unternehmensbereiche	Kostentreibende Faktoren	Einfluss (Beispiel Maschinenbau)		
		Stark	Mittel	Schwach
Forschung, Entwicklung	Personalkosten	x		
Konstruktion	Materialkosten		x	
	Weiterbildungskosten	x		
	Personalkosten	x		
	Projektkosten		x	
	Patentkosten		x	
	Lizenzkosten		x	
	Fremdvergaben			x
	Sonstiges			x
Einkauf	Personalkosten		x	
	Kommunikationskosten			x
	Reisekosten		x	
	Sonstiges			x
Materialwirtschaft	Personalkosten	x		
	Abschreibungen (Logistikinvest.)			x
	Logistischer Verwaltungsaufwand	x		
	Lagerkosten	x		
	Sonstiges		x	
Fertigung	Fertigungslöhne	x		
	Gemeinkostenlöhne	x		
	Sonst. Personalaufw. (Fremdpers.)		x	
	Fert. materialkosten			
	Sonstiges			x
Vertrieb	Fixe Personalkosten	x		
	Variable Vergütungen	x		
	Erlösschmälerungen		x	
	Kommunikationskosten		x	
	Reisekosten		x	
	Weiterbildungskosten			x
	Werbungskosten	x		
	Messen, Repräsentation usw.		x	
	Transportkosten			x
	Reklamationen			x
	Sonstiges		x	
Verwaltung / Rechnungswesen	Personalkosten	x		
	EDV-Kosten	x		
	Abschreibungen			x
	Allg. Verwaltung (z.B. Telefondienst)			x
	Buchhaltung / Kostenrechnung		x	
	Kommunikationskosten		x	
	Reisekosten			x
	Sonstiges			x
Sonstiges	Zinsen	x		
	Gebühren, Abgaben usw.		x	
	Beratung		x	
	Versicherung			x

Abbildung 91: Checkliste Kostentreiber (Beispiel)

Professionelles Krisenmanagement ist als Rahmen dieser Prozesse eine wesentliche Erfolgsvoraussetzung, auch um bei Konflikten mit eventuellen Haftungsansprüchen formal korrektes Vorgehen nachzuweisen. Kritiker sind im Nachhinein stets zur Genüge zu finden – meist aus dem Umfeld derjenigen, die durch die Restrukturierung etwas verloren haben.

2.2.2.4 Die Organisation des Krisenmanagements

Tragende Säule jeden Unternehmens ist die Aufbauorganisation, beispielsweise eine divisionale Organisation ergänzt um bestimmte Zentralbereiche, mit der die horizontalen und vertikalen Aufgabenzuordnungen und Kommunikationsbeziehungen zur Abwicklung der Anforderungen des Tagesgeschäftes geregelt werden. Ergänzt wird diese Struktur durch ein unternehmensweites Führungssystem, beispielsweise die Führung über Zielvereinbarungen und Commitments auf den oberen und mittleren Managementebenen. Das gilt auch für Krisenfälle, wobei auf möglichst schlanke Strukturen, geeignete Informationssysteme und eine konsequente Führung zu achten ist. Häufig sind dies Schwachstellen von Krisenunternehmen, bei denen sich zudem auch Defizite in der Qualität des Managements offenbaren. Diese Mängel sind noch in der Down Phase engagiert anzugehen, gegebenenfalls durch Personalwechsel.

Allein über diese Regelorganisation ist die akute Krise aber nicht zu bewältigen. Hinzu muss immer ein Projektmanagement kommen, das die Regelorganisation überlagert. Das angemessene Projektdesign ist dabei eine der wesentlichen Herausforderungen des Krisenmanagements, wie anhand des folgenden Beispiels verdeutlicht werden soll.

Die Unternehmensgruppe war gesellschaftsrechtlich steueroptimiert organisiert, es gab eine Betriebskapitalgesellschaft sowie verschiedene Besitzpersonengesellschaften. Aufgrund des Wirkens eines Rating Advisors war die Betriebskapitalgesellschaft relativ gering verschuldet. Die Gewerbeimmobilien der Besitzpersonengesellschaften waren hingegen in hohem Maße mit Krediten belastet, ebenfalls weitere Immobilien im Privateigentum der Gesellschafter. Die Gesellschafter und Gesellschaften waren zur Besicherung die üblichen Bürgschaften, Verpfändungen etc. eingegangen. Die Bedienung der Kredite erfolgte in der Besitzgesellschaft über deren Cashflow sowie in den Besitzgesellschaften durch sehr hohe Pachten, die ebenfalls wieder die Betriebsgesellschaft zu leisten hatte. Die Gesellschafter finanzierten sich über Geschäftsführergehälter und zusätzliche Entnahmen. Abgesehen von der Betriebsgesellschaft hatte die Gruppe keine zusätzlichen signifikanten Einnahmequellen. Die Betriebsgesellschaft war sprichwörtlich „… die Kuh, die von der Gruppe gemolken wurde". Während die Betriebsgesellschaft durchaus vernünftig verschuldet war, wies die gesamte Gruppe bis hinein in die Privatsphäre der Gesellschafter einen bedenklichen Verschuldungsgrad auf. Finanziert wurde das Konstrukt auf allen Ebenen durch den gleichen Bankenkreis. Abbildung 92 gibt einen vereinfachten Überblick.

Als die Betriebsgesellschaft erste Verluste und Liquiditätsprobleme aufwies, hätte man sich vordergründig auf die Restrukturierung dieser Gesellschaft beschränken können. Tatsächlich aber waren die Entnahmepolitik der Gesellschafter und die Belastung mit den hohen Pachten eine der maßgeblichen Ursachen der knappen

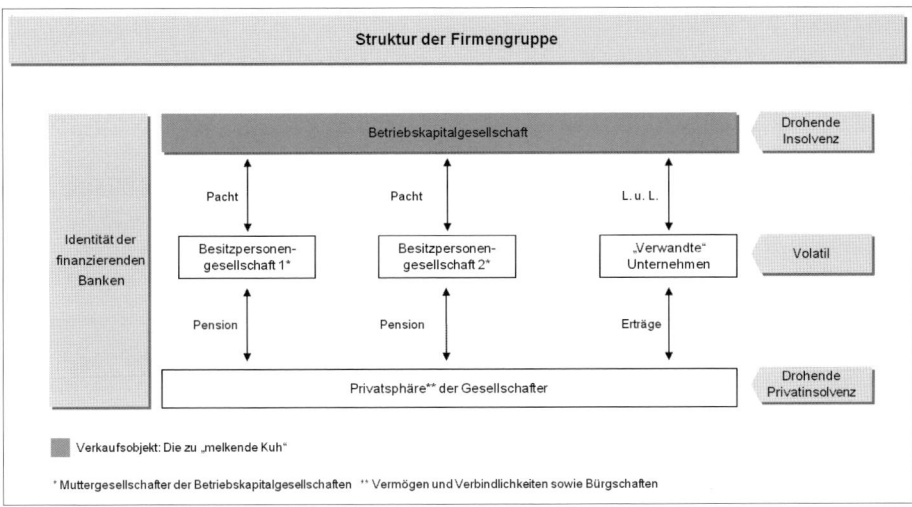

Abbildung 92: Struktur der Firmengruppe (Beispiel)

I iquidität und geringen Entwicklungschancen der Betriebsgesellschaft. Notwendige Änderungen dieser Finanzströme mussten zum Einbruch der gesamten Gruppe bis hin zur Privatinsolvenz der Gesellschafter führen. Natürlich strebten die Gesellschafter nur eine Liquiditätshilfe in der Betriebsgesellschaft an, um mit geringstmöglichen Eingriffen ihre Gruppe wie bisher zu führen. Dazu waren die Banken, aus Risikoerwägungen und aufgrund des Verhaltens der Gesellschafter, aber nicht mehr bereit. Also musste die anstehende finanz- und leistungswirtschaftliche Restrukturierung das gesamte Gebilde umfassen und gegen den anfänglich heftigen Widerstand der Gesellschafter von deren Privatsphäre ausgehend (Lebensplanung, Komfortniveau, verschuldetes Immobilieneigentum etc.) aufgebaut werden. Das war deutlich anspruchsvoller, aber unabdingbar für den Erfolg. Das Restrukturierungskonzept mündete, neben den üblichen operativen und strategischen Maßnahmen in den Gesellschaften, in einem Investorenprozess zur Ablösung der Gesellschafter, der durch eine doppelnützige Treuhand abgesichert und einen CRO begleitet wurde. Den Gesellschaftern blieb die Privatinsolvenz erspart und verblieb ein überschaubares Restvermögen.

Überlegungen zur Gestaltung des Projektdesigns im Rahmen des Krisenmanagements konzentrieren sich insbesondere auf drei Hebel. Es geht zunächst um die Festlegung der Projektreichweite und damit auch der Projektgrenzen. Werden die Grenzen weit gezogen, erhöht sich meist die Komplexität und umgekehrt. Werden die Grenzen eng gezogen, besteht das Risiko, relevante Krisenursachen und -felder nicht bzw. nicht rechtzeitig anzugehen. Mit diesen Grundsatzentscheidungen im Vorfeld aller weiteren Aktivitäten wird maßgeblich bestimmt, wie groß das Aktionsfeld des Krisenmanagements sein muss. Folgeschritt ist die Reduzierung der Komplexität innerhalb dieser Grenzen mit dem Ziel, die Kapazität des Managements bei der Bewältigung anstehender Entscheidungen sowie die Kapazität ihrer Mitarbeiter bei der Lösung akuter Aufgaben nicht zu überfordern. Letzter organisatorischer Schritt ist die Sicherung der Durchsetzungsfähigkeit des Projektmanagements. Zur Veranschaulichung werden diese Themen im Folgenden anhand des obigen Praxisfalls erläutert:

– Die Projektreichweite bestimmt, welche Teilbereiche eines Krisenfalls durch ein Restrukturierungsprojekt erfasst werden. In dem Beispiel zeigte sich, dass eine Einschränkung nur auf die vordergründig angeschlagene Einheit ein Fehler gewesen wäre, denn das Fresh money wäre wie ein Tropfen auf dem heißen Stein in kurzer Zeit ergebnislos verdampft. In Unternehmensgruppen, die neben einer krisenhaften Einheit ansonsten solide Verhältnisse in den übrigen Einheiten – korrekte Ergebniszurechnungen und funktionsfähige Führungsstrukturen vorausgesetzt – aufweisen, könnte man hingegen das Restrukturierungsprojekt auf den engeren Problembereich begrenzen. Diese Entscheidung wird letztlich davon abhängen, ob man den Krisenbereich und die Krisenursachen eindeutig identifizieren kann und ob man sie von dem übrigen relevanten Umfeld (Konzerngesellschaften, Gesellschafter etc.) wirksam entkoppeln kann. So wie ein Lager die Prozessstufen im Materialfluss eindeutig entkoppelt, muss der Krisenbereich finanzwirtschaftlich und strukturell – zum Beispiel gesellschaftsrechtliche und faktische Einflusssphären – eindeutig aus seinem Umfeld herauszulösen sein. Der Wirkungskreis des Projektes ist so weit zu ziehen, bis diese Bedingung erfüllt ist. In obigem Beispiel war diese Entkoppelung nicht möglich, also reichte das Restrukturierungsprojekt bis hinein in die Privatsphäre der Gesellschafter mit entsprechend hoher Komplexität des Projektes.

– Ist die Reichweite des Projektes festgelegt, geht es um die Komplexitätsreduzierung innerhalb des Projektes, denn Krisenmanagement mit großen Teams erzielt oft eine überraschend geringe Wirkung. Das liegt insbesondere an dem zunehmenden internen Koordinationsaufwand großer Projekte, die in hohem Maße Ressourcen zur Erhaltung der eigenen Funktionsfähigkeit einsetzen müssen. Diese Ressourcen erzielen keine Außenwirkung. Das ist der Grund, warum Armeen in Konflikten nicht nur mit großen Verbänden operieren, sondern auch mit kleinen Task Forces. Diese mit nur vier bis acht Mitgliedern besetzten Task Forces erzielen aufgrund ihrer Konzentration auf genau ein Ziel und ihrer einfachen internen Struktur eine erhebliche Wirkung, zu der eine große Einheit kaum in der Lage ist. Krisenmanagement stützt sich primär auf solche kleinen Teams, die Nähe des Vorgehens zu militärischen Operationen ist offensichtlich. Zur Reduzierung der Komplexität muss deshalb bei großen Fällen zunächst einmal die Komplexität des Krisenobjektes selber so weit reduziert werden, dass es überhaupt für ein Projekt beherrschbar wird. Typische Ansätze zur Reduktion der Komplexität des Krisenobjektes sind beispielsweise Desinvestitionen. In obigem Beispiel wurden Lieferungen an die „Verwandten Unternehmen", d.h. sonstige industrielle Beteiligungen der Gesellschafter, aufgrund hoher überfälliger Forderungen auf Vorkasse für Neugeschäfte und Tilgungspläne für die Altgeschäfte umgestellt. In der Folge wurde der Verkauf der Anteile an diesen Unternehmen erwirkt und in Verbindung mit diesen Erlösen erfolgten Sondertilgungen von Krediten in der Privatsphäre der Gesellschafter. Damit wurde das Projekt von belastenden Randthemen befreit. Ähnliche Effekte haben Stilllegungen und Outsourcingprojekte, sofern sie im Stadium der akut drohenden Insolvenz noch umsetzbar sind. Weiterer üblicher Ansatz der Komplexitätsreduktion ist die zeitliche Staffelung von Aktionen, so dass die Projektorganisation nicht zeitgleich von allen anstehenden Maßnahmen belastet wird. Die Ressourcen für massives Vorgehen in einem Bereich werden entlastet durch Abwarten und Verzögerungstaktik in andern Bereichen. In dem Beispiel hatte deshalb die Restrukturierung der Betriebsgesellschaft Priorität, wohingegen der Verkauf der Immobilien aufgrund von Überbrückungshilfen der Banken nicht mit dem gleichen Zeitdruck erfolgen musste. Die Zerlegung des Krisenfalls in beherrschbare und isolierbare Teilbereiche spiegelt sich dann meist in der Projektorganisation durch Aufstellung entsprechender Task Forces je Teilbereich – in obigem Beispiel das Restrukturierungs- und M&A-Team für die Betriebsgesellschaft und das M&A-Team für die Beteiligungen sowie Immobilien. Die auf die beschriebenen Ansätze zur Reduktion der Komplexität des Krisenobjektes und zur Regelung der zeitlichen Folge der Kernmaßnahmen folgenden Ansätze zur Beherrschung der Komplexität innerhalb der Projektorganisation folgen den bekannten Prinzipien der Organisationslehre. Über die Zielvorgabe steuert man demnach das Anspruchsniveau der Teams und mit der Segmentierung (horizontal) und Strukturierung (vertikal) der daraus abgeleiteten Aufgaben ihre interne Organisation, Interdependenzen und Kommunikationsbeziehungen. Mit der Zuweisung von Ressourcen und Handlungsvorgaben bestimmt man mittelbar bzw. unmittelbar die Durchschlagskraft sowie den Aktionsradius der Teams. Den Grad an Ungewissheit der Teams bei Entscheidungen kann man in begrenztem Umfang durch den zulässigen Aufwand zur Erhebung und Auswertung relevanter Informationen steuern. Das akzeptable Ausmaß an organisationsbedingter Komplexität und internen Erfolgsrisiken bestimmt letztlich das Management des Krisenprojektes aufgrund seiner Erfahrungen. Extern bedingte Komplexitätstreiber und Erfolgsrisiken, wie etwa die Konjunkturentwicklung oder das Verhalten von Kunden, sind organisatorisch natürlich kaum bzw. nur bedingt beherrschbar und beeinflussen Krisen-projekte wesentlich. Wie bei allen Projekten sind deshalb, neben den formalen Strukturen und Methoden, auch die Flexibilität, Kreativität und Improvisations-kunst des Managements maßgebliche Erfolgsfaktoren. Letzter maßgeblicher Erfolgsfaktor in Krisenfällen ist die Sicherung der Durchsetzungspotenziale des Projektmanagements.

– Krisenprojekte, wie in dem vorausgegangenen Beispiel skizziert, sind geprägt von offenen sowie verdeckten Konflikten. Krisenmanager müssen deshalb neben Führungs- und Projekterfahrung auch über fundierte Erfahrungen im Konflikt-management, Change Management und der Verhandlungsführung verfügen. Bei renitenten oder intriganten Gegenspielern reicht dies allerdings nicht aus und muss durch ausreichende formale Macht des Krisenmanagements ergänzt werden. In dem Beispiel geschah dies mit der Entkoppelung der Unterneh-mensgruppe von den bisher maßgeblichen Gesellschaftern durch das Zwi-schenschalten eines Treuhänders. Die Restrukturierung übernahm ein als Ge-schäftsführer eingestellter CRO mit allen erforderlichen Kompetenzen – martialisch könnte man das als „Unternehmensführung im Ausnahmezustand" bezeichnen. Diese Maßnahme wirkte für das Projektmanagement in der Unter-nehmensgruppe konfliktreduzierend und es verlieh dem Projekt zudem die Durchschlagskraft, die es für die zügige Lösung aller signifikanten Probleme benötigte. Das ist ein mittlerweile übliches Vorgehen in anspruchsvollen Re-strukturierungsprojekten. Treuhänder und CRO arbeiten in der Regel mit ihnen bekannten Beratern, so dass eingespielte Teams in dieser kritischen Situation zum Einsatz kommen. Zur Vermeidung destruktiver Machtkämpfe wird man die nachteilig Betroffenen entweder zügig aus dem Unternehmen entfernen oder ihnen frühzeitig Chancen der persönlichen Schadensbegrenzung aufzeigen, die sie von destruktiven Aktionen abhalten. Die Konflikte, die man damit aus dem Krisenunternehmen herausnimmt, bleiben dem Krisenmanagement an der Schnittstelle zu den „Ausgegrenzten" erhalten, denn es gibt in aller Regel zähe Auseinandersetzungen über Abfindungen, Modalitäten des Ausscheidens oder der späteren Rückkehr usw. Ein weites Feld für Anwälte. Wichtig ist, diese Aus-einandersetzungen stören nicht mehr die Projektteams, die davon bei ihrem Einsatz wirksam abgeschirmt werden. Dieses Vorgehen ist leider nicht unge-wöhnlich. Ideal und wünschenswert ist im Gegensatz dazu natürlich eine Situa-tion, in der sich der Unternehmer engagiert und konstruktiv an die Spitze des Restrukturierungsprojektes stellt und mit Unterstützung spezialisierter Berater die Veränderungen vorantreibt. Grundsätzlich hat er auch in der Krise alle Op-tionen der Umsetzung und deren Folgen selber in der Hand, denn alle Stake-holder werden froh sein, wenn der Unternehmer sein Problem selber und für alle Beteiligten erfolgreich löst. Er muss lediglich genau das tun und das Vertrauen der maßgeblichen Stakeholder haben.

Inhaltlich dient das Projektmanagement dem Zweck, die Umsetzung der Restrukturierungsmaßnahmen – meist mehrere Hundert und die wieder heruntergebrochen auf konkrete Aktivitäten und Einzelschritte – mit konkret definiertem und messbarem Resultat (Liquiditäts-, Ergebniswirkung) je Aktivität bzw. sogar Einzelschritt stringent zu steuern, kurzfristig auf Abweichungen zu reagieren und den Stakeholdern bei Bedarf sowie zu den maßgeblichen Berichtsterminen aktuelle Auskunft über den Projektstatus zu geben. Dafür ist auf Seiten des Unternehmens ein verantwortlicher und freigestellter operativer Projektmanager zu benennen, sind Projektteams aufzusetzen und ist ein Lenkungskreis einzurichten, beispielsweise geführt von dem Unternehmer und des Weiteren besetzt mit Vertretern aus dem Top Management. Das wurde weiter oben in Abbildung 9 bereits an einem Beispiel verdeutlicht. Zu dem Lenkungskreis werden in der Regel zu wesentlichen Terminen auch externe Stakeholder eingeladen, wobei insbesondere Bankenvertreter darauf achten werden, nur als Gäste eingeladen zu sein, um nicht den Eindruck der faktischen Geschäftsführung zu erwecken.

Weiterhin sind ein „War Room" sowie ein Projektsekretariat einzurichten, in dem alle relevanten Informationen kurzfristig verfügbar gehalten, dokumentiert und archiviert werden. Das sind z.B. Unterlagen zum Projektstatus, Protokolle sowie die Entscheidungsgrundlagen. Die Abbildungen 93 und 94 zeigen den War Room – das Arbeitszimmer des CRO und seiner Berater, ausgestattet mit der erforderlichen

Abbildung 93: War Room – Steuerung der kritischen Bereiche im Tagesgeschäft (Beispiel)

Abbildung 94: War Room – Steuerung der Restrukturierungsprojekte (Beispiel)

Informatik und Moderationstechnik – aus einem Projekt in der Bauindustrie. Täglich trafen sich in diesem Fall zu Arbeitsbeginn für 30 Minuten die wesentlichen Manager und gingen kurz die kritischen Bauprojekte durch, den Status der Restrukturierungsmaßnahmen, die aktuelle Liquidität und besondere Problemfälle. Die Themen wurden kurz besprochen, möglichst sofort entschieden und umgesetzt.

Dem Projektmanagement lagen in obigem Fall durchaus die üblichen Maßnahmenpläne zugrunde, aber die Konzentration der Besprechungen und Unterlagen auf einen Raum und die Visualisierung der wesentlichen Themen kam der „hands on"-Mentalität der Manager mehr entgegen als das Durcharbeiten tief gegliederter Listen mit Maßnahmen- und Aktionsplänen. Krisenmanager müssen deshalb ein Gleichgewicht zwischen notwendigem Formalismus zur Disziplinierung der Projektarbeit einerseits sowie Akzeptanz und Belastbarkeit der für die Umsetzung wichtigen „operativen Macher" andererseits finden. Treiben sie den Formalismus zu weit, binden sie damit unnötig Personalkapazität, blockieren wichtige Leistungsträger mit zeitraubenden Reports und betreiben eher eine ausschweifende „Kriegsberichterstattung" mit ästhetischen Charts als ein wirksames Umsetzungsmanagement mit substanziellen eigenen Beiträgen. Verzichten sie auf formales Projektmanagement, bekommen sie die Umsetzung ebenfalls nicht in den Griff. In obigem Beispiel wurden deshalb auf der einen Wand täglich der aktuelle Status und die Planung der Bauprojekte für die nächsten drei Wochen anhand von Listen der Auftragsleitstelle gezeigt; jede Karte repräsentierte zusätzlich ein kritisches Thema aus dem laufenden Geschäft, das täglich kurz angesprochen wurde. Auf der anderen Wand waren die für die Restrukturierung kritischen Themen (Kernprozesse, Qualität und Reklamationen, Arbeitsgruppen, überfällige Debitoren) aufgelistet; jede Karte bzw. Skizze etc. repräsentierte ein kritisches Thema, das ebenfalls täglich kurz angesprochen wurde. Verbindende Klammer waren der Projektplan und zusätzliche betriebswirtschaftliche Auswertungen (z.B. Auftragseingang, Liquiditätsstatus und -forecast), die über die vorhandene IT-Ausstattung des War Rooms ebenfalls für die kurzen Treffen zur Verfügung standen. Der War Room war damit auch die wichtige Kommunikationszentrale des Krisenunternehmens, denn in Krisenfällen hat die Organisation der Kommunikation einen besonders hohen Stellenwert.

Krisen sind die Zeit der Gerüchte und Unsicherheit. Die Kommunikation nach innen und außen über die Lage des Unternehmens und das Restrukturierungsprojekt ist deshalb verbindlich zu regeln – Zuständigkeit, Form, Inhalt und Anlass. Ansonsten besteht die Gefahr ungewollten Informationsabflusses und externer Einflussnahmen. Häufig genug wird bei Konflikten in Krisenfällen die gezielte Preisgabe bzw. Veröffentlichung von Informationen auch als ein Drohinstrument benutzt. Abbildung 95 gibt einen Überblick zu dem Regelungsbedarf.

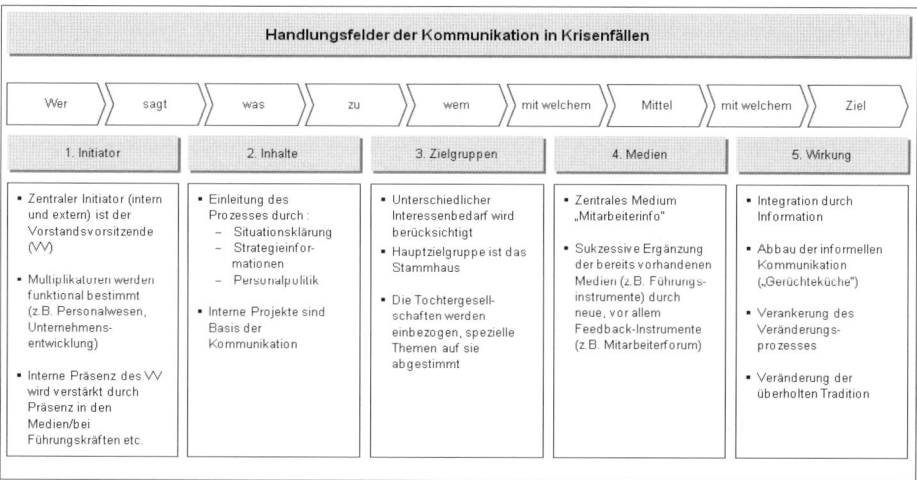

Abbildung 95: Handlungsfelder der Kommunikation in Krisenfällen (Beispiel)

Das Beherrschen der Kommunikation in kritischen Situationen und die Moderation der Interessengruppen sind neben den fachlichen Fähigkeiten wesentliche Anforderungen an Krisenmanager. Zudem müssen sie ein hohes Maß an Flexibilität aufweisen, denn Restrukturierungen verlaufen sehr dynamisch und trotz aller Sorgfalt nicht so, wie in dem Sanierungskonzept vorgesehen. Der Markt ist volatil, das Unternehmen ist angeschlagen und die Wettbewerber sind auch nicht untätig.

Diese Dynamik gilt für die Restrukturierungsmaßnahmen, wie auch für die laufende Geschäftsentwicklung, die eng verwoben sind, denn Letztere ist über Annahmen in den Businessplan eingeflossen, der wieder Grundlage zur Ableitung von Restrukturierungsmaßnahmen ist. Es ist deshalb sehr wichtig, das Restrukturierungsprojekt – so wie im Fall des Unternehmens der Bauindustrie dargestellt – zeitnah mit dem laufenden Business Controlling zu koppeln, um konsequent auf Abweichungen sowohl in der Geschäftsentwicklung als auch in dem Restrukturierungsprojekt reagieren zu können. Beide beeinflussen direkt die Liquiditäts- und Ergebnissteuerung des Krisenunternehmens.

Krisenmanager sollten generell von einer jederzeit hohen Anspannung der Liquidität und ebenfalls hohen Anforderungen an die Kommunikation mit den maßgeblichen Stakeholdern ausgehen und sich demgemäß organisieren. Für die schlagkräftige Steuerung eines umfangreichen Restrukturierungsprojektes ist es ihnen aber nicht möglich, umfassende Statusberichte über hunderte von Maßnahmen im Detail auszuwerten. Deshalb ist es wesentlich, die Struktur („Templates") der Reports vorzugeben:

– Projekttitel und maximal drei Zeilen zum Inhalt
– Stichworte zu den Maßnahmen der letzten vier Wochen
– Stichworte zu den Maßnahmen der nächsten vier Wochen
– Abweichungen, Entscheidungsbedarfe und -grundlagen
– Liquiditäts- und Ergebniswirkung der Maßnahme nach Bilanz- bzw. GuV-Position, Höhe und Termin.

Die Statusreports, unterzeichnet und vertreten durch die verantwortlichen Teamleiter, sollten höchstens zwei Seiten umfassen, bei wesentlichen Entscheidungen ergänzt um eine etwas umfangreichere Erläuterung der Entscheidungsgrundlagen. Die Gesamtsteuerung des Projektes läuft maßgeblich über die Beobachtung der materiellen Wirkung der laufenden Maßnahmen:

– Umsetzungsstand der Maßnahmen
– Liquiditätswirkung (Position, Höhe und Termin)
– Ergebniswirkung (Position, Höhe und Termin)
– noch zu schließende Lücken.

Das sind die entscheidenden Parameter einer Restrukturierung und stehen deshalb im Fokus. Die Abbildungen 96 bis 100 verdeutlichen die Logik und zeigen den Auszug aus einem Statusbericht.

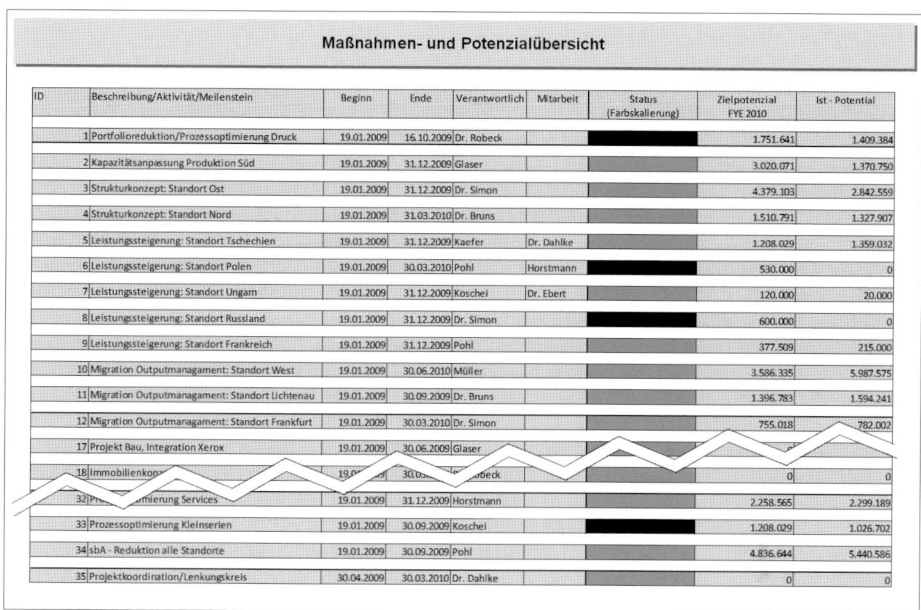

Abbildung 96: Übersicht zum Status des Gesamtprojektes (Beispiel)

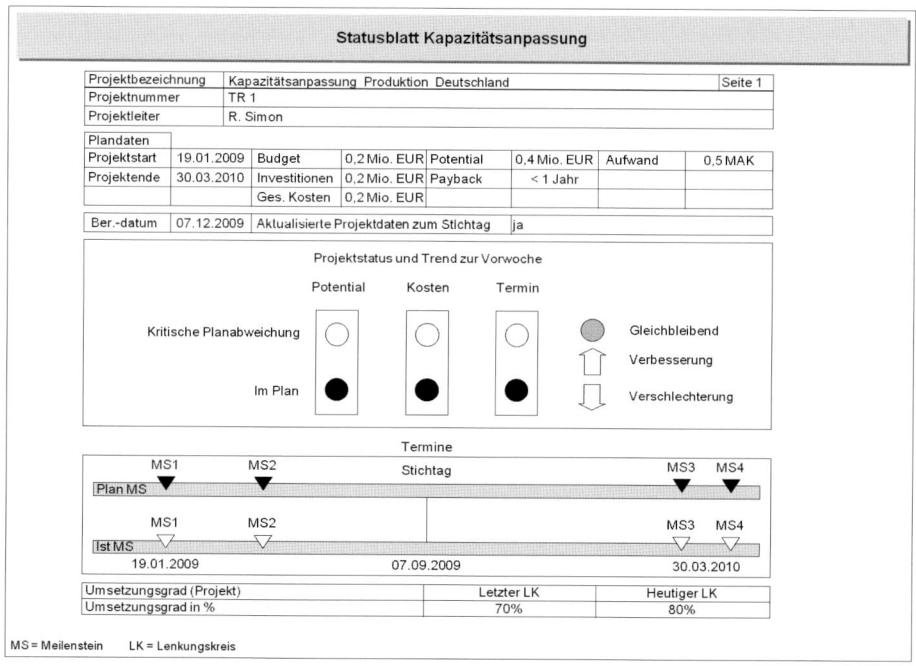

Abbildung 97: Status und Trend Teilprojekt Kapazitätsanpassung (Beispiel)

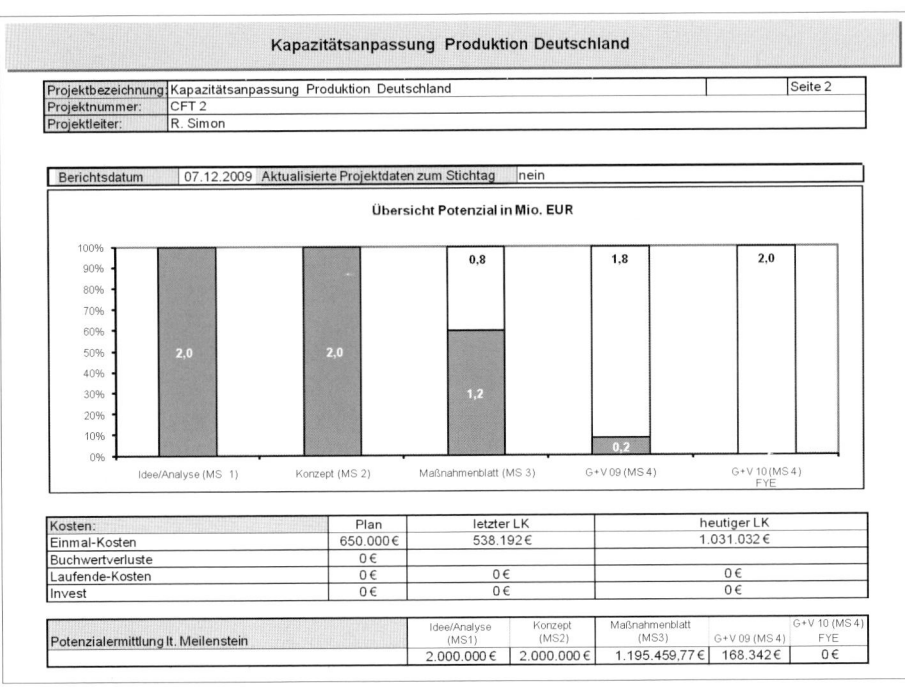

Abbildung 98: Materieller Status Teilprojekt Kapazitätsanpassung (Beispiel)

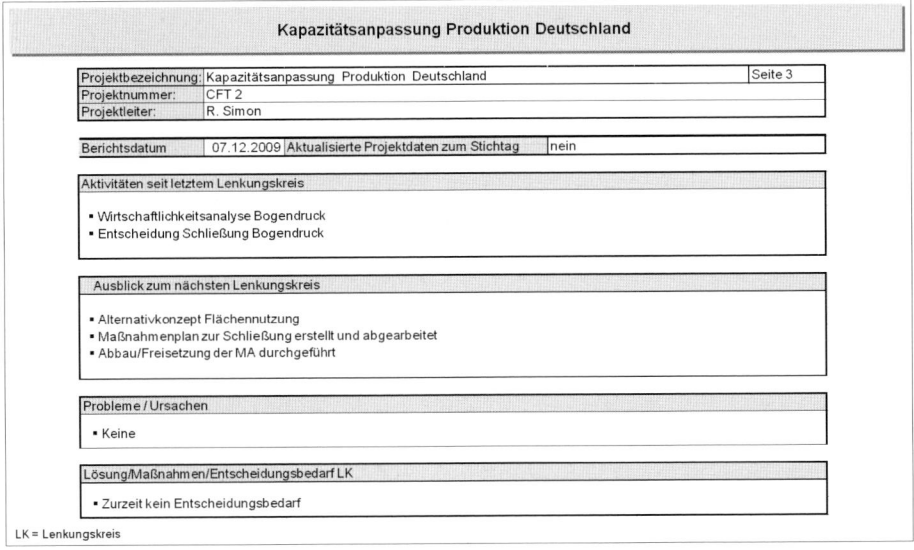

Abbildung 99: Wesentliche Aktivitäten im Teilprojekt Kapazitätsanpassung und Entscheidungsbe-
darf des Lenkungskreises (Beispiel)

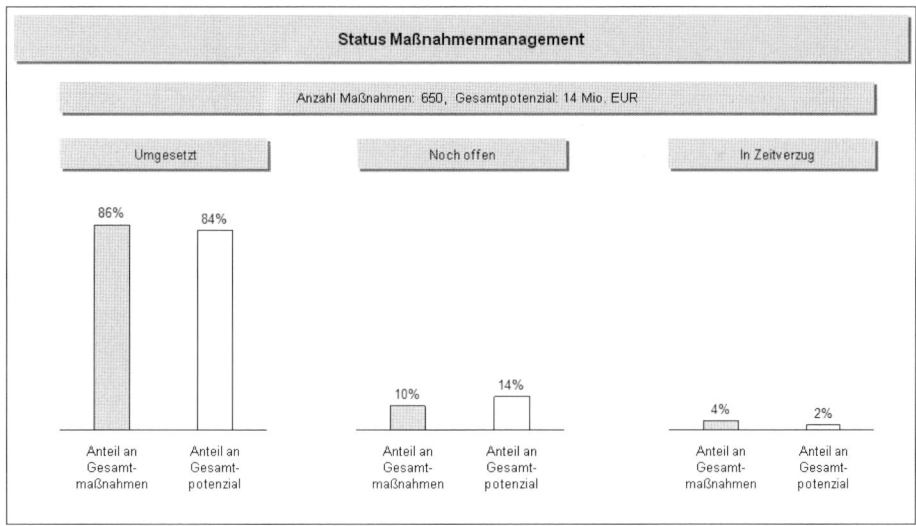

Abbildung 100: Managementsicht zum Status der Umsetzungsprojekte (Beispiel)

In umfangreichen Restrukturierungsprojekten sind diese detaillierten Reports wesentliche Steuerungshilfen des operativen Projektmanagements. Für das Top Management ist hingegen eine vereinfachte Übersicht beispielsweise gemäß Abbildung 100 ausreichend, ergänzt um kurz gefasste aussagefähige Unterlagen zu wesentlichen Abweichungen, Eingriffs- und Entscheidungsbedarfen der Restrukturierungsprojekte sowie zu den üblichen betriebswirtschaftlichen Kennzahlen (Auftragseingang, Auslastung, Liquidität, Covenants etc.) des Unternehmens. In „bankengetriebenen" Restrukturierungen ist es üblich, dass dem Bankenpool regelmäßig und schriftlich über den Restrukturierungsstatus des Krisenunternehmens berichtet wird. Diese Berichte entsprechen in aller Regel den Reports für das Top Management des Krisenunternehmens. Zur Verifizierung oder – seltener – Erstellung der Berichte für den Bankenpool werden dann auch Berater hinzugezogen.

Zur Unterstützung des Projektmanagements gibt es geeignete Software, die über „Ampelfunktionen" den Teams und dem Projektmanager drohende (gelb) oder bereits eingetretene (rot) Abweichungen signalisiert, so dass die knappe Zeit des Managements für die Behebung von Abweichungen – Management by Exception – eingesetzt wird. Diese Tools sind vereinfacht formuliert „Geldsammelinstrumente" des kaufmännischen Controlling und nicht mit professioneller Projektmanagementsoftware und -methodik aus der Welt des technischen Engineering zu verwechseln, die zusätzlich für komplexe Teilprojekte, beispielsweise eine Produktionsverlagerung, einzusetzen ist. Dies wird gelegentlich auch von Beratern miss-verstanden. Professionelle Restrukturierungen benötigen beide Tools.

Die Abbildungen 101 bis 105 zeigen zur Veranschaulichung den Projektantrag, die Risikoanalyse, den technischen Struktur- und Projektplan sowie einen Auszug der Definition der Arbeitsinhalte einer anspruchsvollen Produktionsverlagerung. Ein Standort war komplett stillzulegen, Aufträge mit strengen Service Level Agreements und Teile der Produktion waren an einen zweiten Standort zu verlagern, an dem gleichzeitig noch eine Reihe von Standards und Modernisierungen zur Verbesserung der Wettbewerbsfähigkeit umzusetzen waren. Besondere Herausforderungen waren der Know-how-Transfer, die Erhaltung der Funktionsfähigkeit des stillzulegenden Standortes bis zum geplanten Stichtag und das Management der Kundenaufträge. Ohne professionelles Projektmanagement und „System engineering" der technischen Anforderungen eine unlösbare Aufgabe. Man mag über den betriebenen Formalismus geteilter Meinung sein, aber er erzeugte Disziplin und verpflichtete das Top Management. Beides ist in kritischen Projekten unabdingbar.

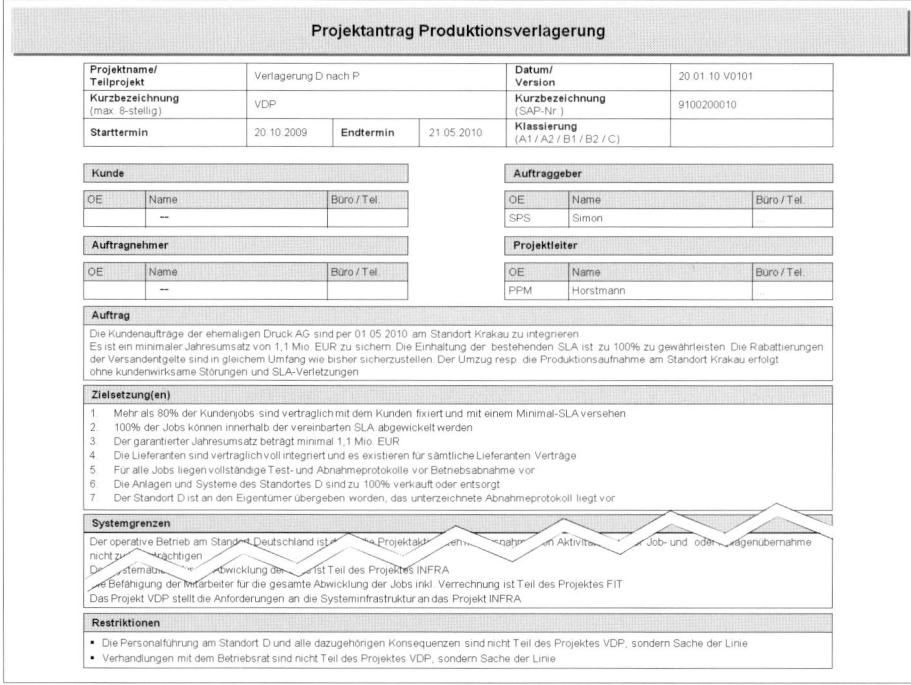

Abbildung 101: Technisches Projektmanagement – Projektantrag Produktionsverlagerung (Beispiel)

Risikoanalyse und Gegenmaßnahmen Projekt Produktionsverlagerung

M-ID	R-ID	Maßnahmenbeschreibung	Zielbewertung Status	Trend	Initialisiert	Aktualisiert
M01	R01	Es werden unterstützende Maßnahmen für die Finanzierung via Hausbank realisiert. Weiter sind alternative Lösungen im Zusammenhang mit R02 anzugehen. Die Arbeitsplatzbelegungen sind nach dem Standard des Konzerns zu planen, möglichst alle Einheiten des Leistungserbringungsprozesses zu konzentrieren und die zusätzlichen Flächenbedürfnisse festzulegen. Verhandlungen mit dem aktuellen Vermieter über die effektiven Flächenbedürfnisse sind aufzunehmen	□	↘	22.12.09	
M02	R02	Die Vorgaben des Konzerns und insbesondere die Stoßrichtung mit dem neu auf Stufe Konzern initialisier-tem Projekt zur Anpassung der Informatikstrategie im Ausland sind zu klären. Daraus resultierende Anforderungen aufnehmen und in die Umsetzung einfließen lassen. Die Situation ist bereinigt. Wir versprechen in der räumlichen Ausprägung mit je einem Systemraum im 1. OG. und im Tresorraum den Anforderungen und müssen nun auf die Umsetzung der baulichen Anforderungen achten	□	→	22.12.09	21.01.10
M03	R03	Die Kommunikation im Vorfeld muss frühzeitig realisiert werden. Verträge zur Realisierung der Projekte, welche bereits Mitte Januar vorliegen sollen, sind vorzubereiten und die zugehörigen Beschaffungsanträge zu erstellen. Durch die Ablehnung des EIA PPM haben wir eine Verzögerung in der Beschaffung der Kernsysteme. Wir müssen einen schlanken Weg finden, die Beschaffung vor Genehmigung des EIA auszulösen (Goodwill Lieferanten)	△	→	22.12.09	05.02.10
M04	R04	Die Anlehnung an die technischen Gegebenheiten ist möglichst weit zu realisieren. Abweichungen sind sauber zu definieren und wenn möglich geeignete Maßnahmen umzusetzen, damit im Bedarfsfall Umgehungslösungen bereits vorliegen oder rasch implementiert werden können	□	→	22.12.09	
M05	R05	Es ist ein technisches Argumentarium zu erstellen und der Verkauf sowie das Kundenmanagement darin zu instruieren. Mit der vorgesehenen Belegung der Datamatrix wird der Einsatz einer Ausgangslösung nicht gefährdet	□	→	22.12.09	27.01.10
M06	R06	Die betroffenen Jobs müssen erhoben werden (Mengen, Druckbild, Druckdaten). Es ist eine Alternativlösung für den Druck (Achtung Kosten) und für die Verpackung zu definieren und auszutesten		↗		
M07	R07	Die Schnittstelle für die Übergabe der ... zu dokumentie... ...llierte... ...g ist ein... ...entsprechend ergänzen. Die ... ...gen, ...die letzten Jo... ...geben werden. Das Ganze ist vertraglich	○	→		05.02.10
M14						
M15						

Ampelstati (generell)	
Grün - nicht kritisch, ok	□
Gelb - Gefährdungspotenzial vorhanden	△
Rot - kritisch, Projektverlauf/Zielerreichung/Termin/etc. gefährdet	○
Blau - fertig, erledigt	■

Ampelstati (generell)	
Gleichbleibend, stabil	→
Tendenziell besser, positiv	↗
Tendenziell schlechter, negativ	↘
Klar besser	↑
Klar schlechter	↓

Abbildung 102: Technisches Projektmanagement – Risikoanalyse und Gegenmaßnahmen, Produktionsverlagerung (Beispiel)

Die Risikoanalyse ist Teil der ersten Stoffsammlung zur Auflistung aller anstehenden Maßnahmen und zur Strukturierung des Projektes. Sie schärft den Blick für besonders kritische Ereignisse mit einer bestimmten Eintrittswahrscheinlichkeit. Die Wirkung dieser Ereignisse auf das Projekt ist durch gezielte Maßnahmen – beispielsweise Versicherungen, Verträge etc. – im Vorfeld abzufedern oder im laufenden Projekt bei ihrem tatsächlichen Eintreten durch dann anstehende flexible Reaktionen des Managements zu handhaben. Es kann unter Führungsgesichtspunkten in akuten Unternehmenskrisen keinen Zweifel daran geben, dass sich das Krisenmanagement durch eine Risikoanalyse nicht von notwendigen Maßnahmen zur Restrukturierung des Unternehmens abhalten lässt. Es geht um die intelligente Handhabung – Umgehung, Verminderung, Konfrontation, Verlagerung etc. – der erkannten und relevanten Risiken. Mag sein, dass dies gelegentlich mehr Zeit als erwartet kostet und kreative Umwege erfordert, aber eine notwendige Maßnahme wird nicht aufgegeben.

Der Projektstrukturplan hat einen hohen Stellenwert für die Abarbeitung der anstehenden Aufgaben. Mit der Erstellung des Projektstrukturplanes werden die groben Aufgabenpakete des Projektes definiert, die im Anschluss stufenweise bis auf eine hinreichend detaillierte Ebene zur Steuerung der einzelnen Aktivitäten heruntergebrochen werden. In der Regel ist ein Aufgabenpaket des Projektstrukturplanes die Aufgabe eines kleinen Teams, das mit seinem Spezialwissen dieses grob definierte (z.B. Ziel und Aufgabe, Ergebnisse, Ressourcen, Schnittstellen) Paket zu konkretisieren, mit der Gesamtprojektleitung bzgl. der übergreifenden Konsistenz abzustimmen und nach Genehmigung umzusetzen hat. Das spiegelt sich dann dementsprechend in der Projektorganisation und den Detailplänen wider. Bei der Strukturierung technischer Projekte sind zur Beherrschung der meist hohen Komplexität auf jeder Gliederungsebene folgende Regeln der Systemtheorie zu beachten:

- Das System (z.B. Projekt und Aufgabenpaket) muss gegenüber der Umwelt (z.B. Linienorganisation, andere Projekte und Aufgabenpakete) klar abgegrenzt und in seinen Wirkungen eindeutig (z.B. Projektergebnis) definiert sein. Die Subsysteme der nächsten Ebene (z.B. Teilprojekte und Teilaufgaben) müssen alle nach gleichen Prinzipien (z.B. Umwelt, Funktionen, Prozesse, Ressourcen, Daten) und für die damit beauftragten Aufgabenträger hinreichend klar mit ihren Elementen, Schnittstellen zu andern Subsystemen und ihren Wirkungen beschrieben sein.

- Die Schnittstellen zwischen Subsystemen sind möglichst zu minimieren. Das System muss so modular aufgebaut sein, dass spätere Änderungen in Subsystemen möglichst nicht das gesamte System betreffen.

- Die Konkretisierung von Subsystemen und Schnittstellen erfolgt stufenweise in einem iterativ abgestimmten Prozess, „vom Groben ins Detail".

Es bedarf wohl keiner Diskussion, dass in derart anspruchsvollen Projekten nur die am besten geeigneten – fachlich und sozial kompetent – Mitarbeiter des Unternehmens und nicht die am besten entbehrlichen Mitarbeiter einzusetzen sind.

Die hierarchische Gliederung der Aufgabenstruktur des Projektes wird anschließend in eine logische und zeitliche Folge gebracht. Netzpläne sind dabei typisch für die oberste Ebene (Aufgabenpakete) des Projektes und hilfreich zur Bestimmung des „kritischen Pfades" der zeitlich ohne Gefährdung des Endtermins nicht verschiebbaren Teilprojekte. Umfassende Netzpläne über alle Projektebenen sind aber schnell unübersichtlich, gegebenenfalls mehrere Meter lang und bei Änderungen schwer zu handhaben. Man hat den Eindruck, dass sie – ausgedruckt und an der Wand des War Rooms mit einem Chart des gesamten Projektportfolios entsprechend positioniert – vor allem externe Stakeholder beeindrucken sollen. Die Teil-

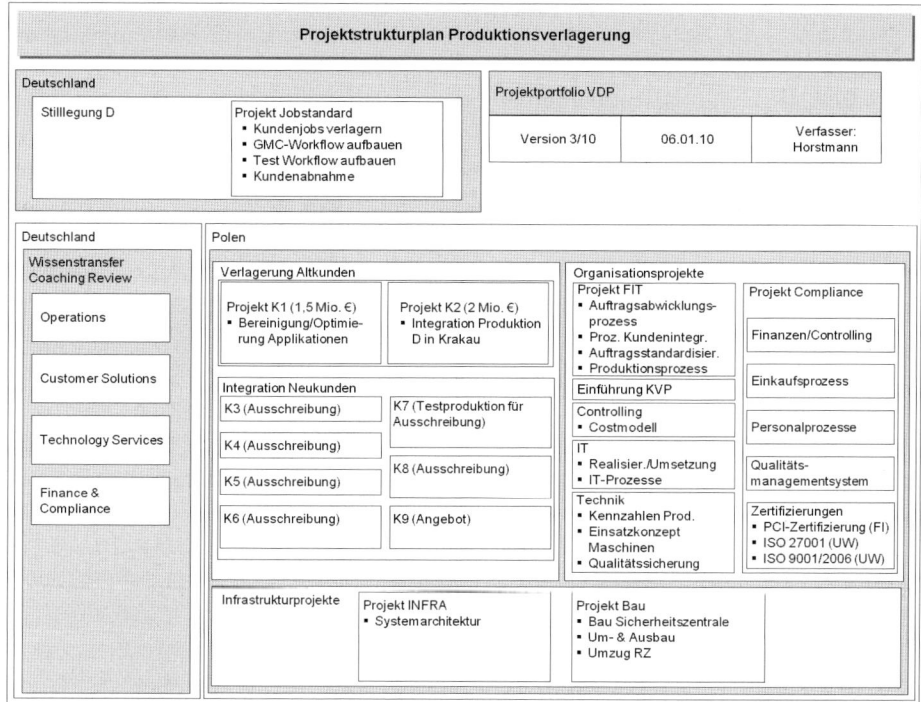

Abbildung 103: Technisches Projektmanagement – Projektstrukturplan Produktionsverlagerung (Beispiel)

projekte werden in der Praxis eher über einfache Balkendiagramme und Terminkalender gesteuert.

Greifen die Maßnahmen des Liquiditäts-, Kunden- und Kostenmanagements und des hier beschriebenen Krisenmanagements in der Down Phase, dann hat das Unternehmen gute Chancen, den Einbruch zu bremsen, sich zu stabilisieren und die Up Phase zu erreichen. Nach der Down Phase befindet sich das Unternehmen meist aber in einer Verfassung wie ein Schiffbrüchiger, der dem Ertrinken entronnen ist und dem am rettenden Ufer die Kraft fehlt, sich wieder zu erheben. Darum geht es im Folgenden.

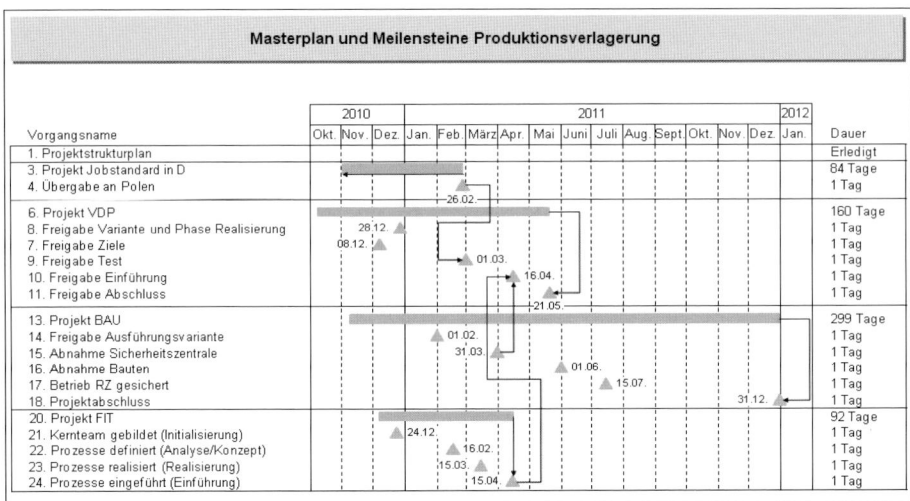

Masterplan und Meilensteine Produktionsverlagerung

Vorgangsname	2010 Okt.	Nov.	Dez.	2011 Jan.	Feb.	März	Apr.	Mai	Juni	Juli	Aug.	Sept.	Okt.	Nov.	Dez.	2012 Jan.	Dauer
1. Projektstrukturplan																	Erledigt
3. Projekt Jobstandard in D																	84 Tage
4. Übergabe an Polen			26.02.														1 Tag
6. Projekt VDP																	160 Tage
8. Freigabe Variante und Phase Realisierung	28.12.																1 Tag
7. Freigabe Ziele	08.12.																1 Tag
9. Freigabe Test				01.03.													1 Tag
10. Freigabe Einführung					16.04.												1 Tag
11. Freigabe Abschluss					21.05.												1 Tag
13. Projekt BAU																	299 Tage
14. Freigabe Ausführungsvariante				01.02.													1 Tag
15. Abnahme Sicherheitszentrale				31.03.													1 Tag
16. Abnahme Bauten						01.06.											1 Tag
17. Betrieb RZ gesichert							15.07.										1 Tag
18. Projektabschluss														31.12.			1 Tag
20. Projekt FIT																	92 Tage
21. Kernteam gebildet (Initialisierung)	24.12.																1 Tag
22. Prozesse definiert (Analyse/Konzept)				16.02.													1 Tag
23. Prozesse realisiert (Realisierung)			15.03.														1 Tag
24. Prozesse eingeführt (Einführung)				15.04.													1 Tag

Abbildung 104: Technisches Projektmanagement – Masterplan und Meilensteine Produktionsverlagerung (Beispiel)

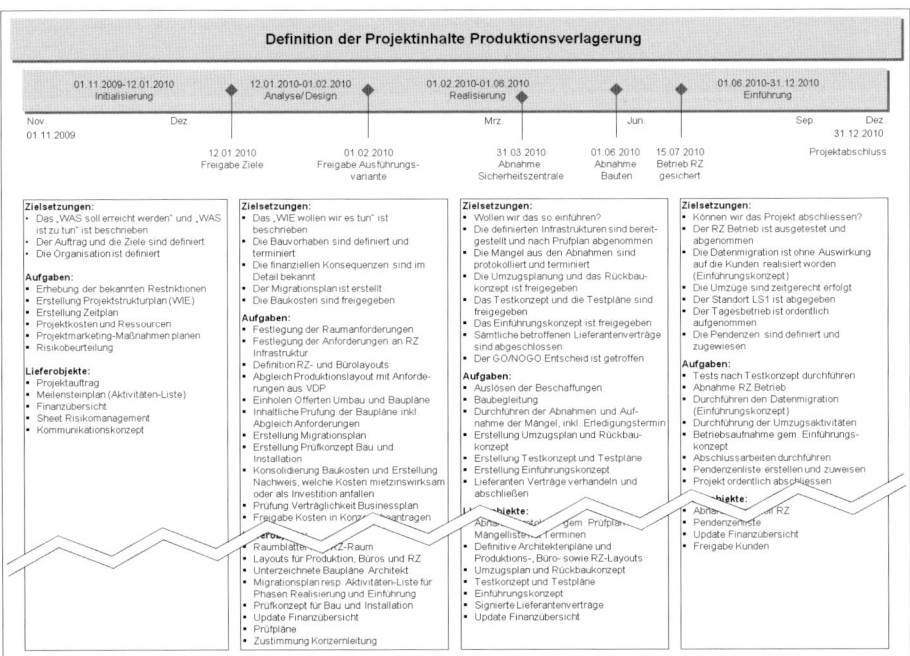

Abbildung 105: Technisches Projektmanagement – Definition der Projektinhalte Produktionsverlagerung (Beispiel)

2.2.3 Das Geschäftsmodell in der Up Phase neu gestalten

Die Kunden kaufen beispielsweise nach langem Konjunkturabschwung wieder, haben aber nicht die Liquidität, um termingerecht alle Rechnungen zu begleichen. Ihre Lieferanten sind nach mehr als zwölf Monaten harter Restrukturierungsarbeit gerettet, aber aufgrund des Substanzverlustes nicht in der Lage, die notwendigen Investitionen in Bestände, Personal und Maschinen für den sich abzeichnenden Aufschwung zu tätigen, geschweige denn Vorfinanzierungen für Kundenaufträge zu schultern. Mehr noch, Stillhalteabkommen mit den Banken laufen aus, die Hauptkunden erwarten in der nächsten Preisrunde ein Nachgeben, auf der Seite der Arbeitnehmervertreter zeigen sich aufgrund steigender Lebenshaltungskosten erste Begehrlichkeiten, es drohen zusätzliche Probleme.

Dieses Beispiel ist nicht die Ausnahme, sondern der Normalfall der aus akuter Gefahr geretteten Krisenfälle, mit dem Risiko weiteren Siechtums – „zu viel zum Sterben, zu wenig zum Leben" – und späterer Insolvenz. Meist steigt zu Beginn des Wirtschaftsaufschwungs noch einmal die Zahl der Insolvenzen. Das sind die geretteten Schiffbrüchigen, die am Strand sterben. Der Eintritt in eine prosperierende Up Phase zum Vorteil aller Stakeholder ist deshalb ebenfalls ein anspruchsvolles Unterfangen und muss in der Down Phase schon so weit bedacht worden sein, dass die erforderlichen Voraussetzungen im Leistungsprogramm, Führungssystem etc. des Krisenfalls zumindest zuverlässig erkennbar und nicht nur die blühende Phantasie beinahe gescheiterter „Schiffbrüchiger" sind.

2.2.3.1 Kundenmanagement in der Up Phase

„Warum soll ein ehemaliges Krisenunternehmen Mittel erhalten, um wieder in Wachstum zu investieren?" Gegenfrage: „Wie soll sich beispielsweise ein anlagenintensives Unternehmen nach überstandener Krise gegen Wettbewerber behaupten, wenn es substanzielle Umsatzeinbrüche erlebt hat und in der Down Phase nicht über die Liquidität verfügte, um die nahezu erdrückenden Fixkosten in signifikantem Umfang abzubauen?" Nachhaltige Umsätze deutlich über Breakeven müssen das Mindestziel sein, sofern die Märkte dies noch erlauben, und Umsatzwachstum erfordert in der Initialphase meist zusätzliche Liquidität.

Das Krisenunternehmen ist stabilisiert und steht am Wendepunkt. Entweder verharrt es aufgrund betriebswirtschaftlich plausibler Überlegungen – stagnierende bzw. schrumpfende Märkte, stabile Nische etc. – in der gegebenen Position oder es findet den Weg zu neuem Wachstum. Letzteres ist beispielsweise in wachsenden Märkten sinnvoll, um die eigene relative Marktposition als Wettbewerbsfaktor –

Thema Skaleneffekte und kritische Größe – zu erhalten und auszubauen. Auch attraktive Marktnischen, ob regional oder weltweit, müssen erobert und verteidigt werden. Wettbewerbsstärke und Profitabilität definieren sich natürlich nicht alleine über Größe und Marktanteile, deshalb sollte man mit Verallgemeinerungen vorsichtig umgehen, aber es ist auch kein Geheimnis, dass in Monopolsituationen und in gleichgerichteten Oligopolen mit geringer Wettbewerbsintensität die besten Renditen zu erzielen sind. Profitables Wachstum in einem interessanten Marktsegment ist deshalb oft genug ein notwendiges oder zumindest sehr erstrebenswertes Ziel. So ist auch eine beachtliche Zahl deutscher Mittelständler jeweils weltweiter Marktführer in einer Nische; sie folgen offensichtlich sehr konsequent dieser Maxime.

Ausgangspunkt der folgenden Ausführungen sind Wachstumsziele von Unternehmen nach überstandener Down Phase. Für diese Fälle stehen unternehmerische Überlegungen im Mittelpunkt und das Thema Kundenmanagement hat deshalb für die Diskussion der Maßnahmen in der Up Phase auch Vorrang vor den Themen Kosten- und Liquiditätsmanagement.

Die ersten Ansätze zur Umsatzentwicklung in der Up Phase sind zunächst einmal nichts anderes als die Fortsetzung der pragmatischen Maßnahmen zur umgehenden Stabilisierung der Umsätze in der Down Phase, weil die Umsetzungsprozesse in der eigenen Organisation – wie etwa Qualifizierungen, Einführung neuer Incentivesysteme, Aufbau des E-Commerce – sowie auch die Umstellungen im Markt – beispielsweise die Gewinnung von neuen Agenturen, der Aus- oder Abbau des Händlernetzes – in aller Regel langwierig sind. Erst mit Zeitversatz können zu den kurzfristig gegebenen Möglichkeiten in Marketing und Vertrieb ergänzende neue Konzepte wirk-

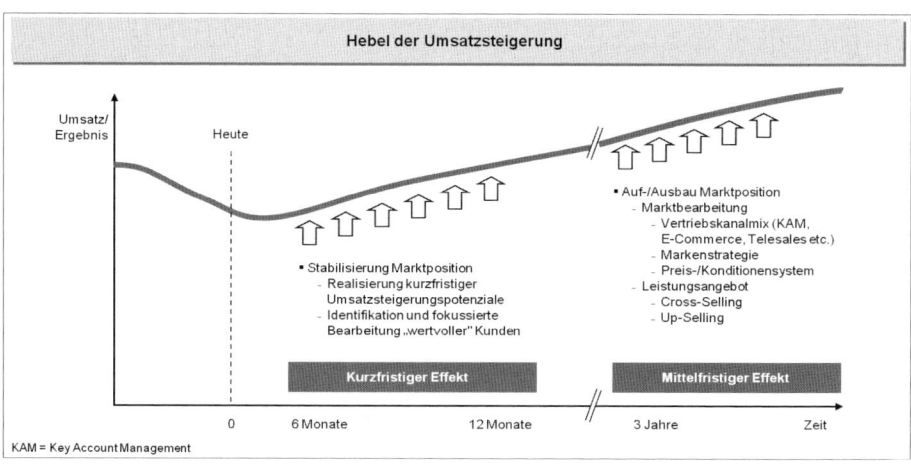

Abbildung 106: Hebel der Umsatzsteigerung und ihre zeitliche Wirkung (Beispiele)

Zunehmende Komplexität des Restrukturierungsmanagements

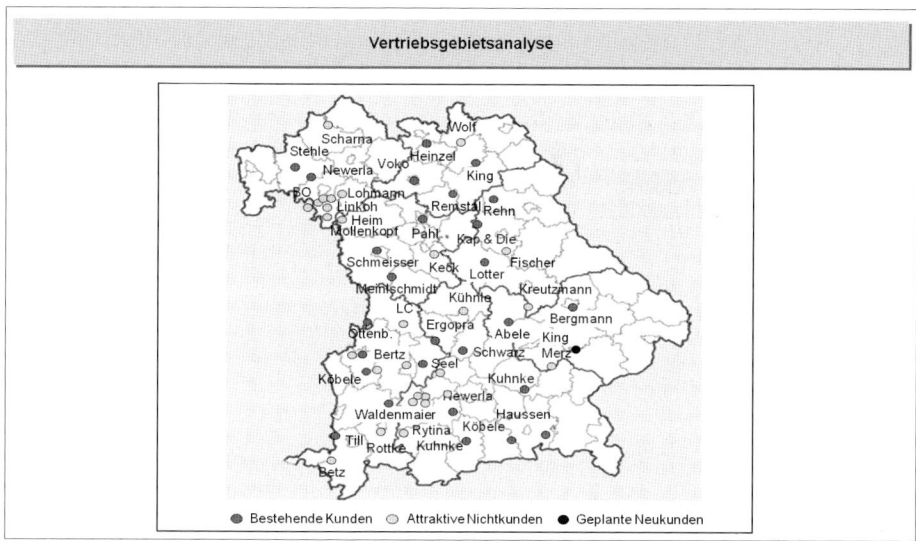

Abbildung 107: Geschäftsentwicklung durch Vertriebsgebietsanalyse (Beispiel)

sam werden. Abbildung 106 verdeutlicht den üblichen Zeithorizont von Maßnahmen zur Umsatzentwicklung.

Klassische Ansätze zur kurzfristigen Umsatzsteigerung sind deshalb neben der Schaffung verbesserter Systeme und Strukturen für Marketing und Verkauf insbesondere Versuche, mit dem bestehenden Leistungsprogramm bestehende Märkte besser auszuschöpfen. Erreicht werden kann dies beispielsweise durch die intensivere Betreuung attraktiver Nicht-Kunden sowie die Ausweitung der Geschäftsbeziehung mit Ist-Kunden. Ein weiterer kurzfristig orientierter Ansatz ist der Versuch, Exportchancen besser zu nutzen. Abbildung 107 zeigt ein Beispiel aus einem Projekt, in dem es um die Identifikation und systematischere Bearbeitung attraktiver Nicht-Kunden in einem regionalen Markt ging. Nur am Rande der Hinweis, dass bei diesen Ansätzen auch potenzielle Reaktionen der Wettbewerber abzuschätzen sind, was häufig übergangen wird und zu vermeidbaren Überraschungen führen kann. Die operativen Praktiker aus dem Verkauf können dies in aller Regel gut beurteilen und sind auch aus Akzeptanzgründen unbedingt in die Analysen einzubinden.

Üblich sind auch Versuche, Anreizsysteme für Mitarbeiter des Verkaufs zielgerichtet zu modifizieren. Ein Thema, das zwar in der Down Phase erkannt, aber oft nur zögerlich angegangen wird, um Unruhe bei den Leistungsträgern im Verkauf zu vermeiden. Es geht dabei immer um Überlegungen, die übliche Vergütung auf der Grundlage eines Fixums und einer Umsatzprovision durch qualitative Ziele – etwa der Teilnahme an

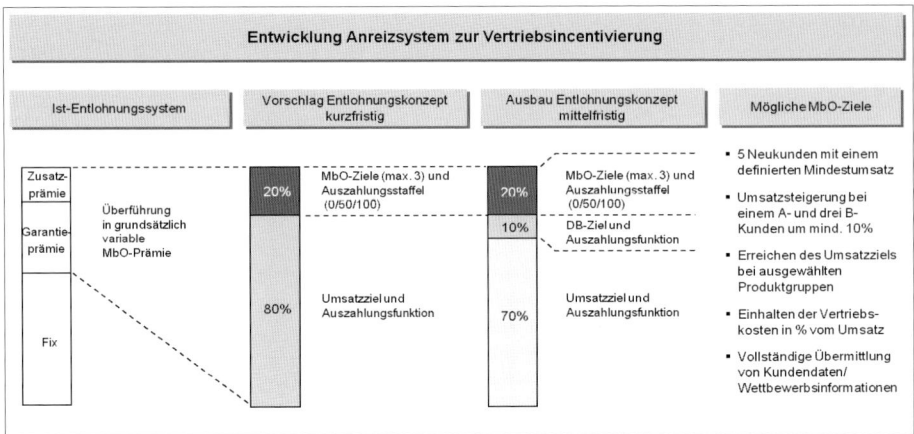

Abbildung 108: Entwicklung Anreizsystem zur Vertriebsincentivierung (Beispiel)

Entwicklungsprojekten – und Deckungsbeitragsziele zu ergänzen. Abbildung 108 verdeutlicht das Prinzip. Typische Ziele sind die Verbesserung der Kundenstruktur, der Auftragsqualität und Innovationsprozesse. Diese Ansätze sind mit Erfahrung und Fingerspitzengefühl anzugehen, denn eine hohe Umsatzprovision beispielsweise forciert die aggressiven Verkaufsbemühungen des Teams. Dem Risiko des Abgleitens in einen harten Preiswettbewerb muss dann durch die Vorgabe von Limits und mit konsequenter Führung gegengesteuert werden. Ziele auf Basis von Deckungsbeiträgen begrenzen demgegenüber die Risikoneigung des Teams und können bremsend wirken, erst recht, wenn sie Einkommenseinbußen der Verkäufer zur Folge haben. In der Up Phase ist dies eigentlich kein angestrebtes Verhalten. Da zudem meist Arbeitsverträge anzupassen sind, sollte man diese Projekte erst nach eingehenden Tests in Pilotbereichen final umsetzen und sehr auf die Motivation und Akzeptanz des Verkaufsteams achten.

Zusätzliche substanzielle und strategisch ausgerichtete Ansätze zur Forcierung der künftigen Geschäftsentwicklung erfordern ausreichende Liquidität. Deshalb steht in der Up Phase stets die enge Abstimmung mit den finanzierenden Stakeholdern an. Es geht schlicht um die Frage, ob sie überhaupt noch bereit sind, mehr Mittel als unbedingt notwendig in dieses kritische Engagement „auf wackeligen Füßen" zu investieren.

„Nicht die Liquidität treibt das Wachstum, sondern die erfolgversprechende unternehmerische Idee, die – sofern gut und überzeugend – auch ihren Finanzier findet". Dieses Statement ist absolut richtig und wird regelmäßig durch den Erfolg von Start-ups bestätigt, die aus kleinen Anfängen zu bemerkenswerter Größe gelangen können. Der Unternehmer und sein kreatives Marktteam sind jetzt besonders gefordert, denn Mittel gibt es nur für ein überzeugendes Geschäftsmodell. Ohne unternehmerische Vision wird sich kein kritisch eingestellter Finanzier zu mehr hinreißen lassen als zu der eigenen Schadensbegrenzung in einem Engagement, das man notgedrungen retten musste, um aus Eigeninteresse Schlimmeres zu verhindern. Es ist dann auch für die Zukunft nicht mehr wert als den Einsatz des Nötigsten. Gibt es die Chance zum Rückzug mit vertretbarem Schaden, dann wird sie in phantasielosen oder weiterhin zerrütteten Engagements auch vielfach genutzt.

Sich irgendwie durch die Krise zu lavieren und trotz erkennbarer Defizite des Geschäftsmodells so weiterzuwirtschaften wie bisher, wird durch das Desinteresse der finanzierenden Stakeholder an weiteren Risiken abgestraft. Eine umfassende Positionsbestimmung nach überstandener Down Phase ist deshalb unbedingt erforderlich, eventuell auch mit der Erkenntnis, dass es an der Zeit ist, einen Investor für die Übernahme und Weiterentwicklung des Unternehmens zu finden, weil die eigene Kraft oder erforderliche finanzielle Mittel für die Lösung künftiger Herausforderungen fehlen.

Im Kern geht es bei der Positionsbestimmung und Ableitung der strategischen Hebel für die Up Phase um drei Themen:

- Mit den klassischen Methoden der strategischen Analyse sind nochmals die aktuelle Lage und das Geschäftsmodell kritisch zu durchleuchten, denn so wie geplant be- bzw. überstehen viele Krisenunternehmen die Down Phase nicht. Auf Grundlage dieser neuen und validen Erkenntnisse sind Geschäftsmodell und Strategie den Markterfordernissen anzupassen, um entweder nur noch im Status quo zu überleben oder um auch neues profitables Wachstum zu generieren. Dabei sind vor allem die neuen Stoßrichtungen der Entwicklung des Unternehmens und das dafür erforderliche Finanzierungsvolumen zu klären. Meist sind verschiedene Szenarien zu bewerten. Diese Überlegungen sind ureigene Themen des Unternehmers und seiner Top Manager. Es ist empfehlenswert, frühzeitig die finanzierenden Stakeholder einzubinden, denn ohne ihre Beiträge sind die Konzepte Makulatur.

- Für erkannte Marktchancen ist nachfolgend als wesentlicher marktseitiger Umsetzungsschritt ein „go to market model" zu entwickeln. Das fordert die kritische Bewertung aller Elemente des Marketing-Mix und gegebenenfalls substanzielle Änderungen. Das ist Aufgabe von Projektteams aus Marketing und Verkauf sowie auch der technischen Bereiche, soweit es die Umsetzung durch Investitionen angeht. Ergebnis sind die Hebel der künftigen effektiven Marktbearbeitung und konkreten Differenzierungsmerkmale gegenüber Wettbewerbern. Deshalb erfordern diese Projekte die hohe Aufmerksamkeit von Top Management und Unternehmer. Nicht visionäre Höhenflüge und opportunistisches „Schönreden" sind dabei gefragt, sondern bodenständige Realitätsnähe, für die ein Investor sein Geld investieren kann.

– Nachhaltiges Wachstum setzt als weiteren Umsetzungsschritt Innovationen (Produkte, Services) voraus, auch zur Differenzierung ggü. Wettbewerbern. Gerade das zeichnet Mittelständler aus und ist für sie in aller Regel überlebenswichtig. Faustregel mit Blick auf den Produktlebenszyklus ist, dass erfolgreiche Unternehmen mindestens 10% des Umsatzes mit Produkten aus der Markteinführungsphase erzielen und rund 40% mit Produkten in der Wachstumsphase. Krisenunternehmen sind davon meist weit entfernt und müssen sich durch systematisches Innovationsmanagement erst wieder eine akzeptable Position erarbeiten. Auch das ist Top Management-Aufgabe.

Ausgangspunkt dieser Ansätze ist der kritische Check und gegebenenfalls die Überarbeitung des Geschäftsmodells. Blickt man auf die Down Phase zurück, dann war die dominante Stoßrichtung der Wettbewerbsstrategie ein defensives „me too model" über Benchmarks mit den Branchenbesten, um zu überleben. Das ist in dieser Phase mangels Mitteln und Substanz schon anspruchsvoll genug. In den Märkten mit ausreichenden Renditeerwartungen im Status quo und Nachfragewachstum kann dieser Ansatz auch für die Up Phase genügen. Für sich sättigende Märkte mit hartem Preiswettbewerb genügt dies nicht, denn zumindest Mittelständler werden sich mangels Skaleneffekten kaum als Kostenführer etablieren oder (langfristig) halten können. Sie müssen ihr Heil in der Fokussierung auf Kernkompetenzen und möglichst hohem Differenzierungspotenzial in der Nische suchen.

Profil der Top-Kunden				
Kunde	Umsatz 2008 [TEUR]	Umsatz 2009 [TEUR]	Marktposition	„Die Kunden des Kunden"
1. Versandhandel	17.500	15.200	Krisenfall, Insolvenz unwahrscheinlich	Generation über 50 Jahre
2. Versandhandel	6.500	8.300	Krisenfall, Insolvenz möglich	Kein klares Profil, hektischer Aktionismus des Marketing
3. Telekommunikation	5.100	5.400	Stabil, wenig preissensibel, Marktführer	„Die bürgerliche Grundversorgung" und junge „Heavy User"
4. Kundenbindungsprogramm	3.300	4.200	Expansiv, sehr preissensibel, professioneller Einkauf	Schnäppchenjäger jeder Generation
5. Internationale Kette	2.600	3.100	Stabil, global Player, bevorzugt Full-Service-Leistungen	Breite Grundversorgung, unspezifische Käuferschichten (Projekt Kundenbindung gestartet)
6. XY	...	...	...	...

Umsatz 2008/09: Der Umsatz des Lieferanten mit diesem Kunden
Marktposition: Die Marktposition des Kunden

Abbildung 109: Auszug aus dem Profil der Top-Kunden des Dienstleisters (Beispiel)

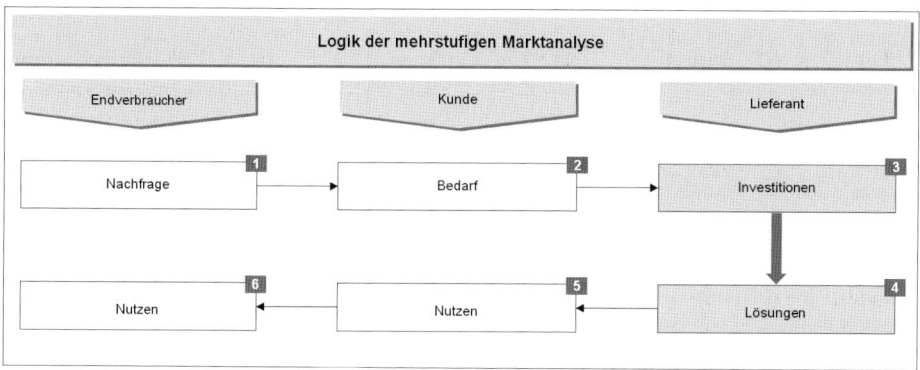

Abbildung 110: Logik der mehrstufigen Marktanalyse (Prinzipskizze)

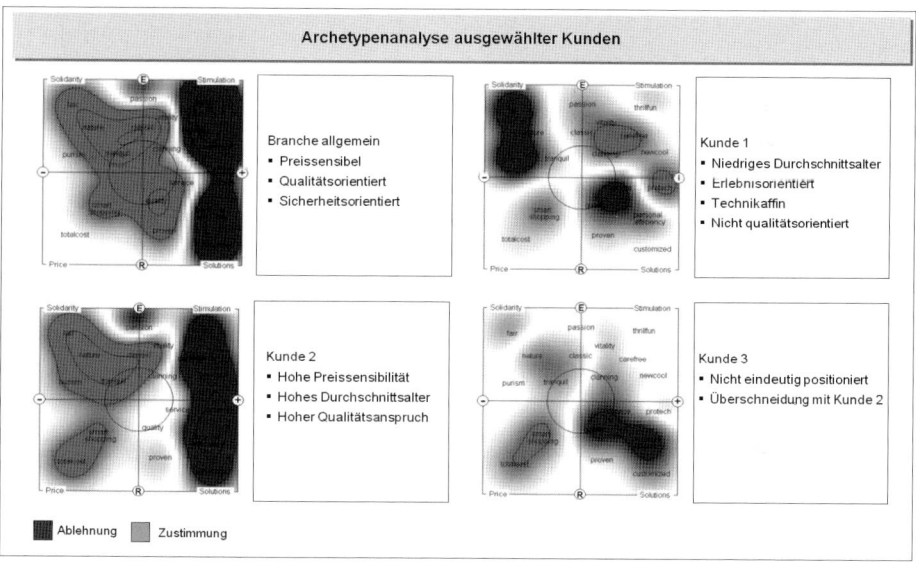

Abbildung 111: Archetypenanalyse ausgewählter Kunden (Beispiel)

Zu unterlegen ist das überarbeitete Geschäftsmodell durch einen realistischen Businessplan mit Stoßrichtungen, Maßnahmen und nachprüfbaren Meilensteinen als Voraussetzung für die anstehende Umsetzung und die erforderliche Finanzierung.

Diese Projekte sind individuelle kreative Leistungen des jeweiligen Unternehmens. Zur Veranschaulichung dienen die Abbildungen 109 bis 111 aus einem Projekt zur Neuorientierung eines Dienstleisters für Marketingverantwortliche der Konsumgüterindustrie.

Kernpunkte der eigenen Positionsbestimmung waren zunächst einmal Analysen zur Marktposition der zehn Hauptkunden, die wirtschaftlich teilweise ebenfalls in schwieriger Lage waren. Es ging darum, herauszufinden, an welche Verbraucherschichten sich diese Kunden richteten und wie zukunftsträchtig sie waren. Dafür wurden Experten mit entsprechenden Tools hinzugezogen. Danach wurden mit bestehenden strategischen Kunden und Nicht-Kunden direkte Gespräche und Workshops zu den Themen Innovationen, Services und Leistungsprogramm durchgeführt. Vor allem ging es um das Informationsverhalten der Empfänger von Werbebotschaften sowie um neue Trends in der Konsumentenansprache und Kundenbindung – also die Anforderungen aus dem erwarteten Verhalten der „Kunden des Kunden". Das war die Grundlage, um das eigene Portfolio zu überprüfen und das Leistungsprogramm (Produkte, Services) mit den technischen Anforderungen sowie Zielbranchen und Zielkunden für die Zukunft zu definieren. Dies wurde anschließend in einem Businessplan mit verschiedenen Szenarien als Grundlage für die anstehenden Gespräche mit den Stakeholdern abgebildet.

Im Unterschied zur Down Phase ging es nicht mehr um das bloße Überleben, sondern auch wieder um die Geschäftsentwicklung durch Nutzung von Wachstumsoptionen bis hin zu der Idee, erkannte Lücken im Leistungsprogramm durch M&A-Deals, Allianzen etc. zu schließen. Weitere Themen waren Markterweiterungen durch Interna-

Beschreibung Entwicklungsszenarien			
Kriterien	Szenario 1 Fokus Westeuropa	Szenario 2 Going Global	Szenario 3 BIG-Bang
Zugrunde-liegende Hypothese	• Potenziale in Europa nicht ausgeschöpft • Hohes Wachstum durch Entwicklung neuer Lösungen	• Markt in Europa hat kritischen Reifegrad erreicht • Eintritt in Märkte mit hohem Wachstumspotenzial	• Kritische Größe fehlt, um selbstständig langfristig relevante Wettbewerbsvorteile zu erreichen • Wachstum begrenzt
Geographischer Fokus	• Stärkung Kernländer UK, D, F • Ausbau/Eintritt in ausgewählte Länder mit Fokus Europa • Ausbau USA	• Starke Marktposition in Kernländern UK, D, F erreichen • Eintritt in Länder mit attraktivem Marktpotenzial (Fokus: Global)	• Geographischer Fokus stark abhängig vom Übernahmekandidaten
Leistungs-angebot	• Entwicklung hin zum Lösungsan-bieter • Stärkung IT-Kompetenz	• Entwicklung Leistungsangebot vorwiegend in Kernmärkten (Tendenz zum BPO-Anbieter) • Internationale Multiplikation („more from the same")	• Alternative 1: Target mit vergleichbarem Leistungsangebot • Alternative 2: Target mit komplementärem Leistungsangebot (z.B. IT-Fokus)
Grundsätzliche Wachstums-geschwindigkeit	• Lineares und konstantes Wachstum	• Beschleunigtes Wachstum nach Konsolidierungsphase	• Schnelles Wachstum, anschließend Konsolidierung
Art des Wachstums	• Markteintritt/-ausbau durch Akquisition kleinerer und mittlerer Targets • Zusätzliches organisches Wachstum durch Kundengroßprojekte	• Eintritt in neue Länder durch strategische Akquisitionen • Zusätzliche internationale Expansion durch Kundengroßprojekte	• Verschiedene Alternativen möglich: z.B. Kauf, Fusion, Beteiligung

BPO = Business Process Outsourcing

Abbildung 112: Up Phase – Beschreibung Entwicklungsszenarien (Beispiel)

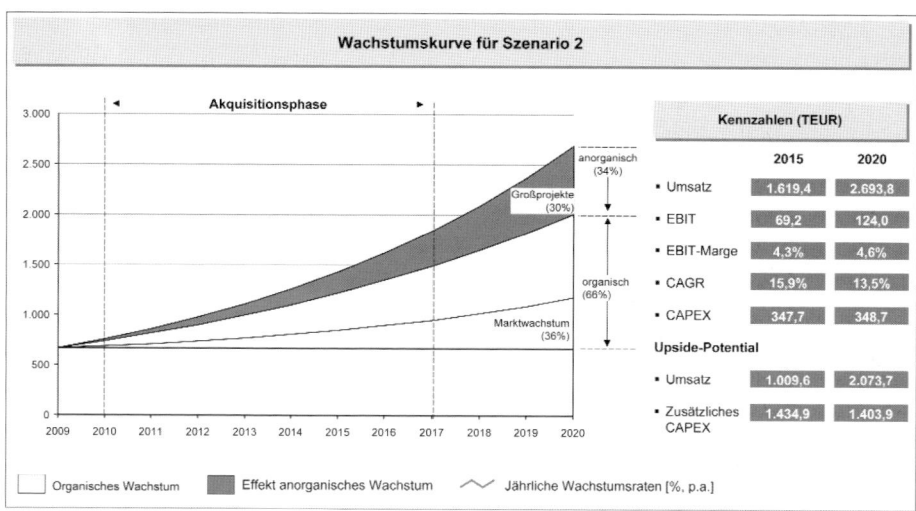

Abbildung 113: Up Phase – Materielle Hinterlegung Wachstumsoptionen (Beispiel Szenario 2)

tionalisierungen und die Erhöhung des eigenen Differenzierungspotenzials gegenüber Wettbewerbern durch Ergänzungen der eigenen Wertschöpfungskette um schwer imitierbare IT- und Logistik-Services. Insgesamt wurden Überlegungen zur Sprache gebracht, die im Stadium der akuten Krise mangels Liquidität des Unternehmens und Zuversicht der Stakeholder noch nicht diskussionsfähig waren. Erste Bewertungen erfolgten dann durch die Transformation der Ideen in grobe Businessplanszenarien, wie die Abbildungen 112 und 113 zeigen.

Ist das Geschäftsmodell veraltet und damit eine der wesentlichen Krisenursachen, ist es selbstverständlich, dass der Businessplan durch ein damit korrespondierendes Migrationskonzept – strategische Stoßrichtung, Maßnahmen mit Chancen und Risiken, Meilensteine, Wachstumsoptionen bei Erfolg, Exit-Optionen bei Misserfolg – zu ergänzen ist.

Im Überlebenskampf der Down Phase fehlten für die konkrete Ausarbeitung dieser Überlegungen die Zeit, die Kraft und die Interessenten. Für die Up Phase sind sie Voraussetzung. Wenn die „story" gut und überzeugend ist, hat das Unternehmen auch die Chance, neben den alten Finanziers oder sogar an ihrer Stelle, neue motivierte Finanziers für den Aufschwung zu finden. Diese Verhandlungen sind ohne die skizzierten strategischen Vorarbeiten mit den möglichen Stoßrichtungen für neues Wachstum – bestehend aus organischem Zuwachs und gegebenenfalls durch Zukäufe – nicht zielgerichtet zu führen. Zusätzlich werden die Stakeholder konkrete Vorstellungen erwarten, wie die Strategie umzusetzen ist. Dabei geht es vor allem um das erwähnte „go to market model" und das Innovationspotenzial des Unternehmens.

Bei dem go to market als zweitem Hebel der Up Phase stehen dezidierte Überlegungen zur Gestaltung der einzelnen Komponenten des Marketing-Mix für die jeweils anzubietende Leistung an. Abbildung 114 zeigt die wesentlichen Elemente des Marketing-Mix. Methodisch ist das Standard, inhaltlich ist die konkrete Ausgestaltung wieder im Einzelfall zu klären und verlangt hohe Kreativität sowie fundierte Praxiserfahrungen.

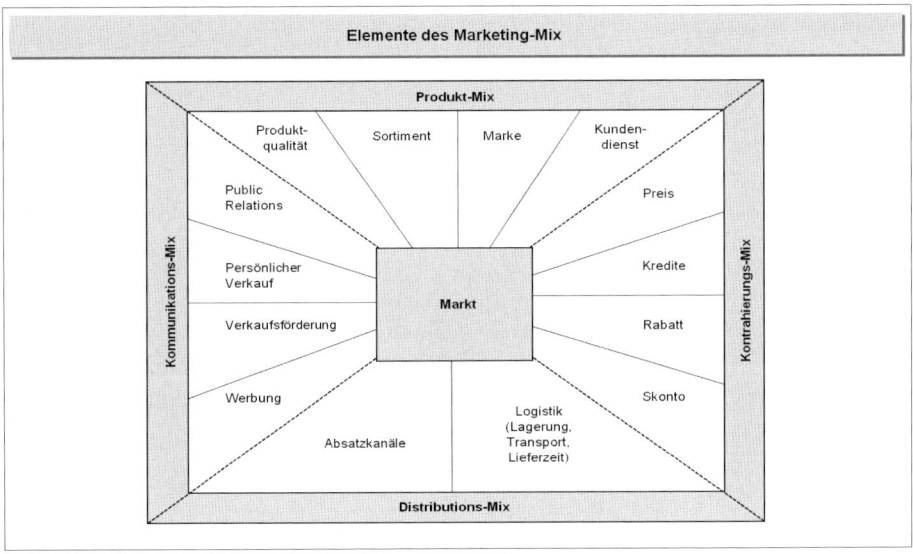

Abbildung 114: Elemente des Marketing-Mix (Prinzipdarstellung)

Analytisch liegen die anzustrebenden Schritte überwiegend auf der Hand, da auf bestehende Strukturen aufgesetzt wird, die zu optimieren sind. Anspruchsvoll sind in diesem Zusammenhang Pricing-Projekte, die in der Down Phase eventuell bereits angedacht, aber meist erst in der Up Phase tatsächlich angegangen werden können. Abbildungen 115 bis 117 zeigen das Grundprinzip der Preispositionierung und die deutlich unterschiedlichen Konsequenzen für den Marketingansatz. Dieser muss eindeutig mit dem Produkt- und Leistungsprofil des Unternehmens sowie den Kundenerwartungen korrespondieren, ansonsten drohen Flops mit drastischen Folgen für die Geschäftsentwicklung. In gegebenen Strukturen sind meist Produktinnovationen bzw. -modifikationen sowie die Differenzierungskonzepte des Marketings die Türöffner für neue Nutzenversprechen gegenüber Kunden und damit auch für neue Preis- und Konditionenmodelle.

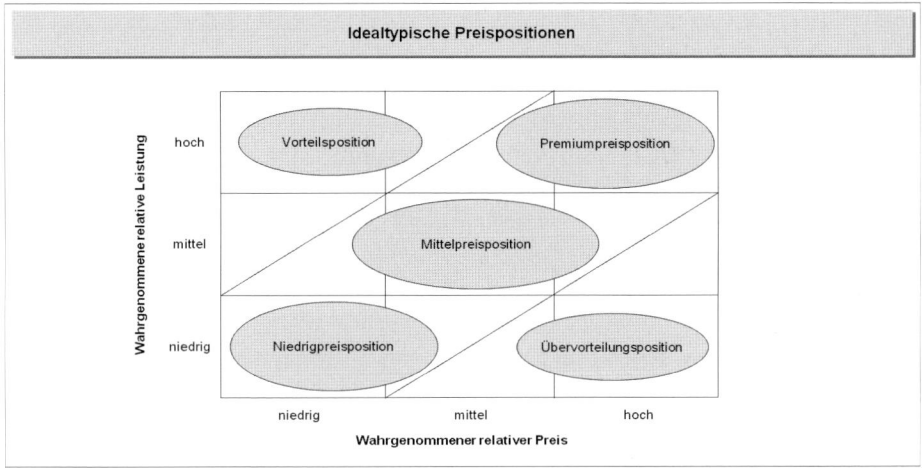

Abbildung 115: Idealtypische Preispositionen (Prinzipdarstellung)

Abbildung 116: Marketinginstrumente bei Niedrigpreispositionierung (Beispiele)

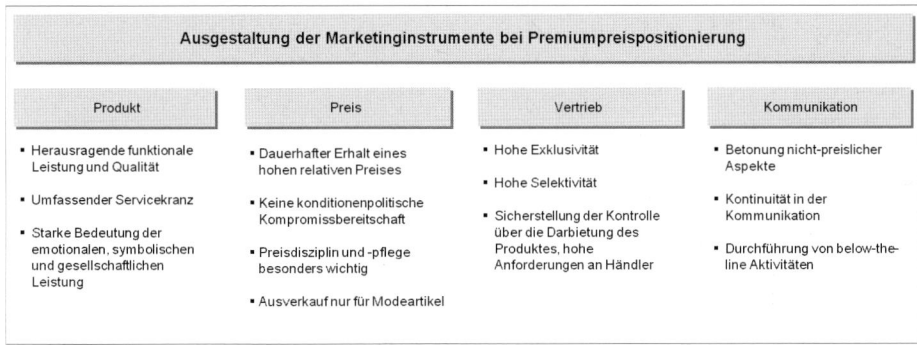

Abbildung 117: Marketinginstrumente bei Premiumpreispositionierung (Beispiele)

In der Praxis sind als notwendig erkannte Eingriffe in etablierte Ausprägungen des Marketing-Mix immer dann besonders heikel, wenn damit die Ergebnispotenziale und Interessen vorhandener Vertriebspartner oder Verkäufer gefährdet werden. So sinnvoll diese Änderungen – beispielsweise die Forcierung des Direktverkaufs über das Internet und eigene Callcenter anstelle des Verkaufs über Händler – sein mögen, so kritisch sind meist mögliche Blockaden in der Übergangsphase, insbesondere bei einem noch relativ schwach aufgestellten Unternehmen, das jüngst mit Mühe eine schwere Krisenphase überstanden hat. Die Abbildungen 118 bis 120 veranschaulichen Ansätze aus einem Projekt, in dem es unter anderem darum ging, die Effizienz der Vertriebsorganisation eines Händlers für Ersatzteile zu prüfen und beispielsweise durch Forcierung des „e-business" für Standardteile in Verbindung mit einer zentralen Versandlogistik sowie durch den Einsatz von Key Account Managern für Top-Kunden neue Wege der Kundenbetreuung zu sondieren.

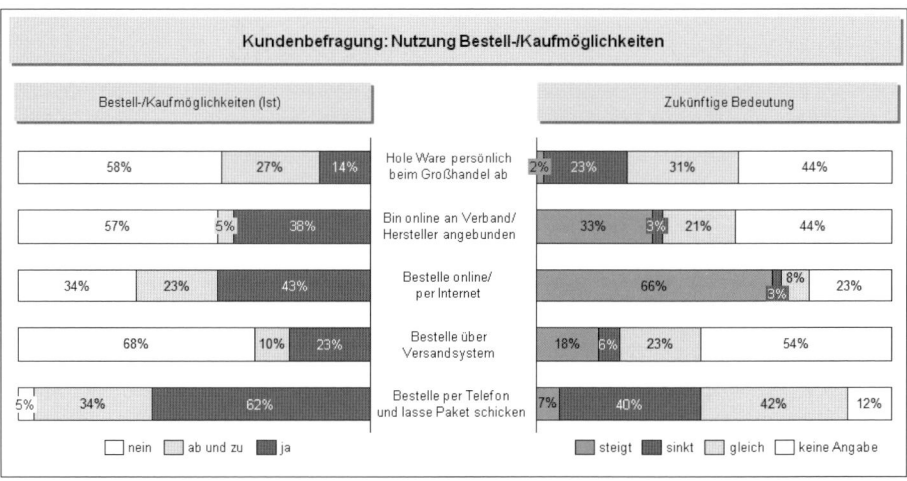

Abbildung 118: Kundenbefragung: Nutzung Bestell-/Kaufmöglichkeiten (Beispiel)

Führungsfähigkeiten und Verhandlungsgeschick sind dabei besonders gefordert, um Optionen zu nutzen, ohne Umsatz- und Ergebnispotenziale zu gefährden. Die angestrebten Chancen aus der Forcierung neuer Vertriebskonzepte waren in obigem Beispiel die höhere Vertriebseffizienz, die verbesserte Marktausschöpfung und die engere Kundenbindung. Ihre Umsetzung hatte aber eine regionale Konkurrenz mit bestehenden Vertriebskanälen, Außendienstmitarbeitern und Partnern zur Folge. Diskussionen über die Betreuung von Bestandskunden, die Zurechnung von Umsätzen und eventuelle Kompensationen für entgangene Provisionen waren unausweichlich, möglichst aber ohne unliebsame verdeckte Sabotage und ohne

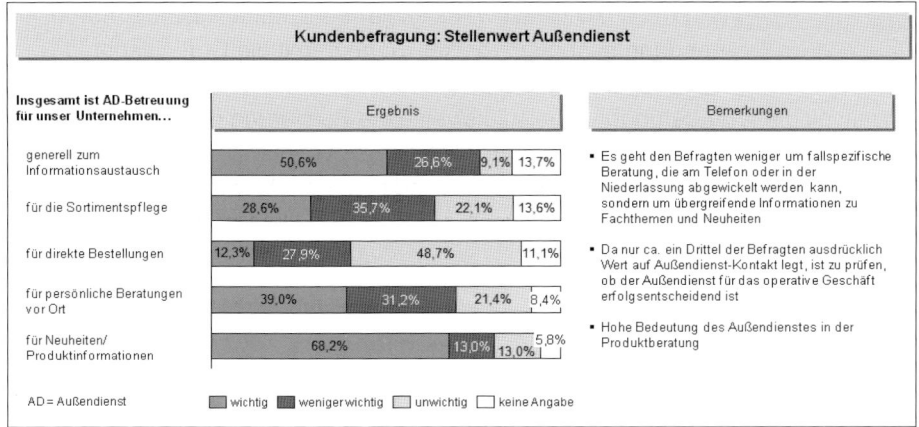

Abbildung 119: Kundenbefragung: Stellenwert Außendienst (Beispiel)

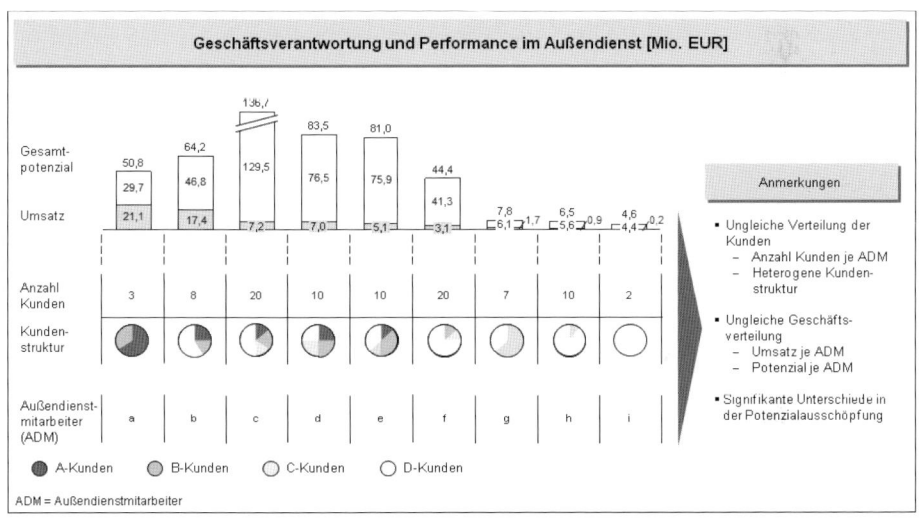

Abbildung 120: Geschäftsverantwortung und Performance im Außendienst (Beispiel)

Demotivation wichtiger Leistungsträger etc. Diese Abwägung von Chancen und Risiken neuer Konzepte spielt bei Eingriffen in Vertriebsstrukturen bzw. Vergütungssysteme eine bedeutende Rolle und ist sehr sorgfältig durchzuführen. Stufenweises Vorgehen, Kompromissfähigkeit, Pragmatismus, die Sicherung der Akzeptanz in der eigenen Organisation sowie bei den Geschäftspartnern und vor allem auch die Glaubwürdigkeit der Manager sind für die Umsetzung von hoher Bedeutung. In obigem Projekt gelang dies gut.

Generell stellt sich in der Up Phase angeschlagener Krisenfälle die Frage, ob Maßnahmen mit wahrscheinlichen Friktionen in der Verkaufsmannschaft auch aus taktischen Überlegungen der geeignete nächste Schritt sind oder ob nicht zunächst einmal leichte Überkapazitäten im Verkauf hingenommen werden sollten, um die Anfälligkeit des Unternehmens auf der Absatzseite zu reduzieren. Hauptsache, es gibt genügend Kräfte, die um zusätzlichen Umsatz kämpfen, denn Abgänge von Spitzenkräften mit Umsatzverlusten sind in dieser Phase der Wende schwer zu verkraften und können die ohnehin angeschlagene Motivation der verbleibenden Mitarbeiter und der finanzierenden Stakeholder empfindlich stören. Der zügige Aufbau zusätzlicher Verkaufsressourcen, wie etwa Außendiensteinsätze geeigneter Service- und Innendienstmitarbeiter sowie die Anwerbung neuer Händler in schwach abgedeckten Regionen und Zielbranchen, kann ein sinnvoller Zwischenschritt der Stabilisierung sein, ehe brisante Konfliktthemen angegangen werden.

Die Abbildungen 121 und 122 zeigen weitere Beispiele aus der oben erwähnten Analyse zur Reorganisation der Verkaufsstrukturen und -prozesse des Ersatzteilhändlers – auch die Verkaufs- und Serviceniederlassungen für Selbstabholer und die regionale Versorgung standen auf dem Prüfstand. Im Kern ging es um Standortfragen (Erreichbarkeit für Kunden, Lage, Mieten, Flächenrendite etc.), sich abzeichnende Investitionen in Renovierungen und leistungsfähigere Systeme, eine neue Arbeitsorganisation mit kundenfreundlicheren Öffnungszeiten und die Lagerhaltung sowie Versandlogistik bei Eilaufträgen. Intensiv diskutiert wurde die Entscheidung bezüglich weiterhin vieler kleiner Niederlassungen in Kundennähe versus weniger größerer Niederlassungen an verkehrsgünstigen Standorten. Für Letztere sprachen die zu erwartenden Effekte aus der Reorganisation der Verkaufsorganisation, die Vorteile in der Flächenproduktivität, der Logistik (Lager, Bestände, Frachten), dem sonstigen Aufwand (Informatik, Administration, Energie) und die höhere Personalflexibilität – kleine Standorte mit nur ein bis zwei Mitarbeitern können kaum so flexible Arbeitszeitmodelle zur Anpassung von Kundenfrequenz und Anwesenheit ausreichender Mitarbeiter umsetzen wie große Standorte mit einer Stammbelegschaft und zusätzlichen flexibel einsetzbaren Abrufkräften, Teilzeitarbeitskräften etc. Aus Risikoüberlegungen und aufgrund der noch angespannten Liquidität wurde die Umsetzung der Standortbereinigung letztlich trotz klarer Erkenntnisse nochmals für einige Zeit verschoben und intensiv über die Stützung schwacher Vertriebsstandorte nachgedacht, um Zeit zu gewinnen, bis sich das e-business mit zentraler Logistik sicher etabliert hatte.

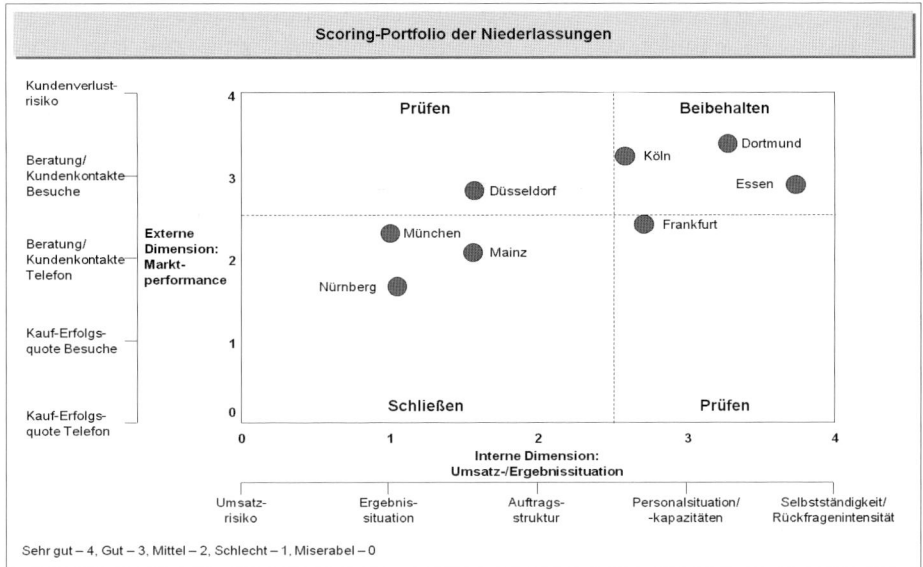

Abbildung 121: Scoring-Portfolio der Niederlassungen (Beispiel)

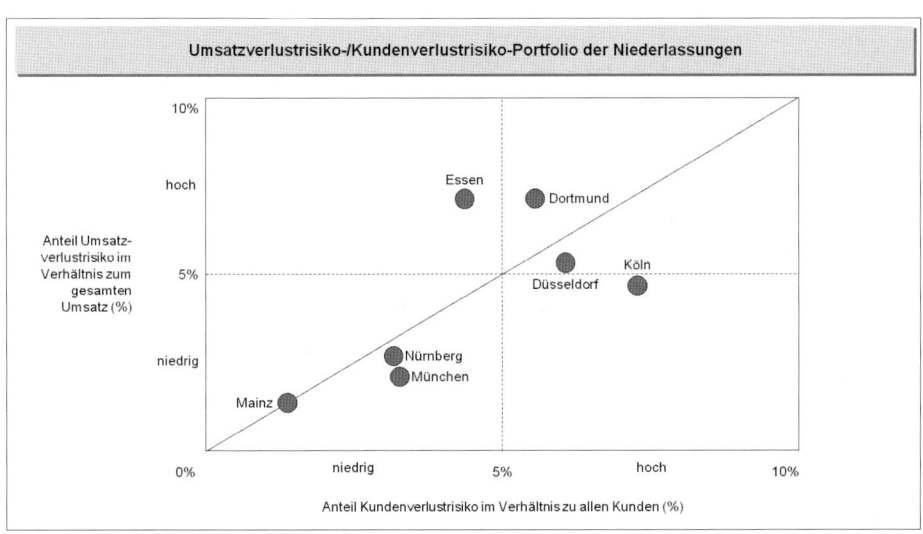

Abbildung 122: Umsatzverlustrisiko-/Kundenverlustrisiko-Portfolio der Niederlassungen (Beispiel)

Go to market-Konzepte mit Änderungen des Marketing-Mix sind deshalb keineswegs banal und können leicht mit fatalen Folgen scheitern. So engagierte beispielsweise ein Konzern nach akut überstandener Krise einer Division einen neuen CEO für diesen Geschäftsbereich, angekündigt als exzellenter Manager und Verkäufer. Er sollte gemäß Aussage der Konzernleitung insbesondere Neugeschäft erschließen. Zügig reorganisierte er den Verkauf durch Ablösung von „Low Performern", zog weitere Manager seines ehemaligen Arbeitgebers nach und positionierte sie in Schlüsselpositionen seines neuen Tätigkeitsfeldes, auch sie wurden als Marketing- und Verkaufsexperten angekündigt. Weiterer Schritt war die Änderung des Anreizsystems für den Außendienst und die Handelsvertreter. Letzteres gelang nur teilweise, weil in bestehende Verträge einzugreifen war und sich erster Widerstand abzeichnete. Nach knapp einem Jahr erodierten die Umsätze deutlich:

- Das gesamte Vorgehen war geprägt von einem Top-down-Ansatz, zudem wurden Informationen zurückgehalten, die dem Verkauf über andere Wege zugetragen wurden. Damit wurden Chancen zur Akzeptanzsicherung in der bestehenden Verkaufsorganisation nicht genutzt, Gerüchte und Misstrauen wurden geschürt.

- Die konjunkturelle Entwicklung der Branche war falsch eingeschätzt worden. Die erwarteten Wachstumsimpulse bleiben aus und damit fehlte eine weitere Absicherung für das forsche Vorgehen gegenüber den sensiblen Verkäufern. Es gab kein „Mehr an Geschäft" zu verteilen, sondern es ging nach wie vor bestenfalls um die „Aufteilung des Bestehenden".

- Die alte Verkaufsmannschaft fühlte sich übergangen und von der „neuen Seilschaft" in ihrem eigenen Segment bedroht. Bemühungen um Neugeschäft, wie ursprünglich angekündigt, waren angesichts des tatsächlichen Handelns kaum erkennbar. Das neue Anreizsystem wirkte zudem faktisch wie eine Einkommensreduktion mit direkter Folge, dass die erfahrenen Handelsvertreter und Verkäufer geschickt den Zugang zu „ihren attraktiven Kunden und Claims" blockierten. Sie reagierten misstrauisch, ihnen ging es fortan primär um die Absicherung der eigenen Existenz und nur noch sekundär um die Ziele des Unternehmens. Immerhin waren einige von ihnen auch mögliche Kandidaten für Wettbewerber, mit denen sie in Kontakt standen.

- Die neuen Manager schafften es nicht, wie erhofft, in signifikantem Umfang Aufträge von ihrem alten Arbeitgeber abzuziehen, der sich aggressiv und erfolgreich zur Wehr setzte. Die ausbleibenden Erfolge der „neuen und teuren Stars" verschärften die interne Rivalität und Blockaden.

Die Verunsicherung gipfelte in offener Konfrontation, als es Versuche des neuen CEO gab, die Gründe des Versagens der alten und, was er verkannt hatte, mächtigen Verkaufsmannschaft anzulasten. Ergebnis war, dass die Konzernleitung den Manager ablösen und seine Änderungen teilweise rückgängig machen musste.

Verlorene Zeit, verlorenes Geschäft und eine zerrüttete Basis für die künftige Zusammenarbeit waren die Folge. Eine schwierige Aufgabe für den Nachfolger.

Go to market-Modelle konzentrieren sich naturgemäß auf die erwarteten Chancen. Sie müssen angesichts der Risiken aber auch einer kritischen Prüfung standhalten, damit die finanzierenden Stakeholder bereit sind, dafür ihr Geld einzusetzen. Häufig sind dabei auch Reaktionen des Wettbewerbs auf eigene Aktionen zu diskutieren. Beispielsweise ist bei der Erschließung neuer Märkte im Ausland mit Widerstand lokaler Konkurrenten und sonstigen spezifischen Eintrittsbarrieren zu rechnen, denen erfolgreich zu begegnen ist. Unter Risikogesichtspunkten spielt für die finanzierenden Stakeholder immer die Klärung von Umfang und Intensität des Ressourceneinsatzes eine Rolle sowie die Gefährdung von Umsatz- bzw. Ergebnispotenzialen.

Die Abbildungen 123 bis 126 zeigen Beispiele aus den Denkrichtungen für go to market-Modelle im Rahmen eines Internationalisierungsprojektes. Typisch für Internationalisierungsprojekte im Mittelstand ist, dass die Unternehmen sich zunächst über Exportgeschäfte mit Hilfe lokaler Partner an den neuen Markt herantasten und bei Erfolg über Händler und ein gemeinsames Marketing ihre Repräsentanz in dem Land ausbauen. Erst wenn sich die eigene Marke und das Exportgeschäft in dem Land erfolgreich etabliert haben, wird der nächste Schritt hin zu einer eigenen Vertriebs- und Servicegesellschaft gewagt. Der Aufbau einer eigenen Produktion steht bei diesem Vorgehen erst spät an und erfolgt auch dann nur mit Blick auf das gesamte Standort- und Kompetenznetzwerk der Unternehmensgruppe weltweit.

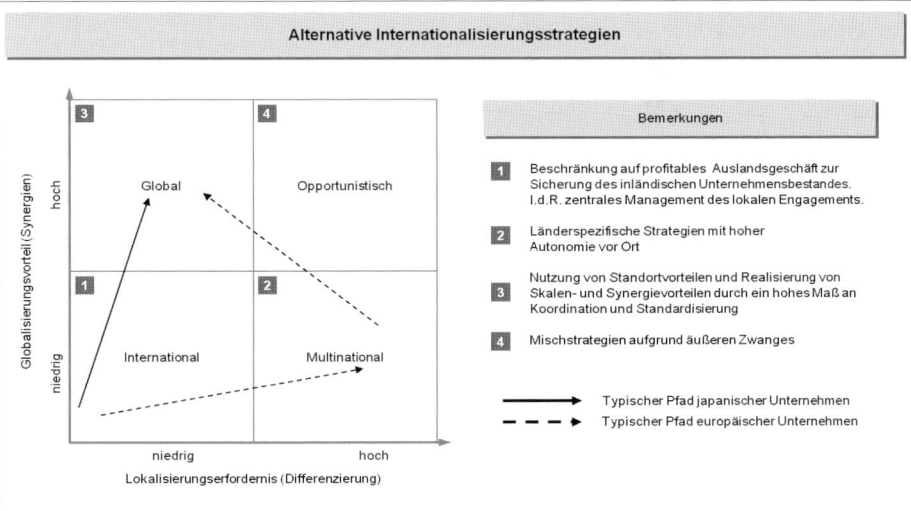

Abbildung 123: Alternative Internationalisierungsstrategien (Prinzipdarstellung)

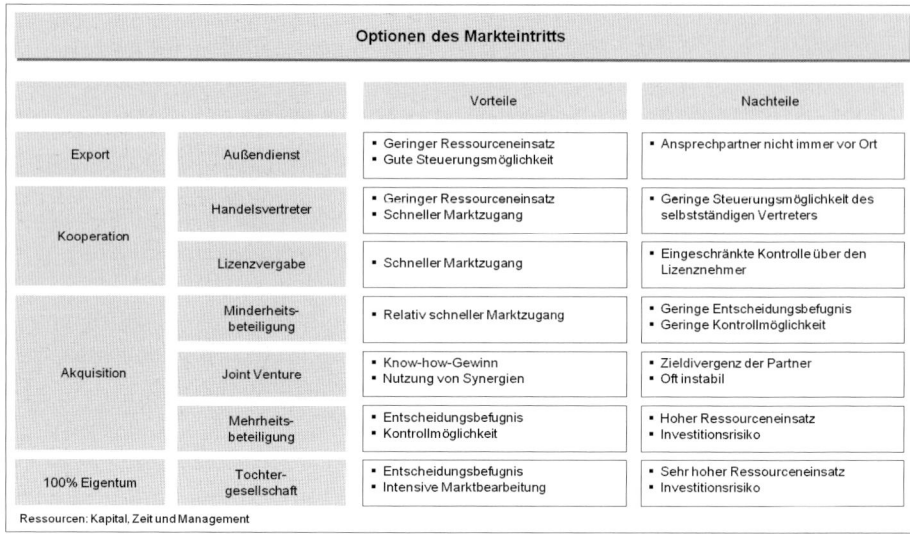

Abbildung 124: Optionen des Markteintritts in Auslandsmärkte (Beispiele)

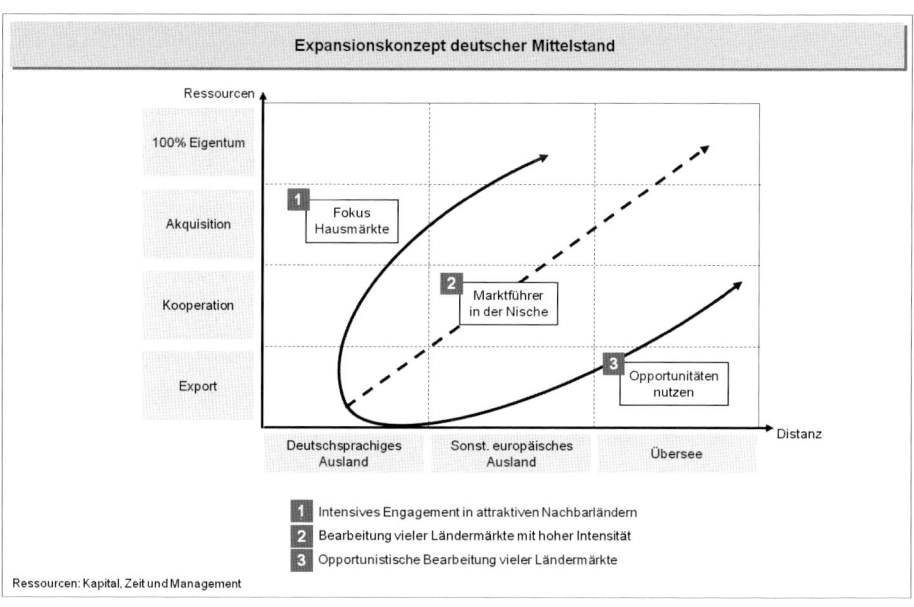

Abbildung 125: Alternative Expansionskonzepte deutscher Mittelständler

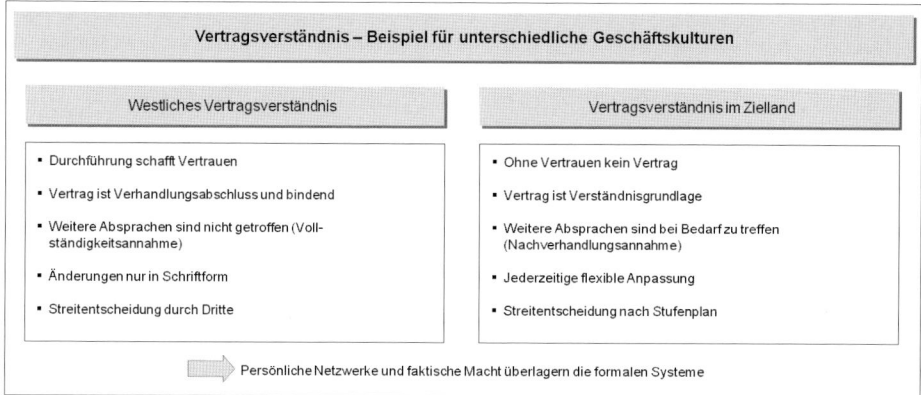

Abbildung 126: Vertragsverständnis – Beispiel für unterschiedliche Geschäftskulturen

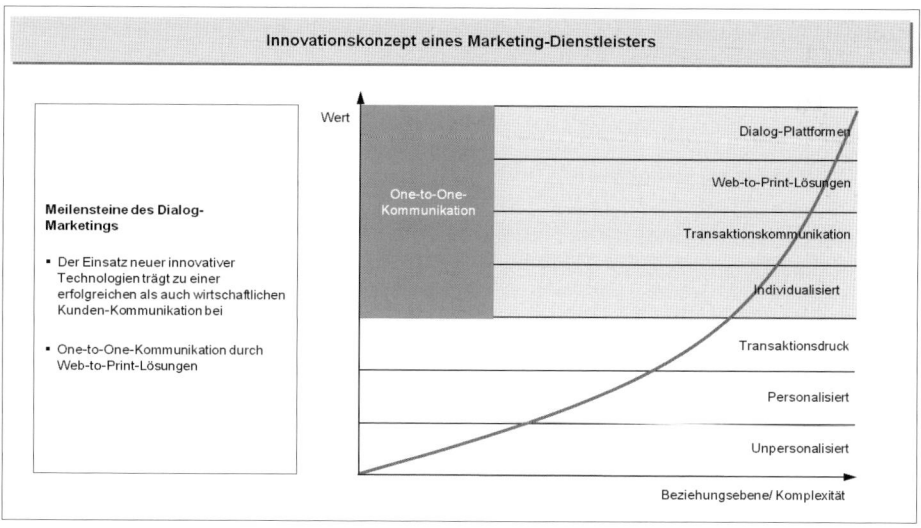

Abbildung 127: Innovationskonzept eines Marketing-Dienstleisters (Beispiel)

Im Fall des erwähnten Dienstleistungsunternehmens führten die Analysen zu dem Ergebnis, nur in zwei stark wachsende große Auslandsmärkte zu expandieren und dafür zunächst Joint Ventures mit etablierten lokalen Unternehmern und sehr guten Marktkontakten einzugehen. Im Inland war die Stoßrichtung der Versuch, die relativ starke Position bei strategischen Kunden mit einem zu etablierenden Key Account Management noch weiter auszubauen und potenzialträchtige Neukunden über Partner zu gewinnen, mit denen am Markt bei gemeinsamem Vorgehen gute Synergien zu erzielen waren. Generell sollte die Imagewerbung in Fachzeitschriften verstärkt werden, um allmählich das Stigma des Krisenunternehmens abzulegen. Weiterhin galt es, das Differenzierungs-potenzial im Leistungsangebot insbesondere durch technische Innovationen und Kompetenz in der Kundenberatung zu stärken. Abbildung 127 zeigt ein Bei-spiel hierzu.

Innovationen als dritter Hebel der Up Phase zielen auf die Generierung von neuem Differenzierungspotenzial im Leistungsprogramm ab. Sie sind damit, wie oben er-wähnt, eine wichtige Stütze für das Pricing, konkret Preiserhöhungen, die sich am ehesten auf Basis einer relativ exklusiven Position und glaubwürdigen Nutzenar-gumentation gegenüber Kunden durchsetzen lassen. Günstig, wenn zudem die Marktkonstellation – gleichgerichteter Wettbewerb, steigende Nachfrage, einge-schränkte Transparenz – diese Versuche unterstützt. Wie alle Differenzierungs-maßnahmen sind Innovationen Teil des Wettlaufs mit dem kopierenden und auch selber kreativen Wettbewerb und in ihrer Wirkung am Markt vergänglich. Deshalb kommt es für innovierende Unternehmen darauf an, einen leistungsfähigen Prozess zu etablieren, aus dem für den Wettbewerb brauchbare Innovationen regelmäßig so schnell hervorgehen, dass man seine Wettbewerbsposition halten oder gar ausbauen kann bzw. zu überlegenen Wettbewerbern aufschließen kann. „Time to market" spielt dabei eine bedeutende Rolle:

- Man gewinnt schneller als der Wettbewerb attraktive Kunden durch für sie nütz-liche Leistungsmerkmale (Technik, Prestige, Komfort, Effizienz, Lebensdauer etc.) und bindet sie möglichst durch am Markt überlegene Leistung bzw. pro-prietäre Leistungsmerkmale (Software, Ersatzteile, Service).

- Man lässt nicht zu, dass Wettbewerber sich eine derartige Position erarbeiten, oder versucht, sie aus dieser Position zu verdrängen. Diese werden sich zu wehren wissen.

- Man ist schneller als Nachahmer mit der nächsten Innovationsstufe am Markt, so dass deren Kopie (des Vorläufermodells) sich selbst zu günstigeren Preisen nicht mehr erfolgreich etablieren kann. Zu beachten ist dabei im Wettbewerb mit Billiganbietern der von Kunden materiell honorierte Nutzen, denn ansons-ten läuft man Gefahr, eben diese Wettbewerber durch ein „Over-Engineering" der eigenen hochpreisigen Produkte erst für die Kunden attraktiv zu machen.

Meist geht es bei Innovationen um technische Neuerungen im Produktprogramm, es kann sich aber auch um ergänzende Services für Kunden handeln. Letzteres geht über die reine Produktpolitik hinaus und soll zu einem Angebot schwer ko-pierbarer und schwer vergleichbarer Leistungsbündel führen. Beispiele für diese

Ansätze sind Finanzierungshilfen für Kunden, hochintegrierte Maschinen- und Softwarelösungen mit möglichst vielen proprietären Modulen, vom Hersteller mit seinen Produkten bereitgestellte Services zur Bestandsbewirtschaftung und Bestellauslösung oder an die Wünsche von Kunden angepasste internetbasierte Bestellplattformen mit Statusinformationen. Typisch ist dieses Vorgehen in Branchen mit ausgereiften Produkten und nur noch wenig erkennbaren originären Produktmerkmalen im Status quo zur Differenzierung vom Wettbewerb. Weitere Investitionen in Produktmerkmale lassen in dieser Konstellation keinen Zusatznutzen erkennen, den die Kunden auch im Pricing oder durch Mehrnachfrage honorieren würden. Die Kombination von Produkten und Services kann die Kundenbindung stärken und dem operativen Verkauf erheblich helfen. Zu beachten ist, dass dem Produkt- und Servicegeschäft deutlich unterschiedliche Geschäftsmodelle zugrunde liegen. Man denke nur an die unterschiedlichen Vertragstypen, Haftungsrisiken und Qualitätskriterien. Es gibt genügend Beispiele von Unternehmen, die diese Anforderungen unterschätzt haben und mit dem Aufbau ihres Servicegeschäftes mangels Kompetenz gescheitert sind. Es ist deshalb unbedingt erforderlich, diesen Schritt mit geeigneten Spezialisten anzugehen – Produktverkäufer sind z.B. in aller Regel für die Konzeption und den Verkauf von Serviceprojekten ungeeignet, denn ihnen fehlt zum einen die Fachkompetenz und zum anderen können sie dazu neigen, diese werthaltige Leistung zur Sicherung der eigenen (Produkt-) Umsatzziele deutlich unter Wert und ohne Rücksicht auf Folgekosten als „Bindungs- oder Einstiegsgeschenk" anzubieten. Zu warnen ist umgekehrt auch vor der leichtfertigen Annahme, dass man Produkte als Lockangebot zu niedrigen Preisen in den Markt pushen kann und die Renditen über das nachfolgende Service- und Ersatzteilgeschäft erwirtschaftet. Das setzt eine exklusive technische Position des Anbieters voraus, die von Nachahmern im Ersatzteilgeschäft nur schwer zu kopieren ist, sowie ein Know-how, das auch den Monteuren etc. professioneller Servicegesellschaften kaum zugänglich ist.

Innovationen sind die „hohe Kunst" der Up Phase, mit verlockenden Renditen und hohem Risiko bei einem Scheitern oder deutlich verzögerter Umsatzentwicklung mit eventuell dramatischen Folgen für das ohnehin geschwächte Unternehmen. Zudem benötigen Innovationen – sofern die Pipeline nicht aus der Vergangenheit gut gefüllt ist – ausreichend Zeit. Deshalb konzentrieren sich Wachstumsstrategien ehemaliger Krisenfälle oft auch, wie oben skizziert, zunächst einmal auf schnell umsetzbare und wenig riskante Marktdurchdringungs- und Marktentwicklungsprojekte mit bestehenden Produkten. Abbildung 128 zeigt die alternativen Ansätze.

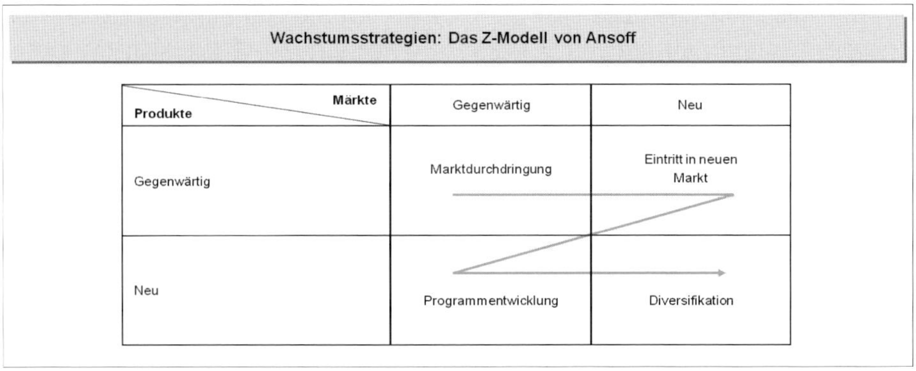

Produkte \ Märkte	Gegenwärtig	Neu
Gegenwärtig	Marktdurchdringung	Eintritt in neuen Markt
Neu	Programmentwicklung	Diversifikation

Abbildung 128: Wachstumsstrategie: Das Z-Modell von Ansoff (Prinzipdarstellung)

Welcher Unternehmer träumt aber nicht davon, sein Unternehmen wieder durch neue Produkte zu ungeahnten Höhenflügen zu führen, so wie Steve Jobs vor wenigen Jahren Apple nach schwerer Krise zu neuer Größe verholfen hat? Erfolgreiche Innovationen erfordern Kreativität und Verkaufsgeschick. Basis hierzu ist Methodenwissen, von der Innovationsidee bis hin zur Markteinführung. Gefordert sind dabei insbesondere Manager aus Marketing und Verkauf, denn sie sind die „Botschafter" zahlungswilliger Kunden im Unternehmen.

Erfolgreiche Innovatoren beherrschen drei Herausforderungen besonders gut, nämlich das Programmmanagement nahe am Kerngeschäft, die organisatorische Verankerung des Innovationsmanagements und die professionelle Beherrschung von Innovationsprojekten. Konkret:

– Grundsätzlich geht bei der Suche nach Innovationsansätzen „Masse vor Klasse", denn die Zahl der Versuche erhöht die Erfolgswahrscheinlichkeit. Das können sich eventuell finanzstarke Konzerne leisten, aber angesichts leerer Kassen ist dies ein heikles Thema für angeschlagene Mittelständler. Ihr CFO kann sich nicht zurücklehnen in dem Vertrauen, dass schon irgendetwas Gutes bei der kostspieligen „Schrotladung" an Versuchen herauskommt, mit denen Verkauf, Marketing sowie Forschung und Entwicklung (F&E) den Markt bearbeiten. Die Praxis zeigt, dass Innovationen auch das Ergebnis strategisch fundierter und gut durchdachter Programme sind, und genau das ist die Chance innovativer Mittelständler. Zunächst einmal bedeutet das für sie die Fokussierung der F&E auf ihre Kernkompetenzen, denn wirtschaftlich erfolgreich sind rund 20% der Produktmodifikationen, aber nur 5% der tatsächlich neuen Produkte für neue Märkte. Letztere verursachen zudem mehr als das Zehnfache der Kosten. Pragmatisch agierende Mittelständler sind sich dabei auch nicht zu schade, Auftragsforschung zu nutzen und Subunternehmer einzubinden sowie fremdes Know-how über Patente und Lizenzen aufzunehmen, statt Zeit und Geld in aufwendige eigene Erfindungen zu stecken. Sie wissen, dass es auch bei Innovationen darauf ankommt, schneller und effizienter als der Wettbewerb zu sein. Wenn sich eine exzellente Idee außerhalb des Kerngeschäftes ergibt, vergeben sie diese in Lizenz oder gründen ein neues Unternehmen, aber das Kernunternehmen und sein Innovationsprogramm bleiben fokussiert.

– Klassischer Träger des Innovationsmanagements in Unternehmen sind neben der F&E die kundennah tätigen Mitarbeiter. Jede Einheit mit einer spezifischen Rolle, deren Zusammenspiel im Tagesgeschäft gut zu organisieren ist.

Die Kundenmanager im Verkauf und die Serviceorganisation im After Sales Business verspüren hautnah die Bedürfnisse und Ärgernisse der Kunden und können bei guter Qualifikation wichtige Initiatoren kundennaher Innovationen sein, denn letztlich entscheidet nicht die Genialität der Technik über Erfolge, sondern konkreter Nutzen aus Kundensicht. Durch Vertriebsingenieure oder Key Account Manager begleitete Entwicklungen im Auftrag für bzw. gemeinsam mit Kunden (Co-Creation) sind für Zulieferunternehmen z.B. Standard. Intern vorzubeugen ist dabei eventuellem Aktionismus für Einzelfälle, die Erzeugung unerfüllbarer Erwartungen auf Kundenseite durch voreilige Zusagen und die zu enge Konzentration auf Bestandskunden. Der strategisch ausgerichtete Innovator muss sich generell fragen, ob er die spezifische Kundenlösung zur Amortisation multiplizieren kann und ob seine Kunden diejenigen sind, die sich langfristig am Markt behaupten. Das setzt hohes Wissen über die Bedürfnisse und Trends in der gesamten Branche voraus. Dies wird oft übersehen und ist herausragende Aufgabe der Manager in Marketing und Vertrieb.

Das Produktmanagement im Marketing bestimmt die Markenpolitik und damit auch die Prioritäten und Positionierung, das Pricing und Prä-Marketing sowie schließlich die Einführungsstrategie von Innovationen. Von dieser Seite kommen wichtige Impulse zur Weiterentwicklung von Produkten, unter anderem „unfilled known needs" zur Verbesserung der Leistung von Produkten in der Wachstumsphase. Chance ist der Aufbau eines konsistenten Portfolios und hoher Produktkompetenz, da gerade im B2B-Geschäft Kunden exzellente technische Unterstützung erwarten. Hauptrisiko einer dominanten Produktsicht ist das erwähnte „Over-Engineering" mit Produkteigenschaften, die zwar Kosten verursachen, Kunden jedoch keinen Mehrwert bringen. Typisches Einfalltor für Wettbewerber mit einfacheren und billigen Produkten, die erhebliche Gefahren für das etablierte Programm heraufbeschwören können. Vermeidbar sind derartige Gefahren über echte Kundennähe des Top Management und eine ausgewogene Programmpolitik.

Die F&E schließlich hat das Spannungsfeld zwischen Marktanforderungen einerseits und den Leistungsmöglichkeiten des Unternehmens andererseits (Produktion und Informatik) und auch seiner Lieferanten auszugleichen. Die F&E muss besonderes Augenmerk auf Trends und Substitute bei Werkstoffen etc. haben und populistische Hypes von wirtschaftlich relevantem Fortschritt unterscheiden können. Eine international aufgestellte F&E mit exzellenten Kräften und hoher Marktnähe ist eine starke Waffe. Risiko ist die Verschwendung knapper Mittel durch Fehlentwicklungen. Ein erfolgreiches F&E-Management ist ein eigenes Thema, das Bände füllt. Das Top Management des Unternehmens muss diese Organisation ständig in der Balance halten und immer wieder am tatsächlichen Erfolg messen. Enge interne Zusammenarbeit, hohe fachliche Kompetenz und intensive Marktkontakte sind unabdingbare Voraussetzungen.

– Mag sein, dass Programm und Organisation stimmen, es reicht nicht. Erfolg verlangt Umsetzungsstärke! Innovationserfolge setzen voraus, dass diese Basisstrukturen durch ein Projektmanagement überlagert werden, das alle erforderlichen Kräfte im Unternehmen – Experten, finanzielle Ressourcen und Geräte – für ein konkretes Innovationsvorhaben bündelt. Gelegentlich auch als „skunk works" bezeichnete Teams werden dann mit einer bedeutenden Innovation beauftragt, beginnend mit der Generierung von ersten Ideen und endend mit dem profitablen Roll-out im Markt.

Lösungsideen werden am besten in einem angenehmen Umfeld und durch interdisziplinär besetzte Teams generiert. Bekannte Kreativitätstechniken sind z.B. TRIZ, Syntegration und COSTAR. Die zunächst noch grob skizzierten Ideen sind dann in konkrete Produktvorstellungen – inklusive Services etc. – umzusetzen. Das ist ein schwieriger Kommunikationsakt, der typischerweise in einem detaillierten Pflichtenheft mündet, aus dem für die Umsetzungsorganisation die Schritte und Aktionen zur Verwirklichung der Konzeptidee hervorgehen. Die Vorstellung des Auftraggebers ist möglichst unverfälscht in ein machbares Produkt zu transformieren. In dieser Phase kommen beispielsweise Methoden wie Rapid Prototyping oder das gemeinsame Design mit Heavy Users zur Anwendung, die darauf abzielen, schnell und früh detailliertes Wissen über Präferenzen und Vorstellungen der Anwender zu gewinnen, um Fehlentwicklungen zu vermeiden. Die anschließende Organisation der Umsetzung durch eine „Task Force" kommt nicht von ungefähr aus dem militärischen Umfeld. Sie muss straff und zielgerichtet sein, aber abgesichert durch wiederholte Rückkopplungen zum

Auftraggeber mit formalisierten „change requests". Das läuft über weitere Prototypen, Anwendungstests bei Pilotkunden als „lead user" bzw. Einsätze in ausgewählten Testmärkten. Dies erfolgt insbesondere mit dem Ziel von Produkt- und Konzeptionstests, der Erprobung von Preis- und Konditionsmodellen sowie den weiteren Modulen der Marketingplanung als Phase des „trial and error" vor der hoffentlich erfolgreichen Einführung. Soweit verfügbar, greift man dabei auf die Erfahrungen – Stichwort Ähnlichkeitsplanung – aus bereits erfolgten erfolgreichen Markteinführungen zurück. Professionelle Innovatoren beherrschen diesen Methodenkoffer der Umsetzung besser als ihre Wettbewerber und die Produktivität ihrer Innovationsaktivitäten ist im Übrigen einer der wesentlichen Werttreiber bei Bewertungen durch externe Analysten. Erfahrungsgemäß ist es besonders wichtig, das Kernteam der Innovationsmannschaft möglichst lange zusammenzuhalten, weil es sich mit der ursprünglichen Idee am besten identifiziert. Oft bilden sich dabei auch „underground teams" aus Verkäufern und Entwicklern, die weitere Ideen mit hohem persönlichem Engagement zum Erfolg treiben.

Anbei zur Veranschaulichung einige Beispiele aus einem Krisenunternehmen mit hohem Anteil innovativer Produkte, in dem noch in der Down Phase die Strukturen für ein wirtschaftlicheres und zielgenaueres Innovationsmanagement zu schaffen waren. Wunschdenken und chaotische Zustände in diesem Bereich mit entsprechenden Budgetabweichungen waren eine der wesentlichen Krisenursachen.

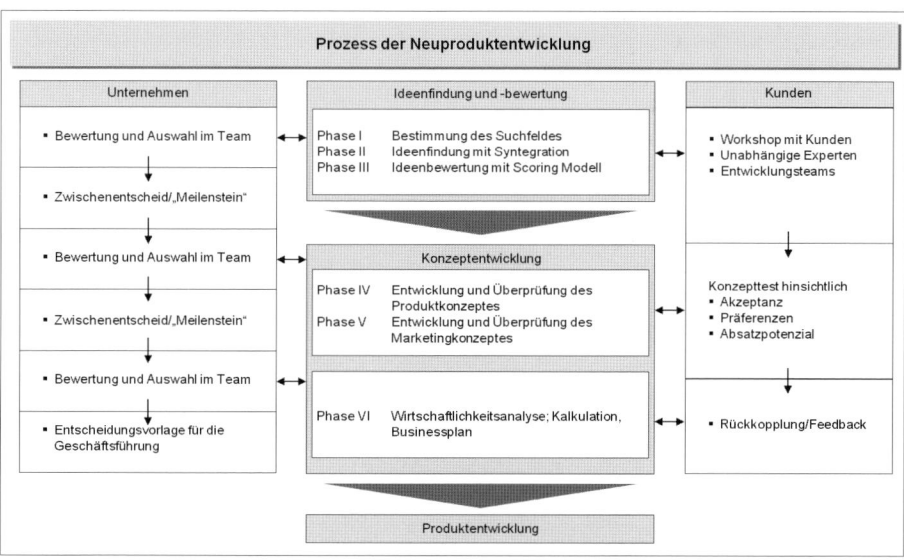

Abbildung 129: Innovationsmanagement – Verbindliches Vorgehensmodell (Beispiel)

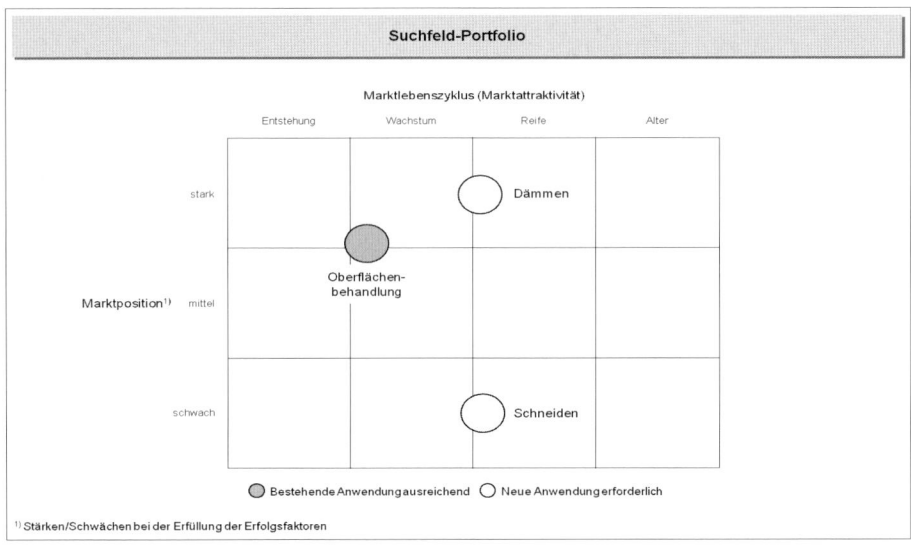

Abbildung 130: Innovationsmanagement – Strategisches Suchfeld-Portfolio (Beispiel)

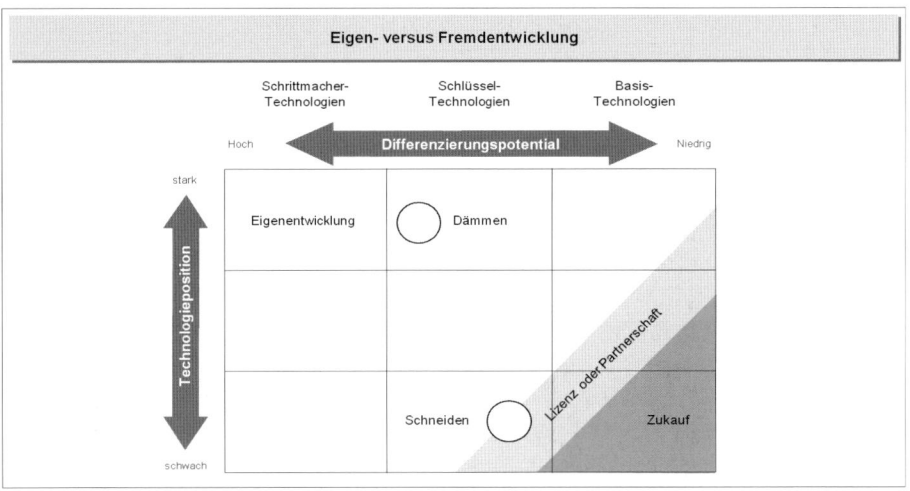

Abbildung 131: Innovationsmanagement – Grundsatzentscheidung über Eigen- oder Fremdent-
wicklung (Beispiel)

Erster Schritt war deshalb die verbindliche Vereinbarung eines mit den wesentlichen
Managern – Produktmanagement, Entwicklung, Verkauf – erarbeiteten Innovations-
prozesses. Zweiter Schritt war die Identifikation strategisch wesentlicher Innovations-
notwendigkeiten und die grundsätzliche Abwägung, ob eine bestimmte Neuentwicklung
in Eigenleistung erfolgen oder zugekauft werden soll (Abbildungen 129 bis 133).

Zunehmende Komplexität des Restrukturierungsmanagements

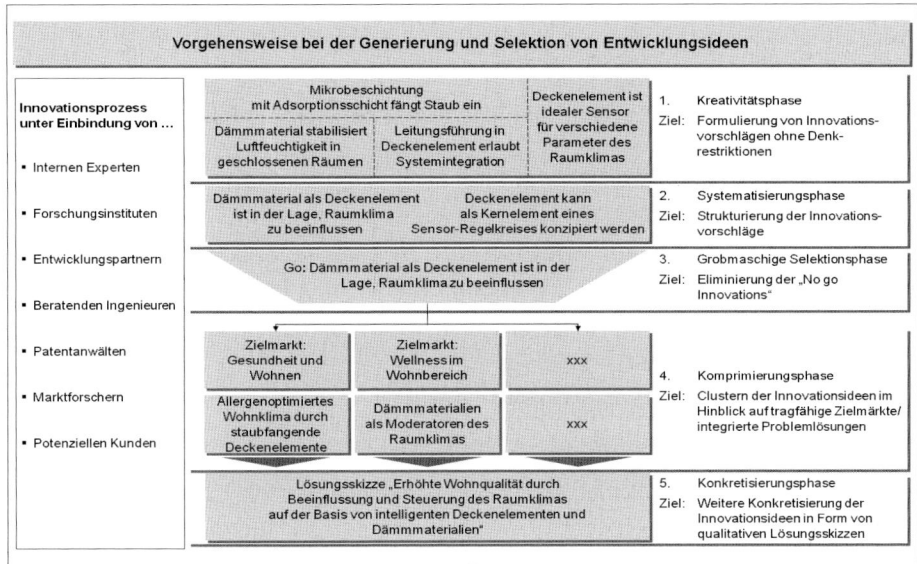

Abbildung 132: Innovationsmanagement – Vorgehensweise zur Selektion von Entwicklungsideen (Beispiel)

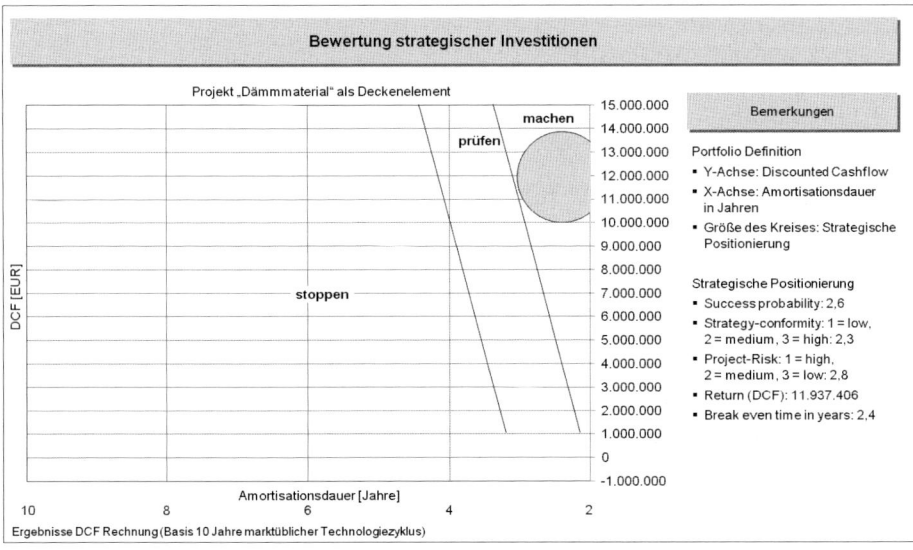

Abbildung 133: Innovationsmanagement – Bewertung strategischer Investitionen (Beispiel)

Im Anschluss an diese grundsätzlichen Vereinbarungen ging es darum, die Ideengenerierung und Konkretisierung für strategisch relevante Entwicklungsvorhaben besser als bisher zu gestalten, denn die typischen Entwicklungsvorhaben des Krisenunternehmens ließen dies durchaus zu. In aller Regel handelte es sich nämlich um Weiterentwicklungen bekannter Produkte in enger Abstimmung mit wesentlichen Kunden.

Die Selektion von Entwicklungsideen erfolgte mit Punktbewertungsverfahren sowie ersten Investitionsrechnungen, um frühzeitig ein Gespür für den Finanzierungsbedarf und die Rentabilität des Entwicklungsvorhabens zu erhalten. Wie Abbildung 133 zeigt, wurde dabei nicht ausschließlich mit den Methoden der klassischen Investitionsrechnung gearbeitet, sondern über qualitative Kriterien auch versucht, die strategische Relevanz der Neuentwicklung in die Analyse einzubringen.

Die Markteinführung der Produktinnovationen war in dem vorliegenden Fall weniger anspruchsvoll, da es sich hauptsächlich um Entwicklungen für gut bekannte Stammkunden handelte. Im Segment der Entwicklung von Konsumgütern für anonyme Kunden ist dieser Innovations- und Markteinführungsprozess deutlich anspruchsvoller.

Das Beispiel zeigt natürlich auch, dass die hier getroffene Zuordnung von Maßnahmen zu der Down oder Up Phase idealtypisch ist. Unbestritten sollte aber die Stärkung der Innovationsfähigkeit mittelständischer Krisenunternehmen ein ganz wesentliches Ziel der Restrukturierung sein, denn dies ist insbesondere in den oft technisch getriebenen deutschen Unternehmen ein bedeutender Differenzierungshebel.

Die drei wichtigsten Punkte des Kundenmanagements in der Up Phase – strategische Entwicklung, go to market und Innovationsmanagement – wurden hier etwas umfangreicher dargestellt, weil erfolgreiche Krisenmanager nach Ansicht der Verfasser auch diesen Teil der langfristigen Rettungsaktion beherrschen müssen, um nicht unter dem meist erheblichen Druck der Down Phase überlebenswichtige Zukunftspotenziale zu übersehen bzw. zu vernichten. Eventuell müssen sie auch einmal in Verhandlungen kompetent und mit Stehvermögen dagegenhalten, wenn Stakeholder in Panik den Überblick verlieren. Deshalb sollten Krisenmanager auch „Unternehmertypen" sein und keine Administratoren oder „Numbercruncher", denn es geht bei Krisenfällen vor allem darum, mit Wissen, gesundem Menschenverstand und Instinkt ein Geschäftsmodell schnell zu verstehen, dessen Defizite zu erkennen, diese zu beheben und das Unternehmen zu neuer Werthaltigkeit zu führen. Unbestritten ist, dass es in der Praxis zwischen diesem Idealmodell und der Insolvenz eine erhebliche Bandbreite von Unternehmen oder Unternehmensteilen gibt, die, aus welchen Gründen auch immer, nur noch im Status quo und mit minimalem

Engagement über Wasser gehalten werden. Das kann aber nicht die generelle Leitlinie engagierter Restrukturierungen sein.

Es ist klar, dass die bereits in der Down Phase angestoßenen Maßnahmen, wie Verkaufstrainings, -qualifizierungen, Gebietsoptimierungen etc., auch in der Up Phase weiterlaufen bzw. sogar forciert werden sollten. Das ist Tagesgeschäft des Managements.

2.2.3.2 Kostenmanagement in der Up Phase

„Wirklich erfolgreiche Unternehmen restrukturieren auch in der Wachstumsphase." Zitat von Karl Josef Kraus, einer Legende in der Szene der Restrukturierer, und er hat recht. Die Versuchung ist groß, in der Phase des erkennbaren Aufschwungs die Zügel schleifen zu lassen und bei den meist konfliktträchtigen und unangenehmen Projekten zur Kostensenkung nachzulassen. Das Management sollte sich dann nicht wundern, wenn sich beispielsweise bei dem nächsten konjunkturellen Abschwung zeigt, dass es Wettbewerber gibt, die sich in dieser Lage besser behaupten. Man denke nur an Ford und VW in der Krise 2009 einerseits und General Motors andererseits. Gewiss hat auch die Modellpolitik ihren Einfluss, aber eben auch das nachhaltige Engagement in kontinuierliche Verbesserungsprogramme für das operative Geschäft.

Auch hier geht es im Wesentlichen wieder um die Fortsetzung der Maßnahmen aus der Down Phase, jetzt aber nicht mehr allein der Not und knappen Liquidität gehorchend mit kurzfristiger Perspektive und sehr hohem Umsetzungsdruck auf die Mitarbeiter. Kostenmanagement in der Up Phase soll nachhaltig sein und hat damit stärker Akzeptanzsicherung und langfristige Perspektive im Fokus. Ein wichtiger Aspekt im Übrigen für Verhandlungen, denn wenn eine Machtkonstellation dem Krisenunternehmen wenig Handlungsspielraum gewährt, ist es eine der wichtigsten Aufgaben in der Up Phase, diese Konstellation zu ändern. Im Verkauf erfolgt dies wie oben beschrieben unter anderem über Innovationen, im Einkauf erfolgt dies z.B. durch technische Änderungen in der Produktspezifikation und durch den Aufbau alternativer Zulieferer, um sich dem Druck dominanter Vorlieferanten zu entziehen.

Das Kostenmanagement in der Up Phase hat drei grundsätzliche Stoßrichtungen:

– Die Gestaltung der eigenen Verwaltungs-, F&E- und Produktionsinfrastruktur sowie der Zuliefer- und Distributionssysteme nach marktkonformen Kriterien und unter Effizienzgesichtspunkten. Die Gestaltung eines „global footprint" ist das aktuelle Schlagwort, dem sich diese Projekte zuordnen lassen. Bei den Verwaltungsaktivitäten geht es vor allem um die Einrichtung zentraler Service Center, beispielsweise für Finanzen, den Einkauf strategischer Leistungen und die kaufmännische Informatik. Landesspezifische Gegebenheiten, wie etwa die Steuergesetzgebung, setzen den Zentralisierungsbemühungen in der Verwaltung Grenzen, ebenso die notwendige persönliche Interaktion vor Ort mit den zu betreuenden Einheiten, beispielsweise im Personalwesen. Bei der F&E geht es um die generelle Frage der Konzentration von hochwertigem Know-how und der Professionalisierung durch eine organisatorische und regionale Zentralisation versus der notwendigen Marktnähe und Flexibilität durch dezentrale Strukturen, insbesondere in der kundennahen Entwicklung. Die Produktionsinfrastruktur schließlich steht im Widerstreit zwischen der Nutzung von Vorteilen zentraler hochspezialisierter Strukturen (Synergien, Know-how, focused factory) und marktnaher (Flexibilität, local content) kleiner Einheiten – beispielsweise ausgeprägt als Mischformen aus zentraler Teilefertigung und dezentraler Montage. Hinzu kommen bei allen Prozessen in einer zusehends arbeitsteiligen und globalen Welt die Überlegungen bezüglich der Erhaltung hoher Wertschöpfungstiefen zur Absicherung eigener Margen versus der Nutzung komparativer Kostenvorteile (Arbitrage-Effekte) infolge unterschiedlicher Faktorkosten nationaler Standorte und Branchen sowie der Vorteile aus einer Konzentration auf eigene Kernkompetenzen und der Nutzung von Stärken (Spezialisierungseffekte) ebenfalls hoch entwickelter Dienstleister und Zulieferer. Das ist der Nährboden des Outsourcing an Near- und Offshore-Standorte sowie für strategische Allianzen mit Zulieferern und Distributeuren (Supply Chain Management). An dieser Stelle sei eindringlich darauf hingewiesen, dass strategisch handelnde Manager den global footprint ihres Unternehmens neben den erwähnten betriebswirtschaftlichen Vorteilen auch unter dem Gesichtspunkt der Machtsicherung gestalten sollten, denn in der Krise zählt vor allem faktische Macht und Verträge sind dann in bestimmten Regionen und Situationen noch nicht einmal ihr Papier wert. Glücklich ist, wer dann sein System beispielsweise so gestaltet hat, dass Auslandsgesellschaften und Joint Ventures nicht selbständig ohne das Know-how und loyale Spezialisten der Mutter existieren können und Spin-offs in der dezentralen F&E mangels eigener Lizenzen und substanzieller Marktkontakte erschwert sind.

– Die Schaffung geeigneter Informationssysteme zur Steuerung der Prozesse und Aufträge innerhalb dieser Infrastrukturen. Deren Ausgestaltung hängt insbesondere von der Struktur des global footprint ab. F&E-Projekte steuert man z.B. in zentralen Strukturen anders als Projekte in dezentralen Systemen, mit oder ohne Beteiligung von Pilotkunden etc. Zentrale Werke mit hohem Exportanteil steuert man ebenfalls anders als ein weltweit verteiltes arbeitsteiliges Produktionsnetzwerk mit hohem Zulieferanteil und geringer eigener Fertigungstiefe. In den Werken setzt sich dieses Prinzip wiederum fort. Fertigungstiefe, -organisation und vor allem auch der Fertigungstyp (mechanische Teile- und Montagefertigung, chemische Kuppelproduktion etc.) sind dann maßgebliche Einflussgrößen der Prozess- und Auftragssteuerung, wobei man sich nach neuerer Philosophie um möglichst flexible Strukturen (fraktale Fabrik, Fertigungssegmentierung) unter primärer Orientierung an dem Fließprinzip bemüht. Eine Werkstattfertigung mit kundenspezifischen Aufträgen und breit qualifizierten Arbeitskräften steuert man – Stichwort belastungsorientierte Auftragsfreigabe – beispielsweise anders als eine Fließfertigung mit hohem Zulieferanteil und eher gering qualifizierten bzw. hochspezialisierten Arbeitskräften – Stichworte Kanban und Just in time. Die Brückenfunktion der Steuerungssysteme zwischen den Kundenanforderungen einerseits und der Infrastruktur sowie dem Zuliefersystem des Unternehmens andererseits wird oft übersehen; man konzentriert sich auf Investitionen in Standorte, Maschinen und Technologien. Wird ein MRP-System – hoffentlich passend zu den Fertigungsanforderungen – implementiert, dann mangelt es oft genug an einer soliden Datenbasis (Stundensätze, Fertigungspläne, Stücklisten etc.), um das System tatsächlich sinnvoll einzusetzen. Gerade in Krisenunternehmen befindet sich diese Basis meist in einer desolaten Verfassung und ist eine der wesentlichen Ursachen von Ineffizienz. In der Up Phase sind deshalb die kaufmännischen Unternehmensbereiche – wie etwa Controlling, Arbeitsvorbereitung, Kalkulation – gefordert, diese solide Datenbasis zügig aufzubauen und zu pflegen sowie dem Management der Kernbereiche auf allen Ebenen integrierte und geeignete Steuerungssysteme mit vertretbarem Aufwand bereitzustellen. Eine sehr anspruchsvolle und bedeutende Aufgabe, die gerne unterschätzt wird mit der Folge, dass diese Projekte halbherzig angegangen werden und geplante Budgets deutlich überschritten werden oder die Projekte gar im Sande verlaufen.

– Die Sensibilisierung des Gesamtsystems für kontinuierlich anstehenden Verbesserungsbedarf, denn das Unternehmensumfeld ist dynamisch und fordert neben Effizienz vor allem Flexibilität. Ohne das engagierte Zutun der Mitarbeiter auf allen Ebenen ist dies nicht erreichbar und hier sind gut geführte Mittelständler gegenüber Großunternehmen meist eindeutig im Vorteil. Die Ansätze zur Etablierung ständiger Verbesserungsprogramme in Unternehmen werden gerne unter dem Stichwort „operational excellence" zusammengefasst und orientieren sich primär an dem erfolgreichen operativen Produktionssystem von Toyota sowie dem von Motorola initiierten „Six-sigma-Konzept". Beide Modelle schließen sich nicht grundsätzlich aus, haben aber deutlich unterschiedliche Umsetzungskonzepte. Fokus dieser Projekte waren lange die Produktion und das Zuliefersystem, mittlerweile gibt es auch Ansätze, diese Konzepte in administrativen Bereichen anzuwenden.

Excellence Programme in Anlehnung an das Toyota-Konzept knüpfen immer an eine explizit formulierte, ambitionierte und von dem gesamten Management vorgelebte Unternehmensphilosophie an. Diese Philosophie ist der Leitfaden für alle Mitarbeiter. Ein Modul der Umsetzung ist dann die Etablierung schlanker Prozesse im gesamten Unternehmen. Konkret bedeutet das die Eliminierung überflüssiger Elemente, die Stabilisierung und übergreifende Harmonisierung der Abläufe, die Einführung von Standards sowie die Schaffung einer Leistungs- und Qualitätskultur, die Nacharbeiten überflüssig macht. Weiteres Modul ist die Übertragung des Modells auf die Geschäftspartner und die systematische Personalentwicklung, denn die Kultur der ständigen Verbesserung und des fehlerfreien Arbeitens muss sich im Verhalten der Mitarbeiter über die gesamte Wertschöpfungskette festigen. Drittes Modul ist die Befähigung der Mitarbeiter, Problemursachen zu erkennen, möglichst selbständig zu lösen und im täglichen Arbeiten nachhaltig zu etablieren. Insgesamt ist dies ein langjähriger anspruchsvoller Transformationsprozess, der vor allem auf das Engagement und Wissen der operativen Fachkräfte setzt – ein Vorgehen mit deutlichem Bottom-up-Anteil. Ohne vorbildliche Führung und ausreichende Sicherheit für die Mitarbeiter ist dieses Konzept Makulatur. Gelingt es, ist es ein deutlicher Wettbewerbsvorteil.

Excellence Programme nach dem Six-sigma-Konzept setzen demgegenüber nicht in vergleichbarem Maße auf Bottom-up-Veränderungsprozesse. Es geht bei diesen Projekten um die profitable Erfüllung von Kundenanforderungen durch die Identifikation und kontinuierliche Verbesserung dafür kritischer Prozesse. Die Verbesserungsprogramme bedienen sich statistischer Methoden. Ziel ist die Erfüllung der Kundenanforderungen, d.h., im Falle eines Six-sigma-Niveaus liegen 99,99966 Prozent aller Fälle innerhalb der vom Kunden definierten und akzeptierten Leistungsgrenzen. Diese Projekte folgen bestimmten Vorgehensregeln, zusammengefasst unter dem Stichwort DMAIC, d.h. define, measure, analyse, improve, control. Ausgehend von der Definition kritischer Kundenanforderungen und systematischen Prozessbeschreibungen erfolgt ein statistisch fundierter Mess- und Analyseprozess, aus dem die Ansatzpunkte zur Durchführung der Verbesserungen bis hin zur Ergebnis- und Nachhaltigkeitskontrolle hervorgehen. Das setzt qualifizierte Ingenieurarbeit und eine brauchbare Datenbasis voraus. Krisenunternehmen sind in aller Regel von solchen Voraussetzungen weit entfernt und für sie liegt oft als erster Schritt die Initiierung eines Verbesserungsprogramms auf Basis des Toyota-Modells nahe, sofern die Kunden dies zulassen. Mächtige Kunden fordern allerdings – Beispiel Automobilindustrie – heutzutage rigoros von ihren Lieferanten die umgehende Etablierung eines Six-sigma-Programms in dem Bewusstsein, dass sie damit auch kurzfristig und egal wie irgendwelche Veränderungen bei ihren Lieferanten auslösen.

Diese Programme werden in unterschiedlicher Ausprägung insbesondere in Branchen mit hartem Wettbewerb zur Schöpfung von Produktivitätsreserven und zur Durchsetzung überragender Qualitätsstandards etabliert, Vorreiter ist die Automobilindustrie. Teilweise gewinnt man allerdings den Eindruck, dass es auch oder sogar primär um „Papiertiger und Pflichtübungen" zur juristischen Absicherung für den Fall von Qualitätsproblemen geht, analog zu manchen unsäglichen ISO-Zertifizierungen. Bleibt deshalb zu hoffen, dass die Programme bei Kunden und Lieferanten mehr sind als die Übermittlung und Archivierung der geforderten Dokumente und Zertifikate externer Gutachter und Juristen. Gerade Krisenunternehmen sollten diese Ansätze als Chance zur nachhaltigen Optimierung ihrer operativen Strukturen begreifen.

Die Up Phase ist in aller Regel geprägt von Nachholbedarf und Bewältigung des Investitionsstaus in vielerlei Hinsicht – Innovationen, Produktivitätssteigerungen, Ersatzbedarf, Qualität und Qualifizierungen – und weiterhin knappen Ressourcen, so dass Prioritäten zu setzen sind. Liquiditäts- und Kostenmanagement sind deshalb nicht weniger wichtig im Vergleich zur Down Phase. Ein leistungsfähiges Controlling ist dafür unabdingbar und oft ebenfalls noch in Teilbereichen auf- oder auszubauen.

Die einzelnen Ansätze zum Kostenmanagement in der Up Phase können hier nicht ausführlich erläutert werden, denn dann wäre dies ein Buch über die exzellente Führung der Operations. Nochmals aufgegriffen werden deshalb hier nur bestimmte Themen, die aus der Sicht der Restrukturierung von Krisenunternehmen besonders wichtig bzw. kritisch sind. Das sind insbesondere Produktionsverlagerungen und das Outsourcing von Teilbereichen, Einkaufsprojekte sowie die erstmalige Etablierung von Projekten im Rahmen von Operational Excellence-Programmen. Dabei geht es den Verfassern vor allem darum, wesentliche Erfahrungen aus Projekten prägnant zusammenzufassen.

Produktionsverlagerungen

Ziel vor allem erfolgreicher Produktionsverlagerungen sind entgegen den üblichen Erwartungen nicht Kostensenkungen, sondern überwiegend Markterschließungen.

Teilweise durch Local-content-Vorgaben, gezielte Zollpolitik nationaler Behörden erzwungen, teilweise als Folge anstehender Optimierungen des global footprint des Unternehmens infolge fortschreitender Internationalisierung. Natürlich spielen auch Bestrebungen zur Steigerung der Wettbewerbsfähigkeit in bestimmten Teilbereichen wie Produktion und Montage sowie F&E eine gewichtige Rolle. Beispiele hierfür sind die Nutzung von Größeneffekten bei der Konzentration von Ressourcen, die Reduktion von Faktorkosten – oft in beträchtlichem Umfang – durch komparative Kostenvorteile internationaler Standorte, günstigere Distributionskosten sowie der Zugang zu knappen Ressourcen wie etwa technisches Wissen oder bestimmte Materialien. Bei der Planung und Umsetzung von Produktionsverlagerungen sind insbesondere folgende Erfahrungswerte zu beachten:

– Der lokale Markt muss groß genug sein, um zumindest die Basisauslastung der neuen Einheit abzusichern, denn komparative Kostenvorteile sind vergänglich bzw. volatil (Bsp. Wechselkurse) und damit auch die Zukunftsperspektiven einer reinen verlängerten Werkbank. Zu beachten sind bei Markterschließungsplänen auch die zu erwartenden Reaktionen lokaler Wettbewerber, die rigoros und machtvoll sein können.

– Die Dimensionierung des Engagements und die zu erbringende Eigenleistung bestimmen die Finanzierung, die gesellschaftsrechtliche Ausgestaltung und die formale Einflussmacht. Dabei geht es um Themen wie Joint Ventures versus Tochtergesellschaften, die Zusammenarbeit mit international tätigen Banken und die Rolle der nationalen Hausbank etc. Festzuhalten ist, dass im Streit nur faktische Macht die tatsächlich verlässliche Basis der Führung von Auslandsengagements ist, und dies ist von Beginn an sicherzustellen. Neben den unabdingbaren lokalen Managern mit Einflusspotenzial und Marktkenntnis ist deshalb auch die eigennützige Machtsicherung erforderlich durch loyale eigene Manager – etwa deutsche „expatriates" oder auch lokal etablierte „internationals" – eine ausreichende und zentral gesteuerte Finanzierung, limitierte Selbständigkeit (Einkauf, Know-how, Markt- und Kundenzugang) des Auslandsengagements sowie in schwierigen Ländern eine organisatorische Trennung von Produktion und Verkauf vor Ort, die „Spin-offs" lokaler Manager behindert. Kontakte beispielsweise zu der europäischen „community" vor Ort, international tätigen Kanzleien und Wirtschaftsprüfern können dabei sehr hilfreich sein.

– Know-how-Schutz und Know-how-Transfer sind wesentliche Parameter einer Produktionsverlagerung. Einerseits geht es um die erwähnte Machtsicherung, andererseits um die technische und organisatorische Funktionsfähigkeit des neuen Engagements, um die angestrebten Ziele tatsächlich zu erreichen. Zum einen ist sicherzustellen, das neue Engagement nicht zu überfordern – eine der wesentlichen Ursachen für Fehlschläge, Zeitverzug etc. Zum anderen sind offener bzw. eher noch verdeckter Widerstand und Sabotage der abgebenden Einheit zu verhindern – ein schwieriges Unterfangen. Erfahrene Trainer, sorgfältige Dokumentationen und Zertifizierungen sind wesentlich, zwingend auch die enge Abstimmung mit Lieferanten und Kunden. Letztere behalten sich oft eine Abnahme und explizite Genehmigung des neuen Standortes als Lieferstelle vor. Sofern organisatorisch möglich und wirtschaftlich vertretbar, ist zur Reduktion von Anlaufproblemen mit Qualitätsmängeln etc. ein zeitlich befristeter Parallelbetrieb hilfreich. Wichtig in diesem Zusammenhang ist auch, wie man mit den zu entlassenden Mitarbeitern der abgebenden Einheit umgeht. Je fairer und verbindlicher, je mehr sichtbares Engagement der Top Manager vor Ort zur Milderung sozialer Härten, umso besser.

– Die Vorbereitung, Durchführung und Betreuung der Verlagerung setzt ein professionelles „ingenieurmäßiges" Projektmanagement, Projektcontrolling und Reporting an dem abgebenden und aufnehmenden Standort mit ausreichenden Ressourcen und realistischer Planung voraus. Zudem verlangt es zwingend das sichtbare und konfliktbereite Commitment der Gesellschafter und der Top Manager, denn Nachlässigkeit und Widerstand sind ständige Begleiter dieser Projekte. Angenehmes „laissez faire" und taktische Unverbindlichkeit von Managern zum Selbstschutz sind indiskutabel. Gute Kommunikation mit allen Stakeholdern ist außerordentlich wichtig.

Oft werden Verlagerungen zwar erfolgreich durchgeführt, scheitern aber im Tagesgeschäft bzw. werden ihrem Schicksal überlassen. Die neue Einheit ist deshalb konsequent in die Strategie, die technischen und kaufmännischen Strukturen, Systeme und Kultur der Gruppe zu integrieren, vor allem sind Maßnahmen zur Personalentwicklung und -bindung auf allen Ebenen der neuen Einheit von herausragender Bedeutung.

Outsourcing

Ein vergleichbares „Schwergewicht" in Restrukturierungsprozessen sind Outsourcing-Projekte. Sie zielen ebenso wie Produktionsverlagerungen auf die substanzielle und nachhaltige Verbesserung der Wettbewerbsposition durch Kostenreduktionen, aber insbesondere auch auf die Professionalisierung bestimmter Geschäftsprozesse sowie Flexibilisierung von Fixkosten.

Als wesentliche Projekterfahrungen sei hier Folgendes angeführt:

– Üblich ist das Outsourcing von Funktionen und Geschäftsprozessen, die nicht zum Kerngeschäft des Unternehmens gehören und die von Dienstleistern aufgrund von Größenvorteilen, industriellem Betrieb und Vorteilen in den Faktorkosten – Mix aus Onshore- (Deutschland), Nearshore- (MOE) und Offshore- (Asien) Standorten – kostengünstiger sowie meist auch qualitativ besser und stabiler betrieben werden können. Klassiker sind der Betrieb von Rechenzentren sowie die Übernahme von Abrechnungsprozessen (Bsp. Personalverwaltung). Sofern sich bei kritischer Betrachtung ergibt, dass auch das Kerngeschäft des Unternehmens in bestimmten Teilen auf leicht kopierbaren Commodities fußt, werden mittlerweile auch diese Prozesse zumindest so weit ausgelagert, dass das Auslastungsrisiko von Spitzenlast auf den Partner verlagert ist. Das kann beispielsweise von der Patentverwaltung über die Testanwendungen bis hin zur Auftragsforschung reichen.

– Outsourcing ist eine strategische Bindung und muss deshalb mit angemessener Sorgfalt vorbereitet und verhandelt werden:

   – Ehe überhaupt über eine Ausschreibung nachgedacht werden kann, ist der betreffende Bereich zunächst einmal „outsourcingfähig" zu gestalten. So sind die zu übergebenden Funktionseinheiten (Bsp. Personalabrechnung) oft erst organisatorisch zu zentralisieren, um eine ausreichende Masse für nennenswerte Kosteneffekte zu erreichen. Des Weiteren sind vorab die Systeme, Regeln und Prozesse nach üblichen Normen zu standardisieren oder es muss klar sein, dass die Standards des Dienstleisters zu übernehmen sind. Ansonsten hat er kaum eine Chance, die erwünschten Vorteile durch eigene professionelle Konzepte tatsächlich zu realisieren, und wird meist auch wenig Interesse an einem Geschäft mit ausgeprägter Individualisierung und unzureichendem Volumen zeigen.

   – Die Aufgabenstellung des Dienstleisters ist konkret in einem Lastenheft zu definieren und später mit ihm gemeinsam in ein detailliertes Pflichtenheft zu überführen. Das ist die Grundlage, um für den Betrieb verbindliche Dokumentationen und insbesondere Service Level Agreements (SLAs) zu vereinbaren, die Vertragsbestandteil sind.

   – Die Partnerwahl ist sehr sorgfältig anzugehen. Wichtige Kriterien für die Auswahl sind die wirtschaftliche Stabilität, die Innovationsfähigkeit und nachprüfbare Referenzen des Dienstleisters als professioneller und seriöser Geschäftspartner. Zu beachten sind frühzeitig auch eventuell erforderliche Zertifizierungen und Freigaben von Kunden des vergebenden Unternehmens. Empfehlenswert ist bei der Auswahl des Dienstleisters ein mehrstufiges Ausschreibungsverfahren, bei dem die Bieter in die Definition und Präzisierung der anstehenden Aufgabenstellung eingebunden werden und ihre Geschäftsphilosophie glaubwürdig offenlegen müssen. Zusätzlich spielt die Vertragsgestaltung – insbesondere die Regelung von Change Requests im laufenden Betrieb und eines möglichen Partnerwechsels – eine erhebliche Rolle, die nicht ohne Spezialanwälte angegangen werden sollte. Für die wesentlichen Themen während des Life Cycle einer Outsourcing-Partnerschaft gibt es beispielsweise im IT-Umfeld mittlerweile freiwillige Standards der führenden Anbieter. Auch zu dem Verhalten bei dem als besonders kritisch eingestuften Wechsel des Dienstleisters (2nd Generation Outsourcing) gibt es zumindest in dieser Branche einen Codex.

- Kernstück des Vertrages und häufiger Streitpunkt im Tagesgeschäft ist das Preismodell. Es ist zwingend, dass die Verrechnungsbasis – beispielsweise €/Stück oder €/Handlingvorgang – zu einer Variabilisierung der Gesamtkosten für den relevanten Bereich des vergebenden Unternehmers führt, also das Auslastungsrisiko auf den Dienstleister übergeht. Ansonsten ist es empfehlenswert, seine Eignung sehr kritisch zu hinterfragen, denn dies ist in aller Regel ein prägendes Merkmal des Outsourcing-Geschäftes und bedeutet für das vergebende Unternehmen, dass Break Even Point und Cashflow Point ceteris paribus bei Beschäftigungszunahme früher erreicht bzw. bei Beschäftigungsrückgang später unterschritten werden. Je nach Größenordnung bedeutet dies einen substanziellen Vorteil im Wettbewerb. Weiter beinhaltet das Preismodell oft eine Dynamisierung in beide Richtungen (Inflations- und Deflationsrate, Gain Sharing bei Produktivitätssteigerungen etc.) sowie gelegentlich auch eine Finanzierungskomponente, wenn eine einmalige Up Front Fee sukzessive über Preisbestandteile wieder getilgt wird. Ganz wichtig ist außerdem die Verknüpfung von Preismodell und Pönalen mit den oben genannten SLAs.

- Umfang und Organisation der künftigen Zusammenarbeit sind zu klären. So ist es in größeren Unternehmen und bei umfangreichen Outsourcing-Vorhaben nicht ungewöhnlich, dass bestimmte Module zur langfristigen Sicherung der eigenen Verhandlungsposition nicht nur an einen Partner vergeben werden, sondern an verschiedene konkurrierende Partner. Die gesamte Beschaffungslogistik wird dann beispielsweise an einen führenden Kontraktlogistiker vergeben, die Distributionslogistik aber an einen anderen Anbieter. Ebenfalls werden einzelne Tochtergesellschaften oft aus der Kooperation herausgehalten, um noch genügend eigenes Know-how für den Fall eines Insourcing („Plan B") vorzuhalten. Das kann auch für eventuelle Benchmarks der eigenen Ressourcen mit den Leistungswerten der Partner hilfreich sein. Üblich ist auch, dass in dem vergebenden Unternehmen eine Restorganisation mit besonders qualifizierten Fachkräften verbleibt („Brückenkopf"), als Abstimmungsstelle, Kontrolleinheit und gegebenenfalls definierten Eskalationspunkt für den Partner im Tagesgeschäft.

– Es ist bei umfangreichen Outsourcing-Vorhaben davon auszugehen, dass die Partner vor Vertragsabschluss eine Due Diligence in dem relevanten Bereich durchführen möchten. Diese ist durch das Unternehmen gut vorzubereiten und für den Fall nachträglicher Auseinandersetzungen zu dokumentieren. Anwaltliche Unterstützung ist dabei empfehlenswert.

Nicht überbewerten sollte man hinsichtlich der anschließenden Umsetzung des Outsourcing-Projektes die in der juristischen Literatur gerne diskutierte Problematik des § 613a BGB im Zusammenhang mit Personalwechseln von dem abgebenden Unternehmen auf den Outsourcing-Dienstleister. Das ist geübte Routine und bei Ortswechseln über eine größere Distanz aufgrund der relativ geringen Mobilität vieler Mitarbeiter ohnehin von geringer praktischer Relevanz. Zudem bieten professionelle Anbieter oft sowohl Outsourcing-Modelle an, bei denen sie den Betrieb für eine bestimmte Zeit im Hause des abgebenden Unternehmens fortführen, als auch Modelle, in denen sie zügig die Aufgaben, Strukturen und Mitarbeiter in ihre Standorte übernehmen. Das hat natürlich Konsequenzen für die Realisierung der angestrebten Potenziale. Details sind im Einzelfall mit dem Dienstleister, den Arbeitnehmervertretern, Mitarbeitern und Juristen zu klären.

Die bereits für Produktionsverlagerungen genannten Empfehlungen zu den Themen Projektmanagement, sichtbares Commitment von Gesellschaftern und Top Managern sowie Know-how-Transfer gelten für Outsourcing-Vorhaben analog.

Einkaufsprojekte

Traditionellen Einkaufsprinzipien widerspricht das Modell des Outsourcings, da eine langfristige Bindung mit nur einem oder wenigen externen Partnern eingegangen wird und die Möglichkeiten des Wechsels erheblich erschwert sind. Einkäufer schöpfen ihr Potenzial aus dem Aufbau von vorteilhaften Verhandlungspositionen. Dafür benötigen sie in aller Regel Alternativen und die Chance, sich bietende Optionen auch zu nutzen. Outsourcing sollte deshalb zu signifikant überlegenen Lösungen im Vergleich zur Eigenleistung führen und in wesentlichen Punkten (z.B. Ausschreibung, Vertragsverhandlung, Regelung Exit) auch wie ein Einkaufsprojekt gesteuert werden. Vornehme Zurückhaltung ist deshalb nicht angebracht.

Unter Kosten und Liquiditätsgesichtspunkten ist der Einkauf einer der wichtigsten Hebel von Restrukturierungen. In der Down Phase wird dieses Thema oft eher defensiv angegangen, weil es darum geht, bei limitierter Liquidität überhaupt noch die benötigten Einsatzstoffe und Services zu akzeptablen Preisen und Konditionen von zusehends vorsichtigen bzw. verunsicherten Lieferanten zu erhalten. In der Up Phase kann demgegenüber auch wieder stärker gestaltend und offensiver agiert werden, wobei es ratsam ist, sich dann treuen Lieferanten gegenüber auch durch Fairness erkenntlich zu zeigen. Letzteres ist im Mittelstand im Unterschied zu manchen strikt renditegetriebenen Akteuren durchaus üblich – die nächste Krise kommt bestimmt. Kritisch anzumerken ist aber, dass der Einkauf in einer großen Zahl mittelständischer Krisenunternehmen geradezu stiefmütterlich behandelt wird und damit ohne Notwendigkeit auf die „Bergung verborgener Schätze" verzichtet wird. Qualität und Schulung der Einkäufer, die bereichsübergreifende Zusammenarbeit mit den technischen Bereichen, die Datenbasis und die Unterstützung durch das Top Management sind oft mangelhaft. Auch hierzu einige Projekterfahrungen aus typischen Krisenfällen:

– Erfolgreiche Einkaufsverhandlungen sind systematisch vorzubereiten. Dazu gehört in erster Linie eine geeignete Datenbasis (Einkaufsvolumen, ABC-Analysen, XYZ-Analysen, Lieferantenbewertungen etc.) je Warengruppe, die oft nicht als regelmäßige Arbeitsunterlage zur Verfügung steht und zunächst einmal aufzubauen ist. Nicht selten ist es außerdem erforderlich, zunächst einmal eine funktionsfähige Einkaufsorganisation mit qualifizierter Besetzung und unternehmensweit einzuhaltenden Prozessen und Prinzipien einzurichten. Wildwuchs anstelle von Professionalität und Disziplin herrscht leider meist vor. Beispielsweise ist es nahezu immer ein Problem, alle aktuellen Verträge und Vereinbarungen mit Lieferanten und Dienstleistern in den Archiven zu finden.

– Erfolgreiche Verhandlungen fußen auf der nach Warengruppen differenzierten und intern abgestimmten Einkaufsstrategie, die es in aller Regel nicht gibt. Wohl aber gibt es häufig eine Fülle von Restriktionen seitens der Technik (Individualisierung statt Standards, überzogene Qualität und SLAs etc.), des Verkaufs (Gegengeschäfte, Eilbeschaffung, keine Planzahlen etc.) und auch seitens der Gesellschafter („Chefsache", Reputation, persönliche Freundschaften etc.), die bis zur Desinformation und weitgehenden Handlungsunfähigkeit der Einkäufer führen können. Es ist dann nicht überraschend, dass die Position des Unternehmens an den Beschaffungsmärkten schwach ist und Verkäufer dies auch zu nutzen wissen. Wenn aber gleichzeitig von den Finanzpartnern und bestehenden Lieferanten Unterstützung angesichts knapper Liquidität erwartet wird, ist diese Praxis indiskutabel und abzustellen. Kritisch zu prüfen sind auch Verrechnungen und Lieferbeziehungen zwischen Konzerngesellschaften und „Schwestergesellschaften" in Familienunternehmen hinsichtlich Qualität, Service und Wirtschaftlichkeit. Oft genug halten sie – warum auch immer – einem Vergleich mit Angeboten leistungsfähiger Lieferanten nicht stand. Auch dies ist vor allem nach betriebswirtschaftlichen Kriterien (Einsparungseffekt, Leer-, Restrukturierungs- und Remanenzkosten) zu durchleuchten und konsequent zu verbessern bzw. abzustellen.

– Einkäufer müssen zäh und hart mit den jeweiligen Verkäufern verhandeln dürfen und sie brauchen dafür die sichtbare Rückendeckung des Top Management und der internen Bedarfsträger. Diese taktischen Spiele sind im Vorfeld abzustimmen und dann konsequent umzusetzen. Dazu gehört auch der Wechsel von leistungsschwachen zu besseren Lieferanten bzw. ein Pilotprojekt, um neue Wege zu testen. Immer wieder ist stattdessen eine recht ausgeprägte Aversion gegenüber Veränderungen und einem mal etwas härteren Gespräch mit Verkäufern festzustellen, in Einzelfällen auch aufgrund einer fragwürdigen Vermischung von Privat- und Unternehmenssphäre des Unternehmers bzw. maßgeblicher Manager. Das ist aus verschiedenen Gründen nicht akzeptabel.

– Rationalisierung und Standardisierungen im Einkauf durch Pauschalen für C-Teile, automatisierte Bestellabrufe aus dem System nach vordefinierten Kriterien, Rahmenvereinbarungen usw. sind sinnvoll, aber auch eine Quelle der Nachlässigkeit. Regelmäßige Revisionen etablierter Strukturen, Prüfungen der Mengengerüste und Rechtsgrundlagen sowie Rechnungskontrollen sind wertvolle Hilfen zur Vermeidung von Verschwendung. Es ist gerade in großen Unternehmen immer wieder überraschend, welche Potenziale alleine durch diese einfachen Ansätze aufgedeckt werden.

– Großaufträge sind mittlerweile hart umkämpft und führen meist zu schwachen Margen sowie einem beträchtlichen „Klumpenrisiko" für die Lieferanten. Deshalb sind mittelständische Kunden durchaus willkommen und es ist auch gut möglich, mit potenten Lieferanten über die Preis- und Mengenverhandlung hinaus kreative Lösungen zu diskutieren, die deutliche Finanzierungshilfen beinhalten. Beispielsweise, neben dem klassischen Lieferantenkredit, auch Betreibermodelle für Maschinen und Anlagen, Kooperationsmodelle bei der Lagerung und Bestandsführung etc. Insofern ist es durchaus sinnvoll, mit Lieferanten auch eine gute Partnerschaft zu pflegen, ohne auf berechtigte wirtschaftliche Ansprüche zu verzichten.

– Besonders weitgehend sind Wertschöpfungspartnerschaften von Kunden und Lieferanten mit beachtlichen Einsparungseffekten in den übergreifenden Prozessen. Vorreiter ist die Automobilindustrie, in der die enge Bindung mit substanziellen Maßnahmen zur Sicherung von Qualität und Zuverlässigkeit sowie ständiger Optimierung (Six-sigma, Lieferantenaudits, Zertifizierungen etc.) untermauert wird. Mittelständler erleben dies meist auf ihrer Kundenseite, wobei die Anforderungen auch an den Einkauf erheblich steigen, wenn der Mittelständler sich als Systempartner qualifiziert und künftig montagefertige Module aus Eigenfertigung und Zukauf zu liefern hat. Auch hier wieder die sichtbare Schwäche vieler Mittelständler – selbst in Restrukturierungsfällen –, derartige Konzepte auf der eigenen Beschaffungsseite anzugehen. Es hat den Anschein, dass dies nicht selten eher auf interne Unzulänglichkeiten und nicht unbedingt auf Widerstände der Lieferanten zurückzuführen ist.

Festzuhalten bleibt, dass der Einkauf in Krisenunternehmen ein wichtiges Feld für Optimierungsansätze und substanzielle Richtungswechsel sein kann, die eingehend und beharrlich zu diskutieren sind. Laissez faire nach gerade überstandener Down Phase ist in diesem Bereich nicht hinzunehmen, denn weder die Finanzpartner noch die mit Verzichtsvereinbarungen belasteten Mitarbeiter werden über offenbare Missstände zu ihren Lasten hinwegsehen wollen – die Mitarbeiterin in der Finanzbuchhaltung und der Facheinkäufer erkennen sie in jedem Fall. Klassiker sind beispielsweise der hoch dotierte Beratervertrag für einen Freund des Hauses, der Fuhrpark, die Reisebuchungen, die Büroeinrichtung und weitere Komfortniveaus des Managements und der Gesellschafter. Selbstdisziplin, Maßhalten, Vorbild für die anderen sein und professionelles Einkaufen liegen nahe beieinander.

Operational Excellence-Programme

Wenn das Unternehmen stabilisiert ist, die Strukturen und die Kultur bereinigt sind, haben Operational Excellence-Programme – insbesondere in Anlehnung an das Toyota-Konzept – sehr gute Chancen auf nachhaltigen Erfolg, da sie auf die Nutzung der Ideen und langjährigen Erfahrungen der Mitarbeiter auf der Arbeitsebene zielen. Gewinnt man deren Unterstützung und setzt sie in Qualitäts- und Produktivitätssteigerungen um, ist dies ein schwer kopierbarer Vorteil im Wettbewerb mit Konkurrenten, denen dies nicht gelingt. Anspruchsvolle Kunden werden dies wahrnehmen, denn es geht nicht nur um Effizienz, sondern unter anderem auch um Zuverlässigkeit. Anbei wichtige Prinzipien:

- Die Öffnung der Mitarbeiter auf der operativen Ebene für einen nachhaltigen und substanziellen Wandel setzt als Vorleistung genau diesen Kulturwandel auf allen Managementebenen und in allen Bereichen (Cultural Alignment) mit erkennbarer Unterstützung der Gesellschafter voraus. Diese Vorbereitungen setzen die Formulierung eines aus maßgeblichen Änderungszwängen (Pain Points) und Entwicklungsoptionen abgeleiteten, konkreten und für alle Mitarbeiter verständlichen Unternehmensleitbildes als generelle Orientierung voraus. An das Unternehmensleitbild haben sich alle Mitarbeiter, auch die Manager, zu halten. Eine klar verständliche Sprache, Glaubwürdigkeit und sichtbares Engagement des Managements sind nachhaltig zu erfüllende Herausforderungen.

- Operational Excellence-Programme sind keine befristeten Projekte, sondern langwierige Veränderungsprozesse. Zur Vorbereitung und Umsetzung gehören deshalb intensive Trainings des Managements auf allen Ebenen und Personalentwicklungsmaßnahmen bis hin zu der Entscheidung, Blockaden und Desinteresse durch Personalmaßnahmen abzustellen. Des Weiteren sind die Change Agents zu identifizieren und zu qualifizieren, die in Zukunft den Veränderungsprozess vorantreiben sollen. Das setzt Kontinuität bei der Verfolgung des Programms und personellen Besetzung voraus sowie eine gute Mitarbeiterführung. Letztere ist oft ein erhebliches Defizit im mittleren Management.

- Die Programme erfassen in der Endausbaustufe alle Unternehmensbereiche und -ebenen. Sie sind vielschichtig, ihre Module und Methoden umfangreich. So geht es beispielsweise um ein motivierendes Kommunikationskonzept, die Transformation der Unternehmensziele (EBIT, Cashflow etc.) in nachvollziehbare Ziele in der Sprache der einzelnen Arbeitsbereiche (Reklamationsquoten, Ausfallzeiten, Touren/Tag, kg/h etc.) und ihre regelmäßige Messung, ein adäquates Anreiz- und Beurteilungssystem, die Befähigung zur Durchführung von regelmäßigen Zielvereinbarungs- und Feedbackgesprächen auf allen Ebenen, das Training der Mitarbeiter in effizienter Team- und Projektarbeit, die konstruktive Einbindung der Arbeitnehmervertreter, die regelmäßige Messung und Auswertung der Kunden- und Mitarbeiterzufriedenheit usw. Ohne die Hilfe von professionellen Change-Experten in der Aufbauphase und stufenweises Vorgehen mit kleinen Schritten in einem Pilotbereich sowie anschließendem Rollout sind die Erfolgschancen gering. Ein flächendeckender Start mit hohen Zielen und Zeitdruck ist riskant und auch teuer. Es ist für die Motivation der Mitarbeiter fatal, wenn zu Beginn des Programms hohe Erwartungen geweckt werden, die dann bei weitem nicht erfüllt werden und das Programm letztlich sogar in aller Stille beendet wird („…stark gestartet, stark abgefallen …"). Ein Neuanfang zu einem späteren Zeitpunkt ist schwierig, denn die Glaubwürdigkeit wurde leichtfertig verspielt.

– Zu Optimierungspotenzialen im technischen Umfeld der Mitarbeiter sind aufgrund der im Detail eher individuellen Ausprägung der Unternehmen kaum generelle Aussagen möglich, das ist die Domäne der einzelnen Fachkräfte. Gute verallgemeinerungsfähige Erfahrungswerte gibt es hingegen zu sinnvollen Ansätzen in der Arbeitsorganisation. So führt die Verantwortung und Belohnung einer Gruppe für ein Arbeitsergebnis meist zu internen Disziplinierungen, die deutlich wirksamer als die des Vorgesetzten sind. Die Aufweichung funktionaler Spezialisierungen durch Übertragung gesamthafter Prozessabschnitte, die Anreicherung von Ausführungstätigkeiten um angemessene Planungs- und Kontrollfunktionen ist oft bei älteren Mitarbeitern wegen eingefahrener Routinen schwer einzuführen und stößt teilweise auf verdeckten Widerstand, hat aber erhebliche Effizienzvorteile und sollte deshalb Zug um Zug umgesetzt werden. Beispiel hierfür ist die ganzheitliche Vorbereitung eines Produktionsauftrages von der Kundenspezifikation über die Kalkulation bis zur Erstellung der Produktionsunterlagen durch nur einen Mitarbeiter. Ein weiteres Beispiel ist die Verlagerung wiederkehrender Programmierungen, einfacher Wartungsarbeiten und die Qualitätskontrolle auf den Maschinenbediener. Der Umfang dieser Job Enlargement- und Job Enrichment Ansätze, ggf. noch ergänzt um eine Job-Rotation, hängt von der Zweckmäßigkeit des Einzelfalls und der Belastbarkeit der Mitarbeiter ab. Effekte sind beispielsweise die Reduktion organisatorischer Schnittstellen mit Fehlerpotenzial, die bessere Nutzung von Leerzeiten, die Ausdünnung von Over-heads, die schnellere Reaktion auf Störungen und der flexiblere Personaleinsatz. Weiterer wichtiger Hebel ist die Vermeidung oder Reduktion nicht wertschöpfender Tätigkeiten (Thema Wertstromanalyse). So kann man in standardisierten Fertigungen mit hohem Routineanteil beispielsweise hinterfragen, welchen wirtschaftlichen Nutzen dort aufwendige PPS-Systeme mit umfangreichem Steuerungsaufwand bringen. Eine Steuerung nach dem Kanban-Konzept mit Einführung einfacher Kommunikationsregeln auf Grundlage des Pull- statt Push-Prinzips dürfte sich als leistungsfähiger erweisen. Ebenso lohnt es sich, kritisch zu prüfen, ob die Fülle und Detaillierung der Listen und Auswertungen des Controllings tatsächlich den gewünschten Nutzen bringt.

– Der Kreis zu den oben angesprochen Wertschöpfungspartnerschaften schließt sich, wenn auch die Schnittstellen und Arbeitsteilung der eigenen Organisation zu den externen Partnern in die Optimierung einbezogen werden. Häufig ergibt sich beachtliches Effizienzsteigerungspotenzial auf der Arbeitsebene, das durch klassische Top Down-Restrukturierungen nur bedingt ausgeschöpft wird.

Damit sind die wesentlichen Hebel des Kostenmanagements in der Up Phase angesprochen. Generell ist anzumerken, dass Manager es nicht versäumen sollten, die Kommunikation mit den Mitarbeitern und Arbeitnehmervertretern zu pflegen. In mittelständischen Unternehmen ist dies gut möglich und bei der Bewältigung der natürlich schwierigen und oft genug strittigen Maßnahmen zur Kostenreduktion ein wesentlicher Erfolgsfaktor. Wichtig ist außerdem ein qualifiziertes Controlling, das den Managern und Mitarbeitern die relevanten Steuerungsgrößen bereitstellt und vor allem auch in der Lage ist, Hilfestellung bei der Interpretation der Daten zu leisten und Schulungen durchzuführen. Informationsstand und kaufmännische Qualifikation im mittleren Management lassen meist zu wünschen übrig und sind wesentliche Ursache für Ineffizienz. In der Down Phase fehlen oft die Zeit und die Mittel für Investitionen in die Qualität und Systeme des Controllings sowie in die nachhaltige kaufmännische Schulung des Managements. In der Up Phase sind diese Maßnahmen unabdingbar.

2.2.3.3 Liquiditätsmanagement in der Up Phase

Dass ein Unternehmen tatsächlich die Down Phase verlassen hat, ist unter anderem daran zu erkennen, dass die Steuerung nicht mehr strikt nach dem Prinzip „Liquidität hat Vorrang vor dem Ergebnis" erfolgen muss, sondern eine gleichgewichtige Abwägung vorgenommen werden kann. Man hat etwas mehr Spielraum und kann z.B. im Einkauf wieder ergebnisoptimierende Skonto-Optionen nutzen und zur Wahrung spontaner Verkaufsoptionen etwas höhere Warenbestände zulassen etc., die tendenziell liquiditätsbelastend wirken. Motivierend ist außerdem, dass es nach einigen Monaten angespannter Restrukturierung gelungen ist, das Sanierungskonzept gestützt auf nachweisbare Erfolge umzusetzen – sonst würde das Unternehmen bis auf weiteres im Modus der Down Phase verharren – und der Blick wieder frei wird für die ersehnte Weiterentwicklung der unternehmerischen Vision.

Vordergründig geht es in der Up Phase um die Finanzierung der für den aufgestauten Ersatzbedarf und für neues Wachstum erforderlichen Investitionen, außerdem geht es um die adäquate Finanzierung des benötigten Working Capital. Diese Finanzierung hat zumeist angesichts einer noch schwachen Unternehmenssubstanz und auch einer nicht auf diese Anforderungen ausgerichteten aktuellen Finanzierungsbasis zu erfolgen. Es wäre ungewöhnlich, wenn sich die Finanzpartner in der Down Phase auf derart weitreichende Zugeständnisse und Verpflichtungen einlassen würden. Somit steht im Anschluss an die überstandene Down Phase und die erkennbare Stabilisierung des Unternehmens in aller Regel eine neue Finanzierungsrunde an – meist aus einer relativ schwachen Verhandlungsposition des Unternehmens, da sich wesentliche Ratingkriterien infolge der Krise signifikant verschlechtert haben. Die Abbildungen 134 und 135 zeigen vereinfacht die Struktur des Ratingmodells einer Bank und ihr Kalkulationsmodell.

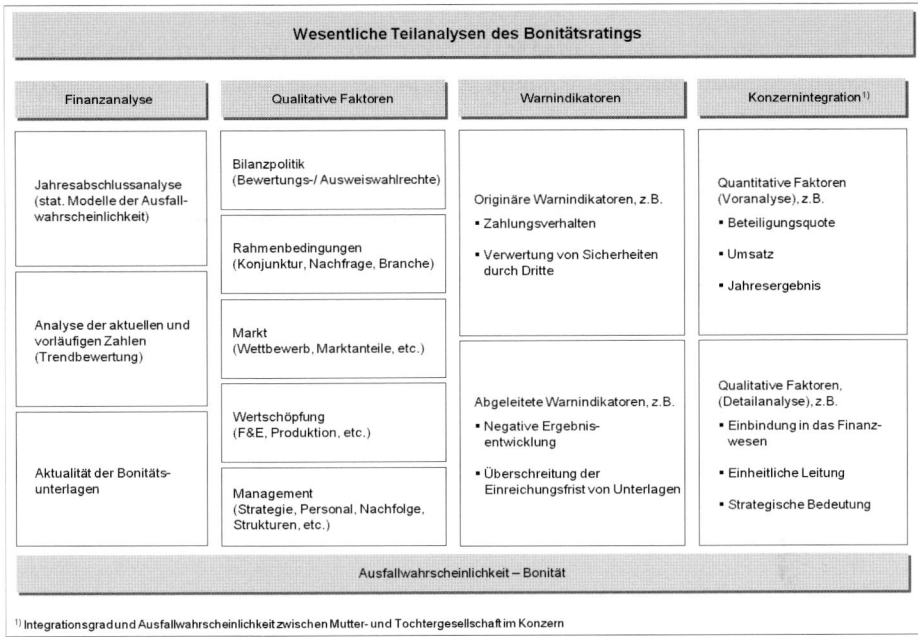

Wesentliche Teilanalysen des Bonitätsratings

Finanzanalyse	Qualitative Faktoren	Warnindikatoren	Konzernintegration[1]
Jahresabschlussanalyse (stat. Modelle der Ausfallwahrscheinlichkeit)	Bilanzpolitik (Bewertungs-/ Ausweiswahlrechte)	Originäre Warnindikatoren, z.B. • Zahlungsverhalten • Verwertung von Sicherheiten durch Dritte	Quantitative Faktoren (Voranalyse), z.B. • Beteiligungsquote • Umsatz • Jahresergebnis
	Rahmenbedingungen (Konjunktur, Nachfrage, Branche)		
Analyse der aktuellen und vorläufigen Zahlen (Trendbewertung)	Markt (Wettbewerb, Marktanteile, etc.)		
	Wertschöpfung (F&E, Produktion, etc.)	Abgeleitete Warnindikatoren, z.B. • Negative Ergebnis-entwicklung • Überschreitung der Einreichungsfrist von Unterlagen	Qualitative Faktoren, (Detailanalyse), z.B. • Einbindung in das Finanz-wesen • Einheitliche Leitung • Strategische Bedeutung
Aktualität der Bonitäts-unterlagen	Management (Strategie, Personal, Nachfolge, Strukturen, etc.)		

Ausfallwahrscheinlichkeit – Bonität

[1] Integrationsgrad und Ausfallwahrscheinlichkeit zwischen Mutter- und Tochtergesellschaft im Konzern

Abbildung 134: Wesentliche Teilanalysen des Bonitätsratings (Beispiel)

Wesentliche Bestandteile risikoadjustierter Kreditzinsen

Position	Kommentar
Einstandskosten	• Refinanzierungskosten der Bank am Markt (z.B. EURIBOR, EONIA, etc.)
Produktkosten	• Sachkosten der Produktpflege, -steuerung etc. (= interne Kosten des Marketings, der Sachbearbeitung, etc.)
Liquiditätskosten	• Kosten der Liquiditätssicherung (= interne Treasury Kosten)
Risikoprämie	• Erwarteter Verlust einer Risikoklasse (quasi „Versicherungsprämie")
Eigenkapitalkosten	• Basel II - /Basel III - Kosten der risikoadjustierter Eigenkapitalbindung (quasi Kosten des unerwarteten Verlustes)
Gewinnanspruch	• Marktübliches Niveau der Finanzbranche
= Kreditzins für den Bankkunden	

Abbildung 135: Wesentliche Bestandteile risikoadjustierter Kreditzinsen (Beispiel)

Banken sehen Unternehmen nach gerade erst überstandener Down Phase weiterhin als risikobehaftetes Krisenengagement, denn maßgebliche Ratingkriterien (Eigenkapitalquote, Verschuldungsgrad, Zinsdeckungsgrad, Cashflow-Qualität) des Unternehmens sind dann üblicherweise noch absolut und im Branchenvergleich schlecht. Eine stabile Finanzierung der Up Phase – deren Nachhaltigkeit auch zu hinterfragen ist – steht zudem noch aus. Das ist nicht der Zeitpunkt, um ein Krisenunternehmen von der bankinternen risikobewussten Intensivbetreuung wieder in die verkaufsorientierte Firmenkundenbetreuung zu überführen, denn die Sanierungsphase ist noch nicht explizit und durch Fakten nachweisbar abgeschlossen (Abbildung 136).

Das Krisenunternehmen wird in aller Regel trotz überstandener Down Phase und durchaus positiver Perspektiven noch mit einer relativ hohen Ausfallwahrscheinlichkeit bewertet werden, die sich dementsprechend in der Finanzierungsbereitschaft und Preisfindung – Zinsen und Modalitäten – der Bank niederschlägt. Da unterjährige Zahlen, wie etwa die klassischen BWA, einigen Gestaltungsspielraum (z.B. die Buchung von Bestandsveränderungen, die Periodenabgrenzung von Aufwand) bieten, wird dieser „Sanierungsmalus" zudem erst nach Vorlage eines testierten Jahresabschlusses, eher mehrerer positiver Jahresabschlüsse in zeitlicher Folge, abzustreifen sein. Laufzeiten von zwei bis drei Jahren sind deshalb für Bankenpools durchaus üblich. Für ungeduldige Unternehmer eine lange Durststrecke.

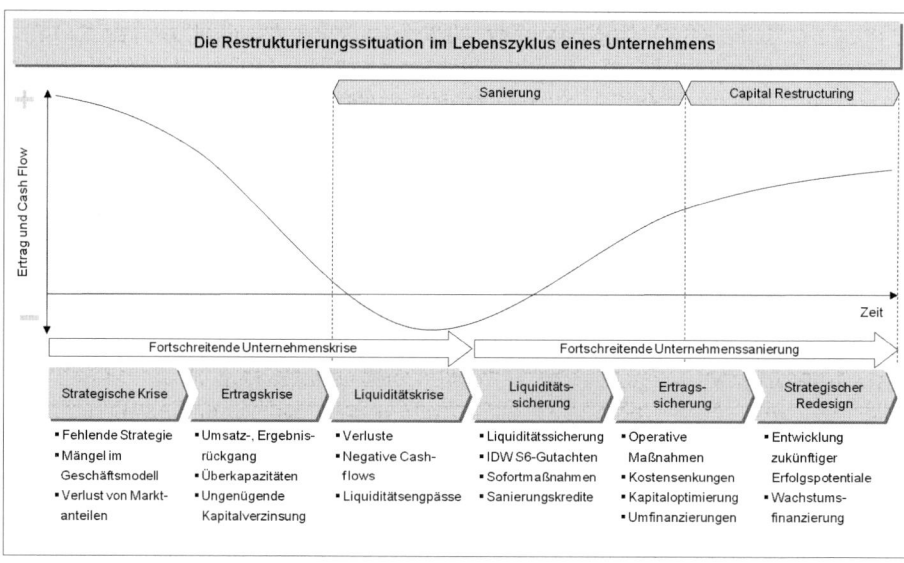

Abbildung 136: Restrukturierungsphasen aus Bankensicht

Im Umgang mit den Banken ist die Up Phase entscheidend, um seitens des Altmanagements das in der Krise eventuell verlorene Vertrauen wieder aufzubauen bzw. seitens des Neumanagements den Vertrauensvorschuss zu bestätigen. Das gilt natürlich auch für den Umgang mit Kunden, Lieferanten und Warenkreditversicherern. Die nächste Krise kommt in vielen Marktsegmenten mit hoher Wahrscheinlichkeit und es gibt dann auch genug Unternehmen, die nicht zum ersten Mal am Rande der Insolvenz stehen. In der Geschäftsbeziehung mit Banken kommt es dann neben den Rating-Kriterien wesentlich auf die nach allen bisherigen Erfahrungen belastbare Geschäftsgrundlage an, denn ein Bankangestellter wird seine Laufbahn nicht gerne für ein Unternehmen mit fragwürdigem Gebaren riskieren.

Auch bei gutem Willen aller Beteiligten kann es zudem nicht sein, dass ein Unternehmen nach überstandener Down Phase lediglich passiv mit seinen Möglichkeiten umgeht und sich in der Up Phase primär an aktuellen Bedrängnissen sowie gewohnten Strukturen orientiert. So konsequent wie das Geschäftsmodell nochmals zu überdenken ist, muss die dazugehörige Finanzierung überdacht werden. Dabei ist auch zu hinterfragen, ob die Finanzierungsstruktur eine Ursache der Krise gewesen sein kann und für die Zukunft ganzheitlich neu zu gestalten ist. Zur Veranschaulichung ein Beispiel:

- Das weltweit tätige mittelständische Maschinenbauunternehmen befand sich in einer starken Nischenposition und war in erster Linie aufgrund einer gescheiterten Nachfolgeregelung in die Krise geraten. Im Zuge der Weltwirtschaftskrise 2009 eskalierten die Probleme und das Unternehmen stand am Rande der Insolvenz, insbesondere weil es überhaupt kein funktionsfähiges Controlling und eine geradezu desolate Liquiditätssteuerung gab. Finanziert war das Unternehmen ausschließlich über eine relativ knapp bemessene Aval-Linie sowie eine umfangreiche kurzfristig kündbare Kreditlinie – teuer und über private Bürgschaften besichert. Auf dieser Grundlage ging das Unternehmen regelmäßig Vorfinanzierungen für langfristige Projekte in Millionenhöhe ein. Zum Glück gab es ein ertragsstarkes Ersatzteilgeschäft, das in guten Zeiten für eine relativ stabile und ausreichende Grundversorgung mit Liquidität sorgte. In der Weltwirtschaftskrise brach das labile Finanzierungskonzept ein.

- Mit Unterstützung der Banken konnte das Unternehmen vor der Insolvenz gerettet werden. In der Up Phase wäre es aber geradezu fahrlässig gewesen, das Finanzierungsmodell des Unternehmens nicht in Frage zu stellen, da es nicht mit dem Geschäftsmodell korrespondierte und eher die Nachlässigkeit der technisch sehr kompetenten Ingenieure gegenüber kaufmännischen Anforderungen zum Ausdruck brachte. Das Unternehmen verfügte über ausgesprochen zahlungskräftige Kunden, die nach wenigen Gesprächen zu günstigeren Finanzierungsmodalitäten für ihren geschätzten Lieferanten bereit waren und damit dessen Mittelbedarf erheblich reduzierten. Ebenso waren die Banken zu einer Umschichtung der Finanzierung in langfristige Darlehen, Projektfinanzierungen, angemessene Aval-Linien und kurzfristige Kreditlinien bereit. Eine Beteiligungsgesellschaft des Bundeslandes stellte Mezzanine Capital für eine Auslandsinvestition zur Verfügung, zusätzlich wurden Fördermittel zur anteiligen Finanzierung von F&E-Projekten bewilligt. Equity Capital als Option zur Ablösung eines störenden Gesellschafters ließ sich ebenfalls finden; am Ende waren es die Banken, die einem der vorhandenen Gesellschafter die erforderlichen Kreditmittel für diese Ablösung zur Verfügung stellten.

Wie das Beispiel zeigt, sollte in der Up Phase nicht nur der Not gehorchend dem akuten Bedarf gefolgt werden, sondern noch einmal aus einer ganzheitlichen Sicht das Geschäftsmodell des Unternehmens kritisch hinsichtlich Verschwendung bzw. vermeidbarer Mittelbedarfe durchleuchtet werden und dann für den gemäß konservativem Businessplan erkennbaren Mittelbedarf ebenso kritisch eine passende Zielstruktur der Aktiv- und Passivseite der Bilanz und der relevanten Finanzkennzahlen entwickelt werden. Auf diese Zielstruktur ist dann trotz aller Beschränkungen hinzuarbeiten.

Die Banken werden es schätzen, wenn sie einen Geschäftspartner haben, der ihnen von sich aus anhand belastbarer Unterlagen klare Auskunft über seine Ziele und Planungen für die Up Phase sowie den Zweck des Mittelbedarfes geben kann. Es sollte natürlich um die weitere Entwicklung des Geschäftes und nicht um repräsentative Verwaltungen oder gar Ausschüttungen, Steuern etc. gehen. Weiter wird geschätzt, wenn das Unternehmen solide Vorstellungen über die sinnvolle Struktur der mit der angestrebten Geschäftsentwicklung verbundenen Finanzierung (z.B. Risikoverteilung zwischen Eigen- und Fremdkapital, Mittelbedarf und Mittelverwendung, Fristenkongruenz) hat. Man erinnere sich an die klassischen Lehrsätze in Bezug auf Kapitalstrukturregeln und die sogenannte „goldene Finanzierungsregel", die durchaus noch eine Bedeutung haben, natürlich ergänzt um dynamische, zukunftsorientierte Kriterien wie die Entwicklung des Cashflow, der Schuldentilgungsdauer und letztlich die nachhaltigen Perspektiven des Geschäftsmodells, das dieser Entwicklung zugrunde liegt.

Will sich das Unternehmen nach überstandener Down Phase in absehbarer Zeit aus den akuten Zwängen knapper Liquidität befreien, muss es im operativen Geschäft ebenso diszipliniert wie in der akuten Krise an der Verbesserung seiner wirtschaftlichen Basis arbeiten. Diese harte Disziplin lassen viele Unternehmer und Manager nach überstandener Krise vermissen und haben unter anderem deshalb Nachteile in Verhandlungen über Refinanzierungen.

Abbildung 137 zeigt den Fokus aus dem oben angesprochenen Fall. Nach erfolgreicher Umsetzung der wesentlichen Restrukturierungsprojekte wurden früh zusätzliche Projekte gemeinsam mit den operativen Managern aufgesetzt, die alle die schnellstmögliche Verbesserung des EBITDA zum Ziel hatten. Das EBITDA war quasi die Schnittstelle zwischen operativem Management und Finanzexperten.

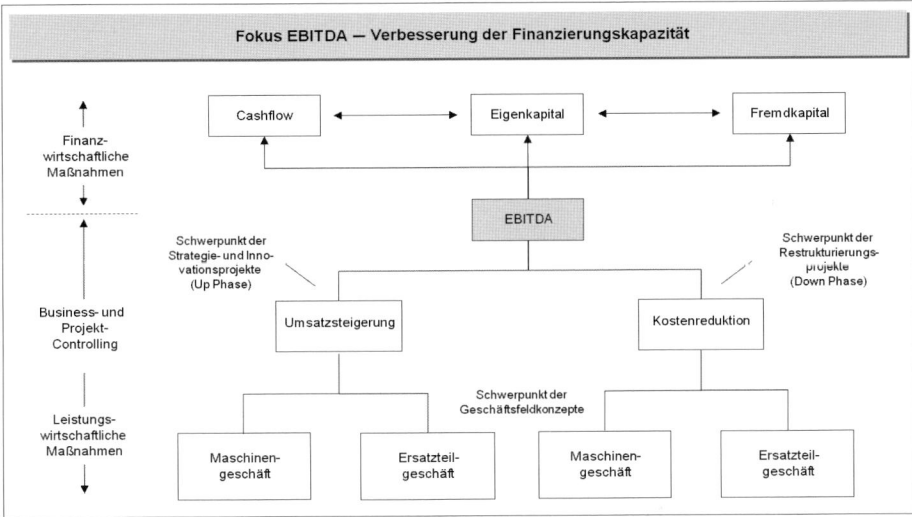

Abbildung 137: Fokus EBITDA – Verbesserung der Finanzierungskapazität

Erklärte Absicht dieses Aktionsprogramms war, die Bewertungsbasis des Unternehmens – zum Beispiel übliche Multiples – für Eigenkapitalfinanzierungen sowie die Rating-Hebel – zum Beispiel die Schuldentilgungsdauer – für Fremdfinanzierungen noch während der Laufzeit des schützenden Bankenpools zu verbessern und dann aus einer soliden Position heraus die Gespräche über die künftige Finanzierungsstruktur aufzunehmen. Es ging darum, die generelle Finanzierungskapazität des Unternehmens möglichst auszuweiten und auf Seiten der Finanzpartner eine Wettbewerbssituation um das interessante Objekt zu erzeugen. Das geht nicht ohne durchdachte und disziplinierte Vorbereitung.

Auf die einzelnen Instrumente von Refinanzierungen – Methoden der Außen- und Innenfinanzierung – soll hier nicht im Detail eingegangen werden, sie wurden bereits bei der Diskussion der denkbaren Finanzierungsmöglichkeiten in der Down

Phase angesprochen und gelten hier analog. Natürlich geht es im Normalfall nicht mehr um Themen wie Stundungen, Haircut etc. Wesentlicher Unterschied von Finanzierungen in der Up Phase ist, dass sich mit gesicherter Zukunftsperspektive und neuer Phantasie in dem Geschäftsmodell auch die Finanzierungsoptionen des Unternehmens grundsätzlich erweitern. Beispielsweise lassen sich die gezeigten Optionen zur Finanzierung des Working Capital in der Up Phase besser angehen. Vorerst limitierend kann allerdings generell für ehemalige Krisenunternehmen das noch schwache Rating wirken. Es liegt in der Hand des Managements, dieses durch gute Arbeit zusehends zu verbessern.

Zu beachten ist generell, dass die in der Regel bei den Rettungsaktionen der Down Phase stark beanspruchten Banken auch ein gewisses Maß an Loyalität des Unternehmers in der Up Phase erwarten. Wollen sie in der Up Phase aus geschäftspolitischen Gründen o.Ä. nicht selber aussteigen, schätzen sie es, wenn ein Unternehmer nach gemeinsam überstandener Krise und noch absehbaren Herausforderungen auch die Geschäftsbeziehung mit ihnen fortführt. Factoring steht beispielsweise in Konkurrenz zur klassischen Kreditlinie, ist vergleichsweise teuer und es kann einen Unternehmer überraschen, wie reserviert eventuell seine Hausbank nach überstandener Krise der Ausweitung des Factorings mit einer Spezialbank gegenübersteht. Das sollte dann vorab in gemeinsamen Gesprächen abgestimmt werden.

Obiges Beispiel aus dem Maschinenbau zeigt den Idealfall, den es in der Praxis auch oft genug gibt. Der Unternehmer ist froh, dass er seine Vision weiter umsetzen kann und hat sich durch kluges Verhalten in der Krisenphase eine gute Kooperationsbasis mit seinen Geschäftspartnern bewahrt. Die Banken werden sich Gedanken über ihre Chancen und ihr Risiko in der Up Phase machen, aber grundsätzlich sind sie froh, dass eine aussichtsreiche Geschäftsbeziehung fortgeführt werden kann und die Betreuung des Engagements wieder aus dem Krisenmanagement in die klassische Firmenkundenbetreuung übergeben werden und einen normalen Verlauf nehmen kann.

Leider verhalten sich die Menschen in Krisen aber nicht immer so rational – ein sichtlich frustrierter Anwalt äußerte einmal in einem Randgespräch: „Mein Mandant ist sehr intelligent, aber er verhält sich nicht ebenso klug." Bei allem Verständnis für Unternehmer, die um ihr Lebenswerk kämpfen, sind diese Verwerfungen auch auf die Art und Weise der Kommunikation und Führung während des Restrukturierungsprozesses zurückzuführen, die meinungsbildend wirkt. Beispiele für prägnante Einzelfälle:

- Der primär technisch versierte und im Umgang schwierige Unternehmer führte während der laufenden Restrukturierung gegen alle Absprachen unkoordiniert und mit illusionären Finanzierungs- und Preisvorstellungen Gespräche mit einigen aus seiner Sicht befreundeten Unternehmern. Er erkannte nicht, dass diese sich teilweise nur bei ihm möglichst umfassend informierten, um dann zu dem günstigen Zeitpunkt eines noch geringen Unternehmenswertes vertrauliche Hintergrundgespräche mit ausstiegswilligen Finanzpartnern zu führen. Am Ende verlor der Unternehmer seine Glaubwürdigkeit und bei der sich bietenden Gelegenheit sein Unternehmen.

- Der sein Management dominant führende Unternehmer ließ trotz erkennbarer Überkapazitäten – zu viele kleine Standorte – in keiner Phase tatsächliche Bereitschaft zu einer substanziellen Restrukturierung erkennen. Sein Unternehmen überstand aufgrund der konjunkturellen Erholung die Down Phase, aber das Wachstum reichte nicht zur nachhaltigen Vollauslastung. Ziel des Unternehmers war die Lösung der Strukturprobleme durch neue modernere Maschinen und durch bei kritischer Betrachtung unrealistisches Wachstum. Der Unternehmer stellte sich nicht der Frage, ob die Liquidität aus einer Refinanzierung dem latenten Risiko einer Gefährdung durch weiteres Siechtum ausgesetzt war und stattdessen besser für weitere substanzielle strategische Restrukturierungsschritte einzusetzen wäre, wie beispielsweise für einen Befreiungsschlag durch Stilllegungen oder für eine Fusion mit Wettbewerbern. Das disqualifizierte den Unternehmer, so dass ein Finanzpartner die Chance des Ausstiegs über den Verkauf seines Engagements an einen Risikofonds nutzte. Er hatte das Engagement zwischenzeitlich wertberichtigt und konnte den Haircut verkraften. Statt der erhofften Refinanzierung kam es bei einem weiteren Liquiditätsengpass zum Ausstieg der verbliebenen Banken und damit einhergehend zur Übernahme des Unternehmens durch den Risikofonds.

- Der Alleingesellschafter eines mittelständischen Technologieunternehmens erreichte in der akuten Krise ein Stillhalteabkommen mit den involvierten Banken, inklusive einer Ausweitung ihrer Engagements. Er selber konnte nach Offenlegung seiner Vermögensverhältnisse keine Beiträge leisten. Nach halbwegs gut gelungener Abwendung der drohenden Insolvenz versuchte er zügig auf Eigeninitiative, Verhandlungen mit einer Bank sowie mit einem Mezzanine-Geber über eine Ablösung gegen Teilverzicht in jeweils unterschiedlichem Umfang aufzunehmen. Er sprach von einem interessierten Investor, dessen Identität er nicht bekannt geben dürfe. Ergebnis waren Konflikte in und mit dem Bankenpool sowie eine völlige Verhärtung der Gespräche mit dem unglaubwürdigen „Abkassierer" aus Sicht der Banken, denn es stellte sich die Frage, woher das frische Geld für diese Ablösungen kommen könnte. Anstelle einer erfolgreichen Refinanzierung kam es am Ende zu einer einvernehmlichen Übernahme durch den Hauptkunden des Unternehmens, für den die Produkte unverzichtbar waren.

Diese außergewöhnlichen Beispiele mögen reichen. Es kam unter anderem zu diesen Verwerfungen, weil die Bedingungen des Restrukturierungsprozesses durch die maßgeblichen Akteure auf Unternehmensseite nicht ernsthaft genug beachtet wurden – es ging ja wieder aufwärts, zumindest vorerst. Das sind Fälle – wohlgemerkt Ausnahmen und nicht die Regel –, in denen Unternehmen zwar materiell mehr oder weniger gut aus der Down Phase gerettet werden konnten, aber sie standen organisatorisch nicht so solide da, wie es im Sanierungskonzept geplant war, und vor allem war es den maßgeblichen Akteuren nicht gelungen, in dieser Zeit wieder eine glaubwürdige Vertrauensbasis aufzubauen.

Ähnliche Zerwürfnisse kann es in Einzelfällen auch in der Up Phase während der laufenden Refinanzierungsgespräche mit Banken geben, beispielsweise:

– „Business as usual", trotz erkennbarer verbleibender Defizite, meist sogar in den kaufmännischen Funktionen – Indikator ist unter anderem die mit Rückzug der Berater deutlich nachlassende Qualität des Reportings an den Bankenpool. Auf eine neue Standortbestimmung begleitet von kritischen Diskussionen mit externen Experten (Berater oder Beiräte) wird verzichtet, weil dies zu unliebsamen Fragen führen könnte und Kosten verursacht. Dabei wird verkannt, dass die Finanzpartner sich kaum von „Schönreden" beeindrucken lassen. Sie haben kein Interesse an einem Geschäftspartner, der unbelehrbar von einer Krise zur nächsten taumelt.

– Fehlende Einsicht auf Unternehmensseite – oft aufgrund emotionaler Zerwürfnisse –, dass nach überstandener Krise und weiterhin eher labiler Lage des Unternehmens der vorhandene Kreis der Finanzierer auch der künftige Kreis sein wird. Es gibt in aller Regel keine neuen Interessenten an schlechten bzw. labilen Engagements („Sanierungsmalus") und gegenteilige Behauptungen in Verhandlungen demontieren schnell die eigene Glaubwürdigkeit.

– Alleingänge maßgeblicher Akteure des Unternehmens, die verkennen, dass bis zur Auflösung eines Bankenpools weiterhin das Prinzip der Gleichbehandlung und der Vertretung durch den Verhandlungsführer gilt. Einigungen regeln die Poolmitglieder unter sich und nicht bilateral mit dem Unternehmer. Der Unternehmer und seine Manager sind die verantwortlichen Akteure in Finanzierungsprozessen und es wird nicht gerne gesehen, wenn der Prozess irrational verläuft, intransparent ist und möglicherweise einer Hidden Agenda folgt.

Unternehmen, deren Akteure in der Up Phase lediglich froh sind, wenn sie die quälenden Sanierungsberater, den CRO etc. wieder aus dem Haus und den Bankenpool schnell aufgelöst haben, um dann – endlich – so wie ehemals weiterzuwirtschaften, erfüllen die Voraussetzungen einer künftig vertrauensvollen Zusammenarbeit nicht. Diese Akteure müssen sich die Frage gefallen lassen, ob sie tatsächlich in der nächsten Krise von ihren dann bestimmt skeptischen Finanzpartnern noch eine weitere Chance erwarten können. Das Freiheits- und Renditeinteresse des Unternehmens kollidiert dann mit dem Risikomanagement der Bank – „Meine Chance, dein Risiko" ist keine Basis für nachhaltige gemeinsame Geschäfte. Besonders ausgeprägt ist die eher distanzierte Sicht aller Finanzpartner, wenn es zusätzlich im Vorfeld der anstehenden Refinanzierung wesentliche negative Abweichungen von dem Sanierungskonzept gegeben hat und sie von einer weiterhin volatilen Lage des Unternehmens ausgehen müssen.

Eigentlich geht es bei Refinanzierungen in der Up Phase nicht um Ausstiegsszenarien der Finanzpartner, aber in den skizzierten Ausnahmefällen birgt die Refinanzierung der Up Phase doch einige Risiken für das Unternehmen aufgrund noch nicht erfüllter Erwartungshaltungen (Vertrauensbasis, Tilgungsfähigkeit, Besserungsscheine) von Finanzpartnern und der weiterhin labilen Zukunftserwartung des Unternehmens. Die Risikomanager der Finanzpartner sehen sich in ihrer Skepsis bestätigt und nicht unbedingt alle, aber einige von ihnen denken dann doch über mögliche Ausstiegsszenarien nach. Nun natürlich zu besseren Konditionen als im Stadium der akut drohenden Insolvenz – das Warten hat sich somit grundsätzlich gelohnt und es gibt ja auch einen Sekundärmarkt für „distressed debts" als Ausgangsbasis für Verhandlungen. Es stehen wieder zähe Gespräche an, auch mit der möglichen Konsequenz bei sich abzeichnenden Liquiditätsengpässen, dass es wie oben angedeutet zu einer Neuordnung der Gesellschafterstruktur kommt.

Ein ebenfalls schwieriges Sonderthema bei Refinanzierungen ist das sogenannte „Standard Mezzanine Capital" bzw. „Programm Mezzanine Capital". In der Regel handelt es sich um nachrangiges endfälliges Kapital mit einer Laufzeit von 5 bis 7 Jahren, das ohne Sicherheiten zu relativ günstigen Konditionen (Zinssatz je nach Bonität von 7–10%) zur Verfügung gestellt wurde und im Ratingprozess je nach Vertragsmodell wie wirtschaftliches Eigenkapital gewertet wird. Die Eigentümerstruktur des Mittelständlers blieb vergleichbar zu einer stillen Beteiligung unverändert, die Reportingpflichten sind erträglich. Vergabeprozess und Konzepte waren hochgradig standardisiert. Vergabegrundlage war meist ein standardisiertes Rating ohne eine ergänzende individuelle Due Diligence. Hinter dem Finanzierungsprodukt stehen relativ komplexe Strukturen, die bei eventuellen Zahlungsausfällen eine schnelle Einigung in Verhandlungen erschweren. Diese Mittel wurden 2004 bis 2007 von einigen Banken mittels spezialisierter Vermittler ausgereicht und stießen im Mittelstand unter anderem wegen der einfachen Vergabepraxis auf eine relativ große Nachfrage. Mittlerweile ist dieser Markt wegen mehrerer signifikanter Ausfälle von Schuldnerunternehmen und des damit einhergehenden Vertrauensverlustes an den Finanzmärkten nahezu zum Erliegen gekommen. Es ist nicht auszuschließen, dass er sich erholen wird und in einigen Jahren wieder vergleichbare Produkte angeboten werden, kombiniert mit einem verbesserten Risikomanagement – geeignetes Rating, risikoadäquat verzinste Produkte, leistungsfähiges Recovery Management – und generell flexibleren Entscheidungsstrukturen für die Behandlung von Ausfällen. Standard Mezzanine ist jedenfalls zurzeit keine realistische Refinanzierungsoption für Mittelständler, wohl aber das schon immer angebotene, meist teurere, „Individual Mezzanine" mit individueller Due Diligence und Vereinbarung von entsprechenden Konditionen.

Für gut situierte Mittelständler und wieder sanierte Unternehmen mit ausreichendem Cashflow und Zukunftspotenzial sollte die in der Zeit von 2011 bis 2014 anstehende Refinanzierung des endfälligen Standard Mezzanine Capital kein Problem sein. Das könnten dann zum Beispiel parallel oder alternativ zu Kreditfinanzierungen auch die derzeit verstärkt angebotenen Mittelstandanleihen sein, d.h. über den Kapitalmarkt für ein breites Publikum ausgegebene schuldrechtliche Wertpapiere mit mehrjähriger Laufzeit (ca. 10 Jahre). Vorteil der Finanzierung über Anleihen am Kapitalmarkt ist für gut geführte Mittelständler unter anderem die relative Reduzierung ihrer Abhängigkeit von der Fremdfinanzierung über Banken. Zurzeit konzentrieren sich die Emissionen in Deutschland auf Mittelständler mit guter Bonität und bekanntem Markennamen, die günstige Voraussetzungen für die Platzierung bei einem breiten Anlegerpublikum bieten. Das ist eine interessante Option für diese soliden Unternehmen und ihre Anleger. Analog zu der Krise des Standard Mezzanine wird die Investition in Anleihen für die Anleger kritisch, wenn Unternehmen im Frühstadium der Krise und in signifikantem Umfang ihren Informationsvorsprung gepaart mit gefälliger Bilanzpolitik etc. nutzen, um sich Liquiditätsquellen zu erschließen, deren originäre Geldgeber weniger Transparenz über den tatsächlichen Status ihres Unternehmens haben, als es bei Banken sowie – mit Einschränkungen – auch bei den Lieferanten der Fall ist und die sich eventuell schon restriktiv verhalten. Dann besteht die Gefahr einer neuen Blase speziell im Segment der hochverzinsten endfälligen Risikopapiere (High Yield Bonds). Es ist in Ordnung, wenn die Investoren in neue (risikoadäquat) hochverzinste Finanzprodukte sich darüber im Klaren sind, dass ihr Geld das Futter in einem risikobehafteten Engagement ist und sie bereit sowie auch in der Lage sind, eventuelle Verluste zu tragen. Generell sollte man von professionellen Anlegern erwarten können, dass sie mit einer hohen Verzinsung auch ein hohes Risiko verbinden. Es ist nicht in Ordnung, wenn weniger professionellen Anlegern das erst nach einer Reihe von Ausfällen bewusst wird und die Lösung eventuell wieder sozialisiert wird bzw. werden soll. Das stellt hohe Anforderungen an die Emittenten.

Prekär wird die Endfälligkeit des Mezzanine Capital – analog bei Anleihen – für Unternehmen, die aufgrund von Schrumpfungsprozessen, Substanzverlust u.Ä. in der vorausgegangenen Krise bzw. auch aufgrund der aktuellen Lage nicht mehr den für die Tilgung erforderlichen Cashflow generieren können und auch nicht so attraktiv sind, dass sich mühelos ein ablösebereiter Refinanzierer finden lässt. Dann droht in absehbarer Zeit ein Rückfall in den Modus der Down Phase und es ist ratsam, sich frühzeitig mit den Finanzpartnern bezüglich einer Problemlösung in Verbindung zu setzen, die nicht einfach sein wird und in hohem Maße von der individuellen Vertrags- und Verhandlungskonstellation abhängt.

Folgende Überlegungen prägen zurzeit das Kalkül bei der Ablösung von Standard Mezzanine:

– Aus Sicht der Banken ist die Refinanzierung von Standard Mezzanine eine Neuverschuldung. In ein Unternehmen mit schwachem Rating ohne zusätzliche Sicherheiten wird keine neue Bank einsteigen. Bereits engagierte Banken werden das Ausfallrisiko und die Konsequenzen bewerten, sich nur im unabdingbaren Umfang engagieren und Abenteuer vermeiden. Für sie lohnt es sich, das Verhalten der ehemaligen Vermittler abzuwarten – werden diese auf Tilgungen verzichten und so die Problemlösung auf ihre Anleger abwälzen? Gibt es mögliche Arrangements mit den Vermittlern? Immerhin müssen die Vermittler und die dahinter stehenden Anleger mit einem Totalausfall im Falle der Insolvenz des Krisenunternehmens rechnen, wenn ihr Mezzanine Capital aufgrund der Vertragsgestaltung als Eigenkapital bzw. nachrangiges Fremdkapital gewertet wird, und ohne weiteres kündigen können sie ein Eigenkapital-Engagement auch nicht. Die Banken können demgegenüber als Gläubiger insbesondere im Fall einer guten Besicherung noch mit einer relativ guten Quote in der Insolvenz rechnen bzw. gegebenenfalls auch Schadensbegrenzung im Zuge einer „übertragenden Sanierung" betreiben.

– Die Vermittler sind aufgrund der Streuung und Verbriefung ihrer Engagements sowie der komplexen Strukturen mit unterschiedlicher Risikoverteilung je Investorengruppe etc. nur begrenzt handlungsfähig. Auf Zins- und Tilgungsstundungen, Prolongationen, Teilverzichte und ein begleitendes Recovery Management sind sie nach eigenen Aussagen nicht eingerichtet. Verzichte zu Lasten ihrer Anleger sind für die Vermittler auch mit Blick auf zukünftige Geschäfte und ihre übrigen Engagements nicht erstrebenswert und könnten Begehrlichkeiten bei Banken und Unternehmern wecken. Eventuell bietet sich auch die Chance, das Engagement an einen Risikoinvestor abzutreten. Warum also früh einlenken? Möglicherweise springt ja auch in irgendeiner Form die damals bei der Vergabe unterstützend tätige Bank ein, um Reputationsschäden bei ihren Kunden zu vermeiden. Tatsächlich aber zeigt sich mittlerweile auf Seiten der Vermittler Bewegung und es gibt Verzichte in der Größenordnung von 50–70% des ehemaligen Engagements. Auch sie, einschließlich ihrer Recovery Manager, müssen sich Gedanken über ihre Reputation machen.

– Eigenkapitalinvestoren gibt es wieder zur Genüge und sie stehen als Option für Refinanzierungen in der Up Phase zur Verfügung, also grundsätzlich auch für die Ablösung von Standard Mezzanine. Sie investieren aber nicht in angeschlagene Unternehmen, ohne sich Einflusspotenziale zu sichern. Gerade Finanzinvestoren werden bemüht sein, „sich möglichst billig einzukaufen und nach signifikanter Wertsteigerung zügig wieder möglichst teuer auszusteigen". Das ist meist nicht die Vorstellungswelt z.B. technologiebasierter Mittelständler und auch nicht immer dem Geschäftsmodell förderlich. Strategische Investoren werden langfristig die vollständige Integration des Kaufobjektes anstreben – das Ende der Eigenständigkeit. Der Unternehmer wird „bis zur letzten Patrone" um sein Lebenswerk und seine Eigenständigkeit kämpfen, erst recht nach gerade erst überstandener Down Phase. Seine Chancen stehen nicht gut.

Vorausschauende Unternehmer und Risikomanager von Banken haben diesen Finanzierungsengpass längst erkannt und eventuell spiegelt er sich auch schon in den Vereinbarungen mit den Finanzpartnern wider, die in der Down Phase im Zusammenhang mit der Abwendung der akut drohenden Insolvenz getroffen wurden. Erfahrene Risikomanager von Banken werden sich ebenfalls bereits bei den in der Down Phase zu treffenden Vereinbarungen auf die oben angesprochenen „Ausreißer" bei der Wiederherstellung einer belastbaren Geschäftsgrundlage einstellen. Beispielsweise durch die Vereinbarung, dass innerhalb einer bestimmten Frist wieder eine angemessene und vor allem durch Liquidität unterlegte Eigenkapitalquote sowie eine übliche Tilgungsdauer zu erreichen ist; bei harten Auflagen eventuell unabhängig davon, ob Unternehmen und (Alt-)Gesellschafter dies aus eigener Kraft leisten können. Diese Vereinbarungen werden dann mit der später noch zu diskutierenden Einrichtung einer doppelnützigen Treuhand kombiniert. Folge ist in aller Regel die Diskussion über einen Investorenprozess, wenn diese Ziele nicht erreicht werden.

Es kann sogar explizit vereinbart sein, dass nach erfolgreich überstandener Down Phase ein Investorenprozess zur Ablösung bzw. Umstrukturierung der als wesentliche Krisenursache bewerteten Gesellschafterstruktur einzuleiten ist oder dass ein Bedingungsfall im Rahmen der erwähnten doppelnützigen Treuhandvereinbarung greift. Das ist typisch bei gescheiterten Nachfolgelösungen im Mittelstand.

Hinzu kommen häufig Begehren von Gesellschaftern und Finanzpartnern, die sich nach erkennbarer Bewältigung der Krise aus dem Engagement zurückziehen wollen. Das Unternehmen ist wieder so weit erstarkt, dass ausstiegswillige Akteure auf vertretbare Konditionen bei ihrem Ausscheiden hoffen können. Sie sind zur Verbesserung der eigenen Position das Risiko der Unterstützung des Unternehmens in der Down Phase eingegangen, wollen jetzt aber nicht mehr die Up Phase begleiten. Es ist müßig, diese Entscheidungen zu hinterfragen; es geht darum, das Unternehmen unter den gegebenen Bedingungen in die Zukunft zu führen, weil mit diesem Erfolg mit hoher Wahrscheinlichkeit den meisten Interessen langfristig bestmöglich gedient ist. Resultat ist üblicherweise ein professioneller M&A-Prozess mit Bewertung der Anteile und der Suche nach geeigneten Investoren begleitend zu der anstehenden Refinanzierung der Up Phase.

Diese Verschiebungen auf Gesellschafterebene in der Up Phase müssen nicht immer das endgültige Ausscheiden des Unternehmers bedeuten bzw. die vollständige Ablösung aller Gesellschafter. Es muss auch nicht so sein, dass alle Banken in einem Investorenprozess abgelöst werden. Eventuell ist dem Investor an einer weiteren Beteiligung wichtiger Gesellschafter und an der Einbindung vorhandener Banken gelegen. Es kann auch sein, dass Banken selbst nach Verzichten in der Down Phase bereit sind, das Unternehmen unter bestimmten stabilisierenden Bedingungen weiter zu begleiten, denn immerhin wurde und wird ganz ordentliche Restrukturierungsarbeit geleistet und das Unternehmen steht besser da als vor der akuten Krise. Das sind Individualentscheidungen je nach Geschäftspolitik, Risikoabwägung und internen Reglements der einzelnen Akteure, die in den Verhandlungen offenbar werden und zu regeln sind.

Den hier skizzierten Abweichungen von dem Idealfall der Refinanzierung sanierter Unternehmen in der Up Phase ist gemeinsam, dass der Unternehmer oder die Gesellschafter erneut wie in der Down Phase unter Druck geraten bis hin zu dem Punkt, dass sie aus ihrem Engagement ausscheiden müssen bzw. dies dann aus opportunen Überlegungen selber initiieren.

Diese Verschiebungen müssen aber nicht generell zwanghaft erfolgen. Grundsätzlich stehen Unternehmern nach erfolgreich durchschrittener Down Phase natürlich auch aus freien Stücken als alternative bzw. eher ergänzende Option zu Fremdfinanzierungen unterschiedlich ausgeprägte Beteiligungsfinanzierungen offen, die anderen Spielregeln als Fremdfinanzierungen unterliegen und sinnvoller Beitrag zur finanziellen Neuausrichtung des Unternehmens in der Up Phase sein können. Der Unternehmer gibt einen Teil seiner Freiheit auf – er muss eine Due Diligence des Interessenten bzw. mehrerer konkurrierender Interessenten ertragen, wird meist nicht mehr als 24,9% hergeben wollen und muss gegebenenfalls auch unrealistische Wertvorstellungen aufgeben. Im Gegenzug kann je nach Gestaltung die Eigenkapitalbasis – Ziel: Eigenkapitalquote von 25% bis 30% – seines Unternehmens deutlich gestärkt werden sowie einhergehend mit einer künftig soliden Bilanzstruktur und Ergebnisentwicklung (EBITDA, Tilgungsfähigkeit etc.) auch wieder die Verschuldungskapazität – Faustregel: das Dreifache bis Fünffache des EBITDA – erweitert werden.

Deutsche Mittelständler haben in der Regel wenige Erfahrungen mit professionellen Eigenkapitalgebern und haben gegebenenfalls Probleme, sich die passenden Partner auszuwählen und einen fairen Preis für ihre Anteile zu finden. Die Begleitung durch einen professionellen M&A-Berater, Steuerberater und erfahrene Anwälte ist zu empfehlen.

Während sich die typischen Eigenkapitalinvestoren in Krisenfällen – Sanierungsfonds, Hedgefonds – eher für die risikoträchtigen Engagements in der Down Phase mit besonders hohem Wertsteigerungspotenzial aus der günstigen Ablösung der Kredite, dem ebenfalls günstigen Erwerb aller Anteile, der schnellen Restrukturierung und dem anschließenden Weiterverkauf interessieren, kann ein wieder stabilisiertes Unternehmen nach erfolgreich durchschrittener Down Phase auch ein durchaus interessantes Investitionsobjekt für die klassischen Equity Fonds sein, die neben der vollständigen Übernahme auch Minderheitsbeteiligungen eingehen.

Klassische Equity Fonds investieren in Unternehmen mit solidem Geschäftsmodell, Wachstumsoptionen und attraktivem Wertsteigerungspotenzial. Das kann bei einigen Unternehmen mit Übergang in die Up Phase durchaus gegeben sein – die akute Krise ist überstanden, das Unternehmen hat Liquiditätsbedarf, der Beteiligungserwerb ist noch nicht allzu teuer und bietet Wertsteigerungspotenzial. Das Einschießen von zusätzlichem Eigenkapital stärkt zudem die Ratingbasis des Unternehmens und damit das Standing bei den Banken. Je nach Einzelfall winken dem Fonds, neben der Option auf laufende Ausschüttungen, attraktive Renditen aus der Verwertung des wieder wachsenden Unternehmens bei dem üblichen Exit nach drei bis fünf Jahren. Das verbesserte EBITDA schlägt sich in einer entsprechenden Wertsteigerung des Unternehmens – erhöhter „Enterprise Value" – nieder und ceteris paribus nach Abzug der zinstragenden Verbindlichkeiten in einem entsprechend gestiegenen „Equity Value", den der Fonds bei Verkauf seiner Anteile für sich vereinnahmen kann.

Dem Unternehmer muss klar sein, dass diese Finanzpartner nicht so wie eine Bank in sein Unternehmen einsteigen, um aus einer Regelverzinsung und mit relativ geringem Einwirkungspotenzial eine stabile Rendite zu erzielen. Typische Erwartungen professioneller Eigenkapitalgeber unabhängig von der Höhe der Beteiligung sind vielmehr:

- Ein aussagefähiges Reporting sowie eine ausreichende Einflussnahme auf die Geschäftspolitik und Besetzung von Managementpositionen. Das erfolgt meist über die Einrichtung eines Beirats bzw. Aufsichtsrats sowie eine an ihre Bedürfnisse angepasste Satzung des Unternehmens.

- Die Umsetzung der von ihm angestrebten wertsteigernden Maßnahmen, d.h. sowohl Finanzierungshebel als auch operative Hebel, um seinen Exit möglichst attraktiv zu gestalten. Die Erwartung an die EBITDA-Rendite des Unternehmens liegt deshalb in aller Regel bei mindestens 10%.

- Eine Verzinsung des eingesetzten Eigenkapitals oberhalb von 15%, da es sich gegenüber besichertem Fremdkapital um unbesichertes Kapital handelt, das in der Insolvenz verloren geht. Damit verknüpft sind oft auch entsprechende Ausschüttungserwartungen während der Beteiligungsphase des Fonds.

Die wertsteigernden Maßnahmen wird ein Fonds möglichst sofort nach seinem Einstieg in einem „100-Tage-Programm" (Abbildung 138) angehen wollen. Die aus Führungsgründen durchaus nachvollziehbare Vorstellung des Unternehmers und seiner Manager, dass nach der Dramatik der Down Phase erst einmal Ruhe ins Unternehmen einkehrt, ist damit vorbei. Da in der Regel mit zunehmendem zeitlichen Abstand zu dem Einstieg des Investors die Bereitschaft des Unternehmens für die Umsetzung substanzieller Änderungen sinkt, wird er diese Projekte möglichst zur Bedingung für sein Engagement machen und umgehend einfordern. Je schneller die Potenziale gehoben werden, umso höher ist für den Fonds zudem der Hebel bei seinem Ausstieg. Umgekehrt wird er sich gegen Maßnahmen sträuben, die zeitlich erst spät nach seinem Einstieg und nahe vor seinem Ausstieg erfolgen, weil er selber daran nur noch begrenzt

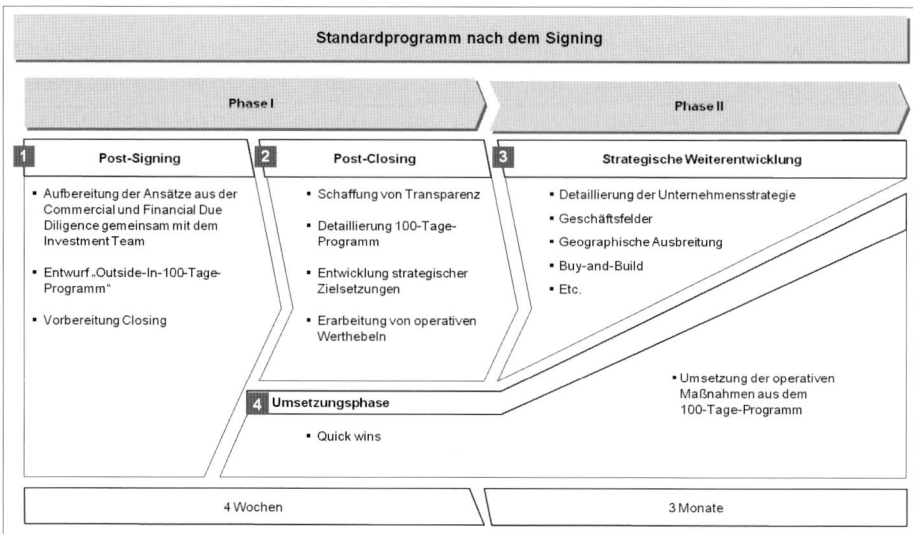

Abbildung 138: Strukturierter Prozess eines 100-Tage-Programms (Prinzipskizze)

partizipiert und auch eventuelle Einbußen aufgrund von Projektrisiken vermeiden möchte.

Man mag diese Sichtweise gerade angelsächsischer Finanzinvestoren mit gemischten Gefühlen betrachten und es gibt in Deutschland auch etablierte Fonds für Mittelstandsbeteiligungen – z.B. DZ Equity und Hannover Finanz, Deutsche Beteiligungs AG sowie die Beteiligungsgesellschaften der Bundesländer –, die durchaus erfolgsorientiert, aber doch relativ zurückhaltend agieren. Manchem ehemaligen Krisenunternehmen schadet die stringente Wertorientierung der Fonds als Treiber in der Up Phase ganz und gar nicht.

Wesentliche Überlegung für den Unternehmer bei Beteiligungsfinanzierungen wird meist – neben dem Umgang mit der ungeliebten Einflussnahme – sein, wie er es selber schaffen kann, den Investor später abzulösen, denn dies entspricht dem typischen Unabhängigkeitsstreben deutscher Mittelständler. Man möchte keinen Fremden allzu nahe an den Familienbesitz heranlassen. Der Zielkonflikt zwischen Beteiligungsumfang, Wertsteigerung und finanzierbarer Ablösung ist evident. Bei Beteiligungen oberhalb von 15% bis 20% dürfte ein eigener Rückkauf für den Unternehmer erfahrungsgemäß oft schwer zu finanzieren sein. Eventuell sind diese Exit-Verhandlungen dann auch der Einstieg in eine Nachfolgeregelung durch den Verkauf aller Unternehmensanteile. Genau darum wird es meist gehen, wenn ein strategischer Investor – oft ein Akteur derselben Branche, seltener ein Kunde oder

Lieferant – in ein Krisenunternehmen einsteigt, egal, ob in der Down oder Up Phase. Er wird bestrebt sein, sofort oder Zug um Zug alle Anteile zu übernehmen und das Objekt in seine Strukturen zur Schöpfung von Synergien etc. zu integrieren. Im Unterschied zu Finanzinvestoren ist er deshalb auch oft bereit, einen höheren Kaufpreis für seine Beteiligung zu zahlen und dem Unternehmer weitere Zugeständnisse einzuräumen. Vorteil aus Sicht der Restrukturierung des Krisenunternehmens in der Up Phase ist, dass ein – hoffentlich – potenter strategischer Investor dem Krisenunternehmen bzw. den für ihn interessanten Geschäftsfeldern wieder langfristige Stabilität verleiht.

In jüngerer Zeit treten auch zusehends „Family Offices" als Investoren im Mittelstand auf, die einen Teil des Vermögens der meist diskret auftretenden Familien in industriellen Beteiligungen anlegen und in aller Regel langfristige Investitionsstrategien verfolgen, die der Kultur mittelständischer Unternehmen nahekommen. Sie führen die einzelnen Investments oft als relativ autarke Einheit in ihrem Portfolio und können dem Unternehmer noch eine Rolle in der neuen Konstellation gewähren. Zudem können sie ihm die Gewissheit vermitteln, dass sein Lebenswerk nicht in den Strukturen einer größeren Gruppe untergeht. Das sind bei Übernahmen mitunter wichtige Argumente und schaffen gute Voraussetzungen für Engagements dieser Investorengruppe im Mittelstand.

Fazit der vorausgegangenen Ausführungen aus Unternehmersicht ist: Für ihn geht es bei Refinanzierungen in der Up Phase darum, die für seine Geschäftsvision und gelegentlich auch die für seinen verbleibenden „Lebensabschnitt" geeignete Konstellation zu finden und kritische Fehler zu vermeiden. Außerdem geht es um die Optimierung langfristig bindender Finanzierungskonditionen. Darauf sind viele mittelständische Unternehmer nicht eingestellt und sie sollten deshalb den Einsatz spezialisierter Berater ernsthaft prüfen – es geht um Einflusspotenziale und ausreichende Finanzkraft, um zu wachsen und um auch die nächste Krise zu überstehen. Der erneute Beratereinsatz, jetzt Finanzexperten, ist nach dem Wirken der Restrukturierer in der Down Phase nicht immer willkommen, aber das Unternehmen benötigt Spezialwissen zu einer Sondersituation, die typischen Mittelständlern nicht vertraut ist.
Abbildung 139 zeigt den grundsätzlichen Ablauf eines professionell geführten Finanzierungsprojektes.

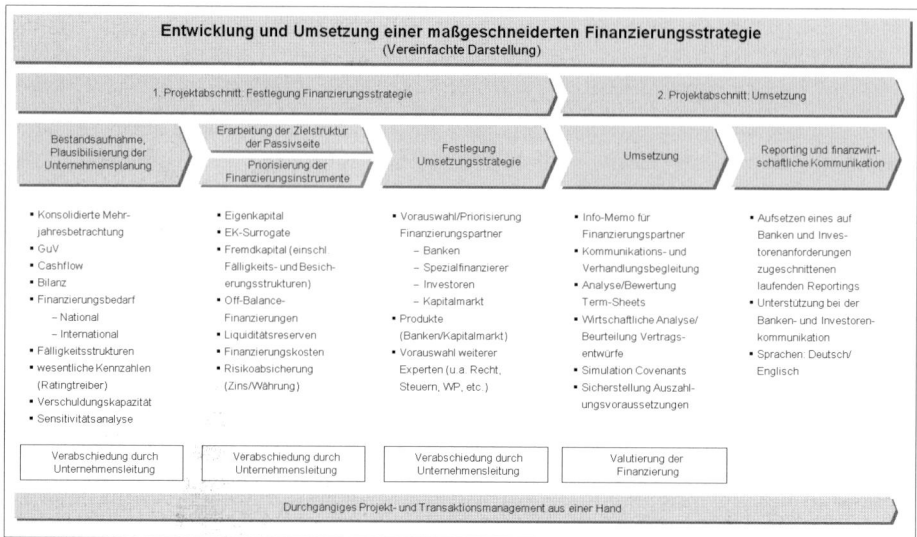

Abbildung 139: Entwicklung und Umsetzung einer Finanzierungsstrategie (Beispiel)

Professionelle Refinanzierungen erfordern, neben kühler Ratio und der Kenntnis der Finanzierungsinstrumente sowie üblichen Konditionen, vor allem besondere Marktkenntnisse. Letztere sind erforderlich, weil sich die Politik der möglichen Finanzpartner je nach Marktlage und Regulierungsumfeld während der Vertragslaufzeit drastisch ändern kann. Es kommt auf den konkreten Einzelfall und die aktuelle sowie künftig zu erwartende Situation der Finanzmärkte an, welche Optionen in den Verhandlungen tatsächlich realistisch und sinnvoll sind. Dem Unternehmer und seinen Managern drohen in diesen Projekten nachhaltig ungünstige Finanzierungsbedingungen, denn diese Märkte haben mittlerweile eine schwer überschaubare Komplexität und Dynamik erreicht.

Gelegentlich wird deshalb auch wieder deutlicher als in den vergangenen Jahren darauf hingewiesen, dass insbesondere im kleineren deutschen Mittelstand – der oft auch international tätig ist – die klassische „Hausbankstruktur" bestehend aus einer international aufgestellten deutschen Geschäftsbank und ein oder zwei regional etablierten Banken (Sparkassen, Volksbanken etc.) eine durchaus angemessene Struktur sein kann. Ergänzend kommen gegebenenfalls noch einzelne spezialisierte Finanzpartner (Leasing, Factoring etc.) hinzu. Es mag sein, dass dem Unternehmer damit der eine oder andere Finanzierungsvorteil entgeht, aber in schwierigen Situationen sind überschaubare Finanzierungsstrukturen mit geringer Komplexität und langfristigem Bestand oft „kriegsentscheidend". Nicht zu unterschätzen sind dann auch langjährige persönliche Kontakte und die oft genug angesprochene belastbare Vertrauensbasis. Diese Pflege sollte ein Unternehmer nicht allein seinem CFO überlassen.

2.2.3.4 Die Organisation des Wachstumsmanagements

Die Organisation der Down Phase gehorcht den Regeln des Krisenmanagements. Eine straff geführte Projektorganisation mit entsprechendem Instrumentarium wird zusätzlich zur bestehenden Linienorganisation mit dem primären Ziel etabliert, alle Maßnahmen zur Abwendung der drohenden Insolvenz in kurzer Zeit durchzusetzen. Bei Konflikten mit Interessen der Linie setzt sich der Krisenmanager – z.B. ein CRO – mehr oder weniger rigoros durch.

In der Up Phase kommt es darauf an, dieses „Management unter Kriegsrecht" wieder zurückzunehmen und die für das künftige Wachstum angemessene Strategie, Organisation, Führungssysteme und Personalbesetzung zu etablieren. Auch dies ist ein Veränderungsprozess, denn das Unternehmen war u.a. deshalb in der Krise, weil das ursprünglich erfolgreiche Geschäftsmodell mehr oder weniger gravierende Defizite aufwies und das Management versagt hat. Gleiches müssen sich gegebenenfalls auch die Gesellschafter und die Aufsichtsgremien vorhalten lassen. Die Geschäfte ohne notwendige Änderungen fortzuführen kann deshalb in aller Regel nicht die Devise sein. Die Up Phase steht somit zu Beginn nicht unter dem Zeichen der Rückkehr zur gewohnten Normalität, sondern unter dem Zeichen der Vorbereitung und Schaffung einer neuen Normalität. Die Praxis zeigt allerdings, dass diese Veränderungen oft nur ungern und halbherzig angegangen werden. Da die externe Bedrohung vorerst abgestellt ist, sucht man Ruhe, scheut das Neue und klammert sich an seinen Besitzstand. Menschlich ist dies verständlich, unternehmerisch jedoch kritisch.

Die Abbildungen 140 und 141 veranschaulichen den Wirkungskreis am Beispiel eines Unternehmens aus der Marketing-Branche. Das Geschäftsmodell läuft aufgrund von Veränderungsprozessen im Kundenbedarf teilweise oder ganz ins Leere, das Leistungsprogramm des Unternehmens greift nicht mehr und ist anzupassen. Mit gleicher Konsequenz hat eine Anpassung der Strategie und organisatorischer Strukturen zu erfolgen, einschließlich aller Themen rund um das führende und ausführende Personal. Auf Details soll hier nicht eingegangen werden, da dies bereits weitgehend im Zusammenhang mit der Diskussion zum Kunden-, Kosten- und Liquiditätsmanagement in der Up Phase erfolgt ist und genügend andere Bücher füllt.

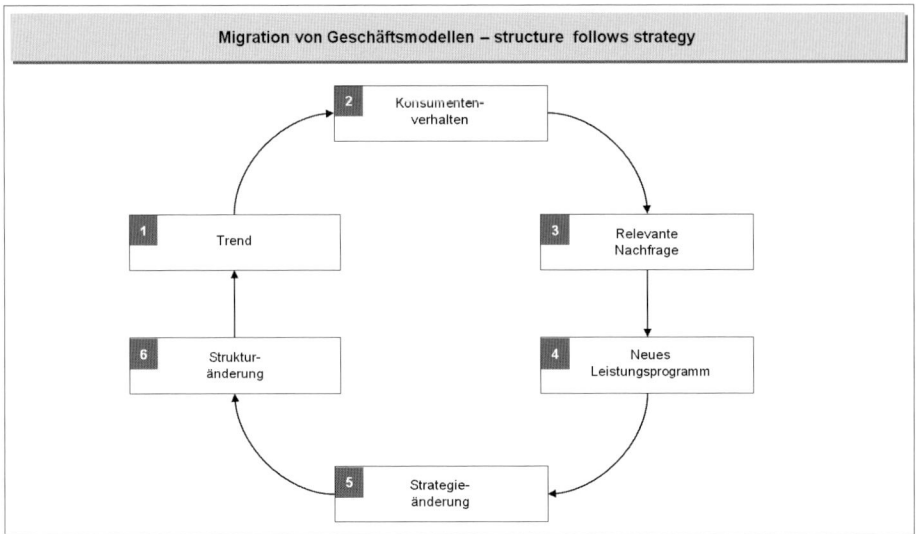

Abbildung 140: Migration von Geschäftsmodellen – structure follows strategy (Prinzipskizze)

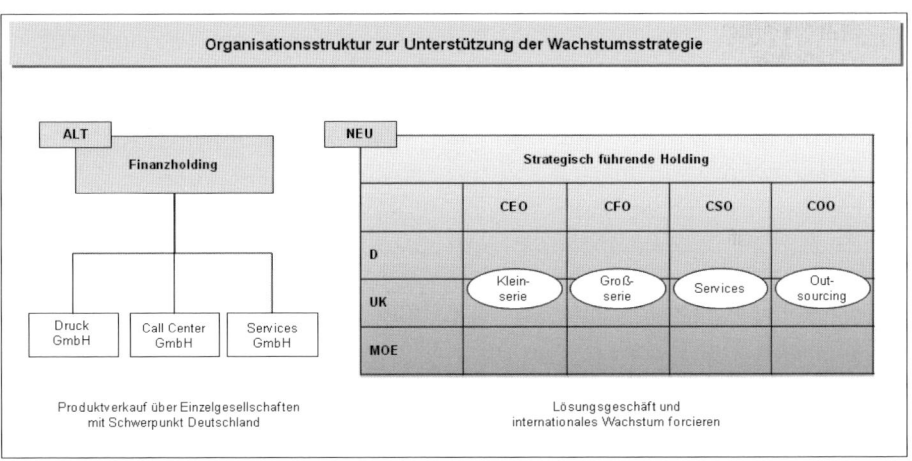

Abbildung 141: Organisationsstruktur zur Unterstützung der Wachstumsstrategie (Beispiel)

Die erfolgreiche Umsetzung der skizzierten Wirkungskette ist die Basis für neuen Erfolg und deshalb zügig und konsequent in der Up Phase anzugehen. Zusätzlicher Änderungsdruck ergibt sich aus den Folgen des Krisenmanagements in der Down Phase, weil Basisstrukturen substanziell verändert und Maßnahmen eingeleitet wurden, die aus Zeitgründen und Ressourcenmangel, insbesondere Liquiditätsknappheit, noch nicht während der Down Phase abgeschlossen werden konnten und in der Up Phase selbstverständlich fortzusetzen sind. Das kann durchaus nochmal ein oder zwei Jahre anspruchsvoller Restrukturierungs- bzw. Reorganisationsarbeit beanspruchen. Stichworte dazu sind Internationalisierungen, Portfolio- und Sortimentsbereinigungen, Stilllegungen, Produktionsverlagerungen, Outsourcing, Austausch und Verschlankung des Managements, Wechsel der Gesellschafter, Etablierung oder Neubesetzung von Aufsichtsräten bzw. Beiräten, Straffung der Gesellschaftsstrukturen, Aufbau leistungsfähiger kaufmännischer Strukturen und Systeme, Umsetzung von Nachfolgeregelungen etc. Solche Maßnahmen greifen gerade bei kleineren Unternehmen tief in die tradierte Struktur und Kultur. Kontinuität als Orientierung für die breite Mitarbeiterschaft und notwendige Veränderungen auf einen Nenner zu bringen, erfordert in kleinen und familiär geprägten Strukturen Fingerspitzengefühl, ist aber meist leichter umsetzbar als in regelrecht verkrusteten Großunternehmen mit diffuser Kultur und hoher Anonymität.

Ziel ist die zügige Etablierung einer neuen Linienorganisation und Führung, die den künftigen Anforderungen bestmöglich entsprechen und die Umsetzung von Strategie- und Kulturzielen absichern sollen. Das kann beispielsweise der Wechsel von einer funktionalen zu einer divisionalen Organisation sein mit relativ autarken Sparten, die weltweit operieren und durch bestimmte Zentralbereiche mit teilweise fachlicher Weisungsbefugnis, wie etwa Finanzen, unterstützt werden. Übergreifende Themen werden dann meist in regelmäßigen oder bei Bedarf tagenden Gremien abgestimmt, z.B. gemeinsame Investitionen, F&E-Budgets etc. Das Führungssystem divisionaler Strukturen betont zumeist die Selbständigkeit dieser Bereiche und Manager durch Etablierung einer konsequenten Führung über Zielvereinbarungen (Management by Objectives) mit entsprechenden Anreizen usw. Alternative Organisationsformen – Regionalbereiche, Matrixstrukturen etc. – haben wiederum ihre spezifischen Vor- und Nachteile (Ressourcenbedarf, Interdependenzen, Innovationsfähigkeit etc.) sowie Führungsanforderungen, die je nach strategischer Zielsetzung abzuwägen sind. Soweit erforderlich, sind die Manager entsprechend zu qualifizieren oder auszutauschen. Letzteres ist aufgrund der engen persönlichen Bindungen in mittelständischen Unternehmen eine besondere Herausforderung. Die Neigung, „um Personen herum zu organisieren" ist auch wegen der häufig fehlenden personellen Alternativen ausgeprägt.

Auf der Top-Ebene sind diese Reorganisationsprojekte typische Top-down-Prozesse, wo man sich schon ernsthaft um Akzeptanz bemüht, aber letztlich der Wille der Gesellschafter und die strategischen Ziele die maßgeblichen Kriterien sind, an denen sich das Unternehmen und seine Mitarbeiter auszurichten haben.

Auf der Arbeitsebene spielen, neben den aus der Strategie abgeleiteten operativen Zielen, auch die eingesetzten Systeme und Maschinen eine strukturbeeinflussende

Rolle. Die Bedeutung von Operational Excellence-Programmen, die ebenfalls struk-turbeeinflussende Effekte haben können, wurde bereits ausreichend betont.

Besonderes Augenmerk sollte man auf die Akzeptanz des Veränderungsprozesses legen. Man kann ein Unternehmen durchaus strikt autoritär führen und damit vor allem als charismatische Führungspersönlichkeit sehr erfolgreich sein. Probleme gibt es aber nahezu regelmäßig bei dem Ausscheiden derart dominanter „Chefs". Wie in allen Diktaturen leidet meist das Kreativpotenzial, weil das Unternehmen oder der betreffende Bereich sich genau die Mitarbeiter heranzieht, die sich in einem derartigen Umfeld bewegen können. Hat man diesen Stil kultiviert und sich als Folge gegebenenfalls eine stoische Söldnertruppe herangezogen, muss man sich nicht über lethargisches oder risikoscheues Verhalten in Situationen wundern, wo Flexibilität und Initiative gewünscht sind. Aus guten Gründen nutzt man deshalb häufig auch die Up Phase als Chance für die Änderung oder Entwicklung des Führungsmodells. Abbildung 142 zeigt ein Beispiel für die Grundkonzeption eines derartigen, langfristig angelegten Prozesses.

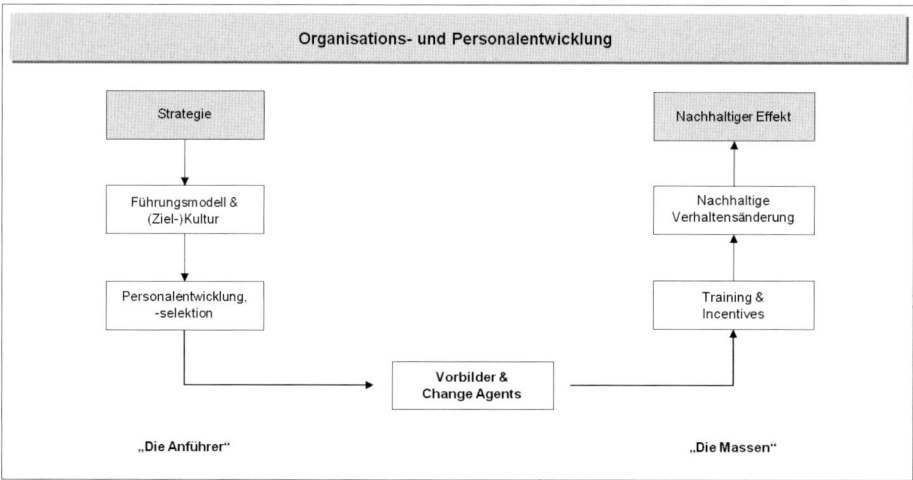

Abbildung 142: Organisations- und Personalentwicklung zur Absicherung des Veränderungspro-zesses (Prinzipdarstellung)

Wie die zusätzlichen Abbildungen 143 und 144 zeigen, liegt diesem Konzept eine deutlich andere Herangehensweise zugrunde, als es in akuten Restrukturierungen der Down Phase der Fall ist. In beiden Fällen kommt aber den Managern, die den Prozess treiben, und deren Kommunikationsverhalten eine hohe Bedeutung zu.

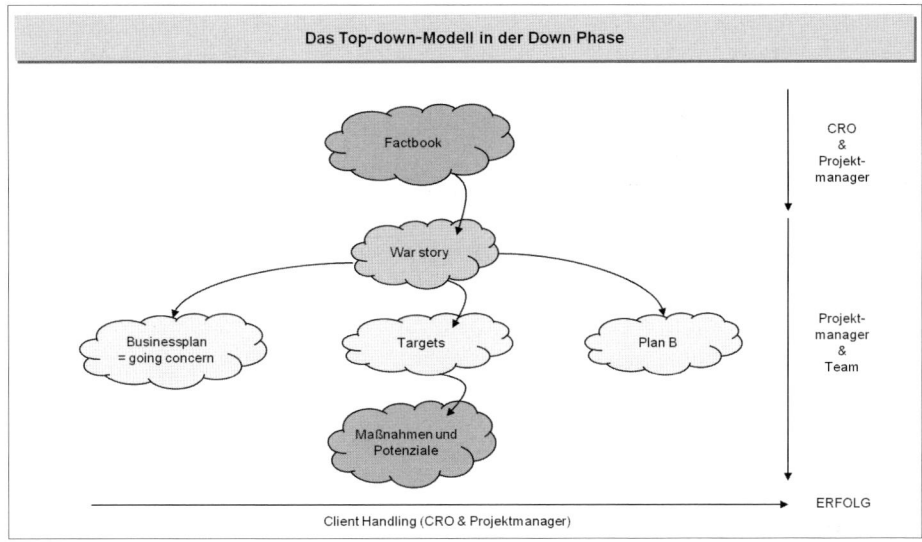

Abbildung 143: Das Top-down-Modell in der Down Phase (Beispiel)

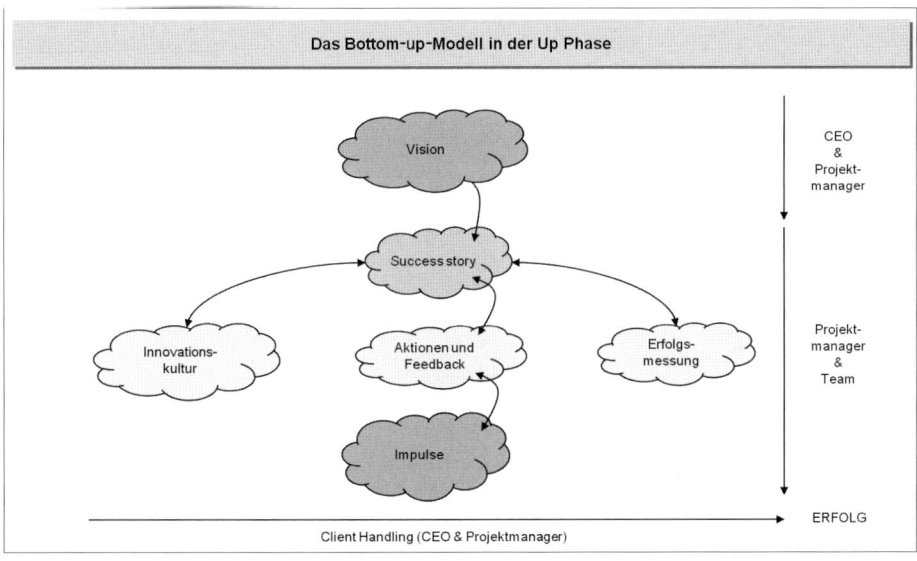

Abbildung 144: Das Bottom-up-Modell in der Up Phase (Beispiel)

Diese „Change-Modelle" haben nichts mit Basisdemokratie im Unternehmen und Verzicht auf Führung zu tun. Vorbild sein, überzeugen, motivieren, gute Argumente der Gesprächspartner aufnehmen und konsequent auf die Zielerreichung achten ist anspruchsvoller als nur kommandieren.

Change-Projekte und die Führung des Unternehmens in der Up Phase sind nicht mehr die eigentliche Aufgabe der Krisenmanager. Sie haben meist in der Down Phase irreparable Wunden geschlagen, weil es erforderlich war, und können keine neuen Impulse mehr setzen. Zudem haben sie in aller Regel eine andere Persönlichkeitsstruktur und Qualifikation als visionäre und charismatische Manager, die „auch die Massen für sich begeistern können" und die als Markt- und Produktexperten die Impulse für Innovationen und Differenzierung im Wettbewerb setzen können. Da die Unternehmen in der Zeit der akuten Krise meist auch wichtige Schlüsselkräfte verloren haben, ist die hohe Anziehungskraft eines attraktiven Geschäftsmodells und dazu passender und in der Branche renommierter Manager ein maßgeblicher Punkt, um diese Lücken durch interne Personalentwicklung und externe Ergänzungen zu füllen.

Es ist deshalb in der Up Phase auch an der Zeit, dass die Krisenmanager das Unternehmen verlassen. Sie werden dort nicht mehr benötigt und sollten insgesamt höchstens zwei Jahre mit möglichst abnehmender Intensität während der Down und Up Phase im Unternehmen wirken, da sie meist starke Persönlichkeiten sind und ansonsten – ob gewollt oder nicht – ein neues Machtgefüge schaffen, auf das sich die Mitarbeiter zwangsläufig ausrichten, das den Kunden bekannt wird und letztlich zu Friktionen beim Ausscheiden aus dem Unternehmen führen kann. Es sollte deshalb auch von vorneherein klar sein, dass Krisenmanager und ihre Berater nur befristet im Unternehmen tätig sind, und sie sollten sich bei Auftritten nach außen zurückhaltend zeigen, denn allein die sichtbare Anwesenheit von Krisenmanagern kann der Reputation des Unternehmens schaden. Diskretion, die Stärkung des für die Zukunft maßgeblichen Managements und eine solide Übergabe in deren Hände sind daher in der Regel eher angemessen als öffentlichkeitswirksame Auftritte.

Arbeit gibt es für Krisenmanager am Standort Deutschland noch genug, auch weil es stets Unternehmer und Manager gibt, die nicht die Lehren aus der letzten Krise ihres Unternehmens ziehen oder Opfer des Strukturwandels in Konsum und Technik bzw. von letztlich immer möglichen Fehleinschätzungen werden. Unternehmertum und drohendes Scheitern liegen mitunter nahe beieinander.

2.3 Die Insolvenz muss nicht das Ende bedeuten

Die bisherigen Überlegungen standen unter dem Primat, durch geeignete Maßnahmen die drohende Insolvenz des Krisenunternehmens abzuwenden. Das ist die Aufgabe der Krisenmanager. Kommt es dennoch zur Insolvenz, müssen sie sich meist den Vorwurf des Scheiterns gefallen lassen, teilweise begleitet von

Zunehmende Komplexität des Restrukturierungsmanagements

massiven Konflikten mit den Auftraggebern, eventuellen Anfechtungen des emp-
fangenen Honorars und juristischen Konsequenzen. Das ist das Risiko dieses Me-
tiers und es gibt genügend Fälle, die einen solchen Verlauf nehmen. Krisenfälle
sind unter anderem auch deshalb riskante Projekte, weil nicht wenige Unternehmen
im Vorfeld wirtschaftlich, personell und kulturell weitgehend heruntergewirtschaftet
wurden und für sie bei objektiver Betrachtung nur geringe Rettungschancen bestehen. Dies ist auch der Grund, warum erfahrene und renommierte Restrukturie-
rungsspezialisten für sich eine Vergütung beanspruchen, die ihrem persönlichen
Risiko entspricht. Das ist nicht immer populär, aber realistisch.

Massive Konflikte beim Scheitern von Restrukturierungsprojekten sind naheliegend,
da die Insolvenz in aller Regel die Verwertung des noch verbleibenden Vermögens
zu Gunsten der Gläubiger beinhaltet und die Beendigung der Geschäftätigkeit
des Unternehmens zur Folge hat. Die Gesellschafter und viele Mitarbeiter verlieren
alles, Gleiches gilt in der Praxis meist für Insolvenzgläubiger mit nachrangigen Ansprüchen. Die aus der Masse zu befriedigenden Insolvenzgläubiger müssen sich
in aller Regel mit einer Quote von rund 5% bis 10% ihrer Forderungen zufrieden-
geben, oft genug auch weniger. Ausgenommen sind aussonderungsberechtigte
Gläubiger, die einen Anspruch auf Herausgabe einer Sache aus der Insolvenzmasse
haben, da sie dem Schuldner nicht gehört – je nach Fall kann es dennoch Interes-
senkollisionen geben. Weitere Ausnahme sind absonderungsberechtigte Gläubiger,
die grundsätzlich einen bereits vor der Eröffnung des Insolvenzverfahrens begründeten Anspruch auf bevorzugte Befriedigung aus der Insolvenzmasse haben.

Die Zahl der Unternehmensinsolvenzen in Deutschland liegt seit dem Jahr 2000
im Durchschnitt bei rund 30.000 Fällen pro Jahr, je nach Konjunkturlage auch
deutlich mehr bzw. etwas weniger. Dabei wurden etwa 75% aller Anträge durch
den Schuldner eingereicht, die übrigen Anträge durch Gläubiger. Gläubigeranträge
erfolgen meist durch die Sozialversicherungsträger, die von Rechts wegen („gnadenlose Gläubiger") den Antrag stellen müssen, wenn der Schuldner seine fälligen
Zahlungen nicht mehr leisten kann. Zahlungsverpflichtungen ggü. Sozialversiche-
rungsträgern nicht nachzukommen bedeutet im Übrigen ein hohes Haftungsrisiko
für die Geschäftsführer des Schuldners, die den Antrag auf Eröffnung des Insolvenzverfahrens rechtzeitig zu stellen haben.

Die Erstellung dieses Buches erfolgte in der Übergangszeit zwischen der InsO
von 1999 und der Einführung des ESUG zum 1.3.2012, dessen Auswirkungen in
der Praxis noch abzuwarten sind. Es scheint zum besseren Verständnis vorteilhaft,
im Folgenden die Rechtslage vor und nach Inkrafttreten der Reform darzustellen
und so die wesentlichen Änderungen herauszuarbeiten.

Insolvenzverfahren vor der Reform durch das ESUG

Wesentliche Grundlage von Insolvenzverfahren ist die Insolvenzordnung (InsO) von 1999, die im Übrigen durch die noch näher darzustellende Reform nicht vollständig abgelöst, sondern modifiziert und ergänzt wird. Die Abbildung 145 zeigt die wesentlichen Phasen des Insolvenzverfahrens, Abbildung 146 zeigt den grundsätzlichen Verfahrensablauf einer Insolvenz.

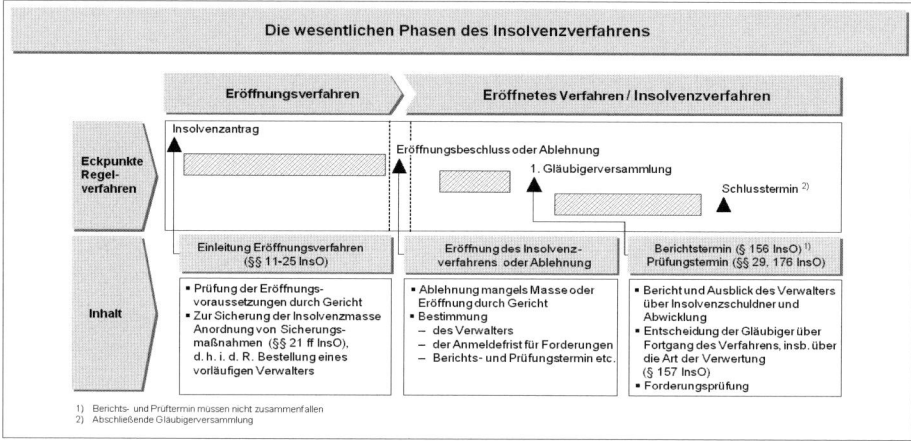

Abbildung 145: Die wesentlichen Phasen des Insolvenzverfahrens (Prinzipskizze)

Bei den Eröffnungsgründen in Abbildung 146 wird die Überschuldung mit aufgeführt, da sie nicht gänzlich aufgehoben ist. Überschuldung ist bei Fehlen einer positiven Fortführungsprognose auch weiterhin ein maßgebliches Insolvenzkriterium. Praktische Relevanz hatte die Überschuldung in den letzten Jahren als Kriterium aber kaum, denn als alleiniger Antragsgrund war sie nach allen Erfahrungen bedeutungslos. In gut zwei Dritteln der Fälle war die akute Zahlungsunfähigkeit die alleinige Antragsursache, bei einem Drittel war es die Zahlungsunfähigkeit bei gleichzeitiger Überschuldung. Drohende Zahlungsunfähigkeit als Kriterium war in den vergangenen Jahren ebenfalls nahezu bedeutungslos und nur in rund 2% der Fälle Antragsgrund. Bei allem Bemühen des deutschen Gesetzgebers, dass die Beantragung der Insolvenz zur Erhöhung der Rettungschancen zeitlich möglichst früh eingeleitet wird, ist es bislang in Deutschland üblich, dass „bis zur letzten Patrone" gegen das persönliche Stigma der Insolvenz angekämpft wird, auch trotz erheblicher Haftungsrisiken. Folge ist, dass gut 40% der Anträge mangels Masse abgelehnt werden, weil diese noch nicht einmal zur Deckung der Verfahrenskosten ausreicht. In dubiosen Fällen, die es natürlich auch gibt, kann das zähe Bemühen um Vermeidung der Insolvenz auch auf anderen Motiven beruhen.

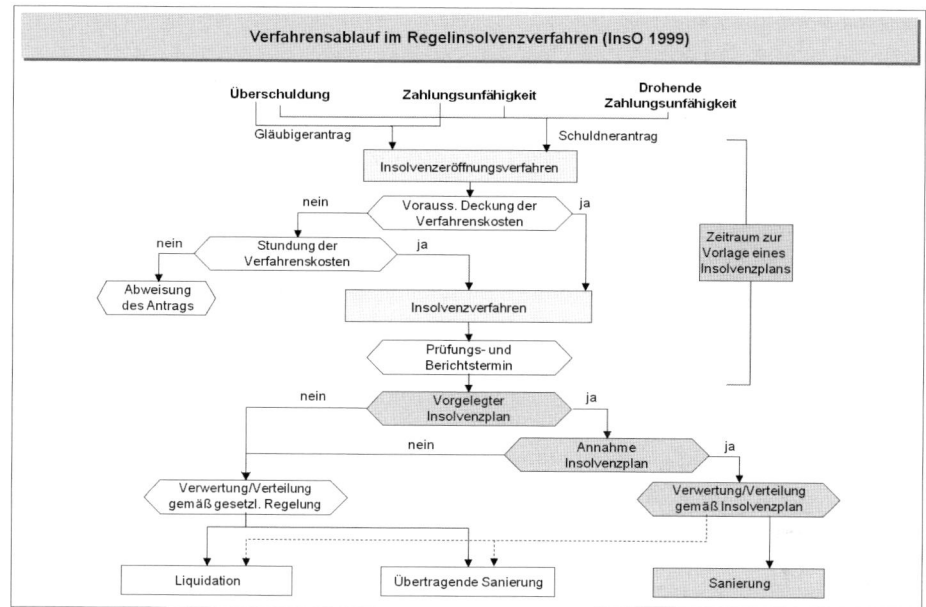

Abbildung 146: Ablauf Regelinsolvenzverfahren gemäß InsO von 1999 (Prinzipskizze)

Wenn man das oben angesprochene Ausmaß der Wertevernichtung sieht, ist das engagierte Bemühen aller Stakeholder zur Vermeidung eines Insolvenzverfahrens und zur Rettung des Vermögens durch Fortführung des Betriebes grundsätzlich schlüssig, sofern das Unternehmen oder Teile des Unternehmens eine realistische Zukunftsperspektive haben. Vorteil dieser „Rettung um fünf vor zwölf" ohne Insolvenzverfahren ist, neben dem größeren Handlungsspielraum bei der Suche nach einem Arrangement, in aller Regel auch eine geringere Öffentlichkeitswirkung. Im kleineren Mittelstand sind neben der Rettung vor der Insolvenz auch sogenannte „stille Insolvenzen" nicht ungewöhnlich, bei denen sich Schuldner und Gläubiger außergerichtlich auf eine einvernehmliche Regelung der Interessen einigen, die quasi eine Insolvenz durch weitreichende Verzichte simuliert, aber nicht die formale Beantragung der Insolvenz beinhaltet. Stille Insolvenzen führen in der Regel zur Liquidation des Unternehmens bzw. wesentlicher Teile in Verbindung mit der Verwertung von Immobilien und sonstigem werthaltigem Vermögen oder sie führen zu M&A-Mandaten für noch verwertbare Unternehmensteile. Die Gläubiger versuchen bei diesem Vorgehen, eine etwas bessere Quote zu realisieren, und alle Stakeholder gehen bei außergerichtlichen Einigungen auch eventuellen Anfechtungen eines Insolvenzverwalters und sonstigen Haftungsrisiken aus dem Weg.

Insolvenzverfahren sind demgegenüber durch den Gesetzgeber stärker reglementiert, sie tragen das Stigma des Versagens und sind im Handelsregister zu vermerken, somit dem sorgfältig handelnden Geschäftspartner nicht zu verbergen – unabhängig von der teils ohnehin erheblichen Transparenz durch die Kommunikation an den operativen Schnittstellen der Geschäftspartner sowie durch die Aufmerksamkeit lokaler und überregionaler Medien. Neben dem Unternehmen und den Gesellschaftern schätzen auch die Gläubiger diese Öffentlichkeit nicht, da sie ebenfalls Reputationsschäden und bei Transparenz von Arrangements ein Präjudiz für weitere Fälle fürchten müssen. Es gibt Ansätze, die Insolvenz gegenüber der breiten Öffentlichkeit und Kunden nicht allzu offensichtlich zu machen, beispielsweise durch Umfirmierung einer die Insolvenz anmeldenden Dachgesellschaft – ursprünglich „XY GmbH", jetzt vor Anmeldung der Insolvenz „ABC GmbH" – und Fortführung der Kundenbeziehungen über eine nicht in der Insolvenz befindliche Tochtergesellschaft unter neuer Firma („XY Service GmbH"), die der alten Firmierung der Dachgesellschaft gleicht. Zwischen den Gesellschaften wird dann ein Geschäftsbesorgungsvertrag vereinbart etc. Professionellen Gläubigern ist die wahre Situation des Krisenunternehmens damit aber nicht zu verbergen und zumindest industrielle Kunden haben es in der Regel nicht gerne, wenn ihnen substanzielle Informationen über ihre Lieferanten vorenthalten bleiben.

Kommt es zur Insolvenz, wird die hohe Wertevernichtung gelegentlich auch dem Insolvenzverfahren selber zugeschrieben. Es ist in der Tat so, dass mit dem Bekanntwerden der Eröffnung des Insolvenzverfahrens regelmäßig Kunden im Bestreben um eine sichere Lieferalternative verloren gehen, sei es durch Eigeninitiative oder animiert durch Aktionen von Wettbewerbern des insolventen Unternehmens. Lieferanten und Dienstleister stellen ihre Leistungen, sofern formal möglich, kurzfristig ein bzw. auf Vorkasse um und sind je nach formaler und faktischer Macht nur mit Mühe – meist gestützt auf den Nachweis von Massekrediten – zu einer weiteren Zusammenarbeit auf der Grundlage von Zahlungszielen zu bewegen. Auch kommt es vor, dass Schuldner des Unternehmens durch fingierte Reklamationen o.Ä. ihren Vorteil suchen, Manager von Auslandsgesellschaften aus Eigennutz Überweisungen zurückhalten und ein Übernahmeangebot für bestimmte Geschäftsbereiche machen etc. Solchen Gefahren ist natürlich mit Geschick entgegenzuwirken. Die eigentliche Ursache der erheblichen Wertevernichtung ist aber nur selten das Insolvenzverfahren, sondern die Misswirtschaft der verantwortlichen Manager und Gesellschafter, die dem Insolvenzantrag über einen langen Zeitraum vorausgegangen ist. Das Verfahren deckt oft genug lediglich das tatsächliche Ausmaß des Versagens und der daraus folgenden Wertevernichtung auf. Die Sicht des Gesetzgebers, den für den Niedergang Verantwortlichen den Einfluss auf das Unternehmen grundsätzlich zu entziehen und das weitere Verfahren dem Insolvenzverwalter, Gläubigerausschuss sowie dem Insolvenzgericht zu unterstellen, ist deshalb für die Mehrheit der Fälle nur konsequent.

Wie obige Abbildung 146 zeigt, lässt der Gesetzgeber auch im Insolvenzverfahren gleichberechtigt zu der Verwertung des Unternehmens ausdrücklich weitere Sanierungsbemühungen zu, sei es zur Rettung überlebensfähiger Unternehmensteile oder sei es auch nur zur Verbesserung der Befriedigungsquoten der Gläubiger. Diese Bemühungen sind betriebswirtschaftlich sinnvoll, wenn sie nicht zur Verzögerung oder Vermeidung sachlich notwendiger Bereinigungsprozesse in Unternehmen bzw. Branchen führen, denn auch Strukturbereinigungen sind ein legitimer Zweck des Insolvenzverfahrens. Zu den Details des Verfahrens und einzelnen Optionen sei auf die umfangreiche Spezialliteratur verwiesen. Im Folgenden wird primär auf Aspekte eingegangen, die für den Zweck dieses Buches relevant sind.

In der Praxis überwiegen eindeutig die Verwertungen von Unternehmen. Das ist plausibel, weil die Mehrheit der Unternehmen, die einen Insolvenzantrag stellen müssen, als Ganzes weder sanierungsfähig noch sanierungswürdig ist. Das mögen manche Stakeholder im Einzelfall anders sehen, aber letztendlich entscheiden die Kunden über das Unternehmen und die akzeptieren dessen Leistung offenbar nicht mehr in dem für einen nachhaltig profitablen Betrieb erforderlichen Maße. Kritisch anzumerken ist aber, dass die Verwertung ohne intensive Sanierungsbemühungen häufig auch die für einen risikoscheuen Insolvenzverwalter naheliegende Variante ist, wenn er bei sonstigen Optionen einen Verzehr von Masse mit entsprechender Schlechterstellung der Gläubiger und damit auch eine mögliche persönliche Haftung befürchtet. Die folgende Abbildung 147 gibt einen Überblick zu typischen Aufgaben des Insolvenzverwalters im eröffneten Verfahren, unter anderem muss er bei klassischem Vorgehen – auf Änderungen durch die erwähnte Reform sei hier nur hingewiesen – die wahrscheinlich sinnvolle Sanierungsstrategie festlegen. Letztlich ist dies eine schwierige Ermessensfrage, denn bei aller Sorgfalt hängen Planungen und Sanierungskonzepte maßgeblich von den zugrundeliegenden Annahmen zur Umsatzentwicklung, den Liquidationserlösen etc. ab.

Wie der im Folgenden skizzierte Praxisfall zeigt, sind auch im Rahmen des klassischen Insolvenzverfahrens durchaus Konstellationen möglich, in denen engagierte Sanierungsarbeit unter dem Dach der Insolvenz eine deutliche Besserstellung aller Gläubiger ermöglicht. Das ist beispielsweise gegeben, wenn die wesentlichen Stakeholder, wie etwa Kunden und Lieferanten, ein ernsthaftes Interesse am Erhalt des Unternehmens haben und das Unternehmen zwar aufgrund von Zahlungsunfähigkeit in die Insolvenz gegangen ist, aber im Kern ein belastbares Geschäftsmodell mit noch hohem Optimierungspotenzial aufweist. Voraussetzungen für einen

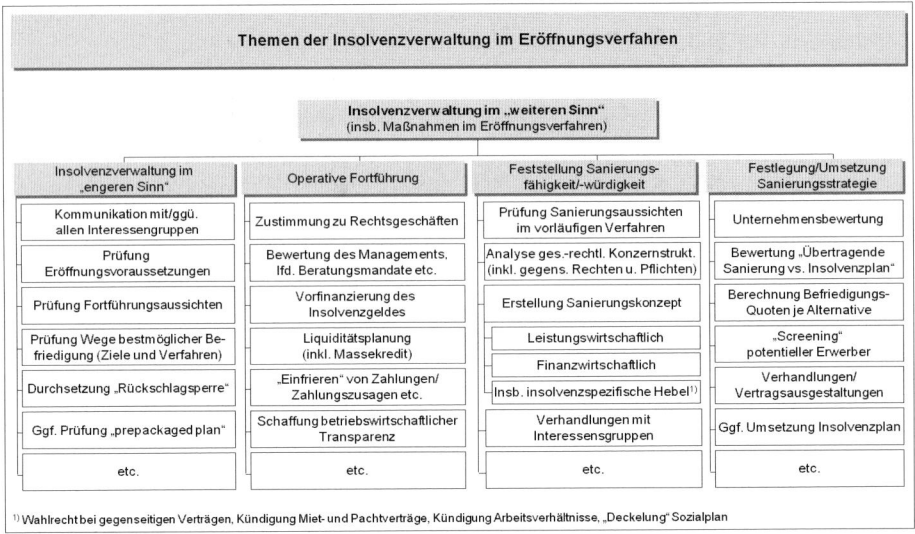

Abbildung 147: Exemplarische Themen der Insolvenzverwaltung, insbesondere im Eröffnungs-verfahren

Turnaround in diesen Fällen sind die seriöse und konservative Prüfung der Sanierungsfähigkeit und -würdigkeit aus der Insolvenz, die Finanzierung des Sanierungsprozesses in der Insolvenz (Insolvenzausfallgeld, Massekredite, Working Capital Management etc.) sowie zudem ein Insolvenzverwalter und Gläubiger, die bereit sind, dieses Risiko einzugehen.

In den Abbildungen 148 bis 152 werden die wesentlichen Elemente des Liquiditätsmanagements und der Verfahrensablauf einschließlich Verkaufsprozess in dem Praxisfall dargestellt sowie die erzielten Verbesserungspotenziale und die nachgewiesene Erhöhung der Quoten der Gläubiger, trotz verfahrensbedingter Restrukturierungskosten (Interimsmanager, Berater, Sozialpläne etc.). Wichtiger Punkt aus Sicht des Insolvenzverwalters und letztlich auch der Gläubiger war in diesem Projekt, dass zügig das „cash burning" durch positive Monatsergebnisse gestoppt und damit auch der sonst übliche Zeitdruck bei dem Verkauf des Objektes vermieden werden konnte. Die Möglichkeit, den M&A-Prozess solide vorzubereiten (Unterlagen, Abschlüsse, Verfahren, Selektion und Ansprache von Interessenten, Notfallplan), den Zeitpunkt des Verkaufs mitzubestimmen, mehrere Interessenten zu gewinnen und in einen Wettbewerb um den Kauf des wieder stabilisierten Unternehmens zu manövrieren sowie ausreichende Zeit für die Vertragsverhandlung und -gestaltung zu haben, machte sich deutlich im Verkaufserlös bemerkbar und ist in Insolvenzfällen die Ausnahme. Das spricht anstelle der reinen Zerschlagung für die Sanierung auch im Regelverfahren der Insolvenz, sofern es dafür eine seriöse Chance auf höhere Befriedigungsquoten für die Gläubiger gibt.

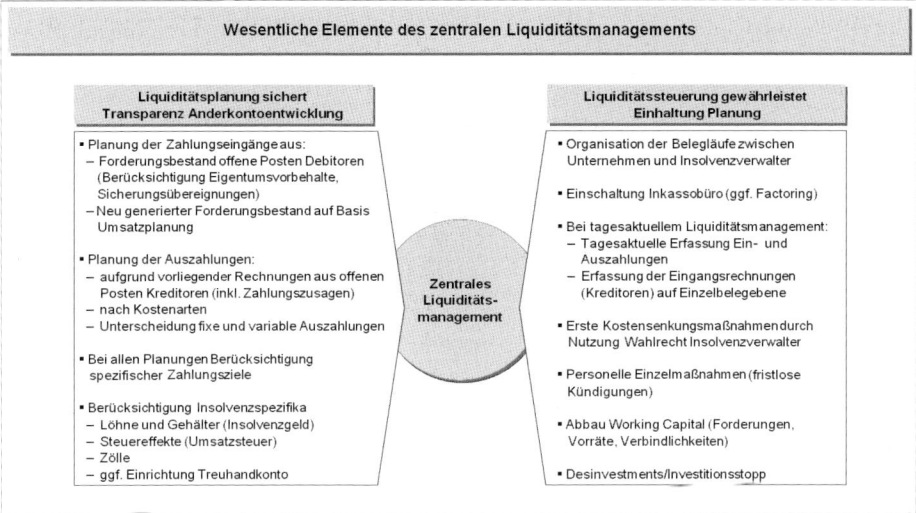

Abbildung 148: Wesentliche Elemente des zentralen Liquiditätsmanagements

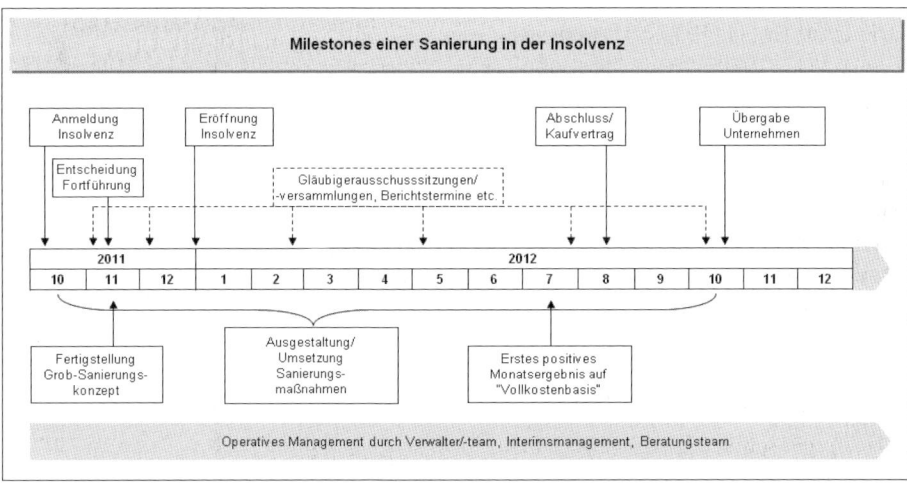

Abbildung 149: Milestones einer Restrukturierung in der Insolvenz (Beispiel)

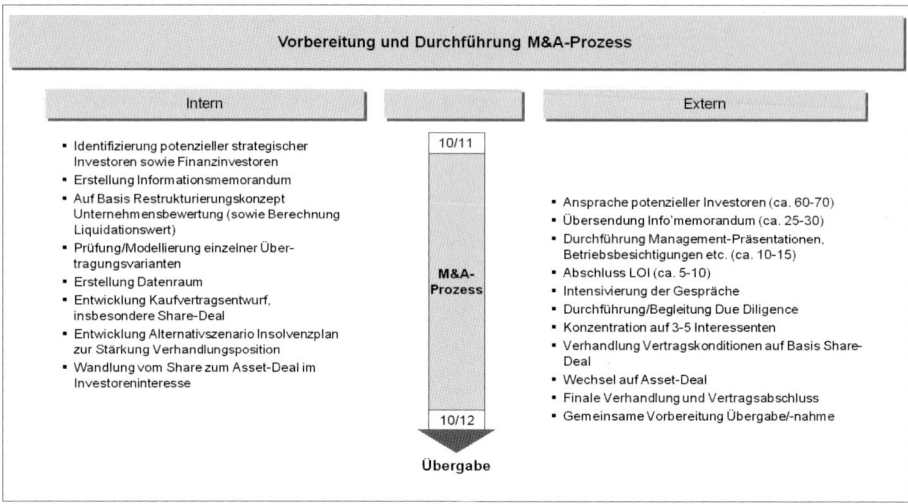

Abbildung 150: Vorbereitung/Durchführung M&A-Prozess (Beispiel)

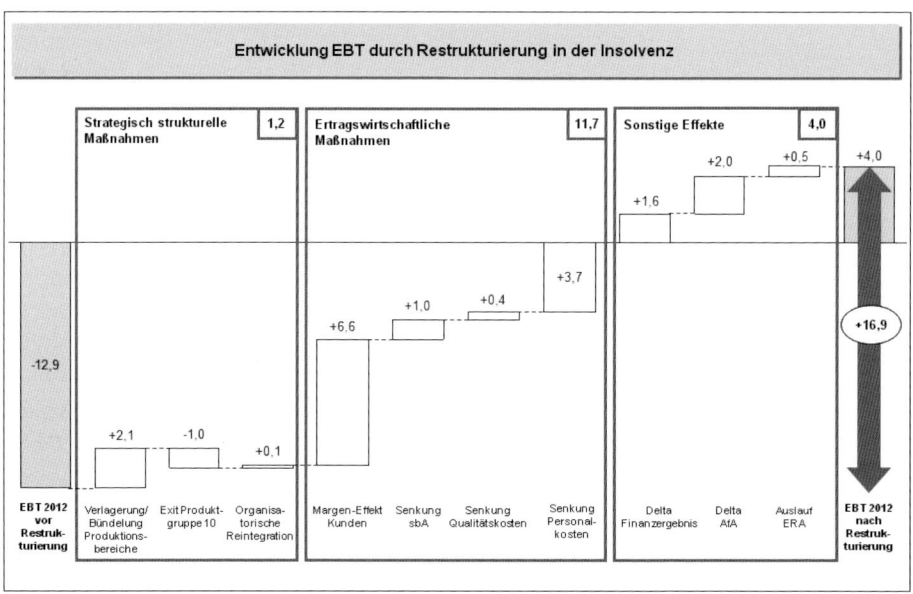

Abbildung 151: Entwicklung EBT durch Restrukturierung [Mio. EUR] im Beispielsfall

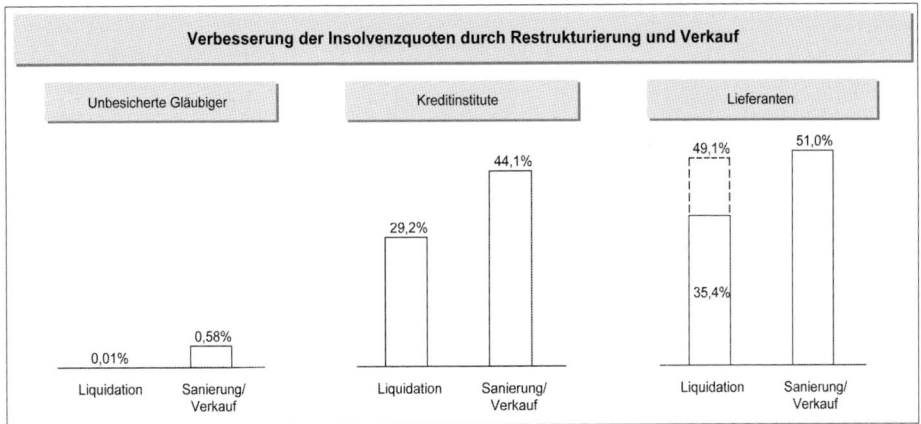

Abbildung 152: Verbesserung der Insolvenzquoten durch Restrukturierung und Verkauf (Beispiel)

Ist das Gesamtunternehmen mit Hilfe der klassischen Restrukturierungsmaßnahmen in der Insolvenz voraussichtlich nicht zu retten, besteht häufig noch die Möglichkeit, Teilbereiche einer Verwertung zuzuführen. Deshalb tritt neben die zerschlagende Liquidation der Vermögenswerte zu Gunsten der Gläubiger auch die Option der übertragenden Sanierung. In dem nach Insolvenzeröffnung anstehenden Prüfungs- und Berichtstermin entscheidet im Regelverfahren der Insolvenz die Gläubigerversammlung auf Grundlage des Berichtes des Insolvenzverwalters über die Verfahrensoptionen.

Für die übertragende Sanierung gibt es keine Legaldefinition, obwohl sie eine hohe praktische Bedeutung im Insolvenzverfahren hat. Es geht um die Übertragung von sanierungsfähigen Teilbereichen des insolventen Unternehmens, in Einzelfällen auch des gesamten Unternehmens, auf einen anderen bereits bestehenden oder neu zu gründenden Rechtsträger. Die Übertragung erfolgt je nach Zweckmäßigkeit entweder durch die Übertragung einzelner Vermögensgegenstände (Asset Deal) oder auch Gesellschaftsanteile an Finanzbeteiligungen des insolventen Unternehmens (Share Deal). Das ist sinnvoll, wenn durch diese Maßnahme ein höherer Erlös für die Gläubiger erzielt werden kann, als es im Zuge einer Liquidation möglich ist. Asset Deals führen im Grunde dazu, dass ein Käufer nur die verwertbaren Vermögensteile – z.B. bestimmte Anlagen, die Markenrechte und Patente – erwirbt und die leere Hülle bzw. der unbrauchbare Rest des Unternehmens liquidiert wird. Den Gläubigern stehen die Erlöse zu. Grundsätzlich gehen bei einem Asset Deal die Mitarbeiter ebenfalls auf den übernehmenden Betrieb über, allerdings gibt es diesbezüglich eine umfangreiche Rechtsprechung und auch spezifische Lösungsansätze, die hier nicht diskutiert werden sollen. Das ist im konkreten Fall das Thema der Fachanwälte. Share Deals in Verbindung mit übertragenden Sanierungen münden oft in sogenannte Auffanggesellschaften, insbesondere wenn für diese Teile momentan kein befriedigender Verkaufspreis zu erzielen ist. Die Auffanggesellschaft wird üblicherweise von Gläubigern oder im Verfahren akzeptierten Altgesellschaftern mit dem Ziel gegründet, das insolvente Unternehmen bis zur endgültigen Verwertung bzw. Sanierung pachtweise oder treuhänderisch weiterzuführen. Häufig initiiert auch der Insolvenzverwalter eine solche Gesellschaft. Die Befriedigung der Gläubiger erfolgt aus Gewinnen oder dem Verkaufserlös der Auffanggesellschaft. Sie gehen damit tendenziell ein höheres Risiko (Thema Finanzierung) ein, gewinnen aber Zeit und eröffnen sich gemäß ihrem Kalkül auch die Option auf eine bessere Quote. Kritisch zu hinterfragen ist generell bei übertragenden Sanierungen, warum ein bisher nicht mehr taugliches Geschäftsmodell nun wieder nachhaltig erfolgreich sein soll und wie die Eignung des bisherigen Managements und gegebenenfalls der Altgesellschafter in diesem Zusammenhang zu bewerten ist. Denkbar als Antwort sind z.B. mögliche Synergie- und Skaleneffekte, die ein Erwerber zu nutzen im Stande ist und die das insolvente Unternehmen in der Vergangenheit alleine nicht heben konnte.

Der Begriff der Sanierung ist ebenfalls durch den Gesetzgeber nicht präzise definiert. Gemeint ist grundsätzlich die Rettung des Unternehmens als Ganzes, z.B. wie oben skizziert im Wege der klassischen Restrukturierung in der Insolvenz bzw. mit Hilfe der dargestellten übertragenden Sanierung durch eine Auffanggesellschaft, aber auch im Zuge des sogenannten „Insolvenzplanverfahrens". Die folgende Abbildung 153 stellt wesentliche Merkmale der übertragenden Sanierung und des Insolvenzplanverfahrens gegenüber. Das Insolvenzplanverfahren war die herausragende Neuerung der in 1999 erfolgten Reform der klassischen Konkursordnung.

Ein für die Gesellschafter besonders relevantes Merkmal des Insolvenzplanverfahrens ist, dass das Unternehmen nach der erfolgreichen Sanierung bzw. nach Erfüllung der im Insolvenzplan enthaltenen Auflagen und Sanierungsschritte grundsätzlich wieder an die Altgesellschafter zurückfällt. Die Befriedigung der Gläubiger soll durch die Wiederherstellung der Ertragskraft und aus den zukünftigen Überschüssen des sanierten Unternehmens erfolgen. In vielen erfolgreichen Insolvenzplanverfahren erfolgt die Befriedigung der Gläubiger aber auch aufgrund von Zuzahlungen der Gesellschafter bzw. Investoren bzw. Neugesellschafter, mit der Folge der kurzfristigen Entschuldung des Unternehmens ohne die Verpflichtung, aus zukünftigen Überschüssen Zahlungen an die Gläubiger leisten zu müssen.

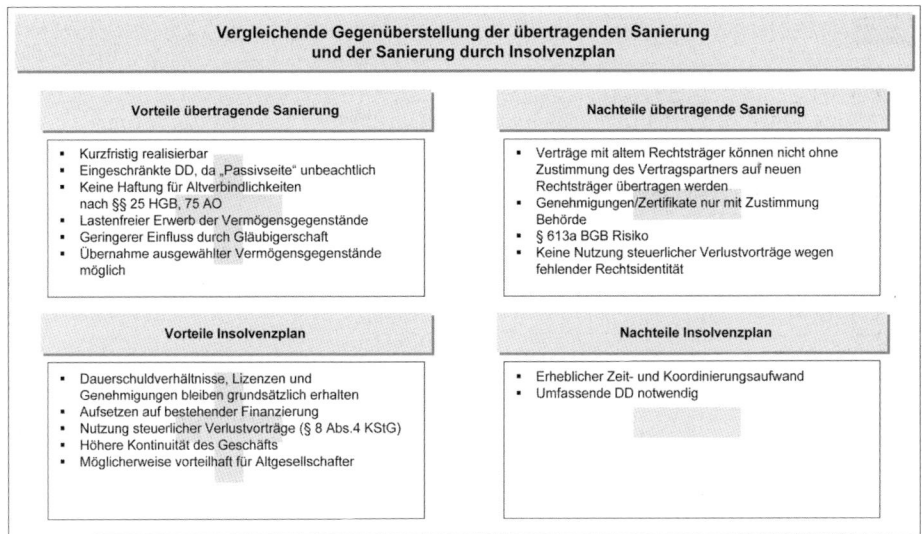

Vergleichende Gegenüberstellung der übertragenden Sanierung und der Sanierung durch Insolvenzplan

Vorteile übertragende Sanierung	Nachteile übertragende Sanierung
• Kurzfristig realisierbar • Eingeschränkte DD, da „Passivseite" unbeachtlich • Keine Haftung für Altverbindlichkeiten nach §§ 25 HGB, 75 AO • Lastenfreier Erwerb der Vermögensgegenstände • Geringerer Einfluss durch Gläubigerschaft • Übernahme ausgewählter Vermögensgegenstände möglich	• Verträge mit altem Rechtsträger können nicht ohne Zustimmung des Vertragspartners auf neuen Rechtsträger übertragen werden • Genehmigungen/Zertifikate nur mit Zustimmung Behörde • § 613a BGB Risiko • Keine Nutzung steuerlicher Verlustvorträge wegen fehlender Rechtsidentität
Vorteile Insolvenzplan	Nachteile Insolvenzplan
• Dauerschuldverhältnisse, Lizenzen und Genehmigungen bleiben grundsätzlich erhalten • Aufsetzen auf bestehender Finanzierung • Nutzung steuerlicher Verlustvorträge (§ 8 Abs.4 KStG) • Höhere Kontinuität des Geschäfts • Möglicherweise vorteilhaft für Altgesellschafter	• Erheblicher Zeit- und Koordinierungsaufwand • Umfassende DD notwendig

Abbildung 153: Vergleichende Gegenüberstellung der übertragenden Sanierung und der Eigensanierung durch Insolvenzplan

Oben erwähnte kritische Fragen zur übertragenden Sanierung gelten im Fall des Insolvenzplanverfahrens natürlich ebenfalls und werden durch die Gläubiger – wenn die Gesellschafter und ihr relevantes Umfeld bei objektiver Bewertung eine maßgebliche Krisenursache sind – sorgfältig abzuwägen sein. In dem skizzierten Praxisfall war das Ausscheiden der Gesellschafter und der Geschäftsführer eine mit formal gebotener Zurückhaltung gesetzte Bedingung der Gläubiger für ein konstruktives Vorgehen. Dieses Ergebnis schien in diesem Fall über das Regelverfahren in der Insolvenz leichter erreichbar, wenn auch mit hohem Risiko der endgültigen Wertevernichtung, als über das Insolvenzplanverfahren gemäß InsO von 1999. Die Reform der InsO von 1999 geht auf diesen Punkt ein und bietet, wie noch gezeigt wird, auch im Insolvenzplanverfahren neue Alternativen in der Auseinandersetzung mit destruktiven Gesellschaftern.

Abbildung 154 veranschaulicht den Ablauf eines Insolvenzplanverfahrens gemäß InsO von 1999. Der Gesetzgeber knüpft an die Erfüllung der Vorgaben des Insolvenzplans – unter anderem eine Verbesserung der Quote für die Gläubiger – die Vermutung, dass damit auch eine Restschuldbefreiung für den Schuldner eintritt. Gegenteiliges ist im Insolvenzplan zu regeln.

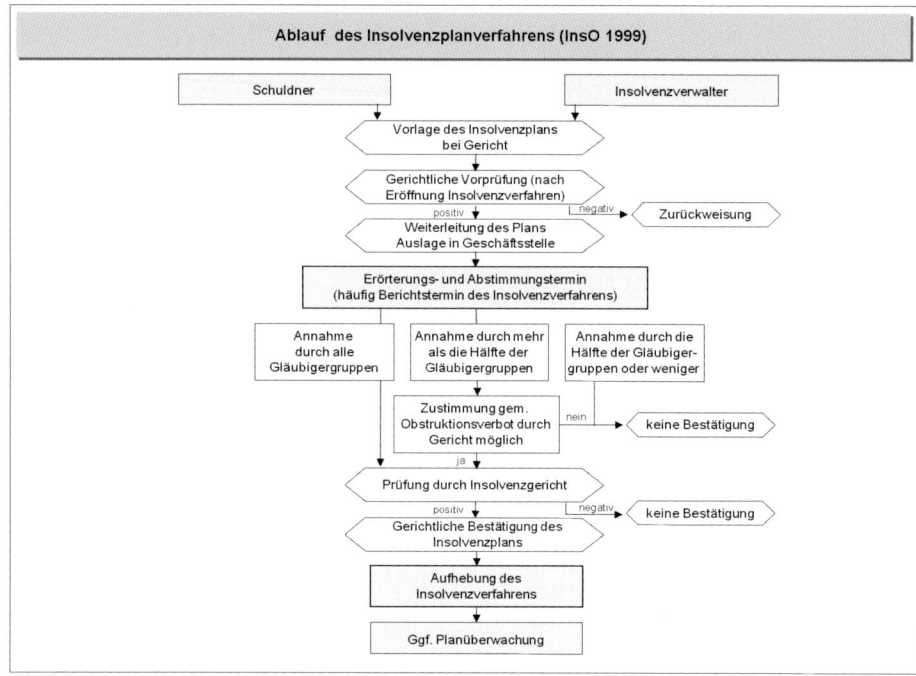

Abbildung 154: Ablauf Insolvenzplanverfahren gemäß InsO von 1999 (Prinzipskizze)

Die InsO von 1999 löste damals die Regelungen der veralteten Konkurs- und Vergleichsordnung für die alten Bundesländer ab sowie ebenfalls die Regelungen der schon unter der Ägide der Treuhandanstalt etwas weiterentwickelten Gesamtvollstreckungsordnung der neuen Bundesländer. Das Insolvenzplanverfahren war, neben Einschränkungen der Rechte gesicherter Gläubiger zur Verbesserung der Sanierungschancen insolventer Unternehmen, das Kernstück der Neuerungen in der InsO von 1999. Mit der Intention, die gezeigte Wertevernichtung in grundsätzlich noch sanierungsfähigen Fällen zu vermeiden, werden Gläubigern und Schuldner weitreichende Freiräume im Sinne einer möglichst privatautonomen Abwicklung des Insolvenzverfahrens und zur Abweichung von den grundsätzlichen Vorgaben des klassischen Regelverfahrens eingeräumt. Dieses flexiblere Verfahren ersetzte den ehemaligen Zwangsvergleich bzw. gerichtlichen Vergleich, der nicht mehr sinnvoll umsetzbar war. Als zentrale rechtliche Bestimmungen in Verbindung mit der Durchführung eines Insolvenzplanverfahrens gemäß InsO von 1999 sind hervorzuheben:

Zunehmende Komplexität des Restrukturierungsmanagements

– Der Schuldner kann bei dem zuständigen Insolvenzgericht „Eigenverwaltung" beantragen, die es ihm erlaubt, das Insolvenzverfahren unter Aufsicht eines Sachwalters in weitgehender Eigenregie durchzuführen, ohne die Verwaltungs- und Verfügungsrechte an den Insolvenzverwalter zu verlieren. Das kann sinnvoll sein, wenn der Schuldner über die dafür erforderlichen persönlichen Voraussetzungen verfügt und es zudem wesentlich ist, seine Erfahrungen im Insolvenzverfahren zu nutzen. Die Eigenverwaltung ist, im Unterschied zu den noch im Folgenden zu nennenden Themen, auch im Regelverfahren möglich und nicht dem Insolvenzplanverfahren vorbehalten. Mit der seit 1.3.2012 wirksamen Reform der InsO von 1999 wird die Eigenverwaltung als Sanierungsoption für den Schuldner nochmals weiterentwickelt.

– Die Planinhalte des Insolvenzplanverfahrens müssen aus einem darstellenden und einem gestaltenden Teil bestehen. Der darstellende Teil soll die Gläubiger umfassend über Grundlagen, Gegenstand und Auswirkungen des Insolvenzplanes informieren. Kernstück ist die Darstellung der Maßnahmen im ertragswirtschaftlichen und strategischen Bereich. Der gestaltende Teil informiert über die Eingriffe des Insolvenzplanes in die Gläubigerrechte sowie die Einteilung der Gläubiger in Gruppen.

– Die Insolvenzordnung fordert die Bildung von Gläubigergruppen entsprechend ihrer Rechtsstellung – also absonderungsberechtigte Gläubiger sowie die vorrangig oder nachrangig besicherten Gläubiger. Sie erlaubt aber auch zusätzlich aus diesen Gruppen die Zusammenfassung von Gläubigern je nach ihrer Interessenlage durch den Ersteller des Insolvenzplanes (Schuldner oder Insolvenzverwalter) in einer eigenen Gruppe. Da in der Gläubigerversammlung in bestimmten Fällen auch mit einfacher Mehrheit der Gruppen über den Insolvenzplan entschieden werden kann, räumt dieses Instrument dem Planersteller bei kluger Gruppierung ein relativ hohes taktisches Potenzial zur Durchsetzung seines Konzeptes ein.

– Es gibt ein Obstruktionsverbot, mit dem Blockademöglichkeiten einzelner Gläubigergruppen eingeschränkt werden können. Insolvenzpläne bedürfen grundsätzlich der Zustimmung sämtlicher Gläubigergruppen, es gibt aber bei nur mehrheitlicher Zustimmung die Möglichkeit der Bestätigung eines sinnvollen Insolvenzplanes durch das Insolvenzgericht, sofern die Ablehnung durch eine bestimmte Gläubigergruppe rechtsmissbräuchlich ist. Letzteres ist gegeben, wenn diese Gruppe durch den vorgelegten Insolvenzplan nicht schlechter gestellt ist als ohne diesen und sie bei Verteilung eines Mehrwertes nicht schlechter gestellt wird als die übrigen Gruppen. Durch die Reform der InsO von 1999 sollen die Möglichkeiten destruktiven Verhaltens von Interessengruppen grundsätzlich noch weiter eingeschränkt werden.

Dieses Konstrukt ist gemäß der Intention des Gesetzgebers ein ausgesprochen hilfreiches Instrument, um unter dem Dach der Insolvenzordnung eine konstruktive Einigung von Schuldner und Gläubigern herbeizuführen, die vor allem durch Fortführung des Unternehmens zur Erhaltung betriebswirtschaftlich sinnvoller Strukturen und zugleich einer insgesamt besseren Befriedigung der Gläubiger führen soll. Das Modell lehnt sich an das „Chapter 11"-Verfahren im amerikanischen Insolvenzrecht an.

Der Insolvenzplan kann durch den Schuldner oder den Insolvenzverwalter eingereicht werden. Die folgenden Abbildungen 155 bis 157 zeigen vereinfacht die üblichen Modelle und die Inhalte eines Insolvenzplans.

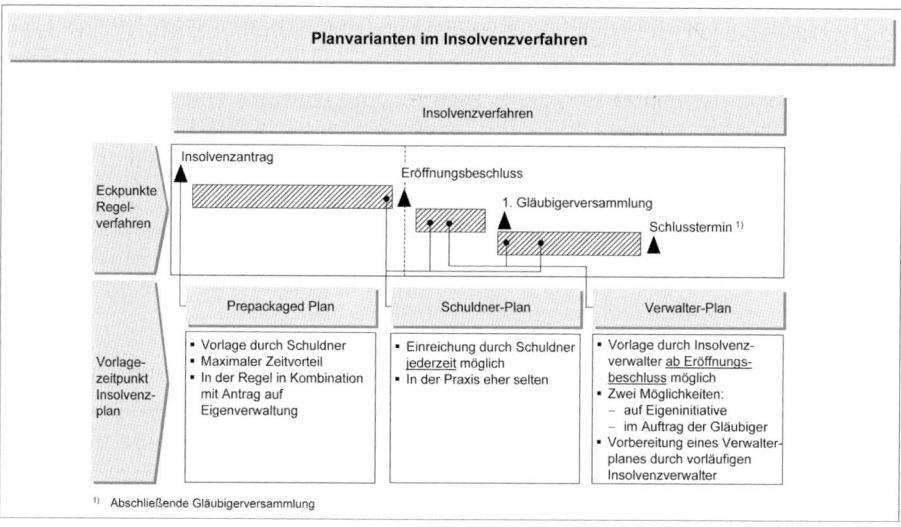

Abbildung 155: Planvarianten im Insolvenzplanverfahren gemäß InsO von 1999

In der Praxis spielte das Insolvenzplanverfahren in den vergangenen Jahren nur eine untergeordnete Rolle, denn weniger als 1% der gewerblichen Insolvenzverfahren in Deutschland – erwartet wurde ursprünglich ein Anteil von rund 10% der Verfahren – wurde jährlich nach diesem Modell abgewickelt. Immerhin machen auch die nicht ganz 1% der Fälle absolut gesehen noch jährlich rund 100 bis 200 Insolvenzplanverfahren aus. Das ist in einem Umfeld maroder Unternehmen nicht wenig und die Gläubiger konnten tatsächlich in mehr als 50% der Fälle eine um mindestens 10 Prozentpunkte höhere Quote realisieren, als in einer Liquidation

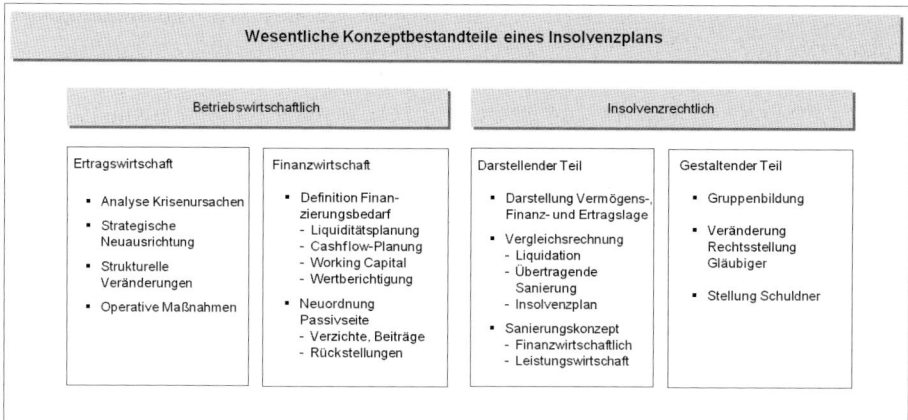

Abbildung 156: Wesentliche Konzeptbestandteile eines Insolvenzplans

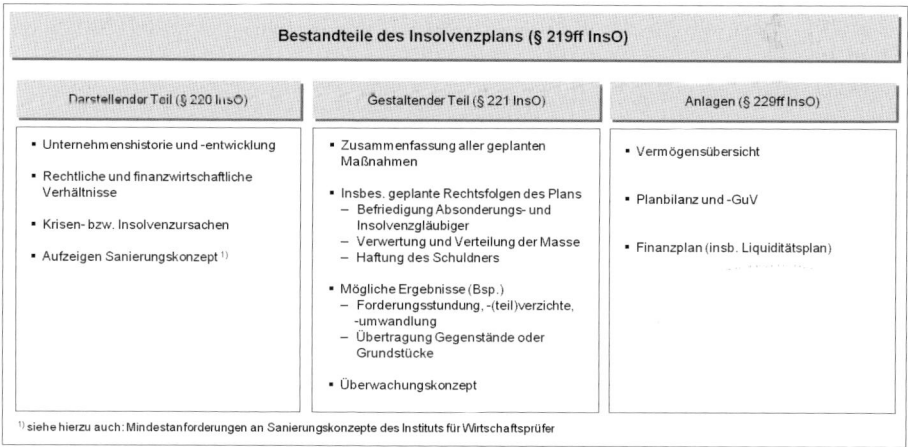

Abbildung 157: Bestandteile des Insolvenzplans

zu erwarten gewesen wäre. In den übrigen Fällen lag die Quote noch um mindestens 5 Prozentpunkte höher als der Erwartungswert aus einer Liquidation. Das bestätigt den Nutzen des Insolvenzplanverfahrens in den dafür geeigneten Fällen. Betriebswirtschaftliche Eignungsvoraussetzung ist zwingend ein überlebensfähiges Geschäftsmodell des Unternehmens bzw. wesentlicher Teilbereiche. Als formelle Ausschlusskriterien für ein Insolvenzplanverfahren gelten im Allgemeinen kaufmännische Unregelmäßigkeiten und Straftaten. Sinnvoll ist ein Insolvenzplanverfahren deshalb beispielsweise für seriös agierende Unternehmen mit einem intakten Geschäftsmodell, wenn durch das Verfahren ein besserer Massewerterhalt möglich ist als bei einer übertragenden Sanierung. Letzteres ist oft gegeben, wenn es darum geht, vorteilhafte Vertragsbeziehungen (z.B. Ladenmieten) zu erhalten oder signifikante Verlustvorträge und immaterielle Schutzrechte (Lizenzen, Patente, Genehmigungen, Konzessionen). Es ist mittlerweile übliche Leitlinie, dass eine grundsätzliche operative, verlustfreie Fortführungsfähigkeit bei laufendem Geschäft bis zum Abstimmungstermin mit dem Gläubigerausschuss möglich sein muss. Von Insolvenzplanverfahren – Sanierung des Rechtsträgers – werden außerdem höhere Anforderungen an die Sanierungswürdigkeit und Transparenz erwartet, als es bei übertragender Sanierung üblich ist. Scheitert die Umsetzung des Insolvenzplans, wird der Fall in das klassische Regelinsolvenzverfahren mit allen entsprechenden Optionen überführt.

In der Literatur wurde zumindest in den ersten Jahren der Geltung der InsO von 1999 die noch relativ junge Rechtspraxis als Grund für die Zurückhaltung bei der Wahl des Insolvenzplanverfahrens als Sanierungsoption angeführt. Hinzu kamen Befürchtungen hinsichtlich des organisatorischen Aufwandes und der damit verbundenen verfahrensbedingten Kosten (Planerstellung etc.), die grundsätzlich die Masse zusätzlich belasten. Haftungsgründe wurden ebenfalls als Ursache für Vorbehalte seitens der Insolvenzverwalter genannt sowie eine mögliche Überforderung durch die starke betriebswirtschaftliche Orientierung des Verfahrens. Diese Gründe haben sich mit der Zeit durch die gesammelten Erfahrungen relativiert. Nachdrücklich hingewiesen wurde aber weiterhin auf die in Deutschland typische späte Beantragung der Insolvenz durch die Schuldner, die eine konstruktive Nutzung der Insolvenz als Sanierungsoption erschwert. Unter anderem an diesem Punkt setzt die Reform der InsO von 1999 an. Das ist sinnvoll, ändert aber nichts an dem Tatbestand, dass die überwältigende Mehrzahl der Unternehmen, die eine drohende Insolvenz nicht mehr abwenden können, selbst mit den Mitteln der Insolvenz nicht sanierungsfähig ist. Geschäftsmodelle, die nicht marktkonform sind und deshalb von den Kunden nicht mehr akzeptiert werden, kann man nicht mit juristischen Mitteln reparieren – diese Unternehmen stehen mit Recht am Ende ihres Lebenszyklus. In dieses eher skeptische Bild passt auch die in den letzten Jahren unter der Ägide der InsO von 1999 erlebte Zurückhaltung der Gerichte bei der Genehmigung einer Eigenverwaltung durch den Schuldner, die in aller Regel in Verbindung mit einem Insolvenzplanverfahren zu sehen ist. Mit der Reform der InsO wurden unter bestimmten Voraussetzungen – darauf wird weiter unten noch eingegangen – auch diesbezüglich Erleichterungen geschaffen. Generell aber ist das Unternehmen am Rande der Insolvenz keine positive Referenz für den Schuldner; erst recht nicht, wenn er und sein Umfeld als wesentliche Krisenursache oder spekulative Gründe als eigentliche Motivation für die Verfahrenswahl zu sehen sind. Immerhin ist Managementversagen – beginnend mit unzureichenden kaufmännischen Systemen bis hin zu weltmännischem Realitätsverlust – eine der prominenten Krisenursachen. Es bedarf keiner allzu großen Weitsicht, um zu der Erkenntnis zu gelangen, dass Eigenverwaltungen und Insolvenzplanverfahren auch in Zukunft besonderen Ausnahmefällen vorbehalten sein werden.

Schwierig war und ist deshalb auch die Bewertung von Argumentationen, die auf Vorteile einer Sanierung unter dem Schutz des Insolvenzplanverfahrens im Vergleich zu den klassischen insolvenzvermeidenden Restrukturierungen verweisen. Hingewiesen wird unter anderem auf besondere Kündigungsrechte in der Insolvenz hinsichtlich langfristiger Verträge (Mieten, Leasing etc.) und die Entlastung von Pflichten (Pensionszusagen), die leichteren Möglichkeiten des Personalabbaus zu reduzierten Kosten (gedeckelte Sozialpläne und Abfindungen), Liquiditätseffekte aus dem Insolvenzgeld der Bundesagentur für Arbeit sowie eingeschränkte Gläubigerrechte (Zahlungs- und Zinsstopp, Unzulässigkeit von Zwangsvollstreckungen etc.) und die Möglichkeit, im Vorfeld der Insolvenz agierende Akkordstörer über das Obstruktionsverbot im Planverfahren zu disziplinieren. Die entscheidende Frage ist aber, warum ein Unternehmer oder antragberechtigter Gläubiger, solange er noch berechtigte Hoffnungen auf eine nachhaltig erfolgreiche Restrukturierung ohne Insolvenz hat, diesen riskanten Weg – zum Beispiel die schwer einzuschätzende Öffentlichkeitswirkung in Verbindung mit aggressiven Aktionen des Wettbewerbs – gehen soll. Bewusstes Planen einer Insolvenz ist illegal und das immerhin an Stelle des Insolvenzplanverfahrens auch mögliche Regelverfahren der Insolvenz als Verfahrensoption ist kein für den Unternehmer erstrebenswerter Weg. Wegen der wahrscheinlich hohen Werteverluste werden selbst konstruktiv agierende Gläubiger ein mögliches Insolvenzplanverfahren nur als „ultima ratio" für besondere Fälle mit grundsätzlich günstigen Sanierungschancen und einem berechenbaren Umfeld unterstützen. In der Vergangenheit haben sich Banken beispielsweise gegenüber dem Insolvenzplanverfahren meist nur dann aufgeschlossen gezeigt, wenn eine außergerichtliche Einigung aufgrund renitenter Verweigerungen von „Akkordstörern" unwahrscheinlich wurde und Schadensbegrenzung in der Insolvenz die letzte Option war.

Diese grundsätzliche Skepsis gegenüber dem Insolvenzplanverfahren, aber auch die Einsicht in die Chancen waren prägend für die Situation der letzten Jahre und es ist gut zu verstehen, dass erfolgreich abgewickelte Insolvenzplanverfahren sowie Eigenverwaltungen durch als zuverlässig bekannte Berater, Anwälte und Insolvenzverwalter begleitet wurden bzw. werden. Es geht neben den Sachthemen insbesondere um die Rückgewinnung von verlorenem Vertrauen in die Zukunft des Geschäftsmodells und die Glaubwürdigkeit sowie Fähigkeiten der Gesellschafter und Manager des Krisenunternehmens. Bei professionellem Vorgehen ist es deshalb auch üblich – ausreichende Zeit und Liquidität vorausgesetzt –, ein Insolvenzplanverfahren noch vor der Beantragung gut vorzubereiten und dabei die gewichtigen Gläubiger einzubinden. Letzteres hat meist hohes Gewicht, denn gegen den Willen der Gläubiger kann die Versorgung des Krisenunternehmens mit Material und Liquidität auch im Insolvenzplanverfahren eine kaum noch lösbare Aufgabe werden. Schon bei Antragstellung wird dem Insolvenzgericht deshalb ein seriöser und mit den relevanten Stakeholdern im Vorfeld ordentlich abgestimmter Insolvenzplan („prepackaged plan") vorgelegt. Das von der Insolvenz bedrohte Unternehmen wird bei diesem Ansatz möglichst auch schon mit allen Rechten und Sachen so strukturiert, dass es bei erfolgreichem Durchschreiten des Insolvenzplanverfahrens selbständig lebensfähig und verwertbar ist. Diese Vorbereitungen haben in aller Regel positive Effekte auf die Haltung der Gläubiger sowie des Insolvenzgerichtes.

Unter Druck geriet die mit der InsO von 1999 etablierte Praxis in Deutschland unter anderem durch die europäische Rechtsprechung, die vereinzelt zur Verlagerung von Insolvenzverfahren in ein schuldnerfreundlicheres Ausland innerhalb der EU führte – das sogenannte „forum shopping" infolge der europäischen EUInsVO. Ob diese Verlagerungen den Unternehmen tatsächlich genutzt haben und ob es evtl. auch nur viel Getöse von Interessengruppen um wenige Einzelfälle war, wurde dabei nicht mit gleicher Öffentlichkeitswirkung diskutiert. Zu den Details sei auf die Spezialliteratur verwiesen. Vereint mit den Erfahrungen aus den rund 10 Jahren der Insolvenzpraxis gemäß InsO von 1999 wurde unter dem Titel „ESUG – Gesetzesentwurf zur weiteren Erleichterung der Sanierung von Unternehmen" der Versuch unternommen, das deutsche Insolvenzrecht noch sanierungsfreundlicher zu gestalten und Konzepten aus dem angelsächsischen Raum anzugleichen. Diese Reform ist seit dem 1.3.2012 in Kraft und darum geht es im Folgenden.

Insolvenzverfahren nach der Reform durch das ESUG

Ziel des ESUG ist es, die Sanierung von Unternehmen bei akut drohender Insolvenz bzw. in der Insolvenz zu erleichtern. Dabei geht es unter anderem darum, erkannte Schwächen der InsO von 1999 zu beheben, beispielsweise:

– Der relativ schwierige Zugang zu Insolvenzplanverfahren und Eigenverwaltungen durch den Schuldner

– Die relativ hohe Rechtsunsicherheit für Gläubiger und Schuldner bzgl. des Ablaufs der Insolvenz (z.B. Blockadepotenzial der Anteilseigner, unkalkulierbare Verfahrensdauer)

– Die stark eingeschränkte Möglichkeit für Gläubiger, einen Debt-Equity-Swap durchzusetzen, d.h. die Umwandlung von Forderungen des Gläubigers in Unternehmensanteile.

Schwerpunktmäßig bezieht sich das ESUG auf die Reform der InsO von 1999. Darüber hinaus betreffen die Änderungen aber auch die Insolvenzrechtliche Vergütungsverordnung (InsVV), das Gerichtsverfassungsgesetz (GVG), das Gesetz über die Zwangsversteigerung und die Zwangsverwaltung (ZVG), das Gesetz über die Insolvenzstatistik (InsStatG), das Rechtspflegergesetz (RpflG) und das Gesetz über das Kreditwesen (KWG) sowie teils Einführungsgesetze zu vorgenannten Gesetzen bzw. Verordnungen. Insgesamt handelt es sich um ein umfangreiches Paket von Einzelmaßnahmen, die teilweise auch noch kurzfristig vor der Verabschiedung geändert wurden – beispielsweise ist die ursprünglich erwartete Konzentration der zuständigen Insolvenzgerichte zur Ermöglichung einer weitergehenden Spezialisierung nicht mehr in dem Katalog enthalten. Letzteres kann zur Folge haben, dass doch noch so wie bisher erwogen wird, den Sitz von Krisenunternehmen – im Kern den Schwerpunkt der Verwaltung – vor Stellung des Insolvenzantrages an den Standort von Gerichten zu verlagern, die in komplexen Insolvenzverfahren als besonders erfahren und konstruktiv gelten. Grundsätzlich ist aber zu begrüßen, dass der Gesetzgeber relativ zügig die Verbesserungsvorschläge aufgegriffen und in die Gesetze sowie Verordnungen eigearbeitet hat. Substanzielle Erfahrungen mit dem ESUG – Verhaltensweisen, Quoten, Methodenwahl und Rechtsprechung – stehen ohnehin noch aus.

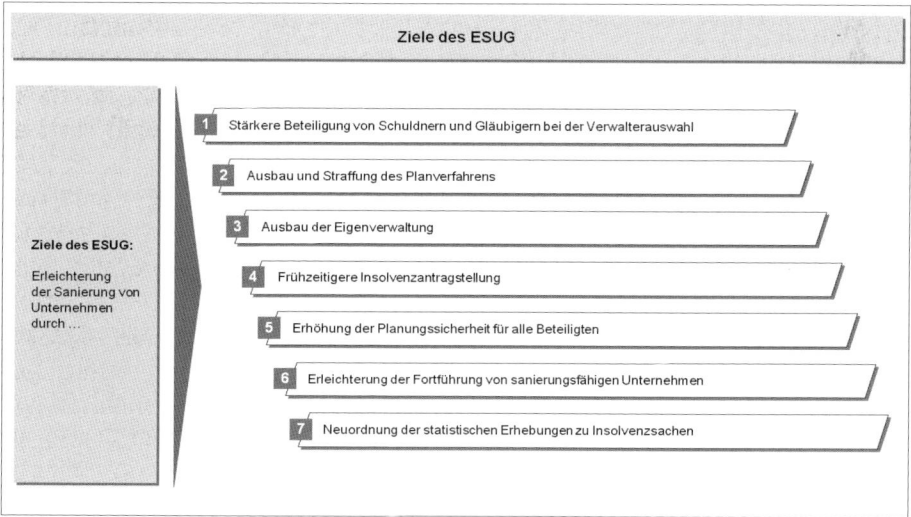

Abbildung 158: Ziele des ESUG

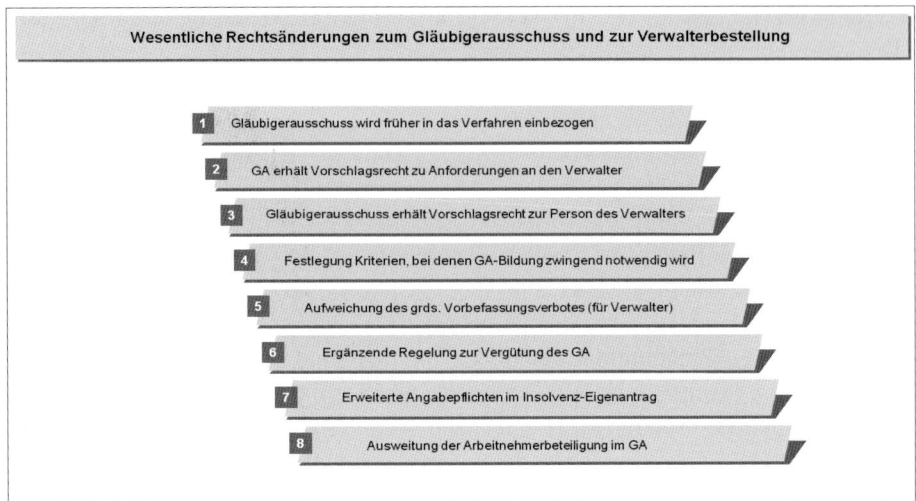

Abbildung 159: Wesentliche Rechtsänderungen zum Gläubigerausschuss und zur Verwalterbestellung

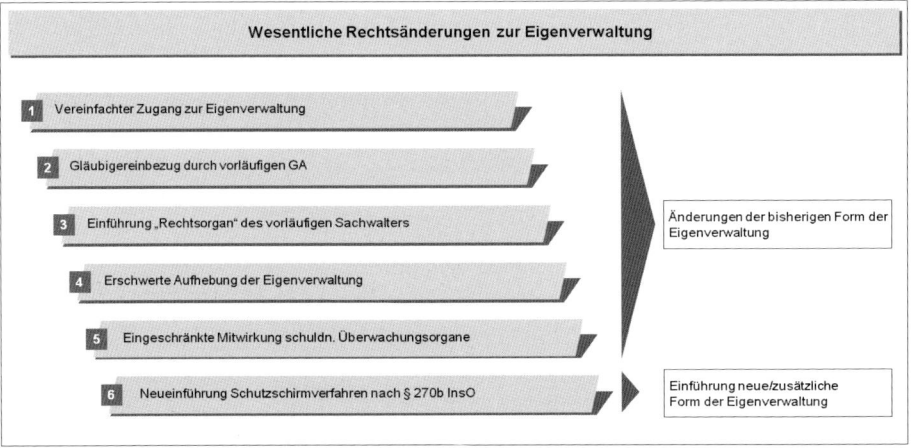

Abbildung 160: Wesentliche Rechtsänderungen zur Eigenverwaltung

Die Abbildung 158 fasst die mit der Reform angestrebten Ziele zusammen, die
weiteren Abbildungen 159 und 160 zeigen einige Beispiele der Einzelmaßnahmen,
die dabei neu geregelt werden. Die folgenden Ausführungen beziehen sich auf
wesentliche Merkmale der Reform der InsO von 1999.

Wie die vorausgegangenen Abbildungen zeigen, ist die Rechtsänderung zum Gläubigerausschuss und zur Verwalterbestellung eine der herausragenden Änderungen infolge des ESUG.

Das Insolvenzgericht hat wie bisher alle Maßnahmen zu treffen, die erforderlich erscheinen, um bis zur Entscheidung über den Insolvenzantrag eine für die Gläubiger nachteilige Veränderung in der Vermögenslage des Schuldners zu verhüten. Da beinhaltet gemäß InsO von 1999 die Bestellung eines vorläufigen Verwalters die Anordnung von Zustimmungsvorbehalten, Vollstreckungsschutz und Postsperre sowie die Anordnung von Verwertungs- und Einziehungsverboten bei Aus-/Absonderungsgütern. Künftig umfasst dies auch die Einrichtung eines „vorläufigen Gläubigerausschusses". Letzteres ist die gesetzliche Verankerung des bisherigen Praxisansatzes zur frühzeitigen Einbindung der Gläubiger in das Verfahren, um sie schon zu Verfahrensbeginn an wichtigen Weichenstellungen zu beteiligen, z.B. an einer Fortführungsentscheidung. Gesetzessystematisch wird der vorläufige Gläubigerausschuss somit schon bei den Sicherungsmaßnahmen im vorläufigen Insolvenzverfahren eingebunden mit der Intention, die Stellung der Gläubiger zu stärken. Zusätzliche Details.

– Nicht-Gläubiger sollen grundsätzlich nicht im vorläufigen Gläubigerausschuss vertreten sein. Ausnahme sind Personen bzw. Institutionen, die mit Verfahrenseröffnung Gläubiger werden, wie beispielsweise der Pensionssicherungsverein (PSV). Letzterer kann aus formalen Gründen dem Schuldner vor der Insolvenz grundsätzlich keine Zugeständnisse einräumen. In der Insolvenz spielen Vereinbarungen mit dem PSV – beispielsweise die Auslagerung von nicht mehr aus dem Cashflow zu bedienenden Pensionszusagen – eine bedeutende Rolle. Das gilt insbesondere für Krisenunternehmen mit signifikanten Pensionsrückstellungen und hohem liquiditätsbelastendem Pensionsaufwand.

– Nicht erfolgen soll die Einsetzung eines vorläufigen Gläubigerausschusses, wenn die damit verbundene Verzögerung zu einer Verminderung des Vermögens des Schuldners führt oder der Geschäftsbetrieb bereits eingestellt ist.

– Die Einrichtung des vorläufigen Gläubigerausschusses soll auch kleinere und mittlere Unternehmen erfassen können. Die Schwellenwerte sind dem Gesetz zu entnehmen. Ob dies in der Praxis hilfreich ist, wird sich zeigen müssen, denn für die Gläubiger – insbesondere die Banken – stellt die Teilnahme an einem Gläubigerausschuss eine Mehrbelastung dar und beinhaltet auch formale Risiken, die den Einsatz von Experten erfordern. Es ist zu bezweifeln, dass sich die Gläubiger in kleinen Engagements des Mittelstands in hohem Maße engagieren werden, eventuell wird den involvierten regionalen Banken dort eine Führungsrolle überlassen.

Die mit dem vorläufigen Gläubigerausschuss bezweckte frühzeitige Einflussnahme der Gläubiger soll insbesondere ihre Mitwirkung bei der Verwalterauswahl und der Anordnung einer Eigenverwaltung sicherstellen. Das ist eine Chance, aber auch die Aufforderung, sich zu engagieren. Interessant auch die Regelung, dass dem Gläubigerausschuss ein Arbeitnehmervertreter angehören soll, da sich dies in der Praxis aufgrund ihrer besonderen Betriebskenntnisse als vorteilhaft erwiesen hat. Trotz des mit dem oft notwendigen Personalabbau und weitreichenden Verzichten verbundenen Konfliktpotenzials sind es auch die Arbeitnehmervertreter, die fundiertes Wissen über dringend abzustellende Schwächen des Krisenunternehmens im Tagesgeschäft haben und das gelegentlich auch unangenehm deutlich im Sinne der Unternehmensfortführung äußern. Das sollte man nicht überhören. Abzuwägen ist, ob Gewerkschaftsvertreter aufgrund ihrer Ausbildung und Erfahrung oder Betriebsräte aufgrund ihrer Betriebsnähe diese Rolle besser wahrnehmen können. Das wird sich im Einzelfall zeigen.

Substanzielle Änderung gegenüber der InsO von 1999 in Bezug auf die Verwalterauswahl ist die neue Regelung, dass nicht mehr der Amtsrichter autark den Verwalter benennt, sondern dem vorläufigen Gläubigerausschuss vor Bestellung des Verwalters die Gelegenheit zu geben ist, sich zu Anforderungen an den Verwalter und zur Person des Verwalters zu äußern, soweit dies nicht offensichtlich zu nachteiligen Veränderungen der Vermögenslage führt. Das Gericht darf von einem einstimmigen Vorschlag des vorläufigen Gläubigerausschusses zur Person des Verwalters nur abweichen, wenn die Person für das Amt nicht geeignet ist, beispielsweise infolge mangelnder Geschäftskunde oder mangelnder Unabhängigkeit. Diese abschlägige Entscheidung ist durch das Gericht zu begründen. Auch hat das Gericht bei seiner Auswahl die vom Gläubigerausschuss mit Kopfmehrheit beschlossenen Anforderungen zugrunde zu legen. Zusätzliche Details:

– Die vorgeschlagene Person muss nicht auf gerichtsüblichen Vorauswahllisten gelistet sein und es sind keine Rechtsmittel gegen die Entscheidung des Gerichts über die Einsetzung des vorläufigen Gläubigerausschusses zulässig.

– Hat das Gericht mit Rücksicht auf eine nachteilige Veränderung der Vermögenslage des Schuldners von einer Anhörung des Gläubigerausschusses abgesehen, kann der vorläufige Gläubigerausschuss in seiner ersten Sitzung dennoch einstimmig eine andere Person als die bestellte zum Insolvenzverwalter wählen.

– Es gilt wie bisher, dass zum Insolvenzverwalter eine für den jeweiligen Einzelfall geeignete, insbesondere geschäftskundige und von den Gläubigern und dem Schuldner unabhängige Person zu bestellen ist. Durch das ESUG wird zusätzlich aber klargestellt, dass der potenzielle Verwalter durch eine „Vorbefassung" in Form einer allgemeinen Insolvenz- oder Sanierungsberatung des Schuldners im Vorfeld des Antrages nicht als Verwalter disqualifiziert wird. Auch bei Geltung der InsO von 1999 war es Gerichten möglich, vorbefasste Verwalter zu bestellen, insoweit handelt es sich bei der Reform um eine Kodifizierung bzw. Verankerung bisheriger Praxisansätze.

Diese Einflussnahme auf die Wahl des Insolvenzverwalters kann eine deutliche Stärkung von Gläubigern bedeuten und wird hohe Anforderungen an die Verwalter stellen, die aus Haftungsgründen auf ihre Unabhängigkeit zu achten haben. Nach ersten Erkenntnissen bereitet dies sowohl manchen Gerichten als auch Verwaltern Unbehagen, aber es ist der Wille des Gesetzgebers und so abwegig dürfte es auch nicht sein, dass Gläubiger sich in der Insolvenz des Schuldners stärker einbringen wollen und sollen. Insgesamt ist es aber noch zu früh, um über konkrete Erfahrungen mit der Einrichtung vorläufiger Gläubigerausschüsse und der Wahl der Verwalter zu berichten. In den folgenden Abbildungen 161 und 162 werden mögliche Vor- und Nachteile dieser neuen Regelungen gegenübergestellt.

Für die Gläubiger bedeutet die Reform mehr denn je, dass sie sich in Gläubiger-ausschüssen aktiv einbringen und positionieren sollten, auch wenn es dazu keine rechtliche Verpflichtung gibt. Die Teilnahme an Gläubigerausschüssen mag aus

---

Kritische Aspekte der Änderungen zum Gläubigerausschuss und zur Verwalterbestellung

- Verfahrensgrundsatz der gleichmäßigen Gläubigerbefriedigung kann gefährdet werden u.a.
  - durch Vorschlagsrecht des GA zur Person des Verwalters (Gefährdung der Unabhängigkeit des InsV, dadurch, dass institut. Gläubiger ihren Einfluss auf InsV.-Bestellung, der ihnen durch regelmäßige Bestellung zum vorl. GA-Mitglied erwächst, zur Durchsetzung von Partikularinteressen nutzen könnten)
  - Aus möglicher vorinsolvenzlicher Vorbefassung resultierender Interessenkonflikt – Objektivität schwierig, wenn Schuldner zuvor Auftraggeber oder bei Bestellung auf Gläubigervorschlag (z.B. durch Anerkennung von Eigentumsvorbehalten von Warenlieferanten, positiver Effekt Lieferant und Kreditversicherer)
  - Beeinflussung der GA-Zusammensetzung durch Schuldner, um ihm gewogenen GA herbeizuführen (zudem Rechtsmittel gegen vorl. GA nicht vorgesehen)
- Masseverschlechterung durch Verzögerung in der Verfahrensabwicklung nicht ausgeschlossen wegen Zeitbedarf GA-Bestellung und InsV-Bestellung
- „Verwalter und Justiz" tragen vor, dass die Gefahr der Bestellung unqualifizierter Verwalter besteht (nicht gelistete Verwalter)
- Größenkriterien zur GA-Bildung werden aufgrund vermeintlich hohen Ressourcenbedarfs kritisiert; inhaltliche Notwendigkeit jedoch auch in vielen kleineren Fällen gegeben
- Gewinnung von ausreichender Anzahl und qualifizierter GA-Mitglieder kann aufgrund Zeitbedarf, Haftungsrisiken, Aufwand/Nutzenverhältnis schwierig werden
- In der Praxis werden die Eigenanträge wahrscheinlich weiterhin unzureichend erstellt werden. Kontrolle und Sanktionsmöglichkeiten gegenüber Schuldner müssen genutzt werden, damit die Umsetzung der Rechtsänderung erleichtert wird
- In den Fällen, bei denen GA vor Verwalterbestellung eingesetzt wird oder der vorl. GA einstimmig einen anderen Verwalter als den vom Gericht eingesetzten wählt, wird künftig gerichtliches Bestellungs-Know-how ungenutzt bleiben

Abbildung 161: Kritische Aspekte der Änderungen zum Gläubigerausschuss und zur Verwalter-bestellung

- Einfluss der Gläubiger als Betroffene steigt u.a. durch früheren Einbezug (Mitwirkung, Überwachung, Unterstützung) und Vorschlagsrechte
- Höhere Wahrscheinlichkeit für eine bestmögliche Gläubigerbefriedigung, u.a.:
  - Hohe Motivation aufgrund von Betroffenheit/Einbezug Gläubiger
  - Spezifische Kenntnisse über den Fall, Unternehmensumfeld etc.
- In den Fällen, bei denen GA vor Verwalterbestellung eingesetzt wird oder der vorl. GA einstimmig einen anderen Verwalter als den vom Gericht eingesetzten wählt, wird künftig gerichtliches Bestellungs-Know-how ungenutzt bleiben; allerdings können die Erfahrungen der Hauptgläubiger mit professioneller Insolvenzverwaltung in das Verfahren eingebracht werden
- Aufweichung des grundsätzlichen Vorbefassungsverbots kann zu Kosten/Effizienzvorteilen führen durch Wissensvorsprung
- Gesetzgeber legt eine Vermeidung drohender Verzögerungen in die Hand des Richters:
  - Verzicht auf Einrichtung eines GA möglich (§§ 22a, 56a InsO n.F.)
  - Beschleunigung durch Befragung des Schuldners (§ 22a)
  - Klärung der Sachlage durch parallele Bestellung eines Sachverständigen
- Gerichtliches Listing – welches eher historisch gewachsen, als nach überprüfbaren Kompetenzen ausgerichtet – theoretisch hinfällig, allerdings richterliche Autonomie
- Umfangreiche Zugangsmöglichkeit zum vorläufigen GA für Gläubiger, Verwalter und Schuldner, da Gericht auf deren Antrag vorl. GA einsetzen soll
- Dadurch, dass vom Gericht eingesetzter vorl. Verwalter vom GA nur einstimmig und in der ersten Sitzung abgewählt werden kann, wird der Einfluss von institutionellen Gläubigern eingeschränkt
- Einflussmöglichkeiten der Gläubiger ermöglichen insbesondere Großgläubigern/institutionellen Gläubigern nachhaltige positive Effekte des Gesetzes zu bewirken (Auswahl, Kontrolle, auch der Justiz etc.)
- Neuregelungen sorgen für mehr Teilnehmer und mehr Wettbewerb auf dem Verwaltermarkt, weil zukünftig auch nicht gelistete Verwalter bestellt werden können
- Folgeeffekte der Regelungen sind zunehmende Versuche einer objektiven Bewertung der Verwalterleistungen, wenn Gläubiger ihre Überwachungsfunktion wahrnehmen
- Der frühe Gläubigereinbezug erleichtert die Erfüllung des Verfahrenszwecks der bestmöglichen Gläubigerbefriedigung u.a. durch:
  - Das neue Instrument Anforderungsprofil (ermöglicht Festlegung Leitlinien Quotenerfolg)
  - Erweiterte Möglichkeiten zur Zweckmäßigkeitskontrolle (auch im vorläufigen Verfahren) – Prüfung der Sachdienlichkeit von Verwalterentscheidungen (ergriffene und unterlassene Maßnahmen)
  - Hinwirken auf Ad hoc-Maßnahmen zu Verfahrensbeginn (z.B. Aufnahme Massekredit)
- Auswahl des vorläufigen Insolvenzverwalters wird auf Gläubiger übertragen (vorläufiger Verwalter maßgeblich für den Quotenerfolg)

Abbildung 162: Positive Aspekte der Änderungen zum Gläubigerausschuss und zur Verwalterbestellung

Fach- und Haftungsgründen (Experteneinsatz) anspruchsvoll sein, aber ohne hoch qualifiziertes Engagement ihrerseits fehlen sie als Regulativ in einem dynamischen Prozess. Nach üblichen Erfahrungen verlaufen Insolvenzverfahren nicht unbedingt planmäßig und es kommt dann sehr auf die Fähigkeiten des Insolvenzverwalters und seiner Unterstützer (Manager, Berater etc.) an, um das Bestmögliche für die Gläubiger und das Unternehmen umzusetzen. Immerhin ist das Krisenunternehmen ein relativ schwacher Akteur am Markt und anfällig für die Folgen des Vertrauensverlustes bei wesentlichen Kunden sowie die in Wettbewerbssystemen nachvollziehbaren Aktionen seiner Konkurrenten. Hinzu kommt, dass in manchen Fällen auch in Bezug auf die Durchführung von M&A-Prozessen in der Insolvenz noch Optimierungspotenzial besteht – Abbildung 163 zeigt einige Anekdoten aus der Praxis –, das von den Gläubigern im Eigeninteresse aktiv einzufordern ist. Etwas mehr Einwirkungspotenzial durch die Gläubiger dürfte den M&A-Prozessen nicht unbedingt schaden und professionelle Verwalter auch nicht stören.

Generell werden Gläubiger mit einem nennenswerten Engagement in einem Krisenfall voraussichtlich folgendes Vorgehen prüfen und gegebenenfalls umsetzen:

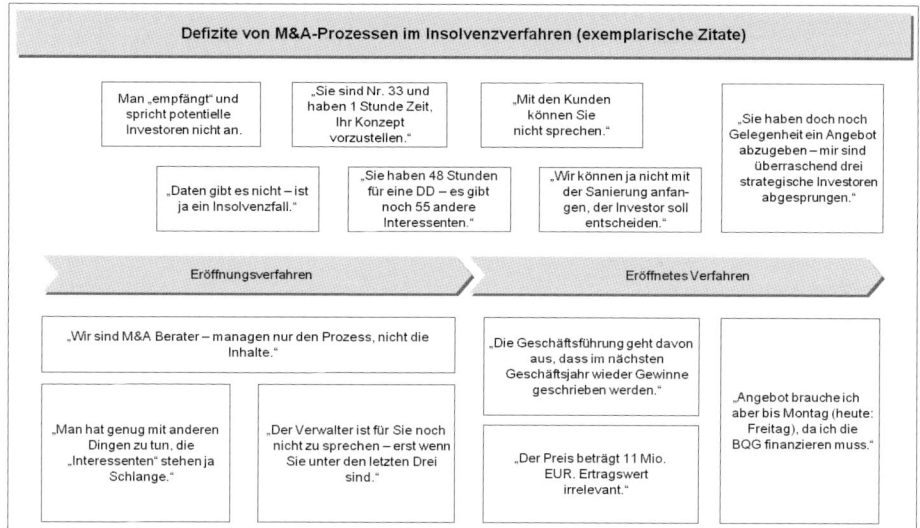

Die Bildinhalte:

Defizite von M&A-Prozessen im Insolvenzverfahren (exemplarische Zitate)

Man „empfängt" und spricht potentielle Investoren nicht an.

„Sie sind Nr. 33 und haben 1 Stunde Zeit, Ihr Konzept vorzustellen."

„Mit den Kunden können Sie nicht sprechen."

„Sie haben doch noch Gelegenheit ein Angebot abzugeben – mir sind überraschend drei strategische Investoren abgesprungen."

„Daten gibt es nicht – ist ja ein Insolvenzfall."

„Sie haben 48 Stunden für eine DD – es gibt noch 55 andere Interessenten."

„Wir können ja nicht mit der Sanierung anfangen, der Investor soll entscheiden."

Eröffnungsverfahren

Eröffnetes Verfahren

„Wir sind M&A Berater – managen nur den Prozess, nicht die Inhalte."

„Die Geschäftsführung geht davon aus, dass im nächsten Geschäftsjahr wieder Gewinne geschrieben werden."

„Angebot brauche ich aber bis Montag (heute: Freitag), da ich die BQG finanzieren muss."

„Man hat genug mit anderen Dingen zu tun, die „Interessenten" stehen ja Schlange."

„Der Verwalter ist für Sie noch nicht zu sprechen – erst wenn Sie unter den letzten Drei sind."

„Der Preis beträgt 11 Mio. EUR. Ertragswert irrelevant."

Abbildung 163: Defizite von M&A-Prozessen im Insolvenzverfahren (Beispiele)

– Erster Schritt ist die Abwägung von Kosten und Nutzen des Engagements in Gläubigerausschüssen. Die Wahrnehmung der Rechtsänderung erhöht voraussichtlich den Arbeitsaufwand für Gläubiger wie zum Beispiel Banken, weil häufiger Gläubigerausschüsse gebildet werden (Anzahl Verfahren) und in jedem einzelnen Gläubigerausschuss häufigere Sitzungen zu erwarten sind. Deshalb sind die Engagements zu identifizieren, bei denen die Mehraufwendungen voraussichtlich durch ein Mehrergebnispotenzial vor allem aus höheren Quoten sowie aus der Vergütung des Gläubigerausschusses überkompensiert werden. Dabei ist zu berücksichtigen, dass die Partizipation im vorläufigen Gläubigerausschuss beispielsweise dann entbehrlich ist, wenn werthaltige Besicherungen vorliegen oder ohne Beteiligung am vorläufigen Gläubigerausschuss ein kompetenter Verwalter bestellt wird.

– Zweiter Schritt ist die Festlegung des Anforderungsprofils an den Verwalter, denn nur dadurch kann dafür gesorgt werden, dass ein für den Einzelfall tatsächlich geeigneter Verwalter bestellt wird. Mögliche Anforderungen sind zum Beispiel die Fähigkeit zur Bewertung der Fortführungschancen eines Unternehmens, die Kompetenz zur Bewertung von Sanierungskonzepten, M&A-Know-how, Insolvenzplanerfahrung, die Fähigkeit zur Durchsetzung von Haftungsansprüchen. Weitere Anforderung kann die besondere Kenntnis von verfahrensrelevanten Rechtsgebieten sein, wie ausländische Rechtsordnungen oder das Recht des Factorings. Auch die Kanzleistruktur ist beim Anforderungsprofil zu würdigen, um eine erfolgreiche Verfahrensbearbeitung sicherzustellen. Dazu zählen unter anderem die Standorte, Kapazität sowie Auslastung, Fähigkeiten und Referenzen des Teams.

- Dritter Schritt ist, dafür zu sorgen, dass tatsächlich ein kompetenter und erfolgreicher Verwalter bestellt wird. Erfahrungsberichte zur Verwalterbewertung (z.B. Messung des Quotenerfolgs, Benchmarking, Zertifizierung) zeigen erhebliche Qualitätsunterschiede bei Verwaltern und daher sollten Gläubiger ihre neuen Rechte bei der Auswahl der Verwalter auch nutzen. Die Verwalterbewertung scheint aufwändig, in der Praxis gibt es aber genügend Erfahrungswerte bei Banken, Warenkreditversicherern und Beratern.

- Vierter Schritt ist die Unterstützung und Kontrolle des Verwalters bei der Verfahrensabwicklung. Das beinhaltet das kritische und kompetente Hinterfragen der Zweckmäßigkeit (Wirtschaftlichkeit) des Verwalterhandelns im Hinblick auf ergriffene und unterlassene Maßnahmen, unter anderem im Insolvenzeröffnungsverfahren. Zur Optimierung der bei Liquidationen üblicherweise niedrigen Quoten ist deshalb auch von Gläubigerseite dafür zu sorgen, dass eine Fortführung ernsthaft geprüft und bei ausreichenden Erfolgsaussichten unverzüglich nach Verfahrensbeginn ermöglicht wird (z.B. Aufnahme Massekredit, Verhandlungen mit Kunden sowie Lieferanten, Insolvenzgeldvorfinanzierung). Zusätzlich sollten die Gläubiger im laufenden Verfahren aus Eigeninteresse überwachen, dass der Forderungseinzug konsequent betrieben und allgemeine Kostendisziplin gewahrt wird. Besonderes Interesse sollten sie an der professionellen Durchführung der meist in Verbindung mit Insolvenzverfahren anstehenden Verwertungsprozesse des Vermögens zeigen, beispielsweise M&A-Transaktionen und Immobilienverkäufe. Dieses „Controlling" des Verwalters in wirtschaftlicher Hinsicht ist primäre Aufgabe der Gläubiger, denn das Gericht überwacht vorwiegend die „Rechtmäßigkeit" der Verfahrensabwicklung – z.B. die formelle Ordnungsmäßigkeit der Schlussrechnung, aber nicht die Zweckmäßigkeit der getätigten Ausgaben und Vorgehensweise.

Besondere Anforderung für die in Gläubigerausschüssen engagierten Interessenvertreter wird die Vermeidung von Haftungsrisiken sein. Beispielsweise sind Absprachen zwischen Verwaltern und bedeutenden Gläubigern nicht zulässig. Das wäre die Bevorzugung eines Gläubigers, der in die Bestellungsentscheidung eingebunden ist. Die Praxis wird zeigen, wie sich die Akteure künftig aufstellen. Institutionelle Gläubiger werden voraussichtlich die Amtswahrnehmung ihrer Interessenvertreter in Gläubigerausschüssen mit entsprechenden Richtlinien und Leitfäden reglementieren, sofern das aufgrund bisheriger Erfahrungen aus Abwicklungsfällen etc. nicht ohnehin bereits geschehen ist. Angesichts der Themenvielfalt ist dies auch naheliegend, so geht es um die Erläuterung von Fortführungsentscheidungen, um die Forderungsaufstellung, um Sachverständigengutachten zum Anlage- und zum Umlaufvermögen, um Verwalterberichte sowie die Aufstellung über abgegoltene Eigentumsvorbehaltsrechte. Gegebenenfalls geht es auch darum, ob und unter welchen Voraussetzungen ein vom Gericht eingesetzter vorläufiger Verwalter abgewählt werden soll.

Eine aus Gläubigersicht voraussichtlich mit Unbehagen aufgenommene Neuerung des ESUG ist der erleichterte Zugang des Schuldners zu einer Eigenverwaltung in der Insolvenz – Abbildung 164 zeigt wesentliche Merkmale –, bei der die Verfügungsgewalt über die Insolvenzmasse grundsätzlich beim Schuldner verbleibt. Es gibt Signale, dass sich Gläubiger – insbesondere Banken – in den dafür geeigneten Ausnahmefällen durchaus ein Insolvenzplanverfahren mit einem professionellen Insolvenzverwalter vorstellen können. Dabei schätzen die Gläubiger die verbesserte Kalkulierbarkeit des Verfahrens und natürlich die grundsätzlich verbesserte Möglichkeit, auf die Verwalterauswahl Einfluss zu nehmen, wichtiger ist ihnen jedoch letztlich sein professionelles Vorgehen. Deutliche Bedenken gibt es aber gegen das weitere Agieren des Unternehmers und seiner Manager in einer Eigenverwaltung.

Die Eigenverwaltung wird in der Regel mit einem Insolvenzplanverfahren kombiniert sein. In der bisherigen Praxis erfolgte die Eigenverwaltung durch insolvenzerfahrene Unterstützung (Insolvenzanwälte, spezialisierte Berater, ggf. Treuhänder und CRO),

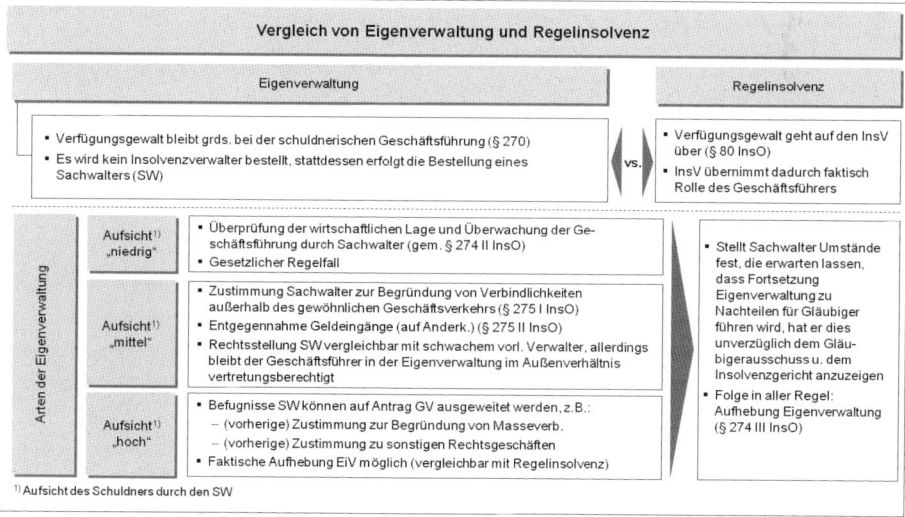

Abbildung 164: Vergleich von Eigenverwaltung und Regelinsolvenz (Prinzipskizze)

so dass die fachliche Kompetenz sichergestellt war. Den damit einhergehenden erhöhten Verfahrenskosten muss eine entsprechend erhöhte Erfolgserwartung der Gläubiger gegenüberstehen. Ein zusätzliches und aus Gläubigersicht besonders kritisches Kriterium ist aber auch die persönliche Kompetenz sowie Reputation des Schuldners. Das Unbehagen der Gläubiger ist bei Schuldnern gerechtfertigt, die aufgrund ihres Wirkens das Vertrauen ihres relevanten Umfeldes verloren haben. Es ist unbegründet bei ehrbaren Kaufleuten, die unverschuldet in die Krise geraten – zum Beispiel bei einem signifikanten Konjunktureinbruch – und befähigt sind, das nachhaltig sanierungsfähige Unternehmen aus der Insolvenz wieder in eine erfolgreiche Zukunft zu führen. Zwischen diesen beiden Polen wird es in der Praxis eine Vielfalt von Zwischentönen geben, die letztlich dafür sorgen, dass Entscheidungen über Eigenverwaltungen besonders anspruchsvoll sind. Dies gilt erst recht, wenn Berater unreflektiert – cui bono? – propagieren, dass endlich auch in Deutschland der Durchbruch in ein schuldnerfreundliches Insolvenzrecht erzielt ist. Das kann auch die Kreativität von Unternehmern mit zweifelhafter Reputation bzw. bestimmten Risikoinvestoren anregen. Über derartige Aktionen droht das gut gemeinte Modell zügig in Misskredit zu geraten. Volkswirtschaftlich sind Insolvenzen sinnvolle Sanktionsmechanismen für Versagen und Bereinigungen der Wettbewerbsstruktur von „Low Performern". Aus dieser Sicht sollte das Insolvenzplanverfahren in Eigenverwaltung nur besondere Ausnahmefälle erfassen.

Anders als die Regelinsolvenz mit einseitiger Verwertung des Unternehmens zu Gunsten der Gläubiger bedeutet ein Insolvenzplanverfahren in Eigenverwaltung im Kern eine „Restrukturierung durch Inanspruchnahme der Gläubiger" mit realistischer Option für die Gesellschafter, ihr Unternehmen ganz oder teilweise zu behalten. Die Gesellschafter des Schuldners erhalten die Chance einer erheblichen Wertsteigerung. Die Gläubiger erfahren möglicherweise sowohl einen signifikanten Verlust als auch – im Falle fortgeführter Finanzierung des restrukturierten Unternehmens – die Chance der Wertaufholung ihrer Sicherheiten. Im Abwicklungsfall erhalten sie nur den Zerschlagungswert, im Fortführungsfall kann der – meist deutlich darüber liegende – Verkehrs- bzw. Marktwert erreicht werden. Insofern bietet das Verfahren den Gläubigern sowohl Chance (Wertaufholung) als auch Risiko (Teilverlust) zugleich.

In der Praxis wird es auf die Bewertung des Einzelfalls und die Kooperationsbereitschaft der bedeutenden Gläubiger ankommen. Für nicht besicherte mittelständische Zulieferer des Schuldners zum Beispiel ist ein substanzieller Forderungsausfall ein ernsthaftes, möglicherweise existenzielles Problem und es kann für diese Gläubiger nahezu gleichgültig sein, ob sie am Ende eine Quote von 5% bis 10% aus dem klassischen Verfahren oder ein paar Punkte mehr über das neue

Modell erhalten. Warenkreditversicherer werden ebenfalls keine allzu guten Erfahrungen mit jeglicher Spielart der Insolvenz verbinden. Zu rechtfertigen ist ein Insolvenzplanverfahren in Eigenverwaltung aus dieser Sicht nur, wenn anzunehmen ist, dass der oben erwähnte ehrbare Kaufmann durch widrige Umstände in die Krise geraten ist und das neue Modell den Gläubigern – wenn sie selber überleben – langfristig einen wichtigen Kunden erhält sowie ihnen kurzfristig eine bessere Quote für ihre Forderungen bietet als andere Verfahrensoptionen. Das ist der Idealfall – Schadensbegrenzung für die meisten Betroffenen.

Was passiert aber, wenn jemand beispielsweise davon träumt, im ersten Schritt ein Krisenunternehmen vor der Insolvenz mit minimalem eigenen Einsatz und signifikantem Haircut der Banken oder mit der üppigen Mitgift eines Konzerns (Carve out) zu übernehmen, um sich nach dem Abschöpfen (Ausschüttung, Beraterhonorar, Management Fee etc.) noch verfügbarer Liquidität im zweiten Schritt mit etwas Zeitversatz und pflichtgemäßem Bedauern über ein Insolvenzplanverfahren in Eigenverwaltung auf Kosten der Gläubiger weiter zu sanieren sowie von sonstigen Lasten zu befreien? Im dritten Schritt kann er das Objekt dann schnell mit einer wunderbaren Bilanz und Wachstumsstory in den Exit bringen. Sollten nachhaltige Differenzen mit wesentlichen Gläubigern zu befürchten sein, könnte für ihn der Exit über den Kapitalmarkt mit relativ schlecht informierten Investoren die bevorzugte Option sein. Was bedeutet es für seine Berater und Anwälte, wenn er diesen Traum so geschickt einfädelt, dass sie ihn erst spät durchschauen? Kann es ihnen gleichgültig sein, wenn sie auf Seiten der Gläubiger als naive oder gar gefällige Helfer von Akteuren auf Unternehmensseite oder in der „Sanierungsbranche" erscheinen, deren Ruf belastet ist? Ein Missgeschick aufgrund von Fehleinschätzungen kann jedem in dynamischen Krisenfällen unterlaufen, aber welche Konsequenzen hätte eine erkennbare Geschäftspolitik mit deutlich spekulativen Grundzügen für das Insolvenzplanverfahren in Eigenverwaltung? Das ist der dysfunktionale Fall – alle Chancen für einen.

Es wird kaum zu vermeiden sein, dass das grundsätzlich positiv zu wertende Insolvenzplanverfahren in Eigenverwaltung von einer misstrauenden Grundhaltung der Gläubiger begleitet wird, denn es bedarf keiner besonderen Vorhersagekraft, um abzuleiten, dass es Versuche des Missbrauchs geben wird. Professionell agierende Gläubiger werden deshalb bemüht sein, sich nicht nur im bereits laufenden Verfahren über den Gläubigerausschuss bei der Verwalterauswahl etc. zu engagieren, sondern sich schon im Vorfeld der Insolvenz bei ersten Anzeichen berechtigten Misstrauens vor möglichem Missbrauch zu schützen mit der Intention, den Schaden eines Ausfalls zu begrenzen oder eine Verhandlungsposition gegenüber dem Schuldner aufzubauen, die ihm signalisiert, dass der Geschäftsbetrieb in der

Eigenverwaltung bzw. später nach Beendigung des Insolvenzplanverfahrens ohne das Mitwirken dieser starken Gläubiger problematisch wird, denn Material und Liquidität wird er auch langfristig benötigen. Vorsichtige und mächtige Gläubiger werden bemüht sein, sich durch Regelungen weit im Vorfeld auf diesen latenten Konflikt vorzubereiten, die ihre Interessen „anfechtungssicher" in der akuten Krise gut schützen und durch den Schuldner einzugehen sind, ehe er sich unter das „schützende Dach der Insolvenz" flüchtet:

- Banken könnten dies beispielsweise durch ausgeprägte Zurückhaltung bei Kreditlinien und Avalen angehen sowie generell bei der Vergabe von Fremdkapital durch umfangreiche – im Konflikt schmerzhafte – Besicherungen im Betriebs- und Privatvermögen des Unternehmers, selbstschuldnerische Bürgschaften, notarielle Schuldanerkenntnisse etc. In der Insolvenz des Schuldners agieren Banken in aller Regel, trotz eventueller Verwerfungen im Vertrauensverhältnis, rational, aber bei entsprechenden Sicherungen im Vorfeld aus einer relativ starken Position. Sie werden bemüht sein, die Bewegungsfreiheit ihres Gegenübers so weit wie möglich einzuschränken.

- Starke und professionell agierende Lieferanten können sich zum Beispiel durch Vorkasse in Verbindung mit restriktiver Belieferung nur kleiner Mengen, durch kurzfristige Zahlungsziele in Verbindung mit Teillieferungen und konsequentem Forderungsmanagement, durch Bürgschaften der Gesellschafter sowie – soweit in der Insolvenz realistisch durchsetzbar – Eigentumsvorbehalt absichern. Auf den Schutz durch eine Warenkreditversicherung werden sie sich kaum verlassen, da ihnen über die Eigenbeteiligung ein Restausfallrisiko verbleibt sowie generell das Risiko der Kürzung der versicherten Linie bei Kunden mit schwachem Rating durch den Versicherer. Von diesen professionell agierenden Lieferanten ist auch in der Insolvenz des Schuldners meist ein rationales Vorgehen zu erwarten, da ihre Schadenserwartung überschaubar ist. Kritisch sind strategisch wichtige Lieferanten, die durch die Krise des Unternehmens überrascht und selber existenziell gefährdet werden, die signifikante Einbußen hinnehmen müssen oder sich durch Aussagen des Unternehmers bzw. seiner Manager massiv getäuscht fühlen. Sie müssen sich während des Verfahrens gegebenenfalls zur eigenen Schadensbegrenzung konstruktiv zeigen, aber sie werden sich eventuell an den Vorgang auch noch im Geschäftsbetrieb nach erfolgreichem Abschluss des Verfahrens erinnern. Ihre in der Insolvenz des Schuldners nicht wirksame Absicherungsstrategie kann dann im Nachhinein zur Suche nach einer Kompensation („Risikozuschläge" im Pricing, drastisch reduzierter Lieferumfang zu nachteiligen Konditionen etc.) für den erlittenen Schaden und zum Auslaufen der für den Schuldner wichtigen Geschäftsbeziehung führen.

– Warenkreditversicherer schützen sich bei bestimmten Adressen – Geschäftslage, Gesellschafterstruktur, Branchenrisiko etc. – durch ein gezieltes Risikomanagement und begrenzen so die Versicherungsmöglichkeiten ihrer Kunden.
Dieser Mechanismus ist intransparent und kaum durch den wirtschaftlich angeschlagenen Schuldner zu steuern. Durch ein Insolvenzszenario „gezeichnete"
Unternehmen werden es deshalb nicht leicht haben, dieses Stigma bei der
Weiterführung des Geschäftsbetriebes wieder zügig abzulegen. Letzteres insbesondere dann nicht, wenn hinter dem Verfahren fragwürdige Interessen ver-
mutet werden und die beteiligten Akteure weiterhin im Unternehmen bzw. seinem relevanten Umfeld aktiv bleiben.

Die angedeuteten Sicherungsmechanismen auf Seiten der Gläubiger und Kreditversicherer sind legitime Ansätze zum Schutz des eigenen Vermögens vor betrügerischen Aktionen und unternehmerischem Versagen. Der Weg des zunächst
nur leicht angeschlagenen Unternehmens in die akute Liquiditätskrise kann dadurch
sogar beschleunigt werden, aber die dann folgenden Restrukturierungsansätze
werden die vorsichtigen Gläubiger und Versicherer weniger schmerzen. Im Kern
signalisieren diese Schutzmechanismen, dass ein Krisenunternehmen bestrebt
sein sollte, sich trotz der juristischen Optionen (Obstruktionsverbot etc.) bei der
Durchführung eines Insolvenzplanverfahrens in Eigenverwaltung um einen möglichst konstruktiven Konsens mit den Gläubigern zu bemühen. Es ist natürlich für
die Verfahrensumsetzung vorteilhaft, wenn die Gläubiger mehr oder weniger notgedrungen bei der sie selbst erheblich belastenden Rettungsaktion mitwirken müssen. Gefährdet aber ihre faktische Macht gegenüber dem Schuldner erneut die
Wettbewerbsfähigkeit des angeschlagenen Unternehmens, dann hilft die „formale
Macht des Verfahrens" wenig. Mächtige Gläubiger können den endgültigen Ausfall
eines mittelständischen Schuldners ohnehin verschmerzen. Ebenso werden Warenkreditversicherer dem Ausscheiden einer volatilen mittelständischen Adresse
aus dem Markt nicht unbedingt nachtrauern, es sei denn, es handelte sich ausnahmsweise um einen bedeutenden Auftraggeber – wobei derartige eventuelle In-
teressenkonflikte durch die interne Organisation (Funktionstrennung) der Versicherer ausgeschlossen sein sollten.

Diese „Schutzmauern" der Gläubiger für den Fall eines Insolvenzplanverfahrens in
Eigenverwaltung entspringen gewiss nicht der eigentlichen Intention des Gesetzgebers, aber es gibt neben dem schützenswerten Schuldner auch die schützenswerten Gläubiger. Bei konstruktiver Vorgehensweise geht es mit der Erleichterung
des Zugangs zur Eigenverwaltung für den Schuldner darum, ihn zu einer früheren
Antragstellung als bisher üblich anzureizen und die Rettungschancen des Unternehmens zu erhöhen – es steht mehr Liquidität zur Umsetzung von Restrukturie-

rungsmaßnahmen zur Verfügung. Zusätzlich können die bereits erwähnten Sonderrechte der Insolvenz zum Schutz des Unternehmens eingesetzt werden. Bei einem grundsätzlich intakten bzw. sanierungsfähigen Geschäftsmodell und den oben angesprochenen fachlichen Voraussetzungen sowie persönlichen Eigenschaften des Unternehmers kann dieser Ansatz durchaus sinnvoll sein, da der Unternehmer im Mittelstand nicht selten auch „das Herz des Unternehmens" ist. In der Eigenverwaltung bleibt der Unternehmer grundsätzlich im „driver seat". Er behält die Verwaltungs- und Verwertungsbefugnis, allerdings unter Aufsicht eines „Sachwalters". Im Ergebnis wird dadurch die Kontrolle des Schuldners aller Voraussicht nach herabgesetzt. Zu den Details der Reform:

– Die Ablehnung der Eigenverwaltung durch das Insolvenzgericht ist nur noch bei konkreten Bedenken darüber möglich, dass durch Eigenverwaltung Nachteile für Gläubiger zu erwarten sind. Unklarheiten über mögliche Nachteile für die Gläubiger gehen damit nicht mehr zu Lasten des Schuldners. Auch bisherige Blockademöglichkeiten antragstellender Gläubiger werden damit herabgesetzt. Lehnt das Gericht den Antrag auf Eigenverwaltung ab, kann dieser vom Schuldner zurückgenommen werden, soweit er bei drohender Zahlungsunfähigkeit gestellt wurde. Mit dieser Option soll dem Schuldner grundsätzlich die Furcht genommen werden, dass ein Gericht bei Ablehnung der Eigenverwaltung umgehend das Insolvenzverfahren mit einem Insolvenzverwalter eröffnet.

– Statt eines vorläufigen Insolvenzverwalters kann ein vorläufiger Sachwalter bestellt werden. Die Verfügungsgewalt über die Masse bleibt insoweit im Insolvenzeröffnungsverfahren beim Schuldner.

– Der vorläufige Gläubigerausschuss wird zur Anordnung der Eigenverwaltung vom Insolvenzgericht angehört, wenn dies nicht offensichtlich zu einer nachteiligen Veränderung in der Vermögenslage des Schuldners führt. Das Gericht kann diese Anhörung mit der Beteiligung des vorläufigen Gläubigerausschusses an der Auswahl des vorläufigen Sachwalters verbinden. Wird der Antrag auf Eigenverwaltung von einem einstimmigen Beschluss des vorläufigen Gläubigerausschusses unterstützt, so gilt die Anordnung der Eigenverwaltung nicht als nachteilig für die Gläubiger, d.h., die Eigenverwaltung wird angeordnet. Beantragt die Gläubigerversammlung mit der Mehrheit der abstimmenden Gläubiger die Eigenverwaltung, so ordnet das Gericht diese an, sofern der Schuldner zustimmt. Mit Letzterem wird klargestellt, dass eine Anordnung der Eigenverwaltung auch in solchen Fällen möglich ist, in denen der Schuldner einen entsprechenden Antrag nicht bereits vor Eröffnung des Insolvenzverfahrens gestellt hat, aber er und die Gläubigerversammlung sich über die Fortsetzung des Verfahrens in Eigenverwaltung einig sind.

- Die Aufhebung der Eigenverwaltung durch die Gläubigerversammlung wird erschwert, da dafür nunmehr eine Summen- und Kopfmehrheit erforderlich ist. Gemäß InsO von 1999 genügte ursprünglich die Summenmehrheit. Auch die Aufhebung durch einen Gläubiger-Einzelantrag wird erschwert. Ein einzelner absonderungsberechtigter Gläubiger oder Insolvenzgläubiger kann die Aufhebung der Eigenverwaltung nur noch dann erreichen, wenn die Anordnungsvoraussetzungen für die Eigenverwaltung entfallen sind und dem antragstellenden Gläubiger zudem durch die Eigenverwaltung erhebliche Nachteile drohen. Dies muss er glaubhaft machen. Bisher war die Aufhebung auch bei nicht erheblichen Nachteilen und ohne Glaubhaftmachung möglich.

- Ist der Schuldner eine juristische Person oder eine Gesellschaft ohne Rechtspersönlichkeit, so haben der Aufsichtsrat, die Gesellschafterversammlung oder entsprechende Organe keinen Einfluss auf die Geschäftsführung des Schuldners (z.B. bei zustimmungspflichtigen Geschäften). Die Abberufung und Neubestellung von Mitgliedern der Geschäftsleitung ist nur wirksam, wenn der Sachwalter zustimmt. Die Zustimmung ist zu erteilen, wenn die Maßnahme nicht zu Nachteilen für die Gläubiger führt. Grundgedanke der Regelung ist, dass die Überwachungsorgane bei Eigenverwaltung im Wesentlichen keine weitergehenden Einflussmöglichkeiten auf die Geschäftsführung haben sollen als in dem Fall, dass ein Insolvenzverwalter bestellt ist. Diese Regelungen sind beispielsweise interessant für den Fall, dass die Restrukturierung durch einen geschäftsführenden CRO gesteuert wird, der im Sinne der Unternehmensfortführung auch Entscheidungen zu fällen hat, die den Gesellschaftern missfallen können – beispielsweise die Beendigung von nachteiligen Geschäften mit den Gesellschaftern nahestehenden Personen.

Nachfolgende Abbildungen 165 und 166 geben einen Überblick zu kritischen und positiven Aspekten der Eigenverwaltung.

Grundsätzliche Vor- und Nachteile der Eigenverwaltung

Positive Aspekte

- Anreiz für Schuldner frühzeitig (vor max. Aufzehrung der Masse) Insolvenz zu beantragen
  - Verfügungsgewalt wird zwar eingeschränkt, bleibt aber ggü. Regelverfahren weitaus größer
  - Schutz vor nachteiligem Verwalterhandeln (auch bedingt durch relative schwache Rechtsstellung des Sachwalters), z.B.:
    - Unsicherheiten bei Materialbestellungen mit Risiken für Betriebsfortführung
    - Konzentration Verkauf/nicht Insolvenzplan
- Chance zur Erhaltung des Vertrauens der Stakeholder (Kunden, Lieferanten) in das Management
- Kostenvorteile zur Regelinsolvenz möglich (geringere Grundvergütung Sachwalter, schnellere Abwicklung des Verfahrens)
- Fortsetzung der außergerichtlichen Sanierungsversuche mit den Mitteln der InsO (z.B. gedeckelter Sozialplan, Sonderrechte bei „Vertragskündigungen" etc.)

Kritische Aspekte

- Zusätzliche Risiken für die Gläubiger durch reduzierte Aufsicht über den Schuldner (z.B. rechtswirksame Begründung von Masseverbindlichkeiten, Veräußerung Aktiva/Sicherungsgut und Wert)
- Wesentliche Sanktionsmöglichkeit – die Überführung in das Regelverfahren – greift ggf. erst nach Schadenseintritt
- Know how-Defizit zwar durch einen externen Berater/Interim-GF zu reduzieren, allerdings führt dies zu weiteren Kosten (ggf. sogar höhere Gesamtkosten, wenn die 40%ige Vergütungseinsparung – zwischen SW und IV – nicht das Honorar des Interims abdeckt)
- Erforderliche Spezialkenntnisse sind regelmäßig nicht in schuldnerischen Geschäftsführungen vorhanden
- Beispiele für erforderliches Insolvenz-Know-How:
  - Abrechnung von Sicherheiten
  - Insolvenzgeldvorfinanzierung
  - Ansprüche nach GmbHG
  - Regelungen zum Sozialplan in Insolvenz
  - Trennung von Insolvenz- und Masseverbindlichkeiten

Abbildung 165: Grundsätzliche Vor- und Nachteile der Eigenverwaltung

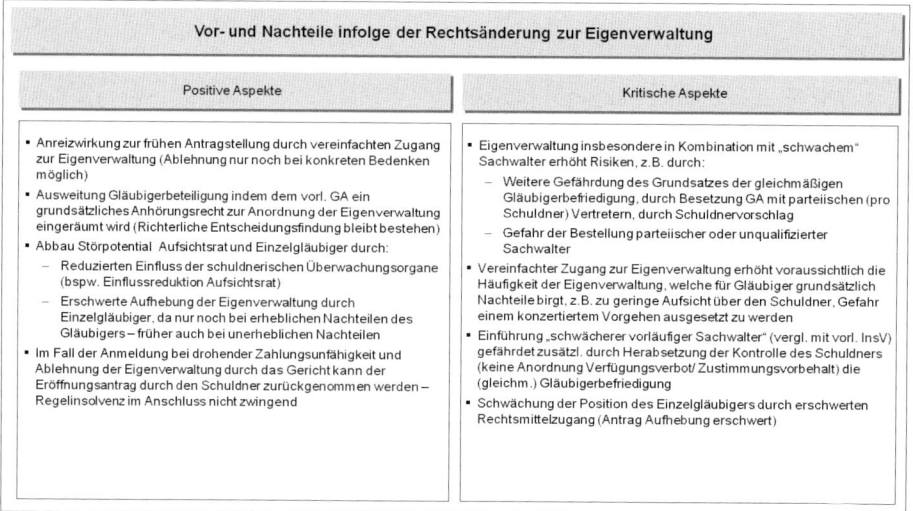

Vor- und Nachteile infolge der Rechtsänderung zur Eigenverwaltung

Positive Aspekte

- Anreizwirkung zur frühen Antragstellung durch vereinfachten Zugang zur Eigenverwaltung (Ablehnung nur noch bei konkreten Bedenken möglich)
- Ausweitung Gläubigerbeteiligung indem dem vorl. GA ein grundsätzliches Anhörungsrecht zur Anordnung der Eigenverwaltung eingeräumt wird (Richterliche Entscheidungsfindung bleibt bestehen)
- Abbau Störpotential Aufsichtsrat und Einzelgläubiger durch:
  - Reduzierten Einfluss der schuldnerischen Überwachungsorgane (bspw. Einflussreduktion Aufsichtsrat)
  - Erschwerte Aufhebung der Eigenverwaltung durch Einzelgläubiger, da nur noch bei erheblichen Nachteilen des Gläubigers – früher auch bei unerheblichen Nachteilen
- Im Fall der Anmeldung bei drohender Zahlungsunfähigkeit und Ablehnung der Eigenverwaltung durch das Gericht kann der Eröffnungsantrag durch den Schuldner zurückgenommen werden – Regelinsolvenz im Anschluss nicht zwingend

Kritische Aspekte

- Eigenverwaltung insbesondere in Kombination mit „schwachem" Sachwalter erhöht Risiken, z.B. durch:
  - Weitere Gefährdung des Grundsatzes der gleichmäßigen Gläubigerbefriedigung, durch Besetzung GA mit parteiischen (pro Schuldner) Vertretern, durch Schuldnervorschlag
  - Gefahr der Bestellung parteiischer oder unqualifizierter Sachwalter
- Vereinfachter Zugang zur Eigenverwaltung erhöht voraussichtlich die Häufigkeit der Eigenverwaltung, welche für Gläubiger grundsätzlich Nachteile birgt, z.B. zu geringe Aufsicht über den Schuldner, Gefahr einem konzertiertem Vorgehen ausgesetzt zu werden
- Einführung „schwächerer vorläufiger Sachwalter" (vergl. mit vorl. InsV) gefährdet zusätzl. durch Herabsetzung der Kontrolle des Schuldners (keine Anordnung Verfügungsverbot/ Zustimmungsvorbehalt) die (gleichm.) Gläubigerbefriedigung
- Schwächung der Position des Einzelgläubigers durch erschwerten Rechtsmittelzugang (Antrag Aufhebung erschwert)

Abbildung 166: Vor- und Nachteile infolge der Rechtsänderung zur Eigenverwaltung

Herausragende Neuerung des ESUG ist das Schutzschirmverfahren in Eigenverwaltung, das eine gewisse Nähe zu dem gerichtlichen Vergleich gemäß der alten Konkursordnung vor 1999 hat, nunmehr aber nach neuem Recht, also beispielsweise ohne Vorgabe zu erreichender Mindestquoten. Bei dem Schutzschirmverfahren handelt es sich um ein eigenständiges Sanierungsverfahren in der Insolvenz für überschuldete oder drohend zahlungsunfähige Unternehmen, mit der Möglichkeit

Zunehmende Komplexität des Restrukturierungsmanagements

für den Schuldner, einen Sanierungsplan unter dem „schützenden Dach der InsO" zu erstellen, die ihn bis auf weiteres dem Zugriff seiner Gläubiger entzieht. So kann das Gericht vorläufige Maßnahmen zum Schutz der Masse anordnen, wenn der Schuldner dies beantragt, und das Gericht hat auf Antrag des Schuldners anzuordnen, dass er Masseverbindlichkeiten begründet.

Im Grunde geht es darum, den Zugang zu einem Insolvenzplanverfahren in Eigenverwaltung für Unternehmen zu vereinfachen, die relativ gute Restrukturierungschancen haben, weil sie sich erst im Stadium der Überschuldung bzw. erst im Stadium der drohenden Zahlungsunfähigkeit befinden. Die folgende Diskussion überlagert sich deshalb teilweise mit den obigen Ausführungen zur Eigenverwaltung bzw. dem Insolvenzplanverfahren in Verbindung mit einer Eigenverwaltung. Zur Klarstellung sei betont, dass Eigenverwaltungen grundsätzlich bei allen Arten der Insolvenzverfahren möglich sind und dass der bekannte Insolvenzplan auch für zahlungsunfähige Unternehmen eine Option darstellt. Insofern ist das Schutzschirmverfahren eine neue Variante für Fälle in einem noch etwas früheren Krisenstadium. Zu den Details des Schutzschirmverfahrens:

- Die Antragstellung muss bereits bei drohender Zahlungsunfähigkeit oder Überschuldung erfolgen und es bedarf der Bescheinigung einer fachkundigen Person, wonach Zahlungsunfähigkeit nicht vorliegt und die angestrebte Sanierung nicht offensichtlich aussichtslos ist.

- Der Schuldner hat grundsätzlich das Recht auf Eigenverwaltung unter Bestellung eines vorläufigen Sachwalters. Das Gericht darf den vom Schuldner vorgeschlagenen Sachwalter nur ablehnen, wenn dieser die Bescheinigung zum Nichtvorliegen der Zahlungsunfähigkeit ausgestellt hat oder offensichtlich ungeeignet ist. Letzteres hat das Gericht zu begründen. Der Schuldner erhält damit die Sicherheit, die Sanierung mit einer vertrauenswürdigen, gleichzeitig aber unabhängigen Person durchzuführen.

- Das Gericht bestimmt die Frist zur Vorlage eines Insolvenzplans (höchstens 3 Monate). Die Entscheidung über den Insolvenzplan erfolgt dann nach den allgemeinen Regeln zum Planverfahren.

- Das Gericht kann das Verfahren in ein Regelverfahren überführen, wenn die angestrebte Sanierung aussichtslos geworden ist. Der Schuldner oder der vorläufige Sachwalter haben dem Gericht den Eintritt der Zahlungsunfähigkeit unverzüglich anzuzeigen. Nach Aufhebung der Anordnung oder nach Ablauf der Frist entscheidet das Gericht über die Eröffnung des Insolvenzverfahrens.

– Die Aufhebung der Eigenverwaltung durch das Gericht und die Fortführung des Verfahrens nach den allgemeinen Vorschriften sind auf Antrag des vorläufigen Gläubigerausschusses (Mehrheitsentscheidung) möglich. Ein Antrag auf Aufhebung durch einen (ungesicherten) Insolvenzgläubiger oder einen Absonderungsgläubiger ist nur dann zulässig, wenn kein vorläufiger Gläubigerausschuss eingerichtet ist und die Umstände durch den Antragsteller glaubhaft gemacht werden. Diese Regelungen dienen dem Schutz vor einer Vermögensvernichtung durch den Schuldner.

In der folgenden Abbildung 167 werden die kritischen Punkte und positiven Aspekte dieses Konzeptes zusammengefasst.

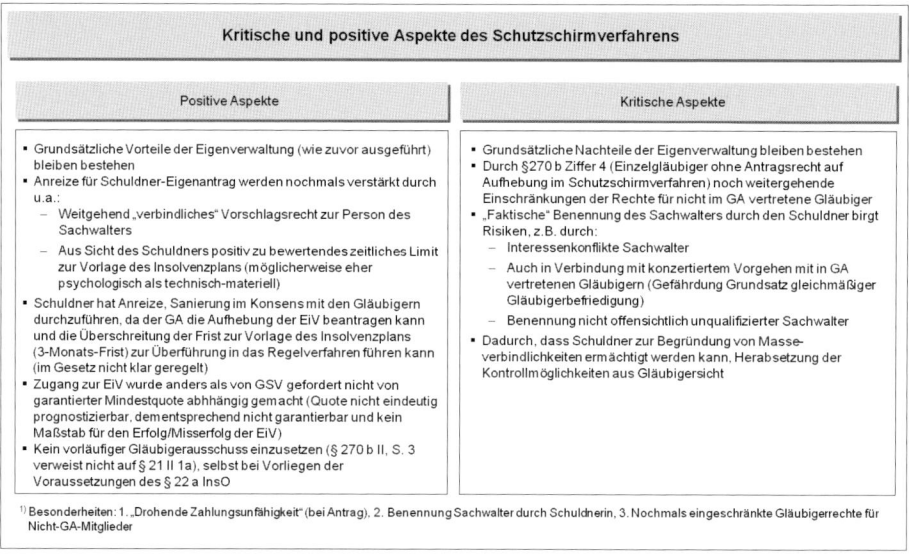

Abbildung 167: Kritische und positive Aspekte des Schutzschirmverfahrens

Auf verschiedene Missbrauchsrisiken wurde bereits weiter oben im Zusammenhang mit der Diskussion des Insolvenzplanverfahrens in Eigenverwaltung ausführlich eingegangen. Auch muss nicht diskutiert werden, dass aus betriebswirtschaftlicher Sicht zwingend von einem zukunftsfähigen Geschäftsmodell des Unternehmens auszugehen ist, um zu „bescheinigen", dass die Sanierung nicht offensichtlich aussichtslos ist. Es gab aber nach Inkrafttreten des ESUG Fälle, in denen das Schutzschirmverfahren relativ früh nach Antragstellung scheiterte und in die klassische Regelinsolvenz überführt wurde. Das ist wohl kaum eine vertrauenserweckende Erfahrung für die Beurteilung des ohnehin von Gläubigern skeptisch bis ablehnend eingeschätzten Schutzschirmverfahrens.

Ein spezifischer kritischer Punkt des Schutzschirmverfahrens wird auch die Feststellung der drohenden Zahlungsunfähigkeit sein, denn die dem zugrundeliegende Liquiditätsdisposition ist in der Praxis von einer Vielzahl von Annahmen abhängig, also gestaltbar. Beispielsweise Annahmen zu dem künftigen Auftragseingang (Forecast, Auftragsbuch) sowie den möglichen Anzahlungen von Kunden (Avalbuchhaltung, Sperrkonten) und deren Freigabe im Fertigungsfortschritt. Des Weiteren gibt es Annahmen zu den Zahlungsbedingungen der Lieferanten und von ihnen akzeptierten Stundungen (Termine der fälligen, überfälligen Kreditoren), Annahmen zu den erwarteten Durchlaufzeiten und Fertigstellungsterminen in der Produktion und nachfolgenden Auslieferungs- sowie Fakturaterminen (Rechnungsbuch), Annahmen zum Zahlungsverhalten der Kunden (Termine fälliger, überfälliger Debitoren) sowie Annahmen zu möglichen Zahlungsausfällen. Hinzu kommen Annahmen zur Bindung und Schöpfung von Liquidität (z.B. Bestandsaufbau und Bestandsabbau) und zur Verschiebung von intern disponiblen Zahlungsterminen (Löhne und Gehälter, konzerninterne Verrechnungen). Wer zweifelt angesichts dessen daran, dass ein versierter CFO den Zeitpunkt und das Ausmaß der drohenden Zahlungsunfähigkeit in gewissem Umfang gestalten und noch bestehende Liquiditätsreserven gegenüber Externen verbergen kann – eventuell auch mit dubiosen spekulativen Absichten? Ebenso wie es den Fall der Insolvenzverschleppung gibt, kann es künftig auch den Fall der „vorgetäuschten drohenden Zahlungsunfähigkeit" geben. Das wird die Praxis zeigen. Grundsätzlich kommt es somit darauf an, dass der Gutachter bei der Erstellung der erwähnten „Bescheinigung" in beide Richtungen blickt und nicht nur nach den Buchstaben des Gesetzes feststellt, dass keine Zahlungsunfähigkeit vorliegt.

Wird der Unternehmer oder die Gesellschafterstruktur als eine wesentliche Krisenursache gesehen, neigen Banken zusehends dazu, eine vorinsolvenzliche Restrukturierung mit Hilfe einer – später noch im Detail darzustellenden – sogenannten „doppelnützigen Treuhand" bzw. synonym „doppelseitigen Treuhand" anzustreben. Dieses Ansinnen ist natürlich im Einzelfall strittig und ist nicht selten nur bei akut drohender Insolvenz durchsetzbar, da der Unternehmer Gefahr läuft, die Verfügungsgewalt über sein Unternehmen hergeben zu müssen. Die Treuhandmandate führen bei einem Scheitern der Sanierungsziele überwiegend zu einer Verwertung des Krisenunternehmens im Rahmen eines geordneten M&A-Prozesses, verbunden mit dem realistischen Risiko für den Unternehmer, dass er nach Abzug der zinstragenden Verbindlichkeiten nur den bekannten 1,– € für sein Lebenswerk erhält. Was hindert ihn daran, sich mit wohlmeinenden Anwälten und Beratern zu umgeben, die mit ihm konträr zu einer Treuhandlösung ein Schutzschirmverfahren in Eigenverwaltung anstreben? Das Schutzschirmverfahren im vorrangigen Interesse des Schuldners entartet dann zum „Konter" gegen das Treuhandverfahren im vorrangigen Interesse der Gläubiger. Diese werden ggf. versuchen, sich durch das frühzeitige Fälligstellen von Krediten durchzusetzen, so dass die Voraussetzungen (drohende Zahlungsunfähigkeit, Sanierung nicht offensichtlich aussichtslos) für die Beantragung des Schutzschirmverfahrens nicht mehr gegeben sind etc. Allzu viel Phantasie bedarf es nicht, um abzuleiten, dass professionelle Gläubiger dieses Szenario durchdenken und, wie oben skizziert, im Vorfeld der Auseinandersetzung faktische und formale Macht für eventuelle Konflikte aufbauen bzw. sich ebenfalls faktisch und formal gegen einen drohenden Forderungsausfall möglichst immun machen. Es wird künftig interessant sein, das tatsächliche Taktieren in der Praxis zu beobachten. Das erinnert an das Bestreben um „balance of power" und „non-vulnerable independence" in der klassischen Machtpolitik. Derartige Auseinandersetzungen mögen für einzeln Beteiligte attraktiv sein, dem akut gefährdeten Unternehmen helfen sie wohl kaum, denn es benötigt vor allem Liquidität und keine verbissenen zeitraubenden Machtkämpfe der Stakeholder sowie Blockaden, die aus objektiver Sicht notwendige Bereinigungen im Machtzentrum des Unternehmens behindern.

Wirksamer Schutz des Schutzschirmverfahrens vor Missbrauch und Unvermögen ist letztlich, dass in Krisenfällen die tatsächlichen Krisenursachen unmissverständlich aufgezeigt und ebenso eindeutig die zur Beseitigung notwendigen Maßnahmen angesprochen und umgesetzt werden. Aus Sicht der Verfasser sind deshalb die Ansprüche an die Akteure bei der Vorbereitung und Durchführung von Schutzschirmverfahren sehr hoch:

– Im Zusammenhang mit der Klärung der Mindestanforderungen an die zu erstellende Bescheinigung zur Befürwortung oder Ablehnung eines Schutzschirmverfahrens stehen zurzeit formale Fragen im Mittelpunkt der Diskussion. Es soll wohl kein vollständiges Gutachten gemäß IDW IS 6 (Anforderungen an die Erstellung von Sanierungskonzepten) sein. Diskutiert wird ein inhaltlich deutlich reduzierter Entwurf (IDW ES 9 – Bescheinigung nach § 270 b InsO), dem man mit Verwunderung entnehmen kann, dass eine Befragung der Gläubiger nicht für erforderlich gehalten wird, weil ihnen später der Insolvenzplan vorzulegen ist. Zweifellos ist die Ausarbeitung eines inhaltlichen Standards wichtig, aber das wesentliche Konfliktthema wird die Eignung des Schuldners für die Eigenverwaltung sein und dazu werden die Gläubiger eine aus Erfahrung mit den handelnden Personen fundierte Meinung haben. Herausragendes betriebswirtschaftliches Thema wird deshalb, neben der Feststellung des Liquiditätsstatus und der nachhaltig profitablen Funktionsfähigkeit des Geschäftsmodells, die Beurteilung sein, ob das „Machtzentrum" – der Unternehmer, die Gesellschafter, die Fondsmanager und die Geschäftsführer – eines Krisenfalls eine der wesentlichen Ursachen der drohenden Insolvenz ist oder nicht. Diese Aufgabe fällt nach Auffassung der Verfasser dem Gutachter zu, der nach Wortlaut des Gesetzes eine mit Gründen versehene Bescheinigung abzugeben hat, aus der sich ergibt, dass eine drohende Zahlungsunfähigkeit oder Überschuldung, aber keine Zahlungsunfähigkeit vorliegt und die angestrebte Sanierung nicht offensichtlich aussichtslos ist. Es ist aus betriebswirtschaftlicher Sicht plausibel, dass dazu auch eine klare Stellungnahme zu den Krisenursachen gehört. Das kann für den Gutachter eine besondere fachliche und persönliche Herausforderung werden, bei der er Stehvermögen in massiven Interessenkonflikten zeigen muss, denn welcher Fondsmanager, Unternehmer bzw. Gesellschafter sieht sich selber als maßgebliche und eventuell unglaubwürdige Krisenursache? Tastet der Gutachter aus opportunistischen Gründen ein marodes Machtzentrum nicht an und kommt es zu einem Schutzschirmverfahren in Eigenverwaltung, dann wälzt er seine Verantwortung für diese brisante Frage auf das Gericht sowie die Gläubiger ab und zementiert eventuell auch auf unbestimmte Zeit eine Führung des Krisenfalls mit weiterhin ungeeigneten Strukturen und Akteuren. Zugute halten muss man natürlich den Gutachtern, dass ihnen durchaus auch Fehleinschätzungen unterlaufen können. Sieht der Gutachter das Machtzentrum aber als Krisenursache, dann muss er – möglichst im Expertenteam – die Fachkompetenz, die Konfliktbereitschaft und die Kommunikationsfähigkeiten aufweisen, um klarzustellen, dass die nachhaltige Sanierung des Krisenunternehmens in der gegebenen Konstellation (Bsp. gescheiterte Nachfolge) voraussichtlich aussichtslos ist. Für die Restrukturierung verbleiben dann immer noch genügend andere sinnvolle Optionen, beispielsweise ein Investorenprozess vor der drohenden Insolvenz oder ein Insolvenzplanverfahren ohne Eigenverwaltung, aber wohl kaum ein Schutzschirmverfahren in Eigenverwaltung. Die Ausarbeitung und Durchsetzung der für die Rettung des Unternehmens adäquaten Bescheinigung dürfte bei taktisch intelligenten Akteuren auf Unternehmensseite mit entsprechender anwaltlicher Unterstützung anspruchsvoll werden.

– Die Erstellung und Umsetzung des Insolvenzplanes wird nicht weniger anspruchsvoll sein, denn es sind die tatsächlichen Probleme des Geschäftsmodells anzugehen und nicht nur das vordergründig naheliegende Thema, nämlich der Sanierungsbeitrag („Haircut") der Gläubiger. Gerettet werden Krisenunternehmen durch ganzheitliches Abstellen aller Krisenursachen und dazu gehört – bei allem Respekt vor der Leistung der Fachexperten – mehr als nur juristisches sowie finanzwirtschaftliches Handwerkszeug. Es geht um das konsequente Abstellen der Schwachstellen eines angeschlagenen Geschäftsmodells und das kann auch Low Performer aus dem persönlichen Umfeld des Unternehmers, von ihm mit Starrsinnigkeit verfolgte Verlustprojekte, Tabuzonen an der Schnittstelle zur Privatsphäre, „Heilige Kühe" unter den bisherigen Geschäftspartnern usw. betreffen. Der objektiv wahrnehmbare Zustand des Unternehmens stellt dabei den bisher wirkenden Akteuren – Manager und Unternehmer – kein überzeugendes Zeugnis aus. Deshalb sind versierte Managementberater, Interimsmanager (CRO), Prüfer und Anwälte mit Stehvermögen in Konflikten gefordert. Jeder agiert gemäß seiner Ausbildung, Erfahrung und Mentalität in einem interdisziplinären Team, um die objektiven Restrukturierungschancen des Geschäftsmodells und die dafür angemessenen Restrukturierungswege zu beurteilen, diese in realistischen Planungen abzubilden und dann auch tatsächlich durchzusetzen. Es wird sich zeigen müssen, ob es bei Schutzschirmverfahren in Eigenverwaltung tatsächlich gelingt, ein derart schlagkräftiges Krisenmanagement aufzubauen oder ob es nicht im Zweifel nur eine „Feigenblattaktion mit Lippenbekenntnissen" sein wird, die mehr der Außendarstellung als der schmerzhaften Beseitigung von Mängeln dient.

– Sachwalter werden sich einem hohem „Qualitätsdruck" stellen müssen, sonst wird ihr persönlicher Ruf bei gescheiterten oder mit deutlicher Skepsis bewerteten Verfahren in Eigenverwaltung schnell leiden. Es ist zu wünschen, dass sich dafür Persönlichkeiten mit entsprechender Reputation bei allen Beteiligten des Verfahrens und Krisenerfahrung etablieren, und es ist gut, an sie besonders hohe Ansprüche zu stellen. Es zeichnet sich ab, dass primär Insolvenzverwalter diese – nicht adäquat vergütete – wichtige Funktion übernehmen.

Aus heutiger Sicht scheinen diese Punkte neben den anstehenden organisatorischen und juristischen Aspekten – Aufgabenwahrnehmung durch den Sachwalter und Gläubigerausschuss etc. – die auffallenden Themen für die erfolgreiche Etablierung und Umsetzung von Schutzschirmverfahren zu sein. Die Praxis wird die tatsächliche Bedeutung zeigen. Die juristischen Herausforderungen sprechen dafür, dass es ein Modell für Ausnahmefälle sein wird. Inwiefern auch die Verfahrenskosten – Thema Masseerhalt im Insolvenzplanverfahren – insbesondere im kleineren Mittelstand limitierend wirken, bleibt abzuwarten. Den relativ hohen Kosten für Berater und Anwälte stehen Einsparpotenziale der Eigenverwaltung gegenüber, denn der Sachwalter erhält nur rund 60% der Vergütung eines Insolvenzverwalters.

Generell ist es empfehlenswert, die diskutierten Modelle – Eigenverwaltung im Insolvenzplanverfahren, Schutzschirmverfahren – nicht gegen die maßgeblichen Gläubiger, sondern konstruktiv mit den Gläubigern zur gemeinsamen Schadensbegrenzung umzusetzen. Man bedenke nur einmal, was es bedeutet, wenn ein

Unternehmen im Stadium der drohenden Zahlungsunfähigkeit ohne klärende Gespräche mit den wesentlichen Gläubigern einen Antrag auf Eigenverwaltung stellt und diesen nach Ablehnung durch das Gericht zurücknimmt. Unabhängig davon, wie bedrohlich die Lage des Unternehmens tatsächlich ist, es gibt fortan auch Zweifel an der Reputation des Unternehmers, seiner Manager und Berater. Dann stellt sich unmittelbar die Frage nach der künftigen Zusammenarbeit mit professionell agierenden Gläubigern, denen dieser „Schachzug" bekannt ist oder bei verdecktem Taktieren des Schuldners wahrscheinlich nicht entgehen wird. Weiterführende Gespräche mit den brüskierten Gläubigern sind dann in der ohnehin schwierigen Lage des Unternehmens durch ausgeprägtes Misstrauen belastet.

Berater, die in diesem Umfeld aktiv sind, haben in erster Linie für rationales und vertrauensbildendes Vorgehen auf allen Seiten zu sorgen, denn nur dann bringen sie den Beteiligten einen tatsächlichen Nutzen. Es liegt auch an den Protagonisten des ESUG, dass die neuen Möglichkeiten sinnvoll eingesetzt werden. Wesentlich ist deshalb ein möglichst konstruktives Vorgehen mit den Gläubigern, denn die Umsetzung dieser Konzepte setzt eine gesicherte Finanzierung voraus und je nach tatsächlichem Verlauf – die Liquiditätsplanung war zu optimistisch – kann sich wider Erwarten schnell die Frage nach der Finanzierung des Working Capital bis zum Abschluss des Verfahrens oder bis zu einem doch noch anstehenden Notverkauf stellen. Nicht weniger wichtig für eine konstruktive Zusammenarbeit in diesem Umfeld wird dann auch die nachweisbar solide Reputation von Risikoinvestoren sein. Der Unternehmer wird sich im Konfliktfall gegebenenfalls besondere Gedanken um weitreichende Vollstreckungen in sein Privatvermögen machen müssen und entsprechende Vereinbarungen mit den Gläubigern finden müssen. Die Vertrauenswürdigkeit aller Akteure wird deshalb ein maßgeblicher Erfolgsfaktor des Verfahrens sein.

Mit Blick auf die eventuell notwendige Bereinigung des Machtzentrums ist auch der mittlerweile gegen den Willen der Gesellschafter durchsetzbare Debt-Equity-Swap im Insolvenzplanverfahren eine interessante Option. Vor der Reform war dies nur mit Zustimmung der Gesellschafter umsetzbar. Bedenkt man, dass die Gläubiger in aller Regel eine wesentliche Last bei der Rettung von überschuldeten oder zahlungsunfähigen Krisenunternehmen zu tragen haben, dann ist die Chance der Beteiligung an einer möglichen Wertsteigerung nur fair. Dies dann aber mit den üblichen Risiken des Unternehmers, also ohne den Schutz der Sicherheiten, Bürgschaften etc. Nachfolgende Abbildung 168 veranschaulicht das mit dem ESUG geänderte Prinzip.

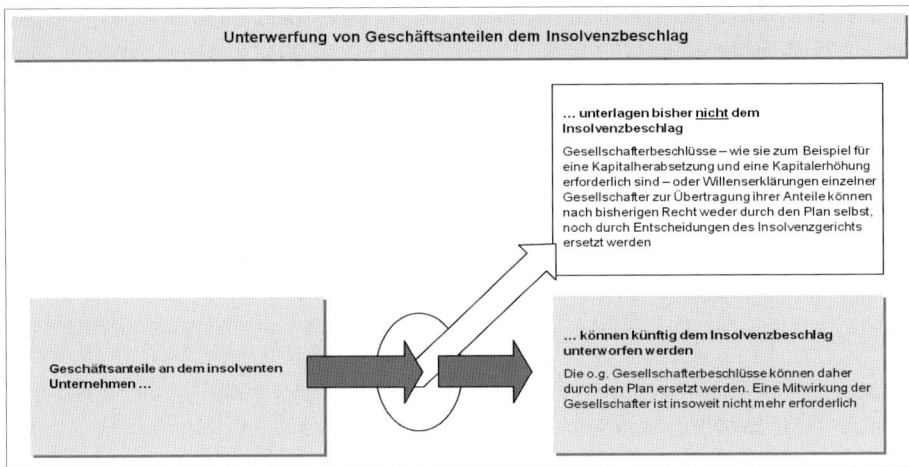

Abbildung 168: Unterwerfung von Geschäftsanteilen dem Insolvenzbeschlag

Für Hedgefonds ist der Debt-Equity-Swap natürlich eine sinnvolle Variante im Ringen um die Beherrschung eines wirtschaftlich interessant erscheinenden Krisenfalls. Diese Option passt ideal in ihr Geschäftsmodell. Es ist nicht auszuschließen, dass sich auch bedeutende Zulieferer in Ausnahmefällen an einem Debt-Equity-Swap beteiligen, um einen wichtigen Kunden vorübergehend zu stützen. Für sie dürfte aber in aller Regel, insbesondere bei überschaubarem Ausfallrisiko, die Position des Gläubigers günstiger sein als die Übernahme von nicht besicherten Eigenkapitalrisiken in Krisenfällen.

Zumindest aus aktueller Sicht scheint es weniger wahrscheinlich, dass Banken diese Option nutzen werden. Grundsätzlich meiden Banken aus Haftungsgründen die Ausübung einer faktischen Geschäftsführung und aus formalen sowie geschäftspolitischen Gründen haben sie sich in den vergangenen Jahren aus ihren Unternehmensbeteiligungen zurückgezogen. Die mit Basel III einhergehenden Eigenkapitalhinterlegungen machen Beteiligungen von Banken an Krisenfällen ohnehin unattraktiv. Mag sein, dass sie die Androhung eines Debt-Equity-Swap als taktische Variante in harten Verhandlungen mit renitenten Gesellschaftern und destruktiv agierenden Fonds einsetzen werden oder in Zukunft doch neue Wege suchen, diese Option aktiv zu nutzen – beispielsweise das vorübergehende „Parken" dieser Anteile bei einer Special Purpose Unit oder einem Treuhänder ihres Vertrauens, bis sich ein Käufer gefunden hat. Denkbar sind auch Modelle, in denen sich Restrukturierungsfonds den Gläubigern als Zwischenlösung anbieten, gemäß der sie treuhänderisch die Kapitalanteile der (ehemaligen) Gläubiger nach einem Debt-Equity-Swap übernehmen, das Krisenunternehmen sanieren, zum Verkauf bringen und den Erlös nach einer vorher festgelegten Vereinbarung an die Treugeber und natürlich auch sich selber ausschütten. Es gibt Überlegungen in diese Richtung, aber es werden ebenso wie das Insolvenzplanverfahren besondere Ausnahmefälle sein. Eine Wiederauferstehung der ehemaligen „Deutschland AG" wird es voraussichtlich nicht geben, denn so bedeutend für die Volkswirtschaft sind Krisen im Mittelstand nicht.

Die Zukunft wird zeigen, welche Optionen tatsächlich genutzt werden. Anbei die wesentlichen Aspekte der Reform zum Debt-Equity-Swap im Insolvenzplanverfahren:

- Die Anteilsrechte der Gesellschafter bleiben im Planverfahren grundsätzlich unberührt, die Anteile können aber dem Insolvenzbeschlag unterworfen werden, d.h. ausnahmsweise zur Insolvenzmasse gezogen und somit in den Insolvenzplan einbezogen werden. Der Einbezug erfolgt, indem die Altgesellschafter künftig als zumindest eine Abstimmungsgruppe im Planverfahren beteiligt werden.

- Im Insolvenzplan ist im Einzelnen zu regeln, wie die Umwandlung einer Forderung in Eigenkapital technisch umgesetzt werden soll. Eine Umwandlung gegen den Willen der betroffenen Gläubiger ist ausgeschlossen – ein Mehrheitsentscheid bei Schuldverschreibungen aus einer Gesamtemission ist möglich. Zugleich sind Regelungen für eventuell bestellte Sicherheiten zu treffen, denn ein Gläubiger, dessen Forderung gesichert ist, wird sich regelmäßig überlegen müssen, ob er einer Umwandlung seiner Forderung in einen Anteil zustimmt und hierdurch möglicherweise seine Sicherung verliert oder ob er seine Forderung behält und den Ausfall beim Sicherungsgeber geltend macht.

- Vertragspartner sollen eine Umwandlung von Fremdkapital in Eigenkapital nicht zum Anlass nehmen können, Verträge zu kündigen. Entgegenstehende Vereinbarungen sind unwirksam, sofern es sich nicht um Regelungen infolge von Pflichtverletzungen handelt. Ebenfalls sollen etwaige Abfindungsansprüche von Altgesellschaftern, die aus wichtigem Grund aus dem Unternehmen austreten können, die Sanierung des Unternehmens nicht gefährden. Für ihre Abfindung ist die Vermögenslage maßgeblich, die sich bei Abwicklung des Schuldners eingestellt hätte. Die Auszahlung kann über einen Zeitraum von bis zu drei Jahren gestundet werden.

- Wird in die Anteilsrechte eingegriffen, so bemisst sich das Stimmrecht der in das Planverfahren einbezogenen Altgesellschafter nach ihrem Nominalanteil am „Grundkapital" – bei der GmbH nach dem Stammkapitalanteil. Dieses Stimmrecht wird ausdrücklich nur gewährt, wenn durch den Plan in die Rechte der Gesellschafter – zum Beispiel die Änderung der Gesellschaftsstruktur – eingegriffen wird.

- Die Zustimmung der Altgesellschafter zum Insolvenzplan gilt künftig als erteilt, soweit diese sich nicht an der Abstimmung beteiligen. Diese Regelung dient der Vereinfachung des Abstimmungsverfahrens. In den Fällen, in denen es offensichtlich ist, dass die Anteile durch die Insolvenz wertlos geworden sind und in dem auch der Plan keine Leistungen an die Anteilsinhaber vorsieht, wird deren Interesse an der Abstimmung gering sein.

- Formerfordernisse sollen zur Verfahrensbeschleunigung gelockert werden – es ist keine Mitwirkung der (Alt-)Gesellschafter erforderlich. Der Plan kann auch Gesellschafterbeschlüsse und Erklärungen zur Übertragung von Anteilen oder zur Entgegennahme von Sacheinlagen ersetzen, die für die im Plan enthaltenen gesellschaftsrechtlichen Neuregelungen notwendig sind.

- Der Minderheitenschutz wird auch auf die Anteilsinhaber bzw. Altgesellschafter erstreckt. Ihr Antrag auf Minderheitenschutz ist nur zulässig, wenn der Antragsteller spätestens im Abstimmungstermin glaubhaft macht, dass er durch den Plan voraussichtlich schlechter gestellt wird. Wie die am Plan beteiligten Gläubiger erhalten auch die Altgesellschafter den Zugang zum Rechtsmittel der sofortigen Beschwerde zwecks Gewährung von Rechtsschutz. Mittels sofortiger Beschwerde können gerichtliche Entscheidungen angefochten werden, z.B. die Entscheidung der Planbestätigung.

- Nach Planbestätigung sind die Ansprüche des Schuldners – und damit eines späteren Insolvenzverwalters bei einer erneuten Insolvenz – gegen den Neugesellschafter wegen Differenzhaftung (z.B. Nachschusspflicht infolge einer nachträglichen Feststellung eines geringeren Sachwertes von Einlagen) ausgeschlossen. Wegen des Differenzhaftungsausschlusses sind Nachzahlungen durch den Neugesellschafter nicht zu leisten.

Diese Auflistung umfasst lediglich die grundlegenden Aspekte des Debt-Equity-Swap im Insolvenzplanverfahren. Zu den Details sei auf die Literatur und die Fachexperten verwiesen. Mit Blick auf die oben angesprochenen Missbrauchsrisiken kann der Debt-Equity-Swap bei professionellem Vorgehen der Gläubiger auch ein sinnvolles Gegengewicht für spekulative Akteure darstellen, insbesondere wenn diese das Planverfahren als Hebel für die eigene Wertsteigerung und spätere Exit-Optimierung sehen. Das wird die künftige Praxis zeigen. In den folgenden Abbildungen 169 bis 171 werden die kritischen und positiven Aspekte des Debt-Equity-Swap aus heutiger Sicht dargestellt.

Grundsätzliche Bewertung Debt-Equity-Swap in der Insolvenz

Kritische Aspekte

- Bei Nichtteilnahme am Debt-Equity-Swap Benachteiligung durch künstlich „klein gerechnete" Befriedigungsquoten
- Verzögertes Planwirksamwerden wegen des Erfordernisses, dass grundsätzlich jeder Gläubiger – der am Swap teilnimmt – dem Swap zuzustimmen hat (jedoch Begrenzung des Swaps auf wenige Großgläubiger möglich; zudem kann im gestaltenden Teil des Plans eine Ausschlussfrist für die Entscheidung über den Swap gesetzt werden)
- Steuerliche Rechtsunsicherheit bezügl. Sanierungsgewinn, der durch Verzichte Swap-Teilnehmer entsteht
- Ggf. Verlust von Sicherheiten und Risiko Totalverlust
- Rückfluss nach Höhe und Zeitpunkt unsicher, hängt u.a. vom Unternehmensergebnis ab
- Wertzuwachs ggf. schwierig zu realisieren (Veräußerungsmöglichkeit fraglich)
- Eingehen unternehmerischer Verantwortung, u.a. Finanzierungsverantwortung
- Strenge Kapitalerhaltungsvorschriften/erhöhtes Anfechtungsrisiko als Gesellschafter, soweit Zuflüsse i.w.S. erfolgt sind
- Evtl. Übernahme stiller Lasten auf Geschäftsanteile, z.B. wegen nicht wirksam erbrachter Stammeinlage oder wegen gesellschaftsvertraglicher Nachschusspflichten. Es ist keine Regelung ersichtlich, die sicherstellt, dass derartige Haftungsansprüche gegen die Neugesellschafter wegen ‚Altlasten', die auf Geschäftsanteilen lasten, nicht erhoben werden können. Aus Gläubigersicht droht insoweit die Gefahr unerwarteter Zahlungsverpflichtungen.
- Bewertungskonflikte bezüglich „Wert" des eingebrachten (Liquidationswert Forderung) „Sicherungsgutes" von insbesondere absonderungsberechtigten Gläubigern (z.B. Lagerbestände, Standardstahl vs. Einzelaggregat in Produktionsstraße)
- Zur Sanierung ist ein Swap nicht unbedingt erforderlich. Zins- und Tilgungswegfall und EK-Zuführung durch Stundungs- und Erlassregelungen substituierbar. Beseitigung einer Überschuldung ist nur bei einer negativen Fortführungsprognose (FFP) erforderlich. Liegt eine negative FFP vor, dann ist ein Swap für Gläubiger nicht attraktiv

Abbildung 169: Grundsätzliche Bewertung Debt-Equity-Swap in der Insolvenz

---

Bewertung Debt-Equity-Swap nach Gesetzesänderung

Kritische Aspekte

- Massezugriff auf Geschäftsanteile auf das Planverfahren beschränkt, d.h. nur im Planverfahren möglich
- Einbezug der Gesellschafter als Gruppe in das Planverfahren kann dahingehend missverstanden werden, dass diesen monetäre Ansprüche im Planverfahren zustehen
- Debt-Equity-Swap war auch bisher möglich
- Mögliche Schmälerung des Gesellschaftsvermögens durch Differenzhaftungsausschluss. Dadurch könnten die späteren Gläubiger geschädigt werden. Da eine Unterkapitalisierung neben der Differenzhaftung jedoch weitere Haftungstatbestände nach sich ziehen kann - z.B. Erstattungspflicht bei Auszahlung an Gesellschafter nach § 30, 31 GmbHG - liegt es im Interesse der Gläubiger, eine Unterbilanz zu vermeiden. Insoweit ist nicht damit zu rechnen, dass – wie von der GSV angenommen – in der Zukunft vermehrt unterkapitalisierte Gesellschaften entstehen werden

Abbildung 170: Kritische Aspekte des Debt-Equity-Swap nach Gesetzesänderung

Bewertung Debt-Equity-Swap – positive Aspekte

Grundsätzliche Bewertung Debt-Equity-Swap in der Insolvenz

- Chance auf vollständige Befriedigung der Gläubigerforderung durch Umwandlung/Partizipation am Fortführungswert des Unternehmens im Einzelfall höher als alternative Verwertungsergebnisse
- Aus Sicht Plansteller kein Cash-out notwendig
- Verbesserung des Ratings durch höhere Eigenkapitalquote (Werthaltigkeit verbleibender FK-Anteile steigt)
- Ermöglicht Beseitigung einer Überschuldung durch EK-Zuführung
- Möglicher Wegfall Zins und Tilgung kann Unternehmen liquiditätsseitig entlasten
- Möglichkeit zu unternehmerischer Beteiligung, Partizipation am Erfolg des Unternehmens – Quote von >100% vorstellbar

Bewertung Debt-Equity-Swap nach Gesetzesänderung

- Möglicher Massezugriff auf Geschäftsanteile im Planverfahren eröffnet zusätzliches Gestaltungspotential (neue Varianten zur Swap-Durchführung, z.B. evtl. Nutzen von Verlustvorträgen, Abbau von Blockadepotential auf der Gesellschafterseite, u.a. im Hinblick auf erforderliche Gesellschafterbeschlüsse)
- Differenzhaftungsausschluss schützt Gläubiger (Swap-Teilnehmer), die Fremd- in Eigenkapital wandeln, da nicht-insolvenzliche Haftung für überbewertete Anteile der Stammeinlage nicht greift (Im Falle des Debt-Equity-Swaps in der Insolvenz wäre ansonsten sicherzustellen, dass die eingebrachten Forderungen nicht überbewertet – also die ihr gegenüber stehenden Aktiva nicht überbewertet – sind)

[1] z.B. wegen nicht wirksam erbrachter Stammeinlage oder wegen Auszahlung von Stammkapital

Abbildung 171: Positive Aspekte des Debt-Equity-Swap

Das ESUG enthält wesentlich mehr neue und im Detail auch wieder wichtige Regelungen, als hier diskutiert wurden. Insofern sei für weiterführendes Interesse auf die Fachliteratur und das Gesetz verwiesen. Hier geht es um die wesentlichen Hebel für Krisenmanager, die in insolvenznahen Situationen bzw. in der Insolvenz tätig sind. Im konkreten Einzelfall werden sie ohnehin qualifizierte Anwälte zur Unterstützung einschalten müssen.

Kritische Stimmen weisen darauf hin, dass Insolvenzplanverfahren und die oben angesprochenen Varianten auch notwendige Bereinigungsprozesse im wirtschaftlichen Strukturwandel verzögern können und das Versagen von Unternehmern zu Lasten ihrer Gläubiger und Wettbewerber belohnen. Mögliche Wettbewerbsverzerrungen waren im Zusammenhang mit der Diskussion des ESUG kein herausragendes Thema, könnten aber in Einzelfällen – zum Beispiel bei signifikantem politischem Engagement für nachhaltig marode Krisenunternehmen – ein Streitpunkt werden.

Erste Praxiserfahrungen mit dem ESUG stimmen aber grundsätzlich hoffnungsvoll. Anbei das Zitat eines erfahrenen Krisenmanagers einer Bank:

„Wir haben durchweg positive Erfahrungen mit dem ESUG und der dadurch geschaffenen Möglichkeit gemacht, insbesondere den Insolvenzverwalter im Rahmen der Gläubigerausschuss-Mitgliedschaft vorzuschlagen. Denn bisher haben die Gerichte, besser gesagt die zuständigen Richter, bei der Auswahl der Verwalter oft nach (eigenem) Gutdünken entschieden. Die Listung war kein Qualitätsmerkmal, oft waren persönliche Beziehungen zwischen Richter und Insolvenzverwalter das entscheidende Kriterium. In Machtvollkommenheit haben die Richter entschieden, wer die Insolvenzverwaltung erhält. Die eingesetzten Verwalter hatten selten das ‚Gestaltungs-Gen' (was ‚Erhalt' bedeutet), sondern meist nur das ‚Abwicklungs-Gen' (was mit ‚Vernichtung' gleichzusetzen ist).

Das ‚Erhalten' – möglicherweise auch erst nach Kapitalsanierungsmaßnahmen – ist insbesondere für Banken mit einer strukturpolitischen Aufgabe wesentlich, nämlich den Erhalt von Arbeitsplätzen, und sie sind daher an einem Fortbestand des Unternehmens in besonderer Weise interessiert – in sanierter Form (mit und ohne Insolvenz) bzw. mit dem Eintritt eines Investors. Die Mitwirkung im Gläubigerausschuss gibt Banken die Möglichkeit der Einflussnahme – auch und insbesondere bei der Auswahl des Insolvenzverwalters, indem man einem ‚Gestalter' und keinem ‚Abwickler/Vernichter' das Mandat überträgt."

Offener Wunsch an den Gesetzgeber ist, die formalen Rahmenbedingungen des Verfahrens für seriöse Akteure so zu gestalten, dass die Haftungsrisiken kalkulierbar sind und die Fachthemen überschaubar bleiben. Es kommt nicht von ungefähr, dass erfahrene Insolvenzrechtler/-verwalter sich mittlerweile als „CRO-Coach" profilieren, weil die Restrukturierungsmanager die Risiken ihres Einsatzes nicht mehr ohne zusätzliche Spezialisten überschauen können. Gleiches gilt für den Einsatz von Banken in Gläubigerausschüssen; auch sie benötigen die Unterstützung von Experten. Das kann in der Praxis gelegentlich auch Verfahren nach dem neuen ESUG verteuern und insbesondere im kleineren Mittelstand behindern, was aber gerade nicht die Intention der Reform war.

Mag sein, dass die Gesellschafterstruktur in diesem Prozess nicht zu erhalten ist, die Restrukturierungschancen des angeschlagenen Unternehmens werden bei konstruktivem Vorgehen offensichtlich verbessert. Leider ist es im Mittelstand oft eine tragische Konsequenz besonders erfolgreichen Unternehmertums, dass der Patriarch nicht den richtigen Zeitpunkt des Rückzuges findet und sein Beharren sowie die gescheiterte Nachfolge ganz wesentliche Ursachen der Krise bzw. Insolvenz des Unternehmens sind. Der richtige Zeitpunkt für den Ausstieg wurde verpasst – „… den Letzten beißen die Hunde!"

3. Aussteigen, ehe es zu spät ist

Die vorausgegangenen Ausführungen haben sich vor allem auf Maßnahmen zur Rettung des Krisenunternehmens bezogen. Weiterer maßgeblicher Aspekt ist in vielen Krisenfällen des Mittelstands zusätzlich die Gesellschafterebene.

Nachfolgeprobleme sind eine der herausragenden Krisenursachen im Mittelstand. Es gab tatsächlich den Fall des 92-jährigen Unternehmers, der seinen 59-jährigen Sohn und auch seinen Enkel nicht ans Ruder ließ und somit den Fortschritt des Unternehmens blockierte. Ebenso real war der Fall des 75-jährigen Vollblutunternehmers, der nach einem Herzinfarkt und zwei Schlaganfällen ebenfalls nicht abtreten wollte, das Unternehmen persönlich hoch verschuldet in die Krise führte und nicht mehr die Kraft zur Kehrtwende hatte. Seinem Sohn fehlte die Praxis- und Führungserfahrung, als es ernst wurde, und das Vermögen der Familie ging verloren. Es wird nicht die letzte dramatisch gescheiterte Nachfolge sein.

Nachfolgeprozesse in Familienunternehmen sind anspruchsvolle Themen, die neben den Fachaspekten oft auch einen ausgeprägten psychologischen Hintergrund haben:

- Materiell geht es auf Gesellschafterebene beispielsweise um die Übertragung von Unternehmensanteilen mit steuer- und gesellschaftsrechtlich relevanten Regelungen. Es geht um Versorgungs- und Bezugsrechte, um die persönliche Reputation und um die künftige Einflussnahme durch Anteile bzw. Stimmrechte und Positionen in den Organen sowie maßgeblichen Gremien (Aufsichtsrat oder Beirat, Stiftungsrat, Gesellschafterversammlung etc.) des Unternehmens. Hinzu kommt die Klärung, wie Erbrechte und die Auszahlung ausscheidender Familienmitglieder oder anderer Teilhaber zu handhaben sind. Dies ist das Segment der Experten aus Rechts-, Steuerberatung und Wirtschaftsprüfung. So wichtig diese Fragen zweifellos sind, allein ausschlaggebend für den künftigen Erfolg des Unternehmens sind sie nicht.

- Wesentlich für den Unternehmenserfolg ist bei einem grundsätzlich zukunftstauglichen Geschäftsmodell die Regelung des Übergangs auf den oder die Nachfolger und die Gestaltung der neuen Führungsorganisation. Ein Unternehmen, das über Jahre von einer starken Persönlichkeit geprägt wurde, kann kaum kurzfristig auf den „Neuen" umgestellt werden. Dies ist ein Prozess, der durchdacht und konsequent mit erkennbarem Rückzug des Altgesellschafters als Ergebnis anzugehen ist. Kann der „Alte" nämlich nicht loslassen und greift über seine vertrauten Kanäle und loyalen „Gefolgsleute" wiederholt in den Betrieb ein oder signalisiert gar mehr oder weniger öffentlich Zweifel an der Eignung seines Nachfolgers, besteht die Gefahr der Demontage des Nachfolgers mit hohem Konfliktpotenzial und Lähmung des Managements, das in einen Loyalitätskonflikt gestürzt wird und eventuell auch den Zwiespalt für eigene Politik nutzt – etwa durch Hintergrundgespräche mit dem Altgesellschafter über angebliche Fehlentscheidungen des Neuen, wenn damit vor allem Eigeninteressen gefährdet sind. Machtkämpfe zwischen nicht loslassendem Altgesellschafter sowie seiner Gefolgschaft und dem um seine Reputation im Management und bei den Geschäftspartnern besorgten Nachfolger sind unausweichlich.

Abbildung 172 veranschaulicht idealtypisch den Annäherungsprozess in Familienunternehmen an das Nachfolgethema, unabhängig davon, ob es um die Übergabe an Mitglieder der nächsten Familiengeneration oder an Externe geht.

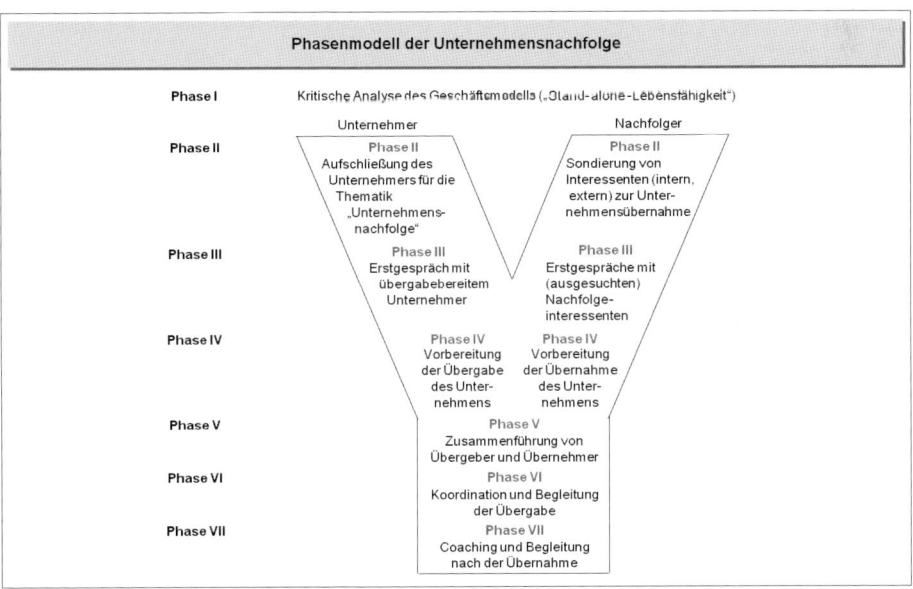

Abbildung 172: Phasenmodell der Unternehmensnachfolge (Prinzipskizze)

Da Unternehmer ihr Lebenswerk oft sehr dominant und allzu lange führen, ist gerade bei Krisenfällen noch vor der Diskussion über eine eventuelle Nachfolge die „Stand-alone-Lebensfähigkeit" des Unternehmens kritisch zu prüfen – Thema zukunftsfähiges Geschäftsmodell. Ist diese nicht gegeben, ist bei rationalem Verhalten der Beteiligten anstelle der Nachfolge eher der Exit über einen Verkauf des Unternehmens anzustreben, beispielsweise an einen erfolgreicheren Wettbewerber.

Ist die „Stand-alone-Lebensfähigkeit" hingegen trotz Krise gegeben, steht vor der Durchführung des Übergabeprozesses die Sondierung an, ob der potenzielle interne Nachfolger überhaupt gewillt und in der Lage ist, das Unternehmen zu übernehmen. Eine wesentliche, wenn auch oft heikle Vorklärung. Ergebnis kann die Erkenntnis sein, dass in der Familie generell oder in absehbarer Zeit kein geeigneter oder konsensfähiger Nachfolger zur Verfügung steht und Fremdmanager einzusetzen sind bzw. in letzter Konsequenz auch wiederum über den Verkauf des Unternehmens nachgedacht werden muss.

In Unternehmenskrisen erfolgen diese Klärungen unter hohem Zeitdruck und meist auch informellem Druck der Finanzpartner, die – ohne sich in die faktische Geschäftsführung zu begeben – hinter den Kulissen durchblicken lassen, dass sie nur noch unter bestimmten Bedingungen bereit sind, dem Unternehmen weiterhin hilfreich zur Seite zu stehen. Sie geben häufig den entscheidenden Impuls für den Ausstieg der Familie aus der Unternehmensführung, beispielsweise durch den Verzicht auf Positionen in den Führungsgremien, die Übertragung der Anteile auf eine Stiftung oder durch den Verkauf aller oder einer Mehrheit der Anteile an einen Investor. Für alle Beteiligten und insbesondere das Unternehmen ist es natürlich besser, wenn die wesentlichen Akteure selber zu dieser Einsicht gelangen.

Da das Unternehmen meist die vorrangige Erwerbsquelle des Unternehmers bzw. der gesamten Familie darstellt, ist der Unternehmensverkauf immer ein signifikanter Einschnitt. Besonderheiten dieser M&A-Prozesse im Mittelstand sind insbesondere:

– die hohe emotionale Bindung des Verkäufers an das Unternehmen und die Firma, die mitunter dazu führt, dass nicht der Käufer mit dem höchsten Angebot, sondern derjenige mit dem besten Einfühlungsvermögen für die Situation des Unternehmers und mit besonderen immateriellen Zugeständnissen (Fortführung der Firma, Aufsichtsratsmandate, Titel etc.) den Zuschlag erhält.

– die enge Verknüpfung von Unternehmensverkauf und Versorgungsinteressen der Familie, die überwiegend zu unrealistisch hohen Kaufpreiserwartungen führt. Erstaunlich ist in diesem Zusammenhang das mitunter unreflektierte Anspruchsdenken von Erben, das einen konstruktiven Prozess im Sinne des Unternehmens massiv behindern kann.

- der enge Markt vieler Mittelständler mit demzufolge nur wenigen strategischen Kaufinteressenten. Es kommt deshalb sehr auf einen professionell geführten M&A-Prozess an, um für den Unternehmer und die Familie das bestmögliche Ergebnis zu erzielen.

- die fehlende Einsicht des Unternehmers in die Mitverantwortung für die Krise des Unternehmens und das Gefühl, einen Verkauf als persönliche Niederlage zu empfinden. Das führt häufig zu irrationalen Blockaden und wiederholten Meinungswechseln im Transaktionsprozess nach dem Motto: „Wenn ich das Unternehmen nicht retten kann, dann können es andere erst recht nicht."

- das Selbstbewusstsein des Unternehmers, der häufig Probleme hat, in dem M&A-Prozess streng rational zu verhandeln und dem Konzept der M&A-Berater zu folgen. Aufgrund seiner umfangreichen Kontakte versucht er auch gerne, die Transaktion alleine durchzuführen. Es gibt genügend Beispiele für nachteilige oder gescheiterte Transaktionen durch derart unprofessionelles Vorgehen.

Erfahrene M&A-Spezialisten (Berater und Anwälte) sollten deshalb gemeinsam mit den vertrauten Begleitern des Unternehmers (Steuerberater, Wirtschaftsprüfer) den Prozess und vor allem auch den Unternehmer sowie seine Familie steuern. Hinzu können gegebenenfalls noch Minderheitsgesellschafter mit weiteren divergierenden Interessen kommen, die dem Prozess schnell eine hohe Komplexität geben.

Nicht selten ist dann die existenzielle Bedrohung durch die Krise das einzige wirklich überzeugende Argument, um irrational und destruktiv agierende Familienstämme und Einzelakteure in Richtung einer sinnvollen Lösung zu bewegen.

Die Abbildung 173 entstammt einem Krisenfall, in dem es neben den klassischen Maßnahmen im Unternehmen auch um die Restrukturierung der Strukturen auf der Gesellschafterebene ging. Ohne auf Details einzugehen, ging es um die Entkoppelung des Unternehmens durch eine Treuhandlösung von den massiven Zerwürfnissen in der Unternehmerfamilie. Ziel war die Moderation des Nachfolgeprozesses durch den Treuhänder hin zu einer Stiftungslösung. Parallel war das Unternehmen durch einen CRO und geeignete Berater umgehend zu restrukturieren.

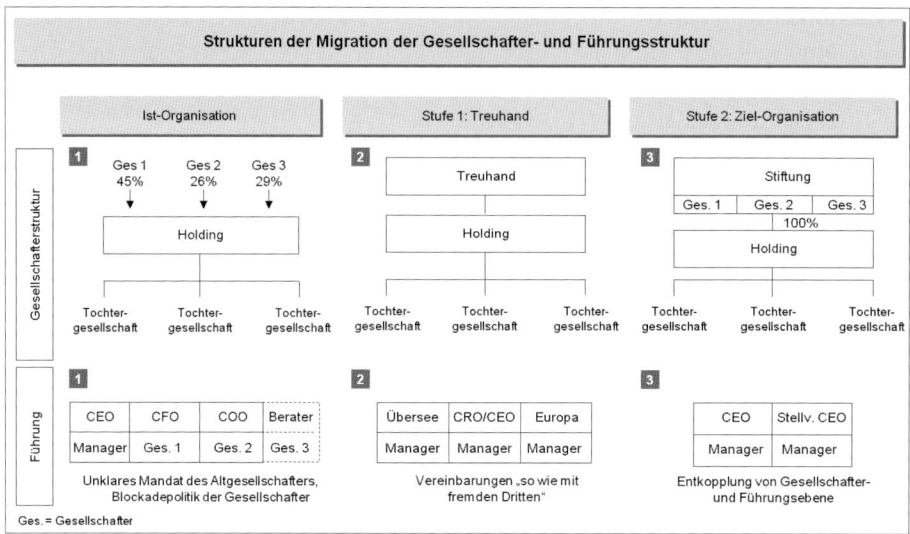

Abbildung 173: Migration der Gesellschafter- und Führungsstruktur im Sanierungsprozess (Beispiel)

Da nicht selten Gesellschafter- und Unternehmensinteressen auseinanderfallen bzw. nicht übereinstimmen, sind aus Bankensicht die Anteilsverpfändung und die (doppelnützige) Treuhand ein probates Mittel, den Erhaltungs- und Fortführungsgedanken zur Rettung des Unternehmens umzusetzen. Dabei muss nicht zwingend bereits die Insolvenz drohen, vielmehr sind auch bereits stetiger Kapitalverlust als Folge anhaltend fehlender Erträge bzw. anhaltender Jahresfehlbeträge, Zweifel an der „Stand-alone-Lebensfähigkeit" des Unternehmens, mangelnde Managementqualität und ungeregelte Nachfolge ausschlaggebend.

Die oben angeklungene Treuhandlösung ist in Krisenfällen ein zusehends häufiger eingesetztes Mittel, um im Zuge von Restrukturierungen auch Veränderungen in der Gesellschafterstruktur herbeizuführen, meist mit der Intention, den Verkaufsprozess für das Unternehmen bzw. wesentliche Anteile ohne störende Aktionen seitens der Gesellschafter einzuleiten. Es wird deshalb bei der Gestaltung der Treuhandvereinbarung darauf geachtet, das betreffende Unternehmen ganzheitlich mit allen für die selbständige Lebensfähigkeit und Verwertung notwendigen Strukturen, Sachen und Rechten in die Treuhandvereinbarung aufzunehmen, um nachträgliche destruktive Aktionen der abgebenden Gesellschafter zu unterbinden. Je nach Sachlage wird mit Blick auf das Durchsetzungspotenzial des Treuhänders gegenüber den Unternehmensorganen auch die Umwandlung einer AG in eine GmbH geprüft und durch Rechtsformwahl etc. ein mitbestimmter Aufsichtsrat vermieden.

302   Aussteigen, ehe es zu spät ist

Übliche Konstruktion ist die Einrichtung einer sogenannten „doppelnützigen Treuhand", gemäß der die Gesellschafter ihre Anteile einem Treuhänder unter bestimmten Bedingungen übertragen. Grundsätzlich verwaltet der Treuhänder während eines vertraglich fixierten Zeitraumes und unter bestimmten vertraglichen Bedingungen das Treugut – also das Krisenunternehmen – für den Treugeber – also die Gesellschafter – und verwertet es bei Eintritt vertraglich definierter Bedingungen zu Gunsten der Treugläubiger – also der Banken – für diese. Etwas distanzierter kann man auch von einer „doppelseitigen Treuhand" sprechen, da die Mandate in der Praxis überwiegend zu einer Verwertung des Treugutes auf Initiative und zum Nutzen der Treugläubiger (z.B. Ablösung zu einem vertretbaren Haircut) mit einem häufig nur symbolischen Kaufpreis für die Treugeber führen. Bei wirtschaftlich angeschlagenen Unternehmen ist diese Konsequenz für die Treugeber bitter, aber insbesondere bei einem hohen Restrukturierungsbedarf naheliegend.

Die Treuhandschaft wird oft über eine Zweckgesellschaft (SPV) ausgeübt, um vor allem die treuhänderisch gehaltenen Anteile von anderem Vermögen streng zu trennen (Durchgriffshaftung etc.). Im Vergleich zur Ausübung von wirtschaftlich ohnehin oft fragwürdigen Pfandrechten der Gläubiger gilt dieses Modell in Deutschland als juristisch effektiver. Treuhand und Verpfändungen werden in der Praxis meist parallel eingesetzt.

Die Ausgestaltung der Treuhandschaft ist im Einzelfall vielfältig. Sie reicht von eher passiven bzw. ruhenden Modellen, in denen die Treuhandlösung unter der aufschiebenden Bedingung („Plan B – die Verwertung") des Scheiterns eines vorliegenden Sanierungskonzeptes bzw. der Unterschreitung vorab fixierter Ziele vereinbart wird, bis hin zu Modellen, in denen der Treuhänder im laufenden Restrukturierungsprozess eine aktive Gesellschafterrolle einnimmt. Insbesondere bei starkem Widerstand der Altgesellschafter gegen eine Treuhandlösung kann das eher passive Modell beispielsweise ein Kompromiss für den Start der Restrukturierung und ein „Damoklesschwert" für die Altgesellschafter sein, das fällt, wenn sie nicht wie erwartet zum Erfolg beitragen. Grundvoraussetzung dieses passiven Modells sind deshalb konstruktiv bei der Restrukturierung mitwirkende Gesellschafter.

Typisch ist die Einrichtung von Treuhandlösungen in Verbindung mit der Gewährung von Sanierungskrediten der Banken, in aller Regel zur Abwendung einer akut drohenden Insolvenz. Ist das Machtzentrum des Unternehmens eine maßgebliche Krisenursache und die Insolvenz nicht mehr abwendbar, bietet sich als denkbare Option ebenfalls die Übertragung der Gesellschaftsanteile auf einen qualifizierten und akzeptierten Treuhänder an, der sodann – unterstützt durch eine qualifizierte

Geschäftsführung – selbst ein als sinnvoll erachtetes Insolvenzplanverfahren einleiten könnte, das dann mit den Gläubigern abgestimmt und akzeptiert wäre, unter anderem auch anstelle einer „Überrumpelung" durch ein unausgegorenes Schutzschirmverfahren.

Abbildung 174 zeigt ein Modell aus einem Restrukturierungsfall, in dem der Treuhänder eine aktive Rolle während des Restrukturierungsprozesses ausübte.

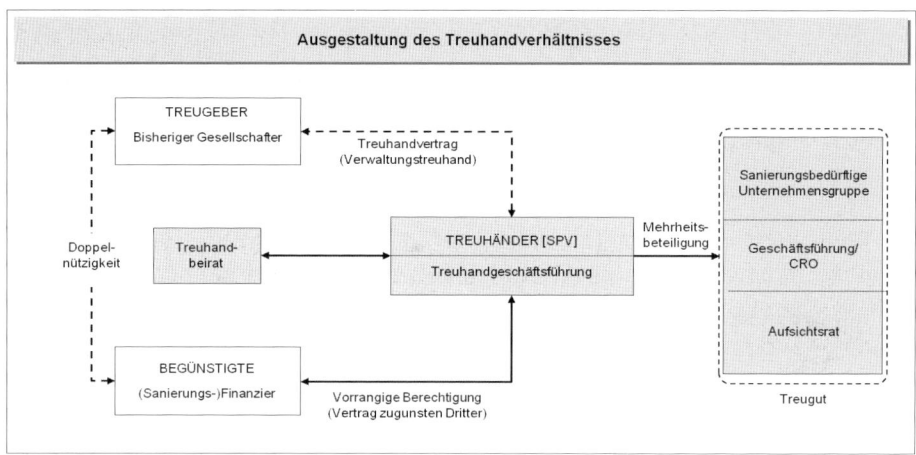

Abbildung 174: Struktur einer aktiven doppelnützigen Treuhand (Prinzipskizze)

Der Einsatz eines neutralen und aktiv im Restrukturierungsprozess agierenden Treuhänders – von diesem Modell wird im Folgenden ausgegangen – soll aus Sicht der Banken den laufenden Restrukturierungsprozess absichern, mit dem Ziel der Rettung und Wertsteigerung des Unternehmens sowie damit einhergehend natürlich ihres eigenen gefährdeten Engagements. In der aktiven Rolle hat der Treuhänder die Aufgabe, die Restrukturierung („Sanierungstreuhand") und Mittelverwendung („Mittelverwendungstreuhand") zu überwachen sowie den gegebenenfalls anstehenden Verwertungsprozess („Verkaufs- oder Verwertungstreuhand") zu steuern. Er soll allen Beteiligten einen fairen Ausgleich ihrer widerstrebenden Interessen bieten. Agiert der Treuhänder aus einer aktiven Gesellschafterrolle, kann er zur Vermeidung der Risiken einer faktischen Geschäftsführung die Etablierung eines CRO einfordern, der im Unternehmen als Organ die Restrukturierung durchsetzt. In obigem Beispiel war dies der Fall und in Verbindung mit der Treuhand ein wesentlicher Erfolgsfaktor der Restrukturierung. Zur Erfüllung seiner Sorgfaltspflichten richtete der Treuhänder zudem ein regelmäßiges Reporting des Managements ein, regelte seine Teilnahme an dem Lenkungskreis der Restrukturierungsprojekte, verfasste einen adäquaten Katalog der zustimmungspflichtigen Geschäfte, ließ die Eignung des Managements überprüfen und in angemessenem Umfang Berater einsetzen.

Derartige Treuhandlösungen sind anspruchsvoll. Da die Übertragung der Anteile durch die Gesellschafter grundsätzlich freiwillig ist, haben die Restrukturierungsberater im Vorfeld erhebliche Überzeugungsarbeit zu leisten, um diese Lösung zum Nutzen aller Beteiligten zu ermöglichen, und es bedarf keines vertiefenden Kommentars, dass vor allem auch die Banken in dieser Phase informelle Unterstützung leisten müssen. Es kommt nahezu immer zum Einsatz von Anwälten auch auf Seiten der Gesellschafter, denn bei aller überzeugenden Rhetorik ist meist klar, dass dieses Modell auf einen Verkaufsprozess hinausläuft – kaum ein Unternehmer wird ohne zwingende Gründe dieser aus seiner Sicht unliebsamen Bevormundung und schrittweisen Entmachtung zustimmen. Zwingender Grund ist deshalb in der Regel die akut drohende Zahlungsunfähigkeit, die der Unternehmer aus eigener Kraft nicht mehr abwenden kann. Der zur Rettung benötigte Sanierungskredit wird durch die Banken nur noch unter der restriktiven Bedingung der Einrichtung einer Treuhand ausgereicht („harte Treuhandauflage"), die aus Bankensicht meist die letzte Restrukturierungsoption zur Abwendung der Insolvenz ist. Selbst bei einem späteren Verkauf an einen Investor in Verbindung mit einem Haircut der Gläubiger ist diese Option nämlich für Gläubiger mit unbesicherten oder nachrangigen Positionen wirtschaftlich interessanter als die in einer Insolvenz oder einem Insolvenzplanverfahren zu erwartende Quote. Besicherte Gläubiger bzw. solche mit Sonderrechten können zwar auf einen möglichen Verwertungserlös im Falle der Insolvenz spekulieren, die Rettung des Unternehmens und damit des Kunden mit Hilfe einer Treuhandlösung ist aber grundsätzlich auch für sie die bessere Alternative.

Je nach Vertragsgestaltung gibt es die Option, dass das Unternehmen nach erfolgreicher Restrukturierung und mit Auflösung der Treuhand wieder an die Altgesellschafter zurückfällt. Wird die Treuhand ohne Verwertung durch Zweckerreichung (z.B. erfolgreiche Restrukturierung, Rückführung ausgereichter Sanierungskredite) beendet, hat der Treuhänder das Treugut wieder auf den Treugeber zurückzuübertragen. Die im Zusammenhang mit einer Treuhandvereinbarung zu definierenden Bedingungsfälle lassen den Altgesellschaftern generell die Chance, ihr Unternehmen für sich zu erhalten, indem sie entweder die erforderlichen Maßnahmen unter dem Druck der Treuhand und der Bedingungsfälle konsequent ergreifen und sich so wieder aus der Treuhand befreien oder indem sie eigene Möglichkeiten der Kapital- und Managementzufuhr nutzen. Im Extremfall können sie andere Fremdkapitalgeber anwerben, die das Geschäftsmodell und die Lage des Unternehmens nicht so kritisch beurteilen, und mit ihnen die bisherigen Fremdfinanzierer ablösen.

Die Rückübertragung ist problematisch, wenn sie seitens der bestehenden Fremdfinanzierer aufgrund der zerstörten Vertrauensbasis im Grunde nicht mehr gewollt ist und gegen Bedingungsfälle verstoßen wurde. Misslingt in diesem Fall die oben angesprochene Ablösung der bestehenden Fremdfinanzierer durch eine Refinanzierung, stellt sich die Frage, warum sie die Rückgabe des Treugutes an Unternehmer oder Gesellschafter unterstützen sollen, die sich aus ihrer Sicht hinreichend disqualifiziert haben und die das Unternehmen wahrscheinlich wieder in die nächste Krise steuern. Substanzielle Bereinigungen auf Gesellschafterebene sind dann, neben der erfolgreichen Restrukturierung, eine wesentliche Voraussetzung für den Verzicht auf die Verwertungsoption und die Rückführung des Unternehmens an die Familie bzw. geeignete Nachfolger etc. Wichtige Funktion neutraler Berater ist in diesem Zusammenhang, möglichst früh die betriebswirtschaftlich sinnvollen Optionen für die weitere Entwicklung des Unternehmens auszuleuchten. Schon vor oder mit Einrichtung der Treuhand sollten deshalb grundsätzlich folgende Szenarien einer ersten Prüfung unterzogen werden:

– Die langfristigen Perspektiven einer „Stand-alone"-Fortführung des Unternehmens und die Perspektiven für alle dann noch beteiligten Stakeholder sind kritisch abzuwägen. Dabei sind auch die eventuell notwendigen Bereinigungen der Gesellschafterstruktur, Nachfolgeregelungen und Veränderungen der Finanzierungsstruktur anzusprechen. Das ist der „Base case" der Businessplanung, der möglichst objektiv und konservativ die Chancen des Unternehmens, der verbleibenden Gesellschafter und der Finanzpartner in der Treuhand und nach Auflösung der Treuhand abwägt. Den Vertretern des Eigenkapitals gibt der Base case Auskunft darüber, ob sie bei einer Stand-alone-Fortführung des Unternehmens in absehbarer Zeit noch einmal einen angemessenen Geschäftsverlauf mit vertretbaren Renditen, Chancen und Risiken erwarten können. Den Fremdkapitalgebern zeigt der Base case außerdem, ob das Unternehmen stand alone neben der Erwirtschaftung der Zinsen künftig auch wieder zu einer Schuldentilgung in vertretbarer Zeit befähigt wird. Der seriös abgeleitete Base case gleicht somit einem Fortführungskonzept und sollte möglichst einen Weg zur Sicherung der langfristig selbständigen und für die Stakeholder akzeptablen Überlebensfähigkeit des Unternehmens zeigen. Anderenfalls wäre die Restrukturierung außerhalb der Insolvenz nur eine zeitlich befristete konzertierte Aktion der maßgeblichen Stakeholder zur Schadensbegrenzung, getragen von der Hoffnung, in absehbarer Zeit über einen geordneten Verkaufsprozess einen risikobereiten Investor zu finden. Das kann ein starker strategischer Investor sein, der das Objekt oder wesentliche Teilbereiche aus eigenen strategischen Erwägungen (Marktkonsolidierung, interne Synergien, Portfolioergänzung etc.) übernimmt. Finanzinvestoren werden sich aus Risikoüberlegungen nur selten für ein Krisenunternehmen ohne belastbaren Base case interessieren. Eventuell ergibt sich für sie erst bei der Zerschlagung in der Insolvenz ein interessanter Einstiegspunkt. Weitere Einstiegsoption könnte für sie ein Kauf in Verbindung mit einer drastischen (insolvenzähnlichen) Bereinigung der Passivseite der Bilanz sein, was im Einzelfall zu prüfen wäre.

– Hat der Base case ausreichende Substanz, ist darauf aufbauend ein ergänzender „Investor case" zu prüfen, und zwar zunächst aus der Perspektive eines möglichen Finanzinvestors, der nach Übernahme aller Anteile mit wenig eigenem Investment innerhalb von drei Jahren eine erhebliche Wertsteigerung und einen Exit anstreben wird. Für ihn sind, neben dem möglichst risikoarmen Einstieg (Kaufpreis, Investitionen, Nachschusspflichten etc.) in das Engagement und den Optionen der Risikominderung (Ausschüttungen, Teilverkäufe etc.) nach dem Kauf, insbesondere die Hebel zur Beeinflussung der Bewertung des Engagements bei seinem Exit wichtig, also beispielsweise alle Faktoren, die das EBIT bzw. EBITDA sowie den Discounted Cashflow beeinflussen. Dabei ist auch grundsätzlich zu bedenken, wie dieser Exit erfolgen kann, denn ohne diese Option wird sich ein Finanzinvestor nicht engagieren. Zum Beispiel wird er kaum bereit sein, jedweden Ballast – etwa Gewerbeimmobilien – zu übernehmen, der den künftigen Exit erschwert. Das Nachdenken über den Exit führt die Überlegungen außerdem in die Richtung, das Unternehmen entweder unmittelbar oder aber nach der Restrukturierungsarbeit durch den Finanzinvestor einem strategischen Investor zuzuführen. Letzteres setzt in aller Regel einen „strategischen Fit" zwischen dem Profil des Unternehmens und dem Geschäftsmodell des denkbaren strategischen Investors voraus. Die generelle Anlehnung des Investor case an den stringenten Denkansatz der Finanzinvestoren setzt wie eine Norm die Mindestanforderungen an die Gestaltung des Verkaufs des Krisenunternehmens. Im Einzelfall werden die Investoren – unabhängig davon, ob es strategische Investoren oder Finanzinvestoren sind – dann zusätzliche oder auch andere eigene Erwägungen bei dem Kauf des Objektes haben, die vorab nur schwer zu greifen sind. In jedem Fall aber öffnet ein seriös ausgearbeiteter Investor case die Augen für die mögliche Substanz und die Chancen des Unternehmens nach einer grundlegenden Bereinigung der Gesellschafterstruktur und der Passivseite der Bilanz. Der Investor case kann für die bisherigen Stakeholder des Unternehmens unterschiedlich attraktiv oder auch desillusionierend sein – es gibt sanierungsfähige Unternehmen, die niemand, abgesehen von den Altgesellschaftern, haben möchte. Er ist so wie der Base case Voraussetzung für rationale Entscheidungen über die Fortführung des Unternehmens in der Treuhand und über die anzustrebenden Optionen im Anschluss an die Auflösung der Treuhand.

Diese Denkansätze auf der Basis realistischer Planungen und Einschätzungen von Geschäftsmodellen sind wesentlich, um der Treuhandlösung – in der Praxis hat sie meist eine Laufzeit von drei Jahren und mehr – neben der Absicherung der laufenden Restrukturierung auch eine strategische Perspektive zu geben, auf die gezielt hingearbeitet werden kann. Diese Leistung muss in aller Regel der CRO erbringen, gegebenenfalls unterstützt durch Berater. Insofern kann ein CRO sich faktisch auch nicht auf die Rolle des Geschäftsführers und „Restrukturierungsbeauftragten" im Unternehmen zurückziehen, sondern muss sich Gedanken über eine langfristig tragfähige Gesellschafter- und Finanzierungsstruktur machen. Soll er diese Rolle nicht wahrnehmen, muss der Treuhänder sie aktiv übernehmen bzw. beide müssen sie arbeitsteilig ausfüllen. Das ist im Vorfeld zu klären.

Treuhandverträge können die Tätigkeit des Treuhänders auf die bloße Überwachung der Restrukturierung beschränken. Üblich ist aber die skizzierte Verwertungsoption, die dann auch so in dem Treuhandvertrag hinterlegt werden muss, dass sie im Bedarfsfall tatsächlich durchsetzbar ist. Dieser Punkt ist nach allen Erfahrungen strittig und juristisch anspruchsvoll. Die Verwertung ist entweder von Anfang an als Ergebnis der Tätigkeit des Treuhänders vorgesehen und vertraglich geregelt oder es sind bestimmte „Bedingungsfälle" definiert, die den Treuhänder berechtigen, bei Eintritt eines oder mehrerer dieser Bedingungsfälle das Unternehmen zu veräußern und den Verwertungserlös je nach Vereinbarung an die Gläubiger sowie Gesellschafter auszukehren. Auslöser für das Eintreten eines Bedingungsfalles ist entweder die Verletzung der Finanzierungsverträge („Covenant breach" bzw. „Payment default") oder die Entscheidung des Treuhänders nach pflichtgemäßem Ermessen. Letzteres wird er in aller Regel mit den Kreditgebern abstimmen und ist beispielsweise bei negativen Planabweichungen mit signifikanter Liquiditätsverknappung zu erwägen. Da ein ordentlicher Verwertungsprozess zur Realisierung eines angemessenen Verkaufserlöses einige Monate dauern kann, ist diese Ermessensentscheidung und die Bestimmung des Verkaufszeitpunktes bei schwindender Liquidität ein besonders heikles Thema.

Sind die Bedingungsfälle sehr präzise und umfassend definiert (z.B. eine zu bestimmten Terminen zu erreichende EK-Quote, quartalsweise bzw. monatlich höchstens tolerierte Unterschreitungen des geplanten EBITDA etc.) und ist der Restrukturierungserfolg mit hohen Erfolgsrisiken behaftet, dann sind der Verkauf der Anteile und das Ende der Beteiligung der Altgesellschafter am Unternehmen recht wahrscheinlich. Zum Schutz vor Haftungsrisiken wird der Treuhänder die Verwertung in aller Regel über ein möglichst professionell organisiertes Auktionsverfahren abwickeln. Für die Altgesellschafter schwinden damit die Möglichkeiten, eventuell noch einen Wunschkandidaten durchzusetzen. Sobald die Treuhand eingerichtet ist, sind die Altgesellschafter deshalb gut beraten, eng mit dem Treuhänder zu kooperieren. Eventuell wird ihnen auch, trotz Einschränkung ihrer Stimmrechte infolge der Sanierungstreuhand, ein Sitz in einem durch den Treuhänder zu bildenden „Treuhand- oder Sanierungsbeirat" eingeräumt, so dass noch eine gewisse Mitwirkung an der Restrukturierung möglich ist.

Mit Etablierung des Modells hat der Treuhänder auch aus Eigeninteresse (Haftung) auf ein für alle Beteiligten – Treugeber und Treunehmer – ausgewogenes Vorgehen zu achten, insbesondere wenn es zu dem Anteilsverkauf kommen sollte. Es sind dann eventuell nicht nur Altgesellschafter und ihre Anwälte, die diesen Prozess kritisch beobachten, sondern zusätzlich auch einzelne Banken, die befürchten, nach erfolgreicher Restrukturierung und mit einer neuen Gesellschafterkonstellation ihren Kunden zu verlieren. Diese Moderation ist in Krisenfällen keine einfache Aufgabe und es ist ratsam, auf die besondere Qualifikation, Reputation und auch unternehmerische Kompetenz bei der Wahl des Treuhänders zu achten. Diese Anforderungen erfüllt nicht unbedingt jeder Anwalt oder Notar, der sich dazu berufen fühlt. Manche Kanzleien stellen deshalb ihren Anwälten für diese Funktion auch erfahrene Manager zur Seite, da die Gesellschafterrolle in Krisenfällen nicht allein mit juristischer Kompetenz auszufüllen ist. Typisch ist auch der Einsatz eines Treuhänders in der Gesellschafterrolle und eines ihm bekannten CRO, der als Geschäftsführer des Krisenunternehmens die internen Prozesse vorantreibt.

Vorteile von Treuhandlösungen im Restrukturierungsprozess sind vor allem:

– Die Entkoppelung von Unternehmen und alter Gesellschafterstruktur, die meist nach einer gewissen Gewöhnungsphase zu einer deutlichen Beruhigung der maßgeblichen Stakeholder führt und Voraussetzung ihrer konstruktiven Unterstützung ist.

– Für die Banken ist die Treuhand eine „atypische Kreditsicherung", die ihnen ohne eigene Übernahme der Unternehmensanteile und ohne die juristisch riskante Ausübung der faktischen Geschäftsführung ein höheres Maß an Vertrauen in die Umsetzung notwendiger Restrukturierungsmaßnahmen gewährt. Im Verwertungsfall sind sie vorrangig begünstigt, dem Treugeber bleibt der nach Abzug der Kredite überschüssige Anteil des Verkaufserlöses. Für den Treugeber beinhaltet die Treuhand damit immerhin die Chance, das Unternehmen durch Herausgabe seiner Anteile zu erhalten und es bei gutem Verlauf der Restrukturierung wieder werthaltig zu machen, denn im Stadium der akut drohenden Insolvenz ist sein Unternehmen bzw. Anteil grundsätzlich nichts wert.

- Erfahrene Krisenmanager sind häufig erst unter dieser Bedingung bereit, sich in dem Unternehmen als haftendes Organ (CEO, CFO oder CRO) an die Spitze der Restrukturierungsprojekte zu stellen.

- Die Bedingungsfälle disziplinieren die Unternehmensführung und beschleunigen die Entscheidungsfindung der Geschäftsführung im Tagesgeschäft. Die üblicherweise enge Kommunikation mit professionell agierenden Treuhändern beschleunigt auch das Prozedere bei zustimmungspflichtigen Geschäften.

- Die schnelle Stabilisierung der Gesellschafterebene durch die Treuhand verbessert die Chancen, die Fluktuation auf Führungsebene einzudämmen, neue Fachkräfte zu gewinnen und notwendige Restrukturierungsmaßnahmen ohne Blockaden zügig umzusetzen. Die Restrukturierung kann meist schneller und wirksamer ohne den Einfluss der Altgesellschafter auf das Management umgesetzt werden.

- Bei Eintritt des Bedingungsfalls erleichtert die Treuhand die professionelle Vorbereitung und Durchführung des Investorenprozesses. Als besonders hilfreich erweist sich in dieser Situation die sofortige rechtssichere Verfügungsberechtigung des Treuhänders über die Anteile – möglichst 100% – sowie für die Verwertung relevanten Sachen und Rechte des Unternehmens.

Tritt ein Bedingungsfall ein, dann ist die Wahl des geeigneten Käufers das typische Thema und es ist von Vorteil, wenn bereits im Vorfeld die oben beschriebenen Kalküle – Base case, Investor case – erfolgt sind, um in dieser Situation zielgerichtet zu agieren. In der Regel läuft die Diskussion auf die Frage hinaus, ob es überhaupt Interessenten geben wird und ob dann ein strategischer Investor oder ein Finanzinvestor eher geeignet ist, sofern angesichts der Verfassung des Krisenfalles ausreichende Wahlmöglichkeiten bestehen. Professionelles und sehr diskretes Vorgehen sind in dieser Situation besonders wichtig.

Für gut situierte strategische Investoren sprechen die meist hohe Stabilität, professionellen Strukturen sowie ihre Finanz- und Organisationskraft. Je nach Bedeutung des Übernahmeobjektes für das Portfolio des Strategen und den im Postmerger-Prozess erzielbaren Synergien lassen sich eventuell auch bessere Verkaufserlöse erzielen, als es bei einer Veräußerung an Finanzinvestoren möglich ist. Fonds erweisen sich demgegenüber oft als risikobereiter, schneller und flexibler im Verkaufsprozess sowie als besonders versierte Experten in der Realisierung von Wertsteigerungen. In nicht wenigen Fällen sind spezialisierte Sanierungsfonds auch die einzigen ernsthaften Interessenten für den Erwerb eines Krisenunternehmens. Letztere versuchen gelegentlich auch relativ früh – eventuell noch vor dem Eintritt von Bedingungsfällen – in den Fall einzusteigen, um von einem Haircut der noch verunsicherten Banken zu profitieren und das Objekt zu geringen eigenen Einstandskosten mit entsprechend hohem Wertsteigerungspotenzial zu erwerben. Wenn der Treuhänder primär eine schnelle Lösung sucht und auch in absehbarer Zeit ein Bedingungsfall – abhängig davon, wie eng die Bedingungen/Covenants gefasst sind – möglich ist, kann es zu einer kritischen Konstellation kommen. Ein möglicherweise verdecktes Agieren aggressiver strategischer Investoren oder Finanzinvestoren, beispielsweise mit verlockenden Angeboten an Schlüsselkräfte des Unternehmens oder an Gesellschafter für den Fall des Verkaufs an diesen Investor, kann die laufende Restrukturierung erheblich behindern.

Dominantes Bestreben der Treiber des Prozesses im Bedingungsfall ist meist der Ausstieg aus dem kritischen Engagement, egal wie. Kaum und aus Sicht der Verfasser zu wenig diskutiert wird die Frage, wie sehr auch im Zuge der Verwertung darauf zu achten ist, den mittelständischen Charakter eines restrukturierten Unternehmens zu bewahren, sofern dies grundsätzlich noch möglich ist. Die Erfahrung zeigt, dass dieser Aspekt keineswegs banal ist:

– Nicht wenige deutsche mittelständische Unternehmen sind weltweit technisch überlegene Marktführer in einer Nische, in der sie sich mit ausgeprägter Flexibilität und Innovationskraft behaupten. Eingebunden in einen tradierten Konzern – dessen Unternehmertum sich gelegentlich nur auf gefällige Rhetorik beschränkt – können sie ihre Erfolgsfaktoren nicht mehr in gewohntem Maße ausspielen und erstarren im engen Geflecht der in großen Organisationen unabdingbaren Normen und Regelwerke. Als Gesellschaft eines Fonds haben sie – gelegentlich ebenfalls entgegen anderen Verlautbarungen – vor allem auch die Exit-Ziele zu bedienen, die im Konflikt zu den langfristig angelegten Service- und Innovationskonzepten unternehmergeführter Mittelständler stehen können. Dieser Konflikt kann zu einer Entfremdung von Fondsmanagement und dem häufig für den Erfolg unverzichtbaren Unternehmensmanagement führen. Weitere Folge sind dann deutliche Leistungseinbußen.

– Konzernmanager versagen oft trotz hervorragender Vita in mittelständischen Unternehmen; im Mittelstand erfahrene Manager scheitern häufig im Konzern. Das ist eine typische Erfahrung, weil von der jeweiligen Organisation – Arbeitsteilung und Spezialisierung, Standards und Strukturen etc. – im Laufe der Berufsjahre deutlich andere Fähigkeiten gefordert und gefördert werden. Entzieht man einem Mittelständler die treibende Kraft des Unternehmertums, entwickelt er sich wider Erwarten nicht mehr mit gleicher Prosperität. Nicht selten sind auch die Gesellschafter Wissensträger, Führungspersönlichkeiten und bei Kunden geschätzte Gesprächspartner, auf die das Unternehmen nicht so leicht, wie es vordergründig scheinen mag, verzichten kann.

– Die Finanzpartner von Mittelständlern sind meist auch die regionalen Volksbanken und Sparkassen bzw. ihre Dachorganisationen sowie außerdem noch bestimmte Fördergesellschaften der Länder mit wirtschaftspolitischem Auftrag. Bei Veräußerungen an einen Konzern oder Fonds verlieren diese Regionalbanken meist ihren Kunden, der von der engen Zusammenarbeit in der Vergangenheit durchaus profitiert hat. Es liegt deshalb oft im Interesse dieser Banken und auch der regionalen Politik, die Struktur eines selbständig agierenden Mittelständlers so weit wie möglich zu bewahren.

Überlegungen zur Erhaltung mittelständischer Strukturen in Krisenfällen sind deshalb durchaus der Mühe wert und auch im Interesse mancher Finanzpartner. Die materiellen und organisatorischen Lösungsansätze können dann vielfältig sein – beispielsweise Mezzanine Capital für das Unternehmen, Fonds mit einer Minderheitsbeteiligung und besonderen Stimmrechten sowie finanzielle Hilfen für den Anteilserwerb durch den hoffnungsvollen Nachfolger und seine Unterstützung durch einen erfahrenen Beirat. Grundvoraussetzung ist immer die finanzielle Machbarkeit und das Interesse eines Nachfolgers aus der Familie oder auch kaufwilliger Manager des Unternehmens bzw. eines externen „Unternehmertypen" (Management Buyout oder Management Buyin), das auf Zustimmung der Finanzpartner stößt.

Betriebswirtschaftlich interessant ist die Wahrung der Struktur des Mittelständlers, wenn sich dadurch gegenüber anderen Modellen ökonomisch überlegene Lösungen realisieren lassen. Trotz der gerade in Deutschland hohen volkswirtschaftlichen Bedeutung dieses Unternehmenstypus gibt es kaum klare Vorstellungen zu den besonderen Erfolgsfaktoren mittelständischer Unternehmen. Erfahrungswerte sind:

– Ein nachhaltig solides Geschäftsmodell, wie etwa die typische Positionierung in einer Marktnische mit hohem technischen Differenzierungspotenzial oder die Position als starker „regionaler Platzhirsch".

- Eine leistungsorientierte Führungskultur mit bestimmten Merkmalen, wie z.B. die Betonung einer ausgeprägten Kundenorientierung, kurze Entscheidungs-wege und attraktive Aufgaben mit hoher Entscheidungsfreiheit, eine glaubwür-dige Mitarbeiterorientierung sowie ein als gerecht empfundenes Entgeltsystem. Diese Merkmale lassen sich vor allem in einem familienähnlichen Umfeld gut umsetzen und erhalten.

- Die Persönlichkeit des Unternehmers als Vorbild, eindeutiger Anführer und An-treiber mit prägenden Werten für seine Mitarbeiter und seine „Gefolgschaft" aus besonders treuen Managern. Oft genug ranken sich um diese prägende Per-sönlichkeit nach Jahren der Führung auch anerkennende Legenden.

Sind diese Punkte trotz Krise und Bedingungsfall noch gegeben oder im Zuge der Restrukturierung wieder gestaltbar, dann sollte auch bei einer Treuhandlösung mit schwieriger Gesellschafterstruktur nicht unbedingt der vordergründig einfachere Weg der Veräußerung an einen strategischen Investor oder Sanierungsfonds als die uneingeschränkt beste Lösung gesehen werden. Allerdings ist es dann die Pflicht der Altgesellschafter, aus eigenem Antrieb konstruktive und nachhaltige Beiträge zur Problemlösung zu leisten, insbesondere wenn bestimmte Gesell-schafter bzw. Gesellschafterstrukturen bei objektiver Beurteilung eindeutig als maßgebliche Krisenursache zu sehen sind.

Angesichts des Konfliktpotenzials sollten Treuhandlösungen mit anschließender Verwertung eher als Ultima Ratio angestrebt werden. Ansonsten sollten auch die Bedingungen der Kreditverträge (Covenants etc.) den Finanzpartnern genügen, um ihnen die gewünschte Transparenz sowie ausreichende Sicherheiten zu geben.

Steht das Ausscheiden der Gesellschafter durch einen Verkaufsprozess an, sind in Krisenfällen einige Besonderheiten zu beachten:

- Der Idealfall aus Sicht aller Stakeholder ist ein Verkaufsprozess erst im Anschluss an eine erfolgreiche Restrukturierung, sofern er dann – aus welchen Gründen auch immer – noch als erforderlich erachtet wird. Das Unternehmen ist aus der akuten Krise gerettet und hat eine nachhaltige Zukunftsperspektive. Das er-leichtert den M&A-Prozess, der ohne unnötigen Zeitdruck mit einer überzeu-genden Story und aus einer guten Verhandlungsposition heraus erfolgen kann. Investoren, die akute Krisenfälle meiden, kommen nun als zusätzliche Interes-senten in Frage, sofern es im Stadium der akuten Krise überhaupt ernsthafte Interessenten gab – Wettbewerber als Investoren sind oft gleichermaßen angeschlagen, froh, wenn ein Konkurrent ausscheidet, und interessieren sich eventuell nur für die Kundenaufträge, Marken und Patente. Erleichtert wird nach erfolgreicher Restrukturierung außerdem die Unternehmensbewertung. Hinzu kommt das reduzierte Konfliktpotenzial, weil die Anteile der Gesellschafter wieder werthaltig sind und im besten Fall für sie auch eine Ablösung aus sonstigen Verpflichtungen, wie Bürgschaften, Verpfändungen etc., zu erwarten ist. Treuhänder behalten aus diesem Grund auch Krisenfälle ggf. so lange in ihrem Bestand, bis sich wieder eine Hoffnung erweckende Geschäftslage ergibt und ein formal geordneter Verkaufsprozess möglich ist, weil sie dann eher juristischen Konfrontationen mit kritischen Altgesellschaftern aus dem Wege gehen können bzw. einige Prozessrisiken reduzieren. Im Einzelfall wird es gewiss Modifikationen dieser Idealsituation geben, z.B. die nicht unbedingt offen geäußerte Befürchtung, dass die Restrukturierung aufgrund bestimmter Umstände – Produktlebenszyklus, schwierige Nachfolge, Innovationsstau, Wettbewerbsverhalten etc. – nur zu einer vorübergehenden Erholung führen wird und aus strategischer Sicht die Suche nach einem Partner ansteht. Im Kern aber sind dies mit üblicher Routine anzugehende M&A-Prozesse, die hinlänglich bekannt und gut beherrschbar sind. Es ist davon auszugehen, dass diese Transaktionen meist als Share Deals mit Ablösung der Verbindlichkeiten erfolgen können. Bei vorsichtig agierenden Investoren ist aber mit einem organisatorisch aufwendigeren Asset Deal zu rechnen, der entsprechend vorzubereiten ist (akkurate Anlagenbuchhaltung, zeitnahe Inventur, werthaltige Forderungsbestände, Personalübergang nach § 613 a BGB etc.)

– Deutlich schwieriger zu handhaben sind Notverkäufe während der laufenden Restrukturierung, weil sich beispielsweise wesentliche Prämissen des ursprünglichen Konzeptes nicht bestätigt haben und die Finanzierer nicht mehr zu weiteren materiellen Beiträgen bzw. zu einer weiteren Kooperation mit den Gesellschaftern gewillt sind. Diese Prozesse stehen unter sehr hohem Zeitdruck, denn es geht darum, die erneut drohende Insolvenz des Krisenunternehmens durch einen kurzfristigen Verkauf an einen Investor abzuwenden. Es gibt Fälle, in denen das innerhalb von drei bis vier Wochen geschehen musste. Wesentliche Aufgabe der Krisenmanager in dieser Lage ist, die Aussichtslosigkeit der weiteren Stand-alone-Fortführung des Unternehmens bzw. das Scheitern des Restrukturierungsprojektes so frühzeitig zu erkennen, dass alternativ zur drohenden Insolvenz noch ein halbwegs geordneter M&A-Prozess über einen Zeitraum von drei bis vier Monaten – sechs bis acht Monate sind bei gesunden Unternehmen üblich – und mit hinreichender Diskretion umgesetzt werden kann. Ebenfalls ist es Aufgabe der Krisenmanager, parallel zu dem M&A-Prozess die denkbaren Varianten der Insolvenz zu durchdenken und je nach Erfolgsaussichten des Unternehmensverkaufs auch schon als Fallback-Option vorzubereiten. Dem Unternehmer bzw. Gesellschafter, der engagiert um sein Lebenswerk kämpft, kann dies nicht abverlangt werden. Generell wird es für Krisenmanager nicht leicht sein, die Gesellschafter und übrigen Stakeholder in kurzer Zeit von der Notwendigkeit dieses Vorgehens zu überzeugen. Eine neue realistische Planung ist dafür die Grundvoraussetzung, denn auch eventuelle Investoren werden sich für ein derartiges Objekt nur mit großer Vorsicht interessieren und ausreichende Transparenz erwarten. Mit einem derartigen Verkauf „in letzter Minute" wird lediglich die Insolvenz des Unternehmens vermieden. Die Investoren werden das erkennen und für ihre Verhandlungsstrategie nutzen. Für den Unternehmer, seine Familie sowie weitere Altgesellschafter sind mit einem Notverkauf aber nicht unbedingt alle Probleme gelöst, denn sie können durch den späten und überhasteten Ausstieg empfindliche Vermögenseinbußen erleben, bis hin zur drohenden Privatinsolvenz. Die Vermeidung destruktiver Blockaden der Gesellschafter aus Existenzangst und wie auch immer begründeten Emotionen spielt dann neben der professionell rationalen Gestaltung des Verkaufsprozesses eine bedeutende Rolle. Die Krisenmanager sind besonders gefordert, auch diese psychologischen Prozesse und materiellen Themen bis in die Privatsphäre der Gesellschafter zu durchdringen und hinreichend zufriedenstellend zu lösen.

Unternehmensverkäufe erfordern in jedem Fall die Unterstützung von Juristen, Prüfern und Steuerexperten. Ohne ihren Rat sollten M&A-Transaktionen nicht angegangen werden. Auf die Haftungsthemen bei Unternehmensverkäufen wird hier nicht eingegangen. Das ist Thema entsprechender Spezialisten. Den Verfassern geht es darum, neben den betriebswirtschaftlichen Aspekten, den Handlungsrahmen für die Verhandlungsführer herauszuarbeiten und die Besonderheiten dieser Prozesse aufzuzeigen, denn so systematisch und rational wie die folgende Abbildung 175 suggeriert, verläuft der Verkauf von Krisenunternehmen in aller Regel nicht.

Während es bei normalen Unternehmensverkäufen im Kern darum geht, mit ausreichender Zeit für den Transaktionsprozess eine ausgewogene Relation zwischen dem Verkaufserlös für den Veräußerer und den Garantien für den Erwerber zu finden, reduzieren sich die Spielräume bei dem Verkauf von Krisenunternehmen deutlich. Es herrscht Zeitdruck und die Interessenten müssen, trotz oder wegen der erkennbaren Probleme des Unternehmens, primär durch eine überzeugende zukunftsbezogene Argumentation – Business-Plan, strategischer Fit, Synergien, Wertsteigerungspotenziale und Exit-Optionen etc. – gewonnen werden. In der späteren Due Diligence wird der Business-Plan und Unternehmensstatus in aller Regel einer peniblen Prüfung durch den Interessenten unterworfen. Zum einen

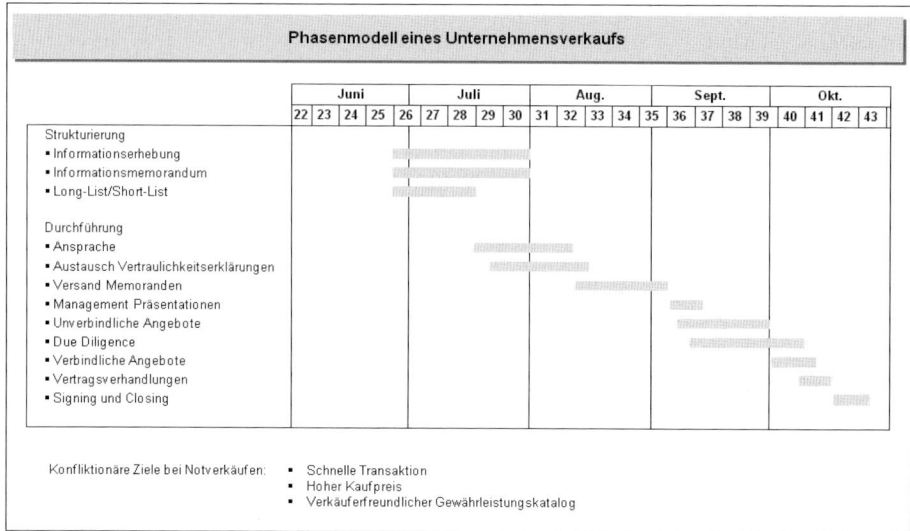

Abbildung 175: Phasenmodell eines Unternehmensverkaufs (Beispiel)

getrieben von der Absicht, Inkonsistenzen und zusätzliche Chancen (außerordentliche Sanierungsbeiträge, Grenzerträge aus der verbesserten Nutzung vorhandener Ressourcen etc.) bzw. Risiken (drohende Verluste, Werthaltigkeit von Bilanzpositionen, Preisrisiken etc.) des vorgelegten Base case aufzudecken und mit der Korrektur des ursprünglichen Base case insbesondere eigene Risiken auszuschließen. Zum andern getrieben von der Absicht, den darauf aufbauenden Investor case bezüglich der erwarteten Wertsteigerungspotenziale und Exit-Chancen zu verifizieren sowie gegebenenfalls entsprechend den eigenen Absichten zu modifizieren. In den abschließenden Verhandlungen verengt sich die Perspektive im Wesentlichen auf die Transaktionsstruktur (Share Deal, Asset Deal) und Risikoverteilung sowie die Liquiditätssicherung und Bereinigung der Bilanz des Krisenunternehmens. Aufgrund der mit dem Kauf von Krisenunternehmen verbundenen Risiken und faktisch kaum belastbaren Garantien – sofern sie überhaupt eingeräumt werden – neigen Investoren hinsichtlich der Transaktionsstruktur zu dem eher aufwendigen und zeitraubenden, aber risikomindernden Asset Deal. Die meist auch für neutrale Berater nur begrenzte Transparenz des Krisenfalles macht den tatsächlichen Liquiditätsbedarf nach der Übernahme zu einem bedeutenden Thema für den Käufer. Unter anderem muss er mit einem ungeplanten aufgestauten Bedarf aufgrund von Erwartungshaltungen rechnen, die mit dem erfolgreichen Unternehmensverkauf einhergehen und überraschende Spitzen im Liquiditätsbedarf auslösen können, beispielsweise durch bis dahin aufgeschobene Begehrlichkeiten von Mitarbeitern und Kreditoren. Mit dem Verkauf ist der säumige Schuldner offenbar wieder zahlungsfähig. Es ist naheliegend, dass die Käufer sich durch weitgehende Zugeständnisse der bisherigen Finanzierer des Unternehmens einen möglichst großen Liquiditätsspielraum und Absicherungen für Unwägbarkeiten verschaffen möchten. Die Bereinigung der Passivseite der Bilanz mündet deshalb in Krisenfällen, neben dem üblicherweise symbolischen Euro als Erlös für das Eigenkapital (Equity Value), in zähe Diskussionen mit den Gläubigern über die Ablösung des Fremdkapitals gegen einen Haircut. Gegenposition der Gläubiger in den Verhandlungen ist die Freigabe ihrer Sicherheiten auf der Aktivseite der Bilanz, mit dem Ziel, für sich insgesamt eine mindestens gleichwertige, eher bessere Regelung als im Falle einer Insolvenz des Unternehmens zu erreichen. Insofern spielt die faktische Macht der Gläubiger bei dem Verkauf von Krisenunternehmen eine bedeutende Rolle, auch wenn sie formal nicht die aktiven Verkäufer des Unternehmens und Treiber des Prozesses sind.

Zur Veranschaulichung der Dramatik wird im Folgenden ein für den Mittelstand nicht ganz ungewöhnliches Beispiel vorgestellt. Es ging um ein Unternehmen aus dem Baunebengewerbe mit von Steueroptimierungen geprägten komplexen Strukturen. Der Betrieb wurde in einer Betriebskapitalgesellschaft (GmbH) geführt, die Teile des Anlagevermögens und die Immobilien von verschiedenen, wiederum verschachtelten Besitzgesellschaften (GmbH & Co. KG, GbR) gepachtet hatte. Das Krisenunternehmen hatte aufgrund des Verhaltens seines CFO, der gleichzeitig 51% der Anteile hielt, das Vertrauen der Banken verloren. Die hohen Verluste des Vorjahres hatte das Unternehmen faktisch über das vollständige Ausschöpfen der Kreditlinie, die Ausweitung der überfälligen Kreditoren und den Bestandsabbau finanziert. Das Working Capital für anstehende Neuaufträge konnte es nicht mehr finanzieren, zudem stiegen die Spannungen mit Lieferanten aufgrund signifikanten Zahlungsverzugs. Ohne zusätzliche Liquidität drohte die Insolvenz. Das von den Banken erbetene Sanierungskonzept neutraler Berater zeigte, dass es ohne diese zusätzliche Liquidität keine realistische Stand-alone-Fortführungsprognose für das Unternehmen gab. Hinzu kam, dass die parallel veranlasste Jahresabschlussprüfung durch einen Wirtschaftsprüfer nochmals Mängel im Rechnungswesen aufdeckte. Zu mehr als einer befristeten Stundung der Tilgungen waren die Banken, die ihre Interessen zwischenzeitlich gepoolt hatten, deshalb nicht bereit. Zudem setzten sie einen CRO durch sowie eine Treuhandvereinbarung unter restriktiven Bedingungen. Mit Mühe konnte der CRO im Anschluss die Gesellschafter von dem umgehenden Verkauf des Unternehmens als letzte Rettungsoption überzeugen. Schlagendes Argument war die aufgrund von selbstschuldnerischen Bürgschaften drohende Privatinsolvenz der Gesellschafter im Falle des wahrscheinlichen Untergangs des Unternehmens. Das bedeutete aber auch, dass der Verkauf zu einer besseren Lösung für die Gesellschafter als die Privatinsolvenz führen musste.

Da alle Gesellschafter Schlüsselpositionen im Unternehmen wahrnahmen, mussten sie außerdem von destruktivem Verhalten während und nach dem Verkauf ihrer Anteile abgehalten werden.

Die beiden Abbildungen 176 und 177 zeigen die Optionen des Sanierungskonzeptes für die Gläubiger. Für die Gesellschafter war klar, dass es nur noch um die Abwendung der Privatinsolvenz sowie weiterer juristischer Konsequenzen und im günstigen Fall noch um die Rettung eines überschaubaren privaten Restvermögens gehen konnte. Die Spannungen während des Transaktionsprozesses mit und zwischen den Gesellschaftern sowie mit und zwischen den Gläubigern kann sich der Leser selber ausmalen. M&A-Berater, CRO und Poolführer hatten einiges zu tun, um möglichst diskret irrationale Blockaden abzuwenden bzw. wieder aufzulösen und Irritationen auf Seiten der Interessenten zu beheben.

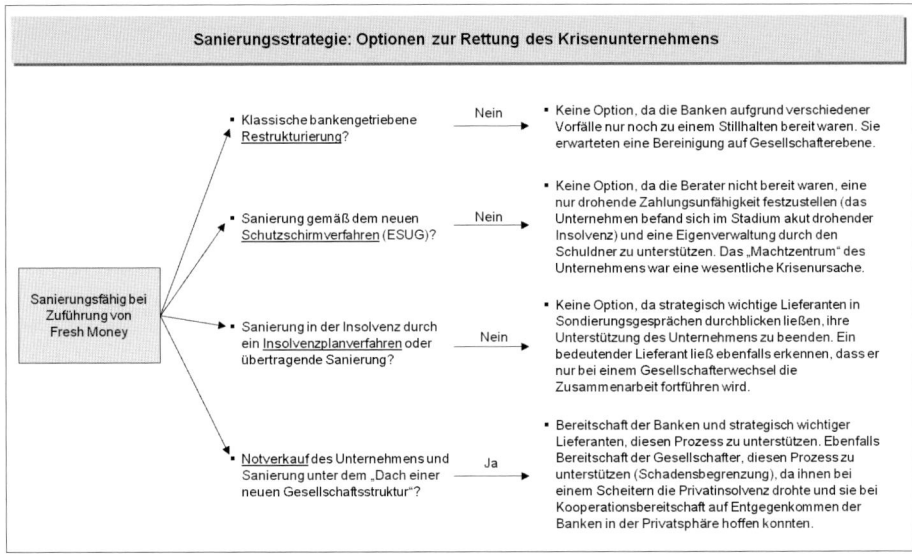

Abbildung 176: Sanierungsstrategie – Optionen zur Rettung des Krisenunternehmens

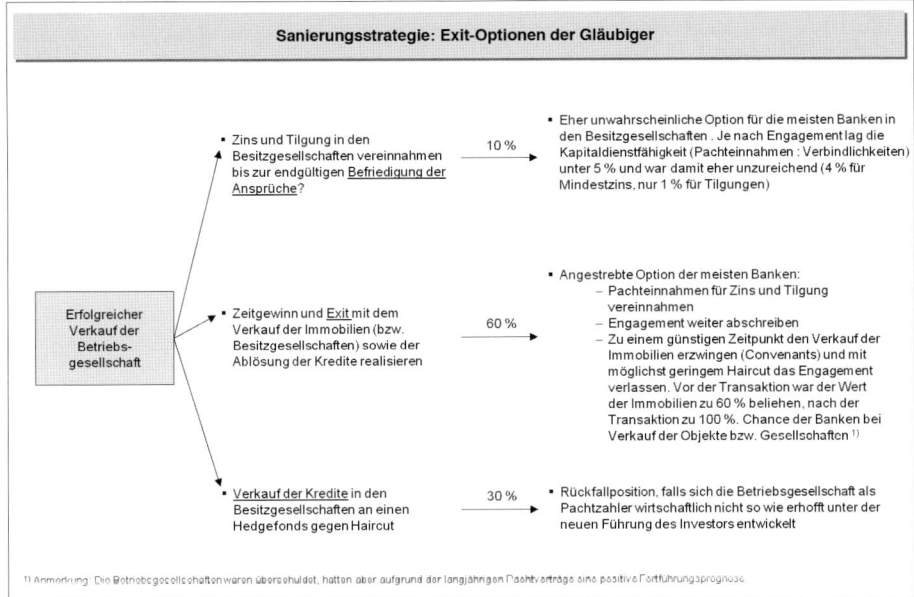

Abbildung 177: Sanierungsstrategie – Exit-Optionen der Gläubiger

Anbei die wesentlichen Aspekte des Verkaufsprozesses in dem oben skizzierten Praxisfall:

– Im Vorfeld ging es zunächst einmal um die Auswahl eines geeigneten M&A-Beraters sowie der benötigten Anwälte. Man entschied sich für einen renommierten M&A-Berater, der Seriosität verkörperte und nicht als ausschließlicher Spezialist für Transaktionen in Krisensituationen galt. Gegenüber Investoren sollte nicht der Eindruck eines Notverkaufs erweckt werden, auch wenn er für Fachexperten offensichtlich war. Parallel zu dem Verkaufsprozess führte der CRO Gespräche mit einem Fachanwalt für Insolvenzrecht, um auch diese Optionen zu prüfen und gegebenenfalls umzusetzen.

– Die Longlist möglicher Interessenten wurde im Vorfeld zwischen den Beratern und den Gesellschaftern – die Verkäufer – abgestimmt, auch wurden die Banken von der Vorauswahl in Kenntnis (Vermeidung faktischer Geschäftsführung) gesetzt. Aufgabe der Gesellschafter war es, zu beurteilen, welche strategischen Investoren als ernsthafte und seriöse Kandidaten in Frage kämen. Der M&A-Berater hatte dafür zu sorgen, dass nur als geeignet und seriös bekannte Finanzinvestoren in den Prozess aufgenommen wurden. Die Banken verstanden es, durch zurückhaltendes Nachfragen, auch ihre Meinung zu bestimmten Kandidaten in die Auswahl einzubringen. Beispielsweise Erfahrungen zu einem Finanzinvestor, der sich auf Bankenseite durch nachträgliche Anfechtungen und Nachforderungen einen zweifelhaften Ruf erworben hatte, unter anderem mit der Drohung der Insolvenz des Objektes innerhalb der Anfechtungsfristen. Die Reputation kann für Interessenten zum Dealbreaker werden und das ist vollkommen in Ordnung, denn es geht um einen kritischen Prozess.

– Der CRO bereitete gemeinsam mit Fachberatern (Steuerberater, Restrukturierungsberater, Anwälte), den Gesellschaftern und dem M&A-Berater die Transaktionsstruktur vor. Zum einen ging es um die Erarbeitung des Investor case, denn es ist die Pflicht der Unternehmensvertreter, die bei neuer Finanzierung und ergänzenden Maßnahmen attraktive Perspektive des Unternehmens für Investoren aufzuzeigen – unabhängig davon, welches Konzept ein Investor selber tatsächlich verfolgen wird. Zum anderen war der Transaktionsgegenstand zu definieren. Man entschied sich aufgrund des Zeitdrucks und der Komplexität der Unternehmensgruppe für den alleinigen Verkauf der Betriebskapitalgesellschaft, die dann weiterhin zu marktüblichen Konditionen die benötigten Anlagen und Immobilien der Besitzgesellschaften nutzen konnte. Für den Investor hatte das den Vorteil, mit geringem Aufwand und Risiko in ein Engagement einzusteigen, das leicht zu erwerben und auch wieder leicht zu verkaufen war. Für die Gesellschafter hatte dieser Ansatz den Vorteil, dass sie bei erfolgreichem Wirtschaften des Investors noch eine gewisse Chance hatten, ihren Immobilienbesitz zu retten bzw. zumindest die Privatinsolvenz abzuwenden.

– Die Transaktionsstruktur wurde ebenfalls mit den Banken besprochen, da sie eventuell einen signifikanten Haircut in der Betriebsgesellschaft zu erwarten hatten. Ihr Ziel war ein „Bad Bank-Modell", gemäß dem alle Verbindlichkeiten der Betriebsgesellschaft ungekürzt auf die von denselben Banken finanzierten Besitzgesellschaften – eine hohe Herausforderung für die Anwälte und Steuerberater – verlagert wurden. Die Betriebsgesellschaft sollte mit den Besitzgesellschaften einen Pachtvertrag für zehn Jahre eingehen und für drei Jahre eine Bürgschaft bzgl. der Pachtzahlungen übernehmen, die sich ratierlich mit jeder jährlich erfolgten Pachtzahlung reduzierte. Außerdem wurde von dem Investor die Finanzierung des Working Capital der Betriebsgesellschaft mit eigenen Mitteln erwartet. Damit sollte der Investor für drei Jahre an dieses Konzept gebunden werden und sich ernsthaft um den nachhaltigen Erfolg der Betriebsgesellschaft – die „zu melkende Kuh" – bemühen. Vor allem wollten die Banken genügend Zeit für interne Wertberichtigungen gewinnen und auch Zeit, um im Anschluss über den Verkauf der auf den Immobiliengesellschaften lastenden Kredite ihren Exit ohne bzw. mit einem geringen Haircut zu realisieren. Sie erklärten sich für den Fall ihres Ausscheidens bereit, die Gesellschafter bei konstruktivem Mitwirken aus allen Bürgschaften ihnen gegenüber zu entlassen. Auch sollten die privaten Wohnimmobilien der Gesellschafter in diesem Fall unangetastet bleiben. Nicht von vorneherein ausgeschlossen wurde von den Banken auch die Option, in den bestehenden Engagements mit den Besitzgesellschaften bis zur endgültigen Tilgung zu verbleiben – entscheidend dafür war der nachhaltige Erfolg der Betriebsgesellschaft als solventer Pächter.

– Der anschließende Verkaufsprozess folgte der üblichen Methodik. Überraschend war die zügige Absage aller strategischen Investoren. Einzelne begründeten dies im vertraulichen Gespräch mit dem M&A Berater explizit mit den als schwierig bekannten Gesellschaftern. Immerhin gab ein als zuverlässig bekannter strategischer Investor – expansiver Marktführer – zu erkennen, dass er an einem Kauf im Anschluss an der mühevollen Bereinigung des Unternehmens durch einen Finanzinvestor interessiert wäre, weil für ihn die Marke und langfristigen Serviceverträge mit bedeutenden Kunden reizvolle Werte des Krisenunternehmens waren. Da ein Wettbewerber in der Nähe des Krisenunternehmens infolge einer gescheiterten Nachfolge ebenfalls zum Verkauf stand und der langfristig interessierte Stratege eine erkennbare Exit-Option war, hatte der Fall für Finanzinvestoren einige positive Anreize. Das zeigte sich auch im weiteren Verfahren.

– Es gelang, vier Finanzinvestoren von dem Investor case und dem Transaktionsmodell zu überzeugen. Das war viel, denn in aller Regel freut man sich in Krisenfällen bereits über zwei ernsthafte Interessenten. Der Kaufpreis für die Unternehmensanteile lag in allen Fällen wie zu erwarten bei einem Euro. Aber alle Interessenten waren bereit, den Gesellschaftern noch für eine gewisse Zeit Arbeitsverträge bzw. Beraterverträge im Unternehmen anzubieten, so dass von dieser Seite keine Verwerfungen zu erwarten waren. Es ging deshalb primär um die Diskussion des Erwerberkonzeptes, der künftigen Finanzierung und der Einigung mit den Banken. In der Besprechung der indikativen Angebote kam es dann aber doch zu den üblichen Überraschungen:

– Ein Finanzinvestor zeigte großes Interesse, die gesamte Gruppe – Betriebsgesellschaft und Besitzgesellschaften – zu kaufen. Er forderte dafür aber in der mündlichen Präzisierung seines schwammig formulierten indikativen Angebotes einen Haircut auf alle Verbindlichkeiten, der so üppig war, dass der Investor bei einem anschließenden Verkauf der Immobilien bereits einen signifikanten Gewinn erwirtschaften konnte. Dieser Investor hatte sich in der Vergangenheit durch Carve Outs mit Konzernen profiliert und war anscheinend ein großzügiges Finanzierungsgebaren seitens der Verkäufer gewohnt, denen es meist um die diskrete Lösung eines Problemfalls im Konzern geht – egal, was es kostet. Der Haircut hätte unter anderem die gut besicherten Banken schlechter gestellt als eine Insolvenz, so dass sie diesen Weg als ordentliche Kaufleute selbst bei gutem Willen nicht gehen konnten – er wäre intern gegenüber den Kreditausschüssen etc. nicht durchsetzbar gewesen. Der Interessent erhielt eine Absage, da keine sinnvolle Verhandlungsbasis erkennbar war.

– Einen durchwachsenen Eindruck hinterließ eine Investorengruppe um einen bekannten Sanierer, dessen Konzept ein rigoroses Downsizing der Betriebsgesellschaft durch Personalabbau vorsah, um so schnell wie möglich eine Stand-alone-Lebensfähigkeit unterhalb des Break-even zu erreichen. Die Frage, ob er das Unternehmen bei diesem Abbau noch für funktionsfähig hielte, wollte er nicht beantworten. Ebenfalls ging er nicht auf den Punkt ein, die Sanierung auch über eine Reduktion der Materialquote voranzutreiben, die den Unternehmensvertretern realistisch erschien, aber aufgrund der knappen Liquidität nicht mehr möglich war. Zur Beistellung signifikanter eigener Mittel war er nicht bereit, auf den geforderten Finanzierungsnachweis reagierte er zögerlich. Er stellte sich die künftige Finanzierung primär durch Freigabe des Umlaufvermögens (Forderungen) des Unternehmens durch die Banken vor, das dann als Sicherheit für eine neue Finanzierung – Factoring, Kreditlinie – verwendet werden konnte. Im Grunde erwartete er für die Finanzierung des Working Capital und für die von ihm überhöht angesetzten Kosten des Personalabbaus wiederum Finanzierungshilfen der bereits etablierten Banken. Diese gaben offen zu erkennen, dass sie ihre Sicherheiten nur freigeben würden, wenn der Investor mehr eigenes, nachweisbares finanzielles Engagement (Fresh money für eine Eigenkapitalerhöhung) zeigen würde und er sich zudem verpflichten würde, dieses nicht nach erfolgter Transaktion durch kurzfristige Ausschüttungen, Beraterhonorare etc. wieder aus dem Unternehmen abzuziehen, sondern in dem Unternehmen zur Stärkung des Working Capital zu belassen. Sein Wunsch nach Exklusivität und Erstattung der Kosten für Anwälte, Due Diligence etc. bei Fortsetzung der Gespräche wurde abgelehnt. Die Gespräche mit diesem Interessenten wurden nicht abgesagt, aber geschoben, um bessere Optionen voranzutreiben. Es war klar, dass dieser Investor kühl auf seine Chance als „last option" vor der Insolvenz warten würde, mit der Intention sein eigenes Engagement möglichst gering zu halten.

- Ein Family Office hatte zwar ein relativ schlechtes indikatives Angebot abgegeben, hinterließ aber in dem Gespräch einen ausgesprochen positiven Eindruck und signalisierte aufgrund der neuen Erkenntnisse aus den Gesprächen die Bereitschaft zur Nachbesserung des indikativen Angebotes. Herausragend war das indikative Angebot eines Finanzinvestors, das die Übernahme des Unternehmens in einem Share Deal vorsah, die Bereitstellung ausreichender eigener Mittel für die Finanzierung des Working Capital, die teilweise Ablösung der Banken und die Verlagerung der restlichen Verbindlichkeiten ohne Haircut auf die Besitzgesellschaften.

- Aufgrund des Zeitdrucks entschied man sich, dem besten Angebot zu folgen und die Verhandlungen mit dem Finanzinvestor voranzutreiben. Das Familiy Office und die Gruppe um den Sanierer sollten ohne Absage durch Hinhaltetaktik in Reserve gehalten werden. Anstelle des bisher den Prozess treibenden CEO des Finanzinvestors erschien für die bestätigende Due Diligence erstmals der Investment-Manager des Finanzinvestors mit seinem Berater. Der Auftritt der beiden Herren im Unternehmen war bemerkenswert aggressiv. Besonders strittig war ihr Ansinnen, das Unternehmen in einem Asset Deal zu übernehmen und in der Phase zwischen Signing und Closing die Lieferanten zu einem Haircut von 50% zu bewegen, mit der Drohung, die verbleibende Hülle in eine Ltd. umzuwandeln und dann mit den renitenten Gläubigern nach gläubigerfreundlichem britischen Recht in die Insolvenz zu schicken. Abgesehen von juristischen Themen – z.B. der mögliche Vorwurf des betrügerischen Bankrotts – war dies insbesondere aufgrund der faktischen Macht wesentlicher Lieferanten ein abstruses Ansinnen. Ein Lieferstopp hätte zu Ausfällen auf Baustellen mit drastischen Pönalen und Zahlungsverweigerungen von Kunden geführt, die das Unternehmen in kurzer Zeit vernichtet hätten. Die Diskussion mit dem Investment-Manager gipfelte im Abbruch der Gespräche. Noch am selben Abend schickte der Investment-Manager eine Mail mit seinen „Findings", die bei ihm aufgrund überraschender Erkenntnisse erhebliche Bedenken auslösten und ihn zu einem deutlich reduzierten Angebot veranlassten, das er in der Anlage beigefügt hatte. Der CRO beantwortete diese Mail nach Abstimmung mit den Gesellschaftern umgehend mit dem Hinweis, dass der Prozess wegen „… heuschreckenmäßigem Verhalten des Investment-Managers eingefroren" sei, dass er jedes weitere Gespräch mit ihm ablehne und die Verhandlungen mit anderen Investoren forciere. Angesichts der knappen Liquidität und vorausgehend freudigen Erwartungshaltung der Banken war dieser taktische Schritt eine schwere Entscheidung, aber er führte zum Erfolg. Am übernächsten Tag gab es eine Telefonkonferenz des CRO und M&A-Beraters mit dem CEO des Finanzinvestors, der mitteilte, dass es sich bestimmt um Missverständnisse handle, die man ausräumen können und dass der Investment-Manager sich noch um einen anderen wichtigen Fall kümmern müsse. Er selber werde den Due Diligence-Prozess fortführen und bat dafür um einige ergänzende Unterlagen. Diese erhielt er und kehrte zu seinem ursprünglichen attraktiven Angebot zurück.

– Vorsichtshalber wurden neben den Vertragsverhandlungen mit dem Finanzinvestor auch die Gespräche mit dem Family Office fortgeführt. Da aber die Banken wahrscheinlich den Ausstieg aus dem gesamten Engagement in den nächsten drei Jahren präferierten, war unausgesprochen klar, dass sie trotz der Überraschungsaktion des Finanzinvestors den Abschluss mit ihm bevorzugen würden. Weil auch die Gesellschafter sich im Verlauf des Prozesses mit dem Verlust der Betriebsgesellschaft abgefunden hatten und im Stillen auch einen Verkauf der Besitzgesellschaften zur Ablösung ihrer hohen Schuldenlast nicht mehr ausschlossen, ging es ihnen in erster Linie darum, ihr privates Vermögen in Einvernehmen mit den Banken zu retten. Die Gesellschafter waren deshalb ebenfalls an einer schnellen Lösung interessiert. Dennoch kam es in den Vertragsverhandlungen zum endgültigen Abbruch. Dem Finanzinvestor war auf Grundlage des vorher mit ihm unterzeichneten „Term Sheets" ein Vertragsentwurf zugeschickt worden, den er mit einem eigenen Entwurf beantwortete, der wesentliche Bestandteile des Term Sheets ignorierte. Insbesondere fehlte eine verbindliche Zusage des Finanzinvestors, das von ihm vorab angekündigte Fresh money in das Unternehmen einzubringen. Darauf ließ er sich auch in der folgenden Verhandlung nicht mehr ein. Man konnte sich des Eindrucks nicht erwehren, dass er sein indikatives Angebot nur so attraktiv gestaltet hatte, um sich gegenüber Mitbewerbern in die beste Position zu bringen und nunmehr versuchte, substanzielle Nachbesserungen unter Zeitdruck zu erzwingen oder die Verhandlungen zum Scheitern zu führen. Nachdem ihm klar wurde, dass es schwer würde, die verlockenden Ankündigungen durch vertragliche Aufweichungen etc. „zurückzudrehen", sagte er kurzfristig nach der ersten Verhandlungsrunde mit den Gesellschaftern und ihren Anwälten ab, indem er sich bei den Banken meldete, sich bei ihnen für deren professionelle Haltung bedankte und seinen Rückzug mit Zweifeln an der Glaubwürdigkeit der Gesellschafter begründete. Gegenüber den Gesellschaftern wurde der Rückzug mit der sperrigen Haltung der Banken begründet. Über den Stil mag man streiten, aber mit dem kurzfristigen Abbruch aussichtsreich erscheinender Gespräche muss man bei dem Verkauf von Krisenunternehmen stets rechnen. Immerhin handelt es sich um Risikoinvestitionen mit begrenzter Transparenz für Interessenten, die nach ihrem Ermessen die für sie beste Option suchen.

- Abgesehen von der durch die Absage verursachten Unruhe und dem Zeitverzug schränkte sich der Handlungsspielraum des Unternehmens dadurch weiter ein. Es war gut, dass auch der Kontakt zu dem Family Office während des gesamten Prozesses aufrechterhalten wurde und es kam nach weiteren schwierigen Verhandlungen doch zu dem Verkauf des Krisenunternehmens. Herausforderung war dabei insbesondere, das Family Office in dem Glauben zu lassen, es gäbe noch einen weiteren ernsthaften Bieter. Das Family Office war unter anderem deshalb noch zu einer begrenzten Nachbesserung seines indikativen Angebotes bereit, so dass der Abschluss im Sinne einer Schadensbegrenzung für die Banken und Gesellschafter zufriedenstellend war. Nur am Rande sei erwähnt, dass durch den CRO – parallel zu den Verkaufsverhandlungen – zähe Verzichtsverhandlungen mit einem Mezzanine-Fonds zu führen waren, der erst angesichts der akut drohenden Insolvenz einsah, dass sein nachrangiges Engagement in der Insolvenz eigenkapitalersetzend, d.h. wertlos war und für ihn ein signifikanter Verzicht (>80%) anstand. Das war für ihn problematisch, aber aufgrund der vorher realisierten hohen Zinserträge vertretbar.

Die beiden folgenden Abbildungen 178 und 179 zeigen den Verlauf des Verkaufsprozesses in diesem Beispiel und die besorgniserregende Liquiditätsentwicklung. Letztere verdeutlicht die hohe Anspannung der Verhandlungsführer in diesen Prozessen, immerhin geht es auch um das Risiko des Vorwurfs der Insolvenzverschleppung bei einem Scheitern der Transaktion mit anschließender Insolvenz. Begleitet wurde der Prozess zudem von Störversuchen bestimmter Nutznießer. Zum Beispiel durch Bemühungen eines unbeteiligten und wohlhabenden Familienmitgliedes, seinen Familienstamm unter den Gesellschaftern von den „Segnungen" eines Insolvenzplanverfahrens zu überzeugen. Ebenfalls gab es Versuche eines Wettbewerbers, Schlüsselkräfte mit Lockangeboten abzuwerben bis hin zu dem Angebot einer Prämie an den Verkaufsleiter, wenn er zum Scheitern des Unternehmens beitragen und zu ihm wechseln würde. Diese dubiosen Begleiterscheinungen zu Unternehmensverkäufen sind nicht ungewöhnlich. Sie waren in dem vorliegenden Fall durch Offenheit, schnelles und konsequentes Handeln sowie eine sachbezogene Argumentation in den Griff zu bekommen, aber der Prozess war für die Akteure in hohem Maße nervenaufreibend. Notverkäufe am Rande der Insolvenz scheitern überwiegend, da der Investor unsicher über die ihn erwartenden unerkannten Risiken ist – die tatsächlich nicht auszuschließen sind – und das Unternehmen während des Verkaufsprozesses durch Aktionen von Wettbewerbern einen Reputationsschaden am Markt erleidet.

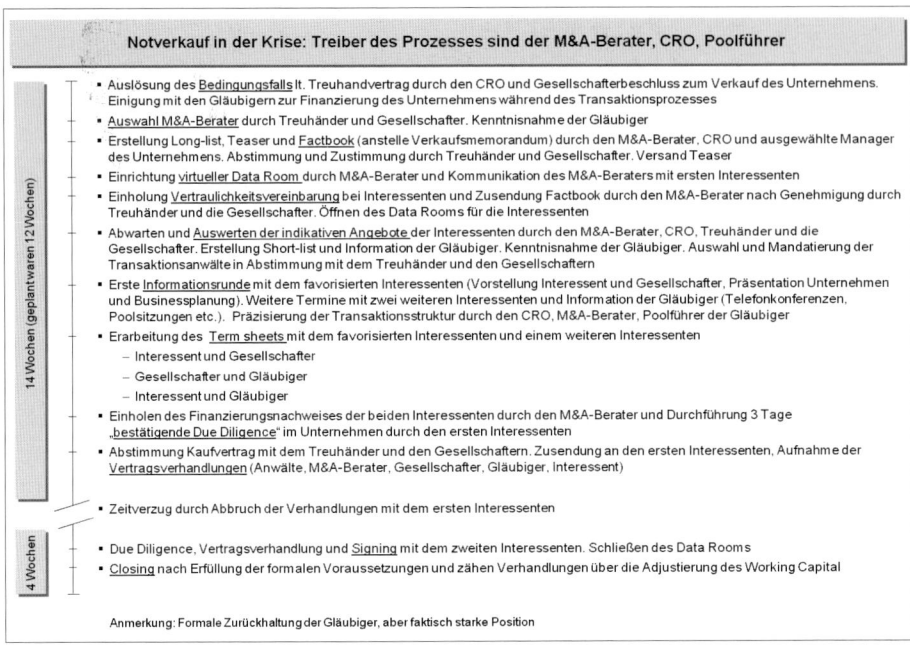

Abbildung 178: Notverkauf in der Krise – Treiber des Prozesses sind der M&A-Berater, CRO und Poolführer (Beispiel)

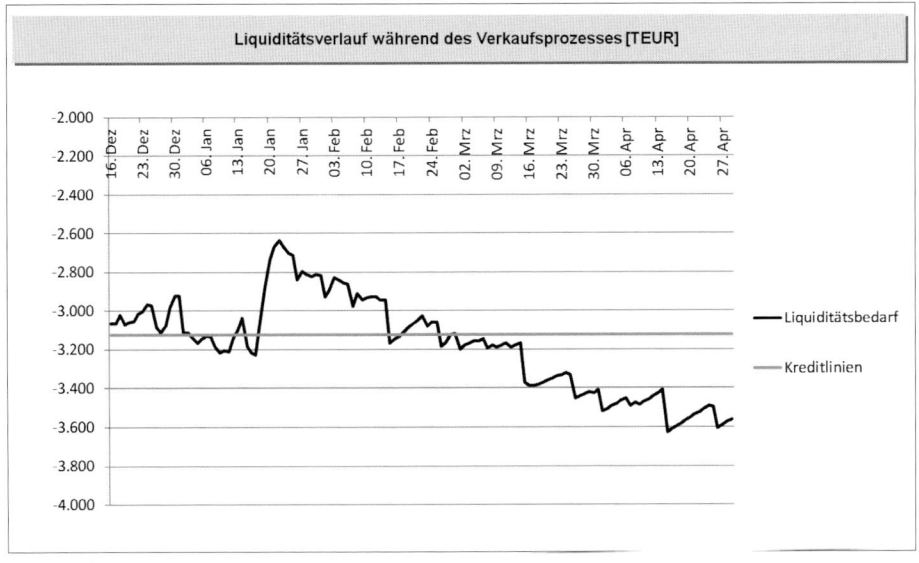

Abbildung 179: Liquiditätsverlauf während des Verkaufsprozesses (Beispiel)

Zuverlässigkeit und Kompetenz der Akteure spielen angesichts der Risiken in diesem Metier eine bedeutende Rolle, in dem sich auf Investorenseite, neben den rational agierenden und erfahrenen „Schnäppchenjägern", auch genügend „Möchtegern-Sanierer" bewegen, die vor allem kraft eigener Erkenntnis über die notwendigen Fähigkeiten verfügen. Engagements von Finanzinvestoren mit dem vorrangigen Ziel, eine „Story" anstelle nachhaltiger Sanierungen zu bauen, das Erzwingen von Nachbesserungen nach einem Kauf mit der Drohung der Insolvenz innerhalb der Anfechtungsfristen sowie das Provozieren der Insolvenz, um sich aus Schadensersatzansprüchen zu befriedigen etc. haben ebenfalls Spuren hinterlassen. Neben einer soliden Reputation und Fachkompetenz der Interessenten – zum Beispiel Family Offices, namhafte Restrukturierungsfonds, investitionsbereite „hands on"-Sanierer – sollte deshalb auch unbedingt die Bereitschaft getestet werden, ein substanzielles materielles Engagement einzugehen sowie ergänzende Insolvenzgarantien bzw. Bürgschaften. Letzteres ist oft nicht durchsetzbar, aber allein schon die Art der Reaktion und Eigenpräsentation der Investoren ist aufschlussreich. Es gibt unter den für Krisenfälle geeigneten Fonds genügend solide Akteure – sogar differenzierbar nach den Größenklassen der Objekte (unter bzw. über 50 Mio. EUR Umsatz etc.) –, die sich als faire Spieler profilieren, und es gibt mittlerweile auch genügend Auswahl zwischen konkurrierenden Fonds, so dass sich in geordneten M&A-Verfahren mit ausreichendem Zeitfenster auch eine ordentliche Auswahl von Finanzinvestoren in Konkurrenz zu strategischen Investoren finden lässt. Viele Finanzinvestoren haben diese Konkurrenz und Bieterverfahren nicht gerne, aber das obige Beispiel belegt, dass der Verzicht auf dieses systematische Vorgehen aus Unternehmenssicht sehr kritisch sein kann.

Zugutehalten muss man allen Investoren, dass sie ebenfalls mit begründeter Vorsicht an die ihnen angebotenen Objekte herangehen, denn die „Perlen der deutschen Industrie" sind es meist nicht und es gibt auch Fälle, in denen ihnen im Transaktionsprozess substanzielle Risiken des Geschäftsmodells nicht deutlich genug aufgezeigt bzw. bewusst verschwiegen wurden. Man muss deshalb allen Investoren zugestehen, dass auch sie ihr Geld als sorgfältig handelnde Kaufleute einsetzen und nicht verlieren wollen. Es ist nicht immer korrekt, die Gründe des Scheiterns bzw. von Auseinandersetzungen im Anschluss an eine Übernahme irgendwelchen „trickreichen Heuschreckenmethoden" zuzuschreiben, denn das können auch willkommene Schutzbehauptungen der Verkäufer für umstrittene verdeckte Aktionen im Vorfeld und Verlauf der Transaktion sein. Unternehmen, deren Management und Gesellschafter immer alles richtig gemacht haben, kommen äußerst selten in die Krise. Insofern ist es gut, wenn seriöse und erfahrene Berater eingeschaltet werden, um allen Parteien ausreichende Transaktionssicherheit in einem fairen Deal zu verschaffen.

Generell ist der Verkauf von Krisenunternehmen anspruchsvoll und weist je nach Krisenstadium formale Besonderheiten auf. Immer sind in kurzer Zeit substanzielle Aufgaben abzuarbeiten und Entscheidungen zu treffen, beispielsweise:

- die Aufbereitung und Herausgabe von Informationen für potenzielle Käufer

- die Ansprache und Auswahl möglicher Interessenten

- die Sicherung der Vertraulichkeit und Durchführung der Due Diligence

- die Klärung der Dealstruktur und Organisation der Transaktion

- die Verhandlung und Formulierung des Kaufvertrages

- die Verhandlung und Formulierung eventueller Verzichtserklärungen und Garantien (latente Risiken) sowie die Klärung eventueller Ablösemodalitäten mit Finanzpartnern

- die Klärung der Finanzierung der Transaktion und der künftigen Finanzierung des Objektes durch den Käufer

- die Klärung der weitreichenden rechtlichen Aspekte, insbesondere aus dem Gesellschafts- und Vertragsrecht, Arbeitsrecht (z.B. § 613 a BGB), Steuerrecht und die Anfechtungsrisiken bei einer eventuellen späteren Insolvenz

- die Zustimmung der Gläubiger und gegebenenfalls auch Gesellschafter sowie sonstigen relevanten Gremien.

Zeitkritische Transaktionen von Krisenfällen fußen auf einer meist unzureichenden Datenbasis, stehen unter dem Risiko des Abwanderns von Schlüsselkräften sowie einiger wichtiger Kunden und sind begleitet von nervösen Gläubigern und Gesellschaftern. Hinzu kommen oft gezielte Attacken von Wettbewerbern. Es ist eine große Herausforderung für Krisenmanager und Treuhänder, in dieser Lage noch eine akzeptable Unternehmenstransaktion durchzuführen, denn die Schwäche ihrer Ausgangslage ist offenkundig. Ihre Aufgabe ist es deshalb, die labile Situation durch schnelle Umsetzungserfolge, eine stringente Bereinigung und Strukturierung der Datenbasis, die transparente Organisation der zu verkaufenden Einheit sowie durch vertrauensbildende Maßnahmen zwischen den Akteuren so weit zu stabilisieren, dass überhaupt noch eine angemessene Verhandlungsposition aufgebaut werden kann. Auch mögliche Investoren werden sich schließlich nur bei einer hin-

reichenden Vertrauensbasis und Transparenz der Unternehmensstrukturen engagieren wollen bzw. eine allzu unsichere Gesellschafts- und Finanzierungssituation
bei den Verhandlungen für ihre Zwecke (Preis, Garantien, Haftung etc.) zu nutzen
wissen. Bei akuten Notverkäufen zur Abwehr einer Insolvenz ist dieser ohnehin
geringe Spielraum kaum noch gegeben. Es hängt vom Einzelfall ab, wie viel Zeit
überhaupt noch für den Verkaufsprozess (Auswahl und Ansprache des Investors,
Verhandlungsführung, Vertragsabschluss und Transaktion) verbleibt. Ist ein Bieterverfahren aus Zeitmangel nicht mehr umsetzbar, wird man sich für eine Direkt-
ansprache bekannter Interessenten entscheiden und parallel ein Insolvenzszenario
vorbereiten. In einem solchen Fall werden insbesondere die finanzierenden Banken
die Konsequenzen einer Sanierung aus der Insolvenz abwägen müssen.

Bei insolvenznahen Transaktionen bzw. Verkäufen in der Insolvenz sind eine Reihe
juristischer Besonderheiten zu beachten, die im Folgenden kurz angerissen werden
und im konkreten Fall mit versierten Juristen zu prüfen sind:

– Share Deals vor Stellung eines Insolvenzantrages machen in aller Regel nur
  Sinn, wenn damit die drohende Insolvenz abgewendet werden kann und der
  Käufer aus betriebswirtschaftlichen und taktischen Gründen – beispielsweise
  zur Vermeidung von Öffentlichkeit – bereit ist, dieses Risiko einzugehen. Eine
  Ausnahme kann auch der Kauf eines Unternehmens nach Antragstellung durch
  den Gläubiger und vor Eröffnung des Insolvenzverfahrens sein, wenn sich damit
  dieser Gläubiger bewegen lässt, seinen Antrag zurückzuziehen und der Käufer
  gute Sanierungschancen sieht. Ansonsten wird kein vorsichtig handelnder Kaufmann, trotz eventueller juristischer Absicherungen durch Haftungsfreistellungen,
  Gläubigerbeiträge etc. ein ihm kaum bekanntes Unternehmen mit allen denkbaren Altlasten kaufen, um dann selber am Ende auch noch Insolvenz anzu-
  melden. Interessanter scheinen deshalb vordergründig Asset Deals im Rahmen
  von Notverkäufen bei akut drohender Insolvenz zu sein. Der Käufer kann selektiv
  vorgehen und die verbleibende Hülle mit dem uninteressanten Restgeschäft
  geht in die Insolvenz oder wird liquidiert. Problem des Asset Deals ist aber
  die mögliche Anfechtung der Transaktion des Schuldners durch den späteren Insolvenzverwalter, wenn die Transaktion (wesentliche) Insolvenzgläubiger benachteiligt hat, in den letzten drei Monaten vor Insolvenzantrag erfolgte, der Schuldner zu diesem Zeitpunkt zahlungsunfähig war und dies dem
  Käufer bekannt war. Der Käufer muss in diesem Fall die dem Asset Deal zugrunde liegenden Güter wieder der Masse zuführen und sein gezahlter Kaufpreis ist im günstigen Fall eine zu begleichende Masseforderung; im ungüns-
  tigen Fall ist der Käufer auch nur noch Insolvenzgläubiger. In jedem Fall kann
  der Käufer zähe Diskussionen mit dem Insolvenzverwalter erleben, dessen Auf-

gabe und Interesse es ist, die Masse zugunsten der Insolvenzgläubiger zu mehren.

– Nächste Option ist der Kauf des Unternehmens von dem vorläufigen Verwalter, also zeitlich in der Phase nach Antragstellung und vor Eröffnung des Insolvenzverfahrens – grundsätzlich möglich als Asset Deal. Das kann im Gläubigerinteresse sinnvoll sein, wenn bis zur Verfahrenseröffnung ein erheblicher Werteverfall zu erwarten und Schnelligkeit geboten ist, etwa bei Handelsunternehmen in der Insolvenz. Erfolgt der Verkauf durch einen schwachen Verwalter, d.h., die Verfügungsbefugnis über das Vermögen liegt noch beim Schuldner, gibt es ein grundsätzliches Anfechtungsrisiko durch den Insolvenzverwalter im eröffneten Verfahren, selbst bei einer vorherigen Zustimmung des Insolvenzgerichtes zu dem Rechtsgeschäft zwischen Schuldner und Käufer sowie Ausstattung des schwachen Verwalters mit einem Zustimmungsvorbehalt. Bei einem starken Verwalter hingegen ist die Verwaltungs- und Verfügungsbefugnis vom Schuldner auf den starken Verwalter übergegangen. Er begründet Masseverbindlichkeiten und seine Rechtsgeschäfte kann der spätere Verwalter nicht anfechten. Das Risiko des Erwerbers ist begrenzt. Die juristische Fachdiskussion dreht sich eher darum, ob ein starker Verwalter das Unternehmen ohne Zustimmung des Gerichtes, des Schuldners und des Gläubigerausschusses – der vor der Eröffnung des Verfahrens noch nicht besteht – veräußern kann. Das wird grundsätzlich verneint, lässt sich aber in der Praxis durch ein begründetes Vorgehen und mit Zustimmung des Schuldners und des Gerichts regeln, gegebenenfalls auch abgesichert durch einen Zustimmungsvorbehalt des zu konstituierenden Gläubigerausschusses als aufschiebende Bedingung bzgl. der Wirksamkeit des Rechtsgeschäftes. Der gesamte Verkauf wird dann während der vorläufigen Insolvenzverwaltung in der Insolvenzgeldphase organisiert und unmittelbar nach Eröffnung des Verfahrens abgewickelt. Um im Innenverhältnis eine Haftung zu vermeiden, wird der starke Verwalter sich in jedem Fall durch umfassende Abstimmungen schützen.

– Klassiker und Hauptfall ist der Verkauf des Unternehmens nach Eröffnung des Insolvenzverfahrens unter Regie des vom Gericht bestellten (endgültigen) Insolvenzverwalters. Dabei handelt es sich in der Mehrheit der Fälle um Asset Deals, mit denen der Verkäufer nur die für ihn verwertbaren Teile des Unternehmens übernimmt und der verbleibende Rest in der rechtlichen Hülle im Rahmen des Insolvenzverfahrens abgewickelt wird. Auf Detailthemen im Zusammenhang mit der Feststellung, Bewertung und Übertragung der einzelnen Assets sowie im Zusammenhang mit der Beendigung, Fortführung und Überleitung von Arbeitsverhältnissen sei auf die Spezialliteratur verwiesen. Share Deals kommen in Einzelfällen vor, beispielsweise wenn es um den Verkauf nicht insolventer Tochtergesellschaften geht oder wenn Anteile – meist in enger Abstimmung mit dem zukünftigen Käufer – durch den Verwalter auf eine Auffanggesellschaft übertragen werden. Im letzteren Fall geht der Insolvenzverwalter eventuell in eine riskante Vorleistung, die er nur bei seriösem Interesse des Käufers eingehen wird. Share Deals sind weiterhin üblich bei Veräußerungen des Unternehmens im Rahmen eines laufenden Insolvenzplanverfahrens. Diese Transaktionen sind meist anspruchsvoll, weil der Verkauf nicht durch den Insolvenzverwalter, sondern durch den bzw. die Gesellschafter erfolgen muss und grundsätzlich auch kaum durch den Verwalter zu erzwingen ist. Ihre Kooperationsbereitschaft lassen sich die Gesellschafter in diesem Fall oft über entsprechende Forderungen (Preis und Zusicherungen, wie etwa die weitere Nutzung von Immobilien etc.) vergüten, auch wenn die Anteile bei objektiver Sicht kaum werthaltig sind. Problem für den Insolvenzverwalter ist in allen Fällen, dass die geplante Transaktion Kosten verursacht und Zeit beansprucht, in der das insolvente Unternehmen wahrscheinlich weitere Verluste erzielt und damit auch die den Gläubigern zustehende Masse reduziert. Letzteres ist gesetzeswidrig – der Insolvenzverwalter wird aus Haftungsgründen einen defizitären Betrieb nicht aufrechterhalten wollen bzw. können. Transaktionen unter seiner Regie erfolgen deshalb unter hohem Zeitdruck und anders als in Fällen außerhalb der Insolvenz nicht diskret und ohne Öffentlichkeit, sondern mit expliziter Information der Branche, da der Verwalter zügig das Interesse möglicher Käufer wecken muss, schnell die oft hohe Zahl an Interessenten auf die tatsächlich relevanten Kandidaten reduzieren und mit einem von ihnen schnell zu bestmöglichen Konditionen die Transaktion durchführen muss. Eventuell gelingt es ihm parallel, sich die Liquidität für das Verfahren durch einen Interessenten zu verschaffen, dem an dem Verkaufserfolg gelegen ist – das kann beispielsweise ein Kunde oder auch der Käufer sein. Angesichts der labilen Situation ist ein schneller Verkauf direkt nach Verfahrenseröffnung erfahrungsgemäß die beste Lösung. Dabei wird der Insolvenzverwalter auch auf ein transparentes und formal korrektes Vorgehen zu achten haben – etwa ein Bieterverfahren und die Bewertung sowie die Vertragsgestaltung mit Unterstützung anerkannter Spezialisten –, da Konflikte mit Stakeholdern, die sich benachteiligt fühlen oder sonstige Vorteile suchen, nicht auszuschließen sind. Bei diesen Transaktionen kann etwas Zeitverzug entstehen, weil der Betrieb in der Regel bis zum Berichtstermin gegenüber dem Gläubigerausschuss – also maximal drei Monate nach Insolvenzeröffnung – fortzuführen ist, sofern dies verlustfrei möglich ist. Der Verkauf ist im Regelfall durch die Gläubigerversammlung zum Berichtstermin zu genehmigen, lässt sich in Ausnahmefällen aber auch anders regeln. Verkäufe an dem Schuldner nahestehende Personen muss der Gläubigerausschuss unbedingt genehmigen.

Wie Abbildung 180 veranschaulicht, arbeitet bei Unternehmensverkäufen in der Krise (Distressed M&A) die Zeit meist für den Käufer. In außergerichtlichen Transaktionen kann man über Bieterverfahren, die geschickte Wahl des Zeitpunktes und eine professionelle Begleitung oftmals günstige Rahmenbedingungen für den Verkäufer schaffen, in insolvenznahen Fällen zwingt insbesondere die schwindende Liquidität zum Handeln. Insolvenzverwalter müssen deshalb auch in aller Regel auf die schützende Diskretion bei einem Unternehmensverkauf verzichten und im Gegenteil den Verkauf publik machen, um in kurzer Zeit möglichst viele Interessenten zu finden. Mit Eröffnung des Insolvenzverfahrens gibt es ohnehin nicht mehr viel zu beschönigen, die desolate Verfassung des Krisenunternehmens ist offiziell.

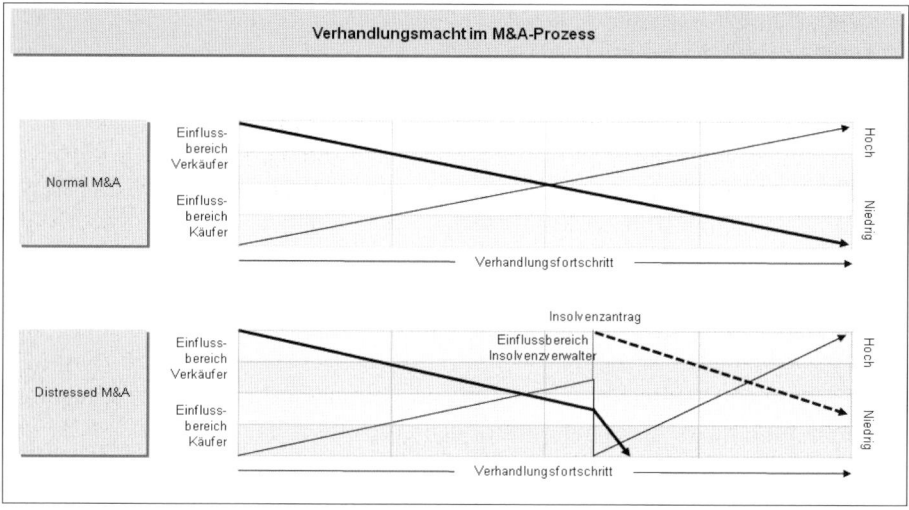

Abbildung 180: Verhandlungsmacht im M&A-Prozess (Prinzipdarstellung)

Die Verkäufer – der Unternehmer bzw. die Gesellschafter – empfinden das Ausscheiden aus dem Unternehmen in vielen Fällen als eine bittere Niederlage und irrationales Verhalten ist nicht ungewöhnlich. Manche Gläubiger und ihre Manager sowie viele Mitarbeiter des Krisenunternehmens werden nicht weniger bittere Erfahrungen sammeln. Das ist der persönliche Hintergrund der von hohen Emotionen begleiteten Transaktionen in der Krise. Sofern es die verfügbare Zeit und Umstände zulassen, kann es ratsam sein, dem Unternehmer die Chance einzuräumen, noch in irgendeiner Form dem Unternehmen nach der Transaktion zur Verfügung zu stehen – auch um eventuelle destruktive Aktionen zur Gesichtswahrung in seinem sozialen Umfeld zu unterbinden. Der Verbleib des Unternehmers als Geschäftsführer oder Beirat für eine definierte Zeit wird vordergründig gerne zur Sicherung des reibungslosen Übergangs (enge Kontakte zu Geschäftspartnern, Know-how etc.) an den Investor vereinbart. Dem Unternehmer gibt dies aber auch die Chance der wichtigen „Legendenbildung" für sein Umfeld, denn: „… ich wollte schon viel früher etwas kürzer treten, aber mein Nachfolger und seine teuren Berater haben mein Lebenswerk fast ruiniert und ohne mich hätten die es nicht mehr geschafft!"

Für den Käufer ist die wirksame Führung des übernommenen Unternehmens eine wesentliche Herausforderung. Finanzinvestoren mit meist limitierten eigenen Ressourcen stehen vor der Aufgabe, das Unternehmen so aufzustellen, dass zügig die angestrebten Wertsteigerungen realisiert werden können. Dafür ist das vorhandene Management des Krisenunternehmens – daran hat sich durch die Übernahme nichts geändert – in aller Regel nur teilweise und mit Einschränkungen geeignet. Personalaustausch, Qualifizierungen und Incentives sind deshalb wesentliche Themen in diesem Zusammenhang. Hinzu kommen Herausforderungen bei der Refinanzierung des Unternehmens. Banken begegnen bestimmten Finanzinvestoren mittlerweile mit einiger Skepsis und gehen Finanzierungsgespräche unmittelbar nach der Übernahme mit Vorsicht an. Analog gilt dies für Lieferanten und Warenkreditversicherer. Es ist nicht auszuschließen, dass Letztere das Rating sogar zunächst einmal herabstufen, bis der Finanzinvestor nachhaltig erkennbare Erfolge vorzuweisen hat. Vorsichtige Finanzinvestoren werden wiederum nur so viel eigenes Fresh money wie unbedingt nötig in das Investment geben wollen, weil sie sich erst belastbare Transparenz über mögliche verdeckte Risiken verschaffen wollen. Unmittelbar nach der Übernahme steht deshalb in aller Regel für das übernommene Unternehmen ein restriktives Kosten- und Liquiditätsmanagement mit zusätzlichen Personalmaßnahmen an. Für das Management und die Mitarbeiter des Unternehmens ist das ein erneuter Unsicherheitsfaktor, aber dieses strikte Vorgehen ist notwendig, denn going concern ist für Krisenunternehmen nach der Übernahme indiskutabel und schreibt die Ursachen des Versagens fort. Die Annahme, nur mit dem Gesellschafterwechsel sei ein Unternehmen saniert, ist naiv. Zeit für einen Gewöhnungsprozess nehmen sich Finanzinvestoren in der Regel nicht. Sie werden bemüht sein, in den ersten 100 Tagen alle Weichen für den anstehenden Wertsteigerungsprozess zu stellen und ein eventuelles „cash burning" zu beenden oder gegebenenfalls ihre Entscheidung bzgl. des Einstiegs in dieses Risikoinvestment überdenken. Hält der Finanzinvestor das krisenhafte Engagement, wird in aller Regel konsequent und zügig auf den geplanten Exit hingearbeitet, der beispielsweise über einen Börsengang, den Verkauf an einen anderen Fonds, den Rückverkauf an Mitglieder der Unternehmerfamilie, ein Management Buyout oder die im Mittelstand gerne angestrebte Veräußerung an einen strategischen Investor erfolgen kann.

Für strategische Investoren, die unmittelbar in ein Krisenengagement einsteigen, ist neben der notwendigen Restrukturierung zusätzlich die Integration des übernommenen Unternehmens und der Führungskräfte in die eigene Organisation eine große Herausforderung, denn dort liegt die häufigste Ursache für das nachträgliche Scheitern von Unternehmenskäufen im Mittelstand. Viele Transaktionen sind betriebswirtschaftlich nicht erfolgreich, weil der Übergang von der einen zur anderen Kultur und Struktur misslingt und dem übernommenen Unternehmen dabei wichtige Experten verloren gehen. Sorgfältig zu prüfen ist deshalb, ob die oben erwähnte Einbindung des ehemaligen Unternehmers für eine Übergangszeit eher hilfreich oder hinderlich ist. Die Mitarbeiter haben dem Unternehmen und Unternehmer oft über Jahrzehnte treu zur Seite gestanden, so dass der Umbruch sie in jedem Fall verunsichert. In der Regel gehen strategische Investoren den Integrationsprozess stufenweise an, indem sie dem übernommenen Unternehmen für eine Übergangszeit noch gewisse Freiheitsgrade als Tochter im Konzern belassen, die mit der Zeit zusehends durch das für den gesamten Konzern geltende Reglement abgelöst werden, bis hin zur eventuell vollständigen Auflösung des übernommenen Unternehmens. Bei diesem Vorgehen werden der finanzwirtschaftliche Bereich und die IT-Systeme üblicherweise unmittelbar nach der Übernahme einer zentralen Steuerung unterworfen und auch das Personalmanagement für Führungskräfte frühzeitig in die Konzernstruktur eingebunden, während man die operativen Bereiche und das mittlere Management Zug um Zug über Integrationsprojekte in die Konzernstrukturen einbindet.

Der Einstieg Externer, insbesondere ehemaliger Wettbewerber, in ein Krisenunternehmen kann generell zu einer Entfremdung führen, die sich deutlich negativ in der Leistung eines ehemals sehr flexiblen und innovativen Mittelständlers bemerkbar macht, eventuell begleitet von irrationalen und meist verdeckten Machtkämpfen; ein Phänomen, das von Investoren oft unterschätzt wird. Umgekehrt kann, je nach Benehmen der Unternehmerfamilie und ihrer Manager im Vorfeld, der Einstieg eines Externen auch für die Mitarbeiter der „Tag der Befreiung" mit hohem Motivationsschub sein. Beides ist sorgfältig zu eruieren und durch gute Personalarbeit aufzufangen. Die Post-merger-Phase nach dem Kauf ist sehr anspruchsvoll und neben den Projekten für die Fachkräfte aus Verkauf, Technik, Informatik und Betriebswirtschaft insbesondere ein weites Feld für die Personalexperten.

4. Schumpeters Theorie der kreativen Zerstörung ist zutreffend

Wir empfinden Wirtschafts- und Unternehmenskrisen als herausragendes Ereignis unserer Zeit, politisch kritisiert als Ausfluss des „Kasino-Kapitalismus". Dabei wird übersehen, dass Krisen zu jeder Zeit und in jedem Wirtschaftssystem Ergebnis von Veränderungsprozessen sind und immer denjenigen treffen, der sich nicht rechtzeitig auf diese Veränderungen eingestellt hat. Es ist ein natürlicher Prozess, dass Unternehmen, die sich am Markt gegenüber stärkeren Wettbewerbern nicht behaupten können, zugrunde gehen und dass auch ehemals erfolgreiche Geschäftsmodelle irgendwann ihr Ende erreichen. Das hat vor Jahren die Produzenten von Kutschen und Segelschiffen getroffen und heutzutage trifft es beispielsweise die Hersteller von Automobilen, die trotz jahrelang offensichtlicher Indikationen eine Produktpolitik verfolgt haben, die nicht mehr auf ausreichende Nachfrage stößt. Im Grunde ist es einfach – die Kunden wollen nur den Preis zahlen, der ihnen ein Produkt oder eine Leistung auch wert ist und nutzlose Objekte wollen sie gar nicht haben, egal, welche Konsequenzen das für den Anbieter hat. Natürlich gibt es auch andere Krisenursachen, beispielsweise in Unternehmen, die Risikomanagement sowie die Tugend des konservativen Kaufmanns als Geschäftsbasis gering geschätzt haben, oder in Unternehmen mit ungeregelter bzw. gescheiterter Nachfolge. Überwiegend werden diese Probleme aber erst virulent, wenn die Leistung des Unternehmens am Markt – Produkte, Services etc. – das Versagen der internen Organisation und des Machtzentrums nicht mehr heilen kann. Krisenmanager im Mittelstand tun deshalb gut daran, sich, neben den klassischen Kosten- und Umsatzthemen etc., auch eingehend mit dem Markt, dem Geschäftsmodell und der Gesellschafterstruktur des Krisenunternehmens zu befassen.

Bei allem vorhandenen Verständnis für die betroffenen Menschen und die erstrebenswerte politische Stabilität sowie Wirtschaftspolitik sollte man losgelöst vom Einzelfall sehr kritisch darüber nachdenken, in welchem Ausmaß es öffentliche Aufgabe ist, für Managementversagen in Krisenfällen einzustehen. Öffentliche Hilfe führt auch dazu, dass sich einige Akteure auf dieses bequeme Auffangnetz auf Kosten der Allgemeinheit und der erfolgreichen Unternehmer verlassen und damit spielen können. Es ist deshalb richtig, dass man sich in Krisenfällen zumeist nicht mehr auf politische Hilfe, Bürgschaften und konzertierte Aktionen am „runden Tisch" berufen kann. Das soll nicht den großen Respekt schmälern, den man deutschen Politikern bei der Bewältigung der Finanz- und Wirtschaftskrise 2008/09 – eine historische Ausnahmesituation – zollen muss, und es spricht auch für den mittlerweile erreichten Stand der deutschen Industrie und Gesellschaft, dass ihr seitens des IWF wieder hohe Wettbewerbs- und Veränderungsfähigkeit bescheinigt wird. Offensichtlich andere Töne im Vergleich zu denen, die man noch in den 90er Jahren des letzten Jahrhunderts zu hören bekam, und das ist neben der Leistung der Unternehmer und ihrer Mitarbeiter auch ein Verdienst der jeweiligen Interessenvertreter. Aber, hohe Leistungsbereitschaft, Innovations- und Veränderungsfähigkeit sowie seriöses Wirtschaften sind Daueraufgaben für jeden einzelnen Akteur eines Unternehmens und jeden Unternehmer, denn die Konkurrenz von Unternehmen, Regionen und Nationen um neue, bessere, wirtschaftlichere Lösungen bleibt bestehen.

Schumpeters Theorie, dass die Kreativität der Menschen zu Veränderungen führt, die Neues aufbauen und damit auch Altes zerstören, ist eine gute Erklärung für die aktuelle Dynamik der Weltwirtschaft und ihre Veränderungen. Diese Dynamik ist so stark, dass erfolgreiche Versuche, sich davon abzukoppeln, sehr unwahrscheinlich sind. Es kommt darauf an, diese Prozesse zu beherrschen, statt zu versuchen, sich vor ihnen ängstlich abzuschirmen. Hinsichtlich der sozialen und politischen Konsequenzen bedeutet dies aber auch, mit den betroffenen Menschen anständig und sozialverträglich umzugehen. Es kann jeden treffen und wir haben neben dem Profitstreben eine gute Kultur zu erhalten bzw. in Teilbereichen wieder zu schaffen – das sollten die maßgeblichen Akteure im Wirtschaftsleben und der Politik nicht missachten.

Mit Blick in die Zukunft bedeutet dies, Krisen als nicht unbedingt normale, aber durchaus mögliche Phasen in der Unternehmensentwicklung zu sehen, die engagiert und sozial zu handhaben sind. Will man sie vermeiden bzw. bewältigen, kommt es nach Auffassung der Verfasser unter anderem auf die alten Tugenden der Führung an, nämlich verantwortungsvolles Vorbild, innovativ und unternehmerisch zu sein.

In den vorausgegangenen Kapiteln des Buches wurde auch gezeigt, wie komplex das fachliche Umfeld für Krisenmanager mittlerweile geworden ist. Einfache Kostensenkungsprogramme, wie in den Wachstumsjahren des letzten Jahrhunderts üblich, reichen mittlerweile nicht mehr aus. Die globalen und hart umkämpften Märkte erfordern zusätzlich hohe Marktkompetenz und unternehmerisches Verständnis der Krisenmanager und ihrer Berater, sonst können sie ein Krisenunternehmen nicht adäquat ausrichten. Zudem hat sich das Spektrum der Restrukturierungsansätze auf Gesellschaftsebene deutlich erweitert, wie die folgende Abbildung 181 vereinfacht aufzeigt.

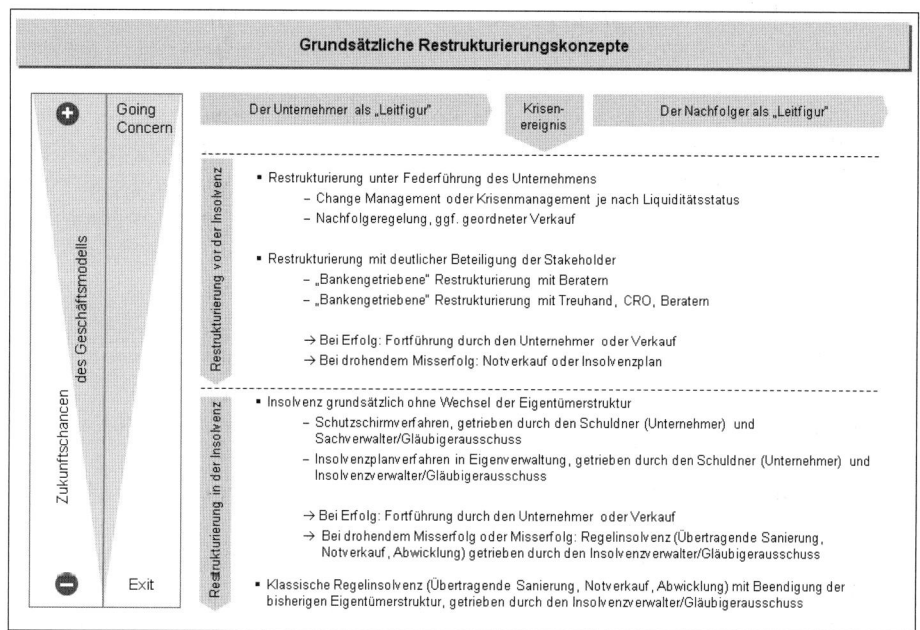

Abbildung 181: Grundsätzliche Restrukturierungskonzepte (Prinzipdarstellung)

Krisenmanager und Restrukturierungsberater müssen nach Auffassung der Verfasser deshalb nicht nur die Detailarbeit des Liquiditäts-, Kunden- und Kostenmanagements beherrschen sowie entsprechende Projekte managen können. Sie müssen auch frühzeitig den richtigen strategischen Pfad zur Rettung des angeschlagenen Unternehmens finden und genau diesen Weg durchsetzen. Strategisches und unternehmerisches Denken der Krisenmanager gewinnen deshalb zusehends an Bedeutung sowie ihre Fähigkeit, als Mediator die Interessen der maßgeblichen Stakeholder zu verstehen und auszugleichen.

Dabei werden Krisenmanager sich auch überlegen müssen, wer der maßgebliche Treiber sein wird, mit dem sie die Restrukturierung durchsetzen können. Diese Einschätzung kann man von Krisenmanagern und auch Beratern erwarten, denn sich als Experte zu profilieren bedeutet implizit auch, die Verantwortung für den Lösungsweg mitzutragen. Das erwarten die Stakeholder, deren materielle und meist auch persönliche Interessen in der Krise ernsthaft gefährdet sind.

Wie gezeigt wurde, sind in Deutschland die Banken die wesentlichen Treiber der Restrukturierung im Mittelstand, teilweise technologiegetriebene Marktführer in Nischen und regional geschätzte Arbeitgeber. Die besondere Bedeutung der Banken bei Restrukturierungen liegt im Kern an der ausgeprägten Fremdfinanzierung deutscher Mittelständler und daran, dass sich – aufgrund der Verfügbarkeit über die dringend benötigte Liquidität – in der akuten Krise des Unternehmens die faktische Macht und Inanspruchnahme in Richtung der Fremdkapitalgeber verschiebt. Je mehr sich das Krisenunternehmen der bedrohlichen Insolvenz nähert, umso höher ist in aller Regel die Beanspruchung der Fremdkapitalgeber, weil die Eigenkapitalgeber im Mittelstand dann häufig nicht mehr in der Lage sind, alleine ausreichende Mittel nachzuschießen.

Die Banken agieren allerdings in einem zusehends engeren Netz gesetzlicher Restriktionen – Haftungsdurchgriff, Vermeidung faktischer Geschäftsführung, Konsolidierungspflichten etc. Beispielsweise schließen die neuen Regeln für die Eigenkapitalhinterlegung bei Banken gemäß Basel III den Erwerb von Aktien bzw. Anteilen an Krisenunternehmen durch Banken unter wirtschaftlichen Gesichtspunkten nahezu aus. Es ist fraglich, ob der Gesetzgeber sich auch wirtschaftspolitisch einen Gefallen damit tut, die Restriktionen für das Agieren von Banken in Krisensituationen weiter voranzutreiben oder ob nicht für diese Ausnahmesituation sogar ein Paradigmenwechsel anstehen sollte, wie er sich mit der Option des Debt-Equity-Swap im Insolvenzplanverfahren vage andeutet. Immerhin gilt die Norm des Gesetzgebers, dass Verluste gegen das Eigenkapital zu verbuchen sind, welches mithin bei akut drohender Insolvenz nicht mehr viel wert bzw. in absehbarer Zeit durch Überschuldung vernichtet ist. Werthaltig ist dann – bis auf weiteres – noch in mehr oder weniger ausgeprägtem Umfang das Fremdkapital. Wirtschaftlich ist damit meist klar, wer in erster Linie den Prozess der finanzwirtschaftlichen Rettung stemmen muss. Bei erfolgreicher Restrukturierung erfährt aber insbesondere die Eigenkapitalseite eine erhebliche Wertsteigerung. Insofern ist es aus wirtschaftlicher Sicht plausibel, dass die Fremdkapitalseite von der Eigenkapitalseite die noch möglichen materiellen Beiträge zur finanzwirtschaftlichen Restrukturierung erwartet sowie, aufgrund der formellen Verfügungsmacht der Eigenkapitalgeber über das Unternehmen, die vorbehaltlose Umsetzung aller Maßnahmen, die zur leistungswirtschaftlichen Restrukturierung erforderlich sind – und wenn die Akteure auf der Eigenkapitalseite diesen Prozess blockieren oder die maßgebliche Krisenursache sind, ist es aus wirtschaftlicher Sicht auch nachvollziehbar, dass ihr Exit eine Maßnahme zur nachhaltigen Restrukturierung des Unternehmens ist. Andererseits ist aber auch zu bedenken, dass ein Wirtschaftssystem ohne mutige Unternehmer – die für ihr Agieren Kapital nachfragen – nicht innovativ und wettbewerbsfähig sein kann.

Banken haben mittlerweile in der Krise ihres Kunden neue Ausstiegsoptionen. Beispielsweise über Forderungsverkäufe an Hedgefonds oder Treuhandlösungen

Schumpeters Theorie der kreativen Zerstörung ist zutreffend

mit Verwertungsmandaten, die unter anderem zu einem Verkauf des Unternehmens an spezialisierte Restrukturierungsfonds führen können. Man könnte sich somit die weitere Entwicklung der Restrukturierungsszene auch derart vorstellen, dass zusehends Hedgefonds bzw. Restrukturierungsfonds in Krisenfälle einsteigen und durch die Übernahme von Gesellschaftsanteilen aus der materiell und formal starken Position des neuen Eigenkapitalgebers den Restrukturierungsprozess so wie ein guter Unternehmer vorantreiben. Es gibt in der Tat sehr kompetente und erfolgreiche Akteure in dieser Szene, die nicht nur ihre eigene (Fonds-)Rendite optimieren, sondern auch das Krisenobjekt zu neuen Erfolgen führen. Jeder mag sich angesichts der Erfahrungen der letzten Jahre selber beantworten, ob diese in jeder Hinsicht erfolgreichen Akteure zurzeit die Regel oder die Ausnahme sind und ob sie überhaupt daran interessiert sind, auch in Mittelständler mit durchschnittlichem Wertsteigerungspotenzial einzusteigen bzw. Investitionen in die nachhaltige Innovationskraft ihrer Objekte zu tätigen. Es spricht einiges dafür, dass sich nur ein Teil dieser Investoren auf Dauer etablieren wird und auf Spezialfälle mit hohem Wertsteigerungspotenzial bis zum voraussichtlichen Exit konzentriert. Ein erheblicher Anteil der Krisenfälle im Mittelstand wird somit weiterhin von Banken in mehr oder weniger engem Zusammenwirken mit den Gesellschaftern des Unternehmens zu bewältigen sein. Dabei sind beide Parteien häufig aufeinander angewiesen. Krisenmanager und Berater haben in dieser Situation, neben der sachbezogenen Restrukturierungsarbeit, eine wichtige moderierende Funktion.

Lässt man die Aussagen des gesamten Buches Revue passieren, dann ist aus Sicht der Verfasser insbesondere festzuhalten, dass sich mit unserem Wirtschaftssystem auch die Restrukturierungsszene im Umbruch befindet und wir uns auf weiterhin herausfordernde Zeiten freuen können. Die Krisenmanager und Restrukturierungsberater müssen sich und ihre Methodik weiterentwickeln, denn Schumpeters Theorie gilt auch für sie.

5. Abbildungsverzeichnis

6. Literaturverzeichnis

Abele et al.: Handbuch Globale Produktion, München, Wien 2006

Allert, A., Seagon, C.: Unternehmensverkauf in der Krise. Erfolgreiche Strategien für den Werterhalt, Heidelberg 2007

Auerbach, M. et al.: Best Practices im Outsourcing, Frankfurt a.M. 2010

Bachmann, M. et al.: Problematische Firmenkundenkredite, Heidelberg 2010

Binz, F., Hess, H.: Der Insolvenzverwalter. Rechtsstellung, Aufgaben, Haftung, Heidelberg 2004

Busch, K.-P.: Mindestanforderungen an die Insolvenzabwicklung, Heidelberg 2010

Buschmann, H.: Erfolgreiches Turnaround – Management. Empirische Untersuchung mit Schwerpunkt auf dem Einfluss der Stakeholder, Wiesbaden 2006

Buth, A. K., Hermanns, M.: Restrukturierung – Sanierung – Insolvenz, München 2009

Cranshaw, F. et al.: Mindestanforderungen an Sanierungskonzepte (MaS), Heidelberg 2008

Dahlke, F. M., Horstmann, M.: Liquiditätsplanung und Liquiditätsmanagement in der Insolvenz, FMC-Bericht, Bremen 2010

Eckert, J.: Hedgefonds und ihre Mythen. Struktur und Analyse der Strategien, Saarbrücken 2006

Eilenberger, G. et al.: Finanzstrategisch denken! Heidelberg 2008

Eilenberger, G., Haghani, S.: Unternehmensfinanzierung zwischen Strategie und Rendite, Heidelberg 2008

Faulhaber, P., Grabow, H.-J.: Turnaround – Management in der Praxis. Umbruchphasen nutzen – neue Stärken entwickeln, Frankfurt a.M., New York 2009

Fischer, C., Müller, A.: Ganzheitliches Avalmanagement – Bewusster Umgang mit einer knappen Ressource im Projektgeschäft, in: Kraus, K. J. et al.: Kompendium der Restrukturierung, München 2004

Frese, E., Simon, R.: Kontrolle und Führung, in: Handwörterbuch der Führung, Stuttgart 1987

Frese, E.: Unternehmungsführung, Landsberg am Lech 1987

Frese, E.: Grundlagen der Organisation, Wiesbaden 1984

Gless, S.-E., Kraus, K. J.: Erstellung von Restrukturierungs-/Sanierungskonzepten, in: Buth, A. K., Hermanns, M., Restrukturierung – Sanierung – Insolvenz, München 2009

Gless, S.-E., Lambrecht, M., Undritz, S.-H.: Sanierung im Insolvenzverfahren, in: Brühl, V., Göpfert, B., Unternehmensrestrukturierung – Strategien, Konzepte und Praxiserfahrungen; Stuttgart 2014

Gless, S.-E., Schmelzer, P.: Sanierung der DEXTA-Gruppe in der Insolvenz: Ein Praxisbeispiel, Bremen 2009

Gless, S.-E.: Erfolgreiche Work-out-Manager verlangen und investieren mehr, in: Turnaround 2008, Unternehmeredition IV/2008

Gless, S.-E.: Unternehmensrestrukturierung/-sanierung und strategische Neuausrichtung, in: Buth, A. K., Hermanns, M., Restrukturierung – Sanierung – Insolvenz, München 2009

Gless, S.-E.: Unternehmenssanierung. Grundlagen – Strategien – Maßnahmen, Wiesbaden 1996

Harz, M. et al.: Sanierungsmanagement. Unternehmen aus der Krise führen, Stuttgart 2006

Haunerdinger, M., Probst, H.-J.: Kosten senken. Checklisten, Rechner, Methoden, München 2005

Hutzschenreuther, T., Griess-Nega, T.: Krisenmanagement. Grundlagen – Strategien – Instrumente, Wiesbaden 2006

Knops, K.-O. et al.: Recht der Sanierungsfinanzierung, Berlin, Heidelberg, New York 2005

Koppelmann, U.: Beschaffungsmarketing, Berlin, Heidelberg, New York 2002

Koschei, M.: Insolvenzplan – die letzte Chance der Gesellschafter, in: Turnaround 2009, Unternehmeredition V/2009

Kraft, V.: Private Equity für Turnaround – Investitionen. Erfolgsfaktoren in der Managementpraxis, Frankfurt a.M., New York 2001

Kraus, K. J. et al.: Kompendium der Restrukturierung, München 2004

Krystek, U., Moldenhauer, R.: Handbuch Krisen- und Restrukturierungsmanagement. Generelle Konzepte, Spezialprobleme, Praxisberichte, Stuttgart 2007

Leistner, U. et al.: Auslaufende Programm-Mezzanine-Finanzierung. Handlungsoptionen für Unternehmer, Frankfurt a.M. 2011

Leontiades, J. C.: Multinational Corporate Strategy – Planning for World Markets, Toronto 1985

Little, A. D.: Management von Innovation und Wachstum, Wiesbaden 1997

Little, A. D.: Management der Hochleistungsorganisation, Wiesbaden 1991

Lützenrath, C. et al.: Bankstrategien für Unternehmenssanierungen. Erfolgskonzepte zur Früherkennung und Krisenbewältigung, Wiesbaden 2003

Müller, A.: Der Aufschwung kommt. Sind Sie vorbereitet? FMC-Bericht, Bremen 2010

Müller, A.: Jetzt oder nie! Generierung von Wertsteigerung in Portfoliogesellschaften durch 100-Tage-Programme, FMC-Bericht, Bremen 2011

Müser, T., Windolph, S.: Finanzierung in Restrukturierungssituationen – von der Liquiditätssicherung zur optimalen Bilanzstruktur, Vortrag Nord/LB Roundtable Markt und Mittelstand, Hannover 2011

Oberhuber, K.-K.: Finanzielle Sanierung einer GmbH, Wien 2008

Ott, W., Göpfert, B.: Unternehmenskauf aus der Insolvenz – ein Praxisleitfaden, Wiesbaden 2005

Paffenholz, G., Kranzusch, P.: Insolvenzplanverfahren. Sanierungsoption für mittelständische Unternehmen, Wiesbaden 2007

Robeck, A.: Creditor Relations – Der richtige Umgang mit Gläubigern, in: Finance Beilage Roundtable Distressed Assets, Frankfurt a.M. 2010

Robeck, A.: Checkliste: Turnaround Management – wie Sie Krisen erfolgreich meistern, in: BeraterGuide 2012, Düsseldorf 2012

Schulz, D. et al.: Insolvenz – so umgehen Sie die häufigsten Fallen, München 2008

Schwientek, R., Deckert, C.: Working Capital Excellence. Roland Berger Strategy Consultants, Stuttgart 2005

Sievers, G.: Desinvestitionen von Unternehmensbeteiligungen in Krisensituationen. Untersuchung der Auswirkungen auf die Selektion von Desinvestitionsobjekten, Wiesbaden 2006

Simon, H., Fassnacht, M.: Preismanagement, Strategie – Analyse – Entscheidung – Umsetzung, Wiesbaden 2009

Simon, H.: Hidden Champions des 21. Jahrhunderts. Die Erfolgsstrategien unbekannter Weltmarktführer, Frankfurt a.M., New York 2007

Simon, H.: 33 Sofortmaßnahmen gegen die Krise, Frankfurt a.M., New York, 2009

Simon, R., Freundl, F.: Unternehmensfinanzierung in der Krise, in: Jahrbuch der Unternehmensfinanzierung, Frankfurt a.M. 2005

Simon, R., Himmel, D.: Financial Engineering – Fallstricke in der Fremde, in: Markt und Mittelstand 7/2006

Simon, R., von Hutten, F.: Working Capital Management, in: Finance 12/2006

Simon, R., von Hutten, F.: Liquiditätsmanagement, in: Finance 5/2006

Simon, R., Gless, S.-E.: Der CRO-Weg – Sanieren statt planieren, in: Going Public, Special Distressed M&A 2009

Simon, R., Gless, S.-E.: Programm-Mezzanine. Refinanzierungen sind kein Wunschkonzert! In: Jahrbuch Restrukturierung 2012, Frankfurt a.M. 2012

Simon, R., Holtmann, I.: Restrukturierung durch Produktionsverlagerungen, in: Buth, A. K., Hermanns, M., Restrukturierung – Sanierung – Insolvenz, München 2008

Simon, R., Robeck, A.: How to turn a company around – Fünf Prinzipien im Umgang mit Krisen, in: Brühl, V., Göpfert, B., Unternehmensrestrukturierung – Strategien, Konzepte und Praxiserfahrungen; Stuttgart 2014

Simon, R., Robeck, A.: Vom Wachstum in die Insolvenz, in: Jahrbuch Restrukturierung 2011, Frankfurt a.M. 2011

Simon, R.: Interimsmanagement – Ein Mann für alle Fälle, in: Finance 12/2008

Simon, R.: Umsatzsteigerungsprogramme, in: Sales Business 4/2009

Simon, R.: Innovationsmanagement – Neu und erfolgreich, wer träumt davon nicht? In: Sales Business 6/2009

Simon, R.: Finanzielle Restrukturierung mittelständischer Unternehmen, in: Gestärkt aus der Krise, Berlin, Heidelberg, New York 2006

Simon, R.: Beratung im Mittelstand, in: Handbuch der Unternehmensberatung, Wiesbaden 2007

Simon, R.: Organisation der Materialflußsteuerung in der Automobilindustrie, Frankfurt a.M., Bern, New York, Paris 1988

Simons, H. J.: Erfolgreich mit Banken verhandeln, Köln o.J.

Stadler, M.: Herausforderungen und Chancen beim Treuhandmodell als Sanierungsinstrument, in: Reifert, T.: Finanzielle Restrukturierung, Stuttgart 2011

Vormbaum, H.: Finanzierung der Betriebe, Wiesbaden 1981

Weissmann, A.: Die großen Strategien für den Mittelstand, Frankfurt a.M., New York 2011

Windhöfel, T. et al.: Unternehmenskauf in Krise und Insolvenz, Köln 2008

Wildemann, H.: Wertsteigerung von Unternehmen. Mit welchen Methoden? München 2001

Zirener, J.: Sanierung in der Insolvenz. Handlungsalternativen für einen wertorientierten Einsatz des Insolvenzverfahrens, Wiesbaden 2005

FMC-Tätigkeitsfelder/Erfahrungshintergrund im Bereich „Restrukturierung/Sanierung"

FMC-Tätigkeitsfelder

- Erstellung Sanierungskonzept
- Prüfung Sanierungs-fähigkeit/-würdigkeit
- Ertragswirtschaftl. Sanierung
- Finanzwirtschaftl. Sanierung
- Umsetzungsbegleitung
- Interimsmanagement
- Erstellung Insolvenzplan
- Prüfung Insolvenzplan
- Sanierungscontrolling
- Unternehmensverkauf/M&A

Vermeidung der Insolvenz und außer-gerichtliche Sanierung

Sanierung von Betrieb und ggf. Rechtsträger aus der Insolvenz

Auftraggeber/Absatzmittler
- Unternehmen
- Gesellschafter
- Fremdkapitalgeber
- Insolvenzverwalter
- Private-Equity-Gesellschaften
- Konzernmütter

Krisenphasen

| Erfolgs-krise | Liqui-ditäts-krise | Vor-Insol-venz-phase | Vorläu-figes Ver-fahren | Eröff-netes Ver-fahren |

- Operative Sanierungserfahrung der FMC-Partner beginnend ab 1995
- Auf Sanierung spezialisiertes interdisziplinäres Team von über 25 Beratern, auch in interimistischen Funktionen
- Bundesweiter Einsatz mit starker internationaler Erfahrung
- Krisenfälle vor allem im gehobenen Mittelstand von ca. 50–600 Mio. EUR Umsatz
- Branchenübergreifende Kompetenz, z.B.
  - Automobil(zulieferer)industrie
  - Maschinen- u. Anlagenbau
  - Konsumgüterindustrie (B2B)
  - Bauindustrie
  - Textilhandel/-produktion

© FMC

Autoren, FMC-Adressen und Kontaktdaten

Autoren

Prof. Dr. Robert Simon
r.simon@fmc-consultants.de
Telefon: +49 160 366 08 02

Dr. Sven-Erik Gless
s.gless@fmc-consultants.de
Telefon: +49 173 613 66 66

Dr. Andreas Robeck
a.robeck@fmc-consultants.de
Telefon: +49 173 613 99 99

Assistenz

Mona Mühring
m.muehring@fmc-consultants.de
Telefon: +49 421 30 13 509

Susanne Werthschütz
s.werthschuetz@fmc-consultants.de
Telefon: +49 421 30 13 511

FMC Consultants GmbH

FMC Bremen
Wasserkunst 1a
28199 Bremen
Telefon: +49 421 30 13 500

FMC Düsseldorf
Königsallee 2–4
40212 Düsseldorf
Telefon: +49 211 79 54 390

FMC Hamburg
Große Elbstraße 59
22767 Hamburg
Telefon: +49 40 39 80 99 0

FMC Stuttgart
Nikolaus-Otto-Straße 25
70771 Leinfelden-Echterdingen
Telefon: +49 711 99 77 05 66

info@fmc-consultants.de
www.fmc-consultants.de